高等职业教育制药类专业规划教材

"十四五"职业教育国家规划教材

药物合成技术

第三版

李丽娟 主编　　刘 崧 杜会茹 副主编

刘 东 主审

化学工业出版社

·北 京·

内容简介

本书是“教学做”一体的项目化教材，共分为四部分。

第一部分介绍了课程建设过程、药物合成岗位（群）的典型工作任务及对应的职业能力要求、课程标准、教学情境的建立、考核方案等，对课程进行了整体设计和单元设计。第二部分按照岗位工作过程，编排了准备物料与确定工艺、使用与维护反应设备、合成氯霉素原料药三个教学项目。每个项目中包括若干任务，每项任务包括布置任务、必备知识、实用案例、项目展示及评价、知识拓展、自主能力训练项目六项内容。第三部分列举了对甲氧基苄氯等典型品种的工艺优化过程及SOP，提供了项目化教学素材。第四部分按照基本知识、分析与提高、综合与应用三个层次编写综合练习，供不同层次与不同要求的学生选用。本次修订，根据内容需要增加了视频素材，学生扫描书中的二维码就可学习。

本书为“十四五”职业教育国家规划教材，在讲述专业知识的同时，有机融入了“坚持绿水青山就是金山银山的理念”“深入推进环境污染防治”等党的二十大报告内容，有利于培养学生的家国情怀，提高学生职业素养。

本书有配套的电子教案和学生工作手册，可登陆 www. cipedu. com. cn 免费下载。

本书可供高职高专制药技术类专业使用，也可供相关专业的成人教育、中职教学、职业培训以及从事药物及中间体、精细化学品的生产、开发、科研的技术人员参考。

图书在版编目（CIP）数据

药物合成技术/李丽娟主编. —3版. —北京：化学工业出版社，2020.7（2025.8重印）
“十二五”职业教育国家规划教材
ISBN 978-7-122-36772-3

Ⅰ. ①药… Ⅱ. ①李… Ⅲ. ①药物化学-有机合成-职业教育-教材 Ⅳ. ①TQ460.31

中国版本图书馆CIP数据核字（2020）第077631号

责任编辑：蔡洪伟　于　卉　　装帧设计：尹琳琳
责任校对：杜杏然

出版发行：化学工业出版社（北京市东城区青年湖南街13号　邮政编码100011）
印　　装：高教社（天津）印务有限公司
787mm×1092mm　1/16　印张 15½　字数 382 千字　2025年8月北京第3版第8次印刷

购书咨询：010-64518888　　售后服务：010-64518899
网　　址：http://www.cip.com.cn
凡购买本书，如有缺损质量问题，本社销售中心负责调换。

定　　价：40.00元

第三版前言

本书为“十四五”职业教育国家规划教材，书中引入了“绿水青山，就是金山银山——绿色制药工艺改进的必要性”“共和国的‘医药长子’——华北制药的社会担当”“新中国医药工业的奠基人——沈家祥院士”等素养案例，体现了党的二十大报告中的“坚持绿水青山就是金山银山的理念”“文化自信”和“弘扬科学家精神”等内容，有利于培养学生的家国情怀，提高学生的职业素养和道德素养。

本教材在《药物合成技术》（第二版）的基础上进行修订。为了进一步提高教学效果，促进“互联网+职业教育”的发展，本教材仍然保留原项目化教学体例和主要内容，根据课程内容需要增加了视频素材（采用二维码的形式），使枯燥的理论变得生动活泼，抽象的设备、原理变得形象、直观，教材更加情景化、动态化、立体化，更加接近实际生产岗位。

本教材由河北化工医药职业技术学院李丽娟担任主编。第一部分由李丽娟编写；第二部分的项目一由华北制药倍达公司的刘崧编写，项目二由河北化工医药职业技术学院的马丽锋编写，项目三由李丽娟、河北化工医药职业技术学院的杜会茹以及河北工业职业技术学院的李文红共同编写；第三部分的典型案例由河北浩诺化工有限公司的马东来编写，项目化教学素材由石家庄职业技术学院的尚平编写，第四部分由李丽娟、杜会茹共同编写。与教材配套的“学生工作手册”电子版由杜会茹编写，可登陆 www.cipedu.com.cn 下载。全书由李丽娟统稿。

“药物合成技术”是药品生产技术专业的核心课程，也是重要的岗位技术课程。随着河北化工医药职业技术学院国家高水平专业群（药品生产技术专业群）的建设，“药物合成技术”课程的数字化资源建设将不断丰富和完善，在今后的修订过程中会随时加入更加精彩的视频资源，也欢迎广大读者提出宝贵意见。

本书有配套的仿真教学软件：尼洛替尼的合成虚拟仿真实验，具体获取方法可联系QQ：53624002。

编　者

第二版前言

本次修订，吸收了华北制药集团、河北浩诺化工有限公司等企业参加编写。在修订过程中，编写人员以学生能力培养为最终目标，以“工学结合”为总体要求，以“任务驱动，项目教学”为改革方向优化了本书的内容。

药物合成的基本过程是物料准备、化学合成、分离纯化、分析检测、干燥包装，其中“健康、安全、环境、质量”贯穿于整个药物合成的始终。药物合成岗位是化学原料药生产的核心岗位，但由于其技术密集、工艺路线长、生产环境复杂、产品质量要求严格等特点，对从业人员职业能力与综合素质要求高。如何培养出适应现代制药企业一线需要的高端技能型人才，是我们多年来重点探索和解决的问题。

基于上述认识，本课程从分析典型工作任务入手，以完成典型工作任务应具备的职业能力及所需的知识、技能及素质结构为依据，结合学生职业发展的需要，确定教学内容。在结构序化上，由易到难创设教学情境，融知识、能力、情感培养于一体，特别注重职业能力的形成，力求为教学组织与实施提供一种可以借鉴的模式。教材共分为四部分。

第一部分“项目化教学实施前准备”，介绍课程建设过程、药物合成岗位（群）的典型工作任务及对应的职业能力要求、课程标准、教学情境的建立、考核方案等，对课程进行了整体设计和单元设计，规定了完成每项任务所应具备的知识、技能与素质要求，提供了学习策略，为实施项目化教学做准备。

第二部分“项目及实施”，是教材的核心内容，按照岗位工作过程，安排了三个主体教学项目，即“准备物料与确定工艺”“使用与维护反应设备”“合成氯霉素原料药”。由于氯霉素生产工艺涵盖了氧化、卤化、烷基化、酰化、缩合、还原等药物合成单元反应，以及手性药物制备技术，包括了不同反应类型、不同相态、不同操作方法等，较全面地反映了药物合成的理论知识及应用技术。以合成氯霉素为综合性项目，以完成各中间体的合成为分项目，将药物合成各单元反应贯穿于项目教学过程，使合成、分离、产品检测、安全等技术融于一体，同时将氯霉素的工业生产过程作为对比学习项目，更好地融入职业氛围，增强学生综合职业能力的养成。每个项目中包括若干任务，每个任务编排六项内容，即布置任务、必备知识、实用案例、项目展示及评价、知识拓展、自主能力训练项目。

第三部分“典型案例及项目化教学素材”，列举和分析了生产、技术研发过程的典型案例及生产操作规程，提供了项目化教学素材（包括自主项目素材），供教学过程使用。

第四部分“综合练习”，按照基本知识、分析与提高、综合与应用三个层次编写了综合练习，供不同层次与要求的学生选用。

本书由河北化工医药职业技术学院的李丽娟担任主编。第一部分由李丽娟编写；第二部分的项目一由华北制药倍达公司的刘崧编写，项目二由华北制药河北华民公司的温志刚编写，项目三由李丽娟及河北化工医药职业技术学院的杜会茹共同编写；第三部分的典型案例由河北浩诺化工有限公司的马东来编写，项目化教学素材由石家庄职业技术学院的尚平编写；第四部分由李丽娟、杜会茹共同编写。与教材配套的“学生工作手册”电子版由杜会茹编写。全书由李丽娟统稿。

本书由华北制药股份有限公司的正高级工程师刘东主审，对本书进行了认真详细的审阅，并提出了许多宝贵的修改意见，在此表示衷心的感谢。

本书在编写过程中始终得到我们所在学校以及相关企业的大力支持。河北化工医药职业技术学院的崔京华老师做了大量的绘图工作，在此一并表示感谢！

项目化教学本身具有动态属性，需根据学生、条件、环境、技术发展等变化而调整教学内容，本教材只是一个阶段性总结，随着改革的深入还会继续补充新内容，提供新的学习方法与策略。对于本书存在的不足之处，欢迎广大读者批评指正，以便今后进一步提高和完善。

编　者

2014 年 2 月

目录

第一部分

项目化教学实施前准备

一、 工作过程分析及教学内容的选取

1. 工作过程分析

课程建设团队坚持每年对国内多个大、中、小型制药企业就人才需求、岗位群、工作任务、职业能力等进行调研，多次组织由企业生产专家、技术骨干、岗位能手与专业教师共同参加的课程开发研讨会，确定岗位典型工作任务，分析完成典型工作任务应具备的职业能力及所需的知识、技能及素质结构，结合学生职业发展的需要，整合为教学内容。依据学生基础水平、认知规律，由易至难，由基础到综合，设计教学项目，安排适宜的教学情境，实施项目化教学，将学生"知识、技能、素质"培养融为一体。药物合成技术课程建设过程如图 1-1 所示。

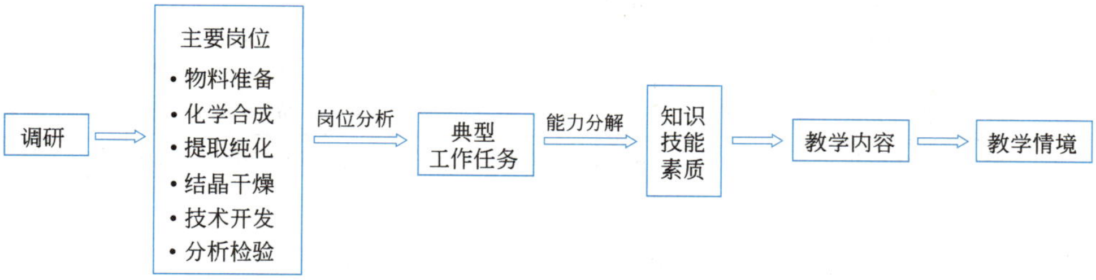

图 1-1　药物合成技术课程建设过程

根据制药技术与岗位群的特点，教学内容的选取坚持"三结合"，即结合 HSEQ（健康、安全、环境与质量）与经济效益；结合岗位需要与学生职业发展；结合药物合成知识与实践技能，以及制药设备、仪表、控制等现代制药技术，复合了多门类的知识和技能。

2. 典型工作任务和职业能力

通过广泛的调研、分析与归纳，确定了药物合成技术课程所对应的岗位（群）、典型工作任务，以及完成工作任务所应具备的知识、技能、素质要求（见表 1-1）。

表 1-1　药物合成岗位（群）、典型工作任务及知识、技能、素质要求

序号	岗位	典型工作任务	技能要求	知识要求	素质要求
1	物料准备	①预处理原辅材料，做好开机、投料准备 ②检查设备状态和标示 ③检查并消除工作区域内的"跑冒滴漏" ④清除有害泄漏物 ⑤检查现场物料、文件	①能根据要求正确处理、计量各种原辅材料 ②能根据本岗位 SOP❶ 正常操作 ③检查现场物料、文件等的清场状态，确认物料种类、数量正确，文件与生产任务相符	①熟悉所用原辅材料的理化性质、质量要求、危险性和环境危害，能够做到主动防护 ②熟悉工艺规程和操作要点	①具备生产岗位安全意识，保证生产正常进行 ②有团队意识，服从企业管理

❶ SOP 表示《标准操作规程》

续表

序号	岗位	典型工作任务	技能要求	知识要求	素质要求
2	化学合成	①制订合成工作计划 ②控制合成工艺 ③操作反应设备 ④使用控制仪表 ⑤使用计算机 ⑥记录、整理生产数据 ⑦计算投料量、收率等生产数据，控制消耗成本	①会获取资讯制订工作计划 ②会使用、维护反应设备，控制合成工艺 ③会使用常用仪表 ④会用计算机调节工艺参数 ⑤能分析、解决工艺一般问题 ⑥会相关计算，实现节能降耗	①熟悉常用药物合成反应知识 ②掌握合成及辅助设备结构、操作规程 ③了解仪表功能、使用及自动控制系统 ④了解药物合成反应的常用分析方法	③有较强的质量意识、严谨的工作作风，保证产品质量 ④具有良好的职业道德和环境保护意识 ⑤具有再学习能力、创新意识和创新精神 ⑥了解化学合成使用的设备和常用物料的安全特性，能够消除一般隐患 ⑦了解反应工序和分离工序的情况，能够和上下工序的人员协作，生产出合格产品 ⑧善于积累理论知识与操作经验，逐渐能够提出本岗位工艺改革、优化方案 ⑨会查阅文献获取信息、制订计划、实施计划、检查、评价、总结
3	提取纯化	①控制萃取、过滤、精馏等提取工艺 ②操作常用分离设备 ③使用计算机、仪表自动控制	①会按照 SOP 控制提取工艺 ②会操作、维护分离设备 ③会使用仪表进行自动控制	①了解常用药物分离纯化理论知识 ②掌握提取纯化设备结构与操作规程 ③掌握仪表功能、使用方法	
4	结晶干燥	①控制结晶工艺 ②操作结晶设备 ③操作干燥设备 ④操作干燥辅助设备（如真空泵等） ⑤保持无菌环境	①会结晶、干燥工艺控制 ②会操作、维护结晶设备 ③会使用仪表进行结晶工艺控制 ④会对生产岗位进行清场、灭菌	①理解结晶、干燥理论 ②掌握结晶设备结构与操作规程 ③了解仪表功能、使用规程 ④掌握洁净环境相关知识 ⑤掌握生产品种的理化性质	
5	技术开发	①技术改造 ②开发新工艺 ③开发新产品 ④工艺优化 ⑤新工艺的工艺评价和经济性评价 ⑥开发新产品分析方法 ⑦产品的杂质研究	①会查阅文献，获取资讯 ②会设计实验，组织和实施实验 ③掌握物料衡算工具，进行设备选型 ④会中试放大 ⑤会分析结果数据处理 ⑥会编写技术报告	①熟悉常用药物合成反应理论 ②掌握实验技术、中试放大、仪器使用、数据处理等知识 ③了解仪器分析和化学分析常识	
6	分析检验	①取样 ②分析产品或中间产物 ③处理数据，提供分析或检验报告 ④保养、维护分析仪器	①会查阅《中国药典》及其他标准 ②会按要求取样 ③会使用常用分析仪器 ④会维护常用仪器 ⑤会处理实验数据	①掌握常用药物分析与检验理论 ②熟悉药物分析、检验程序 ③熟悉药物质量标准 ④熟悉常用仪器工作原理	
7	通用	①个人安全防护 ②设备及周围环境安全防护 ③填写生产记录 ④统计、分析生产数据	①会安全防范 ②会填写生产记录 ③能根据生产 SOP 正常操作设备 ④会发现并处理异常情况 ⑤会班内生产统计与收率核算	①掌握安全防护知识 ②掌握 GMP❶ 知识 ③掌握异常情况处理方法 ④掌握物料衡算与收率计算方法 ⑤熟悉数据分析及办公软件	

❶ GMP 表示《药品生产质量管理规范》。

二、课程教学内容与培养目标

1. 课程性质与学习内容

本课程是化学制药技术、药品生产技术专业的核心课程，是在整合了原《药物合成反应》《制药反应设备》《制药综合实训》等课程的基础上建设的一门集药物合成理论与实践操作一体化的技术应用性课程。学习化学法合成药物的基本理论与操作技术，主要包括常用药物合成单元反应的原理，合成过程各工段的生产任务、影响因素、工艺控制方法及措施，药物合成过程中常见问题分析及其处理手段，合成操作的安全措施，合成反应设备的结构、功能与日常维护要点，药物合成过程中“三废”防治等岗位技能与知识。通过学习本课程，使学生具备一定的药物合成实验研究能力，生产工艺分析与控制能力，合成反应设备的操作与维护能力，生产组织管理、安全生产与健康保护能力，以及收集信息、设计方案、团结协作等能力，具备药物合成生产一线高端技能型人才的综合素质。

本课程是培养从事化学原料药合成岗位高端技能型人才的关键课程，也是学生进行后续制药工艺设计、制药企业管理与 GMP 实施、“药物合成工”职业资格取证、生产实习、顶岗实习之前的职业能力储备课程。

2. 课程总体目标

（1）知识培养目标　包括：①熟悉药物合成过程中常用原辅材料的理化性质、质量要求、GMP 生产规范等，掌握釜式反应器及附属设备的结构、特点、功能与日常维护要点，常用搅拌器的形式、特点；②理解利用卤化、烷基化、酰化、缩合、氧化、还原等反应制备药物的基本原理，熟悉其在科研、生产中的应用；③熟悉药物合成工艺优化方法，能够分析影响产品质量的因素，正确选择原料、试剂、反应条件和控制方法，使生产达到最优化；④了解典型化学原料药、医药中间体生产过程所涉及的工艺、设备、操作规程等现场知识，以及制药企业管理、安全生产、环保等知识。

（2）能力培养目标　包括：①会查阅文献，获取信息，制订工作计划与合成反应方案，实施计划并完成评价、总结；②能够熟练进行实验室规模的合成反应操作，包括实验设计、搭建反应装置，加料、出料操作，正确进行温度、时间、终点等反应控制，会产品分析以及产物后处理，会实验室“三废”处理，并进行资源循环利用与安全防范；③会液-液相、液-固相等不同相态反应的操作与控制；④会分析实验过程中出现的问题，如温度异常、冲料、颜色异常、收率低、产品质量差等，并结合理论知识进行合理解决；⑤会计算收率、原材料消耗，并通过实验进行工艺优化，降低生产成本；⑥会安装、使用、维护釜式反应设备；⑦会用普通蒸馏、萃取、结晶等常用分离技术提取、精制药品；⑧了解反应工序和分离工序的情况，能够和上下工序的人员协作，生产出合格产品。

（3）素质培养目标　包括：①具有生产岗位所必备的安全意识，保证生产的正常进行；②具有团队意识与合作精神，服从企业的管理；③具有较强的质量意识，具备严谨的工作作风，保证产品质量；④具有良好的职业道德和环境保护意识；⑤具有再学习能力，创新意识和创新精神；⑥能够不断积累有关知识并加以运用，以便分析、判断和解决生产中出现的异常现象，不断提高自己的工作质量。

3. 教材结构与使用

药物合成岗位是化学原料药生产的核心岗位，但由于其技术密集、工艺路线长、生产环境复杂、产品质量要求严格等特点，对从业人员职业素质与综合能力要求高。为了利于学生学习，加强职业综合能力培养，同时考虑高职学生的文化基础、学习特点，本教材按照项目化编写，以典型产品生产过程为导向，项目任务为载体，按照工作过程实施项目化教学。教材结构如图 1-2 所示。

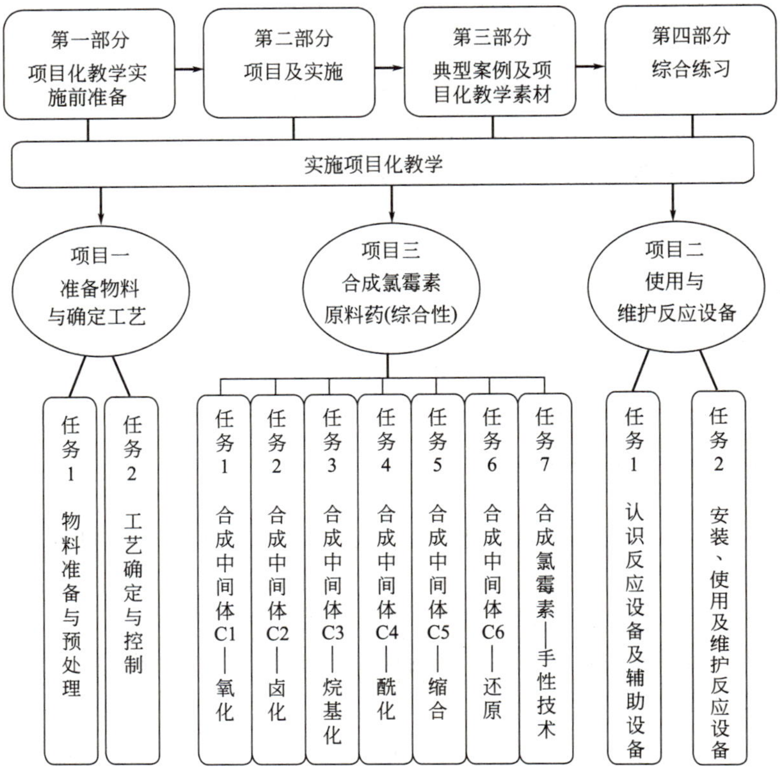

图 1-2 教材结构

“第一部分”介绍了项目内容的来源，对课程进行了整体设计和单元设计，规定了每一单元学习任务、学习目标、教学环境、教学实施步骤等，即完成学习目标所采取的途径与手段，以指导后续项目教学的实施。“第二部分”是教材的核心，按照布置任务、提供必备知识、实用案例分析、考核与评价的过程编排，同时安排了知识拓展、自主能力训练项目，以满足不同学校、不同条件下选用。“第三部分”列举和分析了生产、技术研发过程的典型案例，提供了项目化教学实施的素材（包括自主项目素材），提供必要的学习策略。“第四部分”按照基本知识、分析与提高、综合与应用三个层次编写了综合练习，供教学选用。

三、 项目教学设计

1. 设计思路

以药物合成岗位（群）的典型工作任务为驱动，以完成综合性职业能力培养为目的，以校内、外实训基地的软硬件条件为依托，通过双师教学团队理论实践一体化、多门类知识一体化的项目教学实施，实现学生的能力、知识、素质体系的培养。

药物合成是化学原料药生产的核心，其过程包括原辅材料准备、合成、分离纯化、结晶干燥、产品检测等，其操作技术依托药物合成、工程设备、仪表等多门类的知识和技能。课程组与华北制药、石药集团、太原制药集团、天津中央药业等企业专家一起对半合成抗生素、全合成抗生素（氯霉素）、心脑血管类药、激素类药等不同类别、多个品种药物的生产过程进行分析，以选取适合教学的项目。通过大量的分析对比认为，氯霉素生产工艺涵盖了氧化、卤化、烷基化、酰化、缩合、还原等药物合成单元反应，以及手性药物制备技术等，较全面地反映了药物合成的理论知识及应用技术，包括了不同反应类型、不同相态、不同操作方法等，体现了药物合成的综合性与应用性。

2. 实施项目教学

根据以上思路，以及化学原料药的工艺过程、实际岗位、操作特点，按照由简单到复杂、由初级到高级、由单项到综合的能力递进的思路，本课程设计有三个主体教学项目。

项目一：准备物料与确定工艺。

项目二：使用与维护反应设备。

项目三：合成氯霉素原料药。以合成氯霉素为综合性项目，将药物合成各单元过程贯穿于项目教学过程，以完成小试产品为实施项目，将氯霉素的工业生产过程作为对比学习项目，更好地融入职业氛围，增强学生综合职业能力培养。

通过序化，完成项目任务应具备的知识、技能要点见表 1-2。

表 1-2　完成项目任务应具备的知识、技能要点

序号	项目		学习内容		参考学时
			知识要点	技能要点	
1	一、准备物料与确定工艺	任务 1 物料准备与预处理	1. 原辅材料的要求与选择 (1)原料、试剂特点 (2)原辅材料质量要求 (3)试剂的等级及预处理 2. 溶剂的选择与使用 3. 催化剂的性质及应用	1. 选择合适的原料、试剂并进行预处理，使其符合合成需要 2. 选择和使用反应及分离过程的溶剂，并进行净化处理、回收及综合利用 3. 正确使用酸碱、相转移催化剂	4
		任务 2 工艺确定与控制	1. 配料比及加料次序确定依据 2. 合成过程需控制的参数 (1)浓度的影响 (2)压力的影响 (3)酸碱度的影响 3. 反应时间与反应终点的控制	1. 确定工艺条件 2. 组织、实施实训，正常操作 3. 正确判断反应终点 4. 分析、判断和解决合成过程中出现的异常现象 5. 记录、整理、处理实验数据，撰写实训报告	10
2	二、使用与维护反应设备	任务 1 认识反应设备及辅助设备	1. 釜式反应器结构、特点、材质及应用 2. 釜式反应器传热装置 3. 设备选型要点 4. 搅拌器类型、结构特点、适用范围 5. 提高搅拌效果的措施	1. 填写工作单 2. 就一指定的反应物系，选择反应、搅拌及辅助设备 3. 维护生产现场良好秩序 4. 掌握合成岗位安全操作规范，预防事故发生	4
		任务 2 安装、使用及维护反应设备	1. 釜式反应器的使用及维护 2. 搅拌器的选择、安装与操作规程、日常维护 3. 合成岗位安全操作规范及注意事项 4. 常见问题及处理措施	1. 根据 SOP，对反应设备及辅助设备进行安装、调试、检查、清理、维护等 2. 调控温度、搅拌转速等工艺参数，合理控制合成工艺 3. 做好个人及生产现场的安全防护，保证生产正常进行	6

续表

序号	项目		学习内容：知识要点	学习内容：技能要点	参考学时
3	三、合成氯霉素原料药	任务1 合成对硝基苯乙酮(氯霉素中间体C1)氧化技术	1. 液相催化氧化原理、条件、应用，氯霉素中间体C1(对硝基苯乙酮)工业生产过程、影响因素、操作要点 2. 化学氧化：锰、铬、过氧化物等氧化剂的特点、应用、注意事项	1. 查阅文献，搜集、整理、总结文献资料，确定氧化反应实训方案 2. 搭建氧化反应装置，正确进行氧化反应操作 3. 处理有害气体，实现绿色生产 4. 对比、讲解氯霉素中间体C1生产工艺与小试的异同点	8
		任务2 合成对硝基-α-溴代苯乙酮(氯霉素中间体C2)卤化技术	1. 卤素、卤化氢、氯化亚砜等常用卤化试剂的性质、特点及应用 2. 取代、置换卤化方法的原理、影响因素及应用 3. 苄位及羰基化合物α-卤取代原理、影响因素、应用 4. 工业生产氯霉素中间体C2的原理、流程装置及控制技术	1. 查阅文献，根据需要选择卤化方法及卤化试剂 2. 使用溴素、氯化亚砜等常用卤化试剂，保证实验及生产的安全 3. 结合实例，分析氯霉素中间体C2生产原理、反应条件、影响因素及控制措施	10
		任务3 合成对硝基-α-氨基苯乙酮盐酸盐(氯霉素中间体C3)烷基化技术	1. 常用烷基化试剂性质、特点及应用 2. *O*、*N*、*C*-烷基化的原理、影响因素、应用 3. 氯霉素中间体C3的工业生产原理、工艺流程、工艺实施及操作技术	1. 操作与控制*N*-烷基化单元反应，保证安全 2. 结合实例，分析氯霉素中间体C3生产原理、反应条件、影响因素及控制措施 3. 优化工艺条件，提高产品质量及收率	10
		任务4 合成对硝基-α-乙酰氨基苯乙酮(氯霉素中间体C4)酰化技术	1. *O*、*N*、*C*-酰化反应基本原理、方法及常用酰化试剂 2. 影响酰化反应的因素、原料配比及加料方式确定的依据 3. 选择性酰化的原理与方法 4. 氯霉素中间体C4的生产工艺流程、工艺实施及操作技术	1. 设计氯霉素中间体C4的小试实训方案 2. 操作与控制*N*-酰化单元反应，保证安全及合格的产品质量 3. 分析氯霉素中间体C4的生产原理、工艺过程、影响因素、操作控制要点	10
		任务5 合成对硝基-α-乙酰氨基-β-羟基苯丙酮(氯霉素中间体C5)缩合技术	1. 醛、酮及其与羧酸衍生物的缩合、酯缩合及其他缩合反应原理、影响因素、应用 2. 工业应用实例，氯霉素中间体C5生产原理、工艺流程、反应条件及控制技术	1. 设计氯霉素中间体C5的小试实训方案 2. 组织与实施实训，保证安全、环境清洁 3. 优化缩合阶段工艺条件，提高产品质量及收率 4. 分析典型产品氯霉素中间体C5生产工艺过程及影响因素	10
		任务6 合成对硝基-苯基-2-氨基-1，3-丙二醇(氯霉素中间体C6)还原技术	1. 化学还原技术，包括金属复氢化物、活泼金属、醇铝等还原剂的特点、应用及使用注意事项 2. 催化加氢法 (1)催化加氢类型、特点及应用 (2)常用催化剂 (3)催化氢化设备、操作要点及注意事项	1. 选择还原方法及还原剂，设计氯霉素中间体C6的小试实训方案 2. 组织与实施实训方案 3. 控制关键指标，保证产品质量 4. 分析典型产品氯霉素中间体C6的生产原理、生产过程及影响因素	12
		任务7 合成氯霉素原料药C	1. 手性药物制备技术 2. *N*-酰化原理、酰化剂的选择与使用 3. 合成氯霉素原料药的原理、方法与依据	1. 分析氯霉素的合成原理、操作过程、反应条件及控制 2. 设计终产品氯霉素原料药C的小试实训方案，实施方案 3. 产品检测、总结、评估	6

3. 教学模式与组织安排

以化学原料药生产环节的各项任务为驱动，教师按照“布置任务—确定项目—检查指导—实施教学做一体化模式”安排教学；以工作任务为导向，按照工作过程完成教学任务，获得职业能力与必备的专业知识。教学模式如图 1-3 所示。

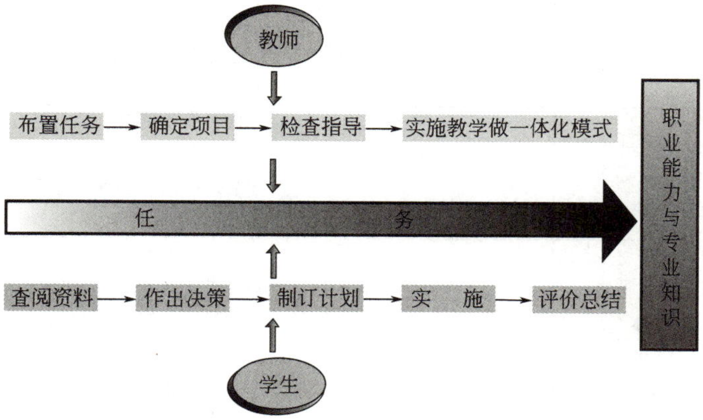

图 1-3 药物合成技术项目化教学模式

组织方式上采用“班组教学模式”（建议 40～50 人），充分利用、组合实践教学资源，让每位学生均有充足的实践训练时间。长期开放实训室，保证学生技能训练的需要。教师提前布置项目任务，学生利用课下时间在上课前完成查阅文献，不占教学学时。

4. 考核与评价方式

（1）考核方式 考核采取单项与综合相结合、理论与实际操作相结合、能力与知识相结合的方法。结合每个任务实训实施过程，进行单项能力考核，得出单项能力得分。考核内容包括学习态度、完成任务的质量、操作的正确程度、方案设计是否合理、实施是否顺利、产品和处理结果、在合作项目中所起的作用等；考核方式采取学生自评、不同小组之间互评、老师点评等方式。

项目训练总得分为 100 分，具体方案如表 1-3 所示。期末对课程进行综合知识考核。为培养学生的职业能力，考核的重点放在平时项目训练上，即项目训练考核总分占 60%，期末课程综合知识考核占 40%。

表 1-3 项目训练考核表

项目名称		编号	考核内容	权重/%	学时
项目一 准备物料与确定工艺	任务 1 物料准备与预处理	1-1	工作过程规范程度 选择物料的正确程度 归纳讲解情况	4	4
	任务 2 工艺确定与控制	1-2	选择的工艺条件 配料比及加料顺序的正确程度 设计方案正确程度 操作正确性	10	10

续表

项目名称		编号	考核内容	权重/%	学时
项目二 使用与维护反应设备	任务 1 认识反应设备及辅助设备	2-1	工作单填写质量 设备方案的正确性 工艺控制正确程度	5	4
	任务 2 安装、使用及维护反应设备	2-2	安装、调试、检查、清理、维护等操作 掌握生产 SOP 情况 发现、解决问题情况 实训报告	8	6
项目三 合成氯霉素原料药	任务 1 合成氯霉素中间体 C1	3-1	材料准备情况 设计方案正确程度 方案讲解流畅程度 操作正确性	10	8
	任务 2 合成氯霉素中间体 C2	3-2	设计方案 讲解方案 生产工艺流程	11	10
	任务 3 合成氯霉素中间体 C3	3-3	设计方案 讲解方案 讲解生产工艺流程	10	10
	任务 4 合成氯霉素中间体 C4	3-4	资料整理 设计方案 操作正确程度 产品质量 实训报告	10	10
	任务 5 合成氯霉素中间体 C5	3-5	实训方案 操作正确性 实训报告	12	10
	任务 6 合成氯霉素中间体 C6	3-6	总结报告 现场操作 产品	12	12
	任务 7 合成氯霉素原料药 C	3-7	实训方案 产品 项目评估报告	8	6
合计				100	90

注：本表是综合考核表，仅规定了每项任务的考核基本内容，具体的考核内容和要求在第二部分对应的任务中有具体要求。本表规定的“权重”指的是分项（即每项任务）在课程综合评定时计入总成绩的最高分。

（2）考核成绩计算方法

课程总成绩＝项目训练总成绩（占 60%）＋综合知识考核成绩（占 40%）

项目训练总成绩＝Σ单项成绩＝Σ完成单项任务得分×权重

完成单项任务得分＝教师点评成绩（占 50%）＋学生自评成绩（占 20%）＋小组互评成绩（占 30%）

针对各项“任务”均专门设计了三方评价标准、成绩评定表，供师生使用（具体见第二部分项目实施）。

5. 课程单元设计

各单元设计如表 1-4～表 1-14 所示。

表 1-4 任务 1-1 物料准备与预处理

任务	(1)以实训室合成阿司匹林为例，制定原料及预处理方案 (2)讲解方案，说明依据	计划学时	4
教学描述	学生提前查阅资料，搜集有关合成阿司匹林所用原料、试剂、催化剂溶剂，以及其产品标准、性能、质量要求等信息；教师讲解、提问、引导，师生互动		
教学目标	总体目标： (1)会通过查阅文献获得原辅材料的理化性质、质量要求，能根据生产要求正确选择、计量各种原辅材料 (2)理解溶剂对反应及分离过程的影响，会选择、使用溶剂，会溶剂回收与再利用 (3)理解不同催化剂对反应的影响，会选择、使用催化剂 知识目标： (1)理解原辅材料的要求与选择，包括原料、试剂特点，原辅材料质量要求，试剂的等级及预处理方法 (2)理解溶剂的选择与使用依据 (3)熟悉催化剂的性质及应用 技能目标： (1)会选择合适的原料、试剂并进行预处理，使其符合合成需要 (2)会选择和使用反应及分离过程的溶剂，并进行净化处理与回收综合利用 (3)能够正确使用酸碱性催化剂 素质目标： (1)具有环保、安全意识，保证操作安全、规范 (2)具有团队意识与合作精神，服从团队组织管理 (3)具有良好的职业道德和环境保护意识 (4)具有再学习能力、创新意识和创新精神		

教学条件：

多媒体教室、图书馆、网络、计算机

教学形式：

讲解、讨论、查资料

教学组织：

分组查阅文献、集中讲解、分组讨论＋设计方案

教学内容：

(1)原辅材料的要求与选择

①原料、试剂特点

②原辅材料质量要求

③试剂的等级及预处理

(2)溶剂的选择与使用

(3)催化剂的性质及应用

实施步骤			
步骤	内容	方法手段	时间安排
1. 查资料	学生提前查阅资料，搜集有关药物合成的所用原料、试剂、催化剂的标准、性能、质量要求、应用等信息	查资料 自主学习	课前

续表

步骤	内容	方法手段	时间安排
2. 学生讲解	学生讲解合成、提取阿司匹林所用的原料、试剂、溶剂等	任务驱动	0.5学时
3. 教师提问、讲解	教师提问、启发、补充，师生互动，完善阿司匹林合成过程所用原料、试剂、催化剂	任务驱动	0.5学时
4. 制订方案	学生完成合成阿司匹林小试方案的设计(原料部分)；教师指导、完善	任务驱动	1学时
5. 拓展学习相关内容	(1)药品生产过程原辅材料的质量要求 (2)试剂的等级及预处理方法 (3)合成及分离过程溶剂的选择及使用 (4)相转移催化剂及应用技术	教师引导、启发、总结	1.5学时
6. 评估	总结、评价	师生互动	0.5学时
7. 反馈	完善方案设计		课下完成

表1-5 任务1-2 工艺确定与控制

任务	(1)以合成阿司匹林为例，确定各项工艺指标，编写实训方案 (2)合成阿司匹林实训	计划学时	10
教学描述	学生提前查阅资料，搜集有关合成阿司匹林的温度、压力、pH、反应时间等工艺条件，以及操作步骤；教师讲解知识点、提问、引导，师生互动		
教学目标	总体目标： (1)掌握合成过程配料比及加料次序的确定原则、依据，能根据要求确定合成某一指定产品过程中所用物料的配比、加料顺序等 (2)掌握合成过程温度、压力、时间、pH值等工艺参数的确定依据，能够通过查阅文献，确定合成某一指定产品的工艺条件，制订实训方案，实施方案 知识目标： (1)掌握确定合成反应过程配料比及加料次序的原则、依据 (2)掌握确定合成过程需控制的参数的方法 ①浓度 ②压力 ③酸碱度 ④反应时间与反应终点的控制 技能目标： (1)能够确定"合成阿司匹林"的工艺条件，会编写实训方案 (2)会搭建、调试合成反应装置，组织与实施实训 (3)确定加料量，按照次序正确加料 (4)合理控制温度、pH值等 (5)根据产品要求正确判断反应终点 (6)分析、判断和解决合成过程中出现的异常现象 (7)记录、整理、处理实验数据，编写实训报告 素质目标： (1)具有环保、安全意识，保证操作安全、规范 (2)具有团队意识与合作精神，服从团队组织管理 (3)具有良好的职业道德和环境保护意识 (4)具有成本意识，意识到质量、经济、环境的重要性及相互之间的关系 (5)具有再学习能力、创新意识和创新精神		

续表

教学条件：

(1)多媒体教室、图书馆、网络、计算机

(2)实训室，每组配备有电动搅拌器、电热套、250mL三口烧瓶、温度计、回流冷凝器、水循环真空泵。实训室准备好水杨酸、乙酸酐、浓硫酸、乙醇等药品

教学形式：

讲解、讨论、查资料、实训

教学组织：

分组查阅文献、集中讲解、分组讨论＋设计方案、实训

教学内容：

(1)反应过程配料比及加料次序的确定

(2)合成过程需控制的参数

①浓度

②压力

③酸碱度

④反应时间与反应终点的控制

(3)编写、修改、完善实训方案

(4)实训

实施步骤			
步骤	内容	方法手段	时间安排
1. 查资料	学生提前查阅有关合成阿司匹林的资料，确定合成所需的仪器、投料量、配料比，以及温度、压力、时间、pH值等工艺参数	查资料	课前
2. 学生讲解	学生讲解合成阿司匹林所所需的仪器、投料量、配料比，以及温度、压力、时间、pH值等工艺参数的依据	任务驱动	1学时
3. 教师提问、讲解	教师提问、启发、补充、讲解知识点，师生互动，完善合成阿司匹林的各项工艺参数	任务驱动	1学时
4. 制订方案	教师指导、完善，学生完成合成阿司匹林小试方案	任务驱动	1学时
5. 实训	合成阿司匹林实训，包括合成、精制、干燥、测试	实际操作	6学时
6. 产品展示	展示各组产品	互动	0.5学时
7. 评估	学生自评、小组互评，教师点评、总结	互动	0.5学时
8. 反馈	完成实训报告	自主学习、讨论	课下完成

表1-6　任务2-1　认识反应设备及辅助设备

任务	(1)掌握反应釜、搅拌器及辅助设备的结构、特点、应用情况 (2)就指定的反应物系，选择反应、搅拌及辅助设备	计划学时	4
教学描述	参观实训室或企业反应釜、搅拌器及其他辅助装置，在课堂上播放反应釜工作的动画、视频，引出结构、材质、传热、传动系统、操作方法、维护等相关内容，教师讲解，并启发学生深入思考。学生就一指定的反应物系，选择反应、搅拌及辅助设备		

续表

教学目标	总体目标： (1)掌握釜式反应器结构、特点、材质及应用 (2)理解釜式反应器传热装置 (3)掌握常用搅拌器类型、结构特点、适用范围 (4)掌握提高搅拌效果的措施 (5)会简单的设备选型 知识目标： (1)理解釜式反应器的结构、特点、材质及应用情况 (2)熟悉釜式反应器传热装置及适应范围 (3)了解设备选型的原则 (4)掌握常用搅拌器类型、结构特点、适用范围 (5)熟悉提高搅拌效果的措施 技能目标： (1)掌握合成岗位正常工作程序 (2)就一指定的反应物系，选择反应、搅拌及辅助设备 (3)掌握合成岗位安全操作规范，预防事故发生 素质目标： (1)具有良好的实训室工作习惯，保证操作安全、规范 (2)具有合成生产岗位所必备的安全意识，保证科研、生产的正常进行 (3)具有团队意识与合作精神，服从团队组织管理 (4)具有良好的职业道德和环境保护意识 (5)具有再学习能力、创新意识和创新精神

教学条件：

(1)多媒体教室、图书馆、网络教室、计算机

(2)在实训室，配备有10L玻璃反应釜，配套的附件包括电动搅拌器、变频搅拌器、冷却系统、加热系统等

教学形式：

讲解、讨论、查资料、实训

教学组织：

参观、集中讲解、分组讨论、制订方案

教学内容：

(1)反应器基础

(2)釜式反应器结构、特点、材质、应用，以及传热装置

(3)搅拌器结构、形式，提高搅拌效果的措施

实施步骤			
步骤	内容	方法手段	时间安排
1. 参观、演示、讲解	搅拌釜式反应器 (1)釜式反应器结构、特点、材质及应用 (2)釜式反应器传热装置 (3)设备选型要点	问题引导 现场教学	2学时
2. 参观、演示、讲解	搅拌器 (1)常用搅拌器类型、结构特点、适用范围 (2)提高搅拌效果的措施 (3)搅拌器的选择、安装与操作规程、日常维护	问题引导 现场教学	1学时
3. 制订方案	对“合成阿司匹林”，选择反应、搅拌及辅助设备	任务驱动	0.8学时
4. 评估	本单元总结、点评	讨论法	0.2学时

表 1-7 任务 2-2 安装、使用及维护反应设备

<table>
<tr><td>任务</td><td>(1)按工艺操作规程,安装、调试、检查、清理、维护反应及辅助设备
(2)按要求操作设备,正确开车、停车、投料、放料,控制反应工艺,排除异常现象</td><td>计划学时</td><td>6</td></tr>
<tr><td>教学描述</td><td colspan="3">现场学生讲解,教师完善,学生实训</td></tr>
<tr><td>教学目标</td><td colspan="3">总体目标:
(1)掌握釜式反应器安装调试、操作规程、日常维护要点
(2)能够选择、安装、使用搅拌器,处理搅拌过程出现的不良现象
(3)会操作与控制反应釜,控制合成工艺
(4)掌握合成岗位安全操作规范,能够预防事故发生
知识目标:
(1)釜式反应器及附属设备的结构、特点、功能与日常维护要点
(2)不同类型反应器的特点,熟悉设备选型应考虑的问题
(3)釜式反应器的操作规程及使用、维护方法
(4)合成岗位安全操作规范及注意事项
技能目标:
(1)能够按工艺操作规程,对反应及辅助设备进行安装、调试、检查、清理、维护等
(2)能够按要求操作设备,正确开车、停车、投料、放料,控制反应工艺
(3)能够随时监控反应过程的工艺参数,熟练处置参数波动
(4)能够对操作中存在的问题及时发现、解决,提出合理化建议并加以改进
(5)做好个人及生产现场的安全防护,保证生产正常进行
素质目标:
(1)具有良好的实验操作习惯,保证操作安全、规范
(2)具有合成生产岗位所必备的安全意识,保证科研、生产的正常进行
(3)具有团队意识与合作精神,服从团队组织管理
(4)具有良好的职业道德和环境保护意识
(5)具有再学习能力、创新意识和创新精神</td></tr>
<tr><td colspan="4">教学条件:
(1)多媒体教室、图书馆、网络教师、计算机
(2)在实训室,配备有 10L 玻璃反应釜,配套的附件包括电动搅拌器、变频搅拌器、冷却系统、加热系统等
(3)药物合成生产车间
教学形式:
讲解、讨论、查资料、实训
教学组织:
参观、集中讲解、分组讨论、实训
教学内容:
釜式反应器、搅拌器</td></tr>
<tr><td colspan="4">实施步骤</td></tr>
<tr><td>步骤</td><td>内容</td><td>方法手段</td><td>时间安排</td></tr>
<tr><td>1. 现场讲解</td><td>反应釜的安装、使用方法、注意事项</td><td>问题引导
现场教学</td><td>1 学时</td></tr>
<tr><td>2. 安装</td><td>安装釜式反应器、搅拌器</td><td>实际操作</td><td>1 学时</td></tr>
<tr><td>3. 检查</td><td>作业前的安全检查</td><td>实际操作</td><td>1 学时</td></tr>
<tr><td>4. 实训</td><td>操作反应釜,包括投料、搅拌、升温、出料、故障排除等常规操作</td><td>实际操作</td><td>2 学时</td></tr>
<tr><td>5. 清场</td><td>整理实训室,做好用电、用水安全</td><td>实际操作</td><td>0.5 学时</td></tr>
<tr><td>6. 总结</td><td>项目展示、总结、评价(互评、自评、点评)</td><td>师生互动</td><td>0.5 学时</td></tr>
</table>

表 1-8 任务 3-1 合成对硝基苯乙酮（氯霉素中间体 C1）——氧化技术

任务	设计合成氯霉素中间体 C1 的小试方案，操作与控制氧化反应	计划学时	8
教学描述	学生提前查阅资料，搜集氯霉素中间体 C1 的工业生产方法；学生讲解原理，教师提问、引导、完善；教师拓展相关知识；学生制订合成氯霉素中间体 C1 的小试方案；合成氯霉素中间体 C1 实训		
教学目标	总体目标： (1)熟悉液相催化氧化原理、影响因素，以及常用化学氧化剂特点、应用 (2)会设计氯霉素中间体 C1 小试实训方案，并完成实训室氧化反应操作 (3)理解实训室小试方法与工业生产工艺的异同点 知识目标： (1)理解液相催化氧化原理、条件、工业应用，氯霉素中间体 C1 工业生产过程、影响因素、操作要点 (2)理解锰、铬、过氧化物等氧化剂的特点、应用、注意事项 技能目标： (1)会讲解液相催化氧化法生产氯霉素中间体 C1 的原理、工业生产过程、影响因素、操作要点 (2)会查阅文献，搜集、整理、总结文献资料，确定氯霉素中间体 C1 的小试实训方案 (3)会搭建氧化反应装置，正确进行氧化反应操作 (4)会控制温度、时间、加料方式，会实验室"三废"处理 (5)会记录、整理实验数据，编写实训报告 素质目标： (1)具有良好的实验操作习惯，保证操作安全、规范 (2)具有氧化生产岗位所必备的安全意识，保证科研、生产的正常进行 (3)具有团队意识与合作精神，服从团队组织管理 (4)具有良好的职业道德和环境保护意识 (5)能够和上下工序的人员协作，生产出合格产品		

教学条件：

(1)多媒体教室、图书馆、网络、计算机

(2)在实训室，每组配备有电动搅拌器、电热套、250mL 三口烧瓶、温度计、回流冷凝器、滴液漏斗、水循环真空泵。实训室准备好对硝基乙苯、硬脂酸钴、乙酸锰、氧气瓶、抽滤瓶、漏斗等

教学形式：

讲解、讨论、查资料、实训

教学组织：

分组查阅文献、集中讲解、分组讨论＋设计方案、实训

教学内容：

(1)霉素中间体 C1(对硝基苯乙酮)工业生产方法、原理

(2)液相催化氧化原理、条件、应用

(3)锰、铬、过氧化物等氧化剂的特点、应用、安全注意事项

实施步骤			
步骤	内容	方法手段	时间安排
1. 查资料	学生提前查阅有关氯霉素应用、工业生产方法等资料	查文献资料	课前
2. 讲解	学生讲解氯霉素中间体 C1 工业生产方法、原理、工业生产装置(流程)、生产过程、影响因素、操作要点；教师提问、引导、补充	任务驱动法 自主学习法	1.5 学时
3. 制订方案	根据生产氯霉素中间体 C1 的液相催化氧化原理，学生完成氯霉素氧化单元小试方案的设计；教师指导、完善	任务驱动法 自主学习法	1 学时
4. 拓展学习相关内容	锰、铬、过氧化物等氧化剂的特点、应用、安全注意事项	教师引导、启发、总结	1.5 学时
5. 实训	搭建装置；合成操作；产品分离	实际操作	3.5 学时
6. 评估	项目展示、总结、评价(互评、自评、点评)	讨论法	0.5 学时
7. 反馈	完成实训报告	自主学习法 讨论法	课下完成

表 1-9 任务 3-2 合成对硝基-α-溴代苯乙酮（氯霉素中间体 C2）——卤化技术

<table>
<tr><td>任务</td><td>设计合成氯霉素中间体 C2 的小试方案；完成溴代反应操作；分析氯霉素中间体 C2 工业生产原理、反应条件、影响因素及控制措施</td><td>计划学时</td><td>10</td></tr>
<tr><td>教学描述</td><td colspan="3">学生提前查阅资料，搜集氯霉素中间体 C2 的工业生产方法；学生讲解原理，教师提问、引导、完善；教师拓展相关知识；学生制定合成氯霉素中间体 C2 的小试方案；合成氯霉素中间体 C2 实训</td></tr>
<tr><td>教学目标</td><td colspan="3">总体目标：
(1)熟悉卤化反应类型、所用试剂、影响因素及生产应用
(2)熟悉工业生产卤化反应的合成设备，能按照操作规程进行投料、合成及出料，能调节合成工艺参数
(3)会设计氯霉素中间体 C2 合成实训方案，能进行氯霉素中间体 C2 的合成操作
知识目标：
(1)掌握卤素、卤化氢、氯化亚砜等常用卤化试剂的性质、特点及应用
(2)熟悉取代、置换卤化方法的原理、影响因素及应用
(3)苄位及羰基化合物 α-卤取代原理、影响因素、应用
(4)采用卤素取代法生产氯霉素中间体 C2 的生产原理、流程装置及控制技术
技能目标：
(1)会查阅文献，根据需要选择卤化方法及卤化试剂
(2)能正确使用溴素、氯化亚砜等常用卤化试剂，保证实验及生产的清洁、安全
(3)能结合实例，分析氯霉素中间体 C2 生产原理、反应条件、影响因素及控制措施
(4)会设计氯霉素中间体 C2 的小试实训方案
(5)能制备氯霉素中间体 C2，能正确搭建反应装置，能正确称取药品，能对实训过程进行记录
素质目标：
(1)具有良好的实验操作习惯，保证操作安全、规范
(2)具备处理卤化生产岗位的安全措施与手段，保证科研、生产的正常进行
(3)具有团队意识与合作精神，服从团队组织管理
(4)具有良好的职业道德和环境保护能力
(5)具有再学习能力、创新意识和创新精神</td></tr>
</table>

教学条件：

(1)多媒体教室、图书馆、网络、计算机

(2)实训室：水循环真空泵、熔点测定仪。每组配备有电动搅拌器、电热套、250mL 三口烧瓶、温度计、回流冷凝器、滴液漏斗、抽滤瓶、布氏漏斗等。准备好上步合成的氯霉素中间体 C1、氯苯、溴素、酸性气体回收装置、薄层色谱板等，对原料及溶剂进行无水处理

教学形式：

讲解、讨论、查资料、实训

教学组织：

分组查阅文献、集中讲解、分组讨论＋设计方案、分析生产实例、制备氯霉素中间体 C2 实训

教学内容：

卤化单元反应理论及操作技术

实施步骤			
步骤	内容	方法手段	时间安排
1. 集中讲解	取代卤化的原理、操作条件、应用，确定氯霉素中间体 C2 工业生产方法、原理、工业生产装置(流程)、生产过程、影响因素、操作要点	自主学习法 任务驱动法	2 学时
2. 设计方案	根据生产氯霉素中间体 C2 的溴素取代原理，学生完成氯霉素卤化单元小试方案的设计；教师指导、完善	任务驱动法	1 学时
3. 学习拓展知识	(1)取代卤化的原理、操作条件、使用卤化试剂注意事项、应用 (2)置换卤化的原理、操作条件、使用卤化试剂注意事项、应用	教师引导、启发、总结	2 学时
4. 实例分析	分析生产应用实例	学生讲解 现场教学	0.6 学时
5. 实训	完成制备氯霉素中间体 C2 实训	实际操作	4 学时
6. 评估	项目展示、总结、评价(互评、自评、点评)	师生互动 讨论	0.4 学时
7. 反馈	完成实训报告	自主学习、讨论	课下完成

表 1-10 任务 3-3 合成对硝基-α-氨基苯乙酮盐酸盐（氯霉素中间体 C3）——烷基化技术

任务	设计合成氯霉素中间体 C3 的小试方案；制备氯霉素中间体 C3 并进行合理的方案改进	计划学时	10
教学描述	学生提前查阅资料，搜集氯霉素中间体 C3 的工业生产方法；学生讲解原理，教师提问、引导、完善；教师拓展相关知识；学生制订合成氯霉素中间体 C3 的小试方案；合成氯霉素中间体 C3		
教学目标	总体目标： （1）能设计氯霉素中间体 C3 实训方案，能进行氯霉素中间体 C3 小试合成实训，会对实训中出现的现象和问题合理分析，能提出合理的改进方案 （2）熟悉烷基化反应类型、反应试剂、影响因素及生产应用 （3）能按照操作规程进行烷基化反应操作，能进行物料计算 知识目标： （1）熟悉常用烷基化试剂性质、特点及应用 （2）熟悉 *O*、*N*、*C*-烷基化的原理、影响因素、应用 （3）理解工业应用实例，氯霉素中间体 C3 的生产原理、工艺流程、工艺实施及操作技术 技能目标： （1）会选择 *O*、*N*、*C*-烷基化反应所用试剂及方法，懂得试剂特点及要求，能保证烷基化工段实验或生产安全 （2）能够结合实例，分析氯霉素中间体 C3 生产原理、工艺流程、反应条件、影响因素及控制措施 （3）会设计氯霉素中间体 C3 的小试实训方案 （4）能完成氯霉素中间体 C3 的实训，会优化工艺条件及提高产品质量及收率的方法、措施 素质目标： （1）具有良好的实验操作习惯，保证操作安全、规范 （2）具备保证烷基化生产岗位安全的能力，保证科研、生产的正常进行 （3）具有良好的职业道德和环境保护意识 （4）具备和上下工序的人员协作，生产出合格产品的能力		

教学条件：

（1）多媒体教室、图书馆、网络、计算机

（2）实训室：水循环真空泵、熔点测定仪、HPLC。每组配备有电动搅拌器、电热套、250mL 三口烧瓶、温度计、回流冷凝器、滴液漏斗、抽滤瓶、布氏漏斗等。实训室准备好上步合成的氯霉素中间体 C2——对硝基-α-溴代苯乙酮母液、六亚甲基四胺、氯苯、盐酸、乙醇、冰、蒸馏水、薄层色谱板、pH 试纸等

教学形式：

讲解、讨论、查资料、实训

教学组织：

分组查阅文献、集中讲解、分组讨论＋设计方案、分析生产实例、制备氯霉素中间体 C3 实训

教学内容：

烷基化单元反应理论及操作技术

实施步骤			
步骤	内容	方法手段	时间安排
1. 集中讲解	*N*-烷基化的原理、操作条件、应用，确定氯霉素中间体 C3 工业生产方法、原理、工业生产装置（流程）、生产过程、影响因素、操作要点	任务驱动法 自主学习法	1 学时
2. 设计方案	设计氯霉素中间体 C3 的小试实训方案	任务驱动法	2 学时
3. 学习拓展知识	（1）*O*-烷基化的原理、操作条件、使用的烷基化试剂及注意事项、应用 （2）*C*-烷基化的原理、操作条件、使用的烷基化试剂及注意事项、应用	教师引导、启发、总结	2 学时
4. 实例分析	分析生产应用实例	学生讨论、讲解	0.8 学时
5. 实训	以制备的氯霉素中间体 C2 和六亚甲基四胺为原料，完成氯霉素中间体 C3 的制备	实际操作、现场教学	4 学时
6. 评估	项目展示、总结、评价（互评、自评、点评）	师生互动	0.2 学时
7. 反馈	完成实训报告	自主学习	课下完成

表 1-11 任务 3-4 合成对硝基-α-乙酰氨基苯乙酮（氯霉素中间体 C4）——酰化技术

<table>
<tr><td>任务</td><td>设计合成氯霉素中间体 C4 的小试方案；按照实训方案进行氯霉素中间体 C4 的制备</td><td>计划学时</td><td>10</td></tr>
<tr><td>教学描述</td><td colspan="3">学生提前查阅资料搜集氯霉素中间体 C4 的工业生产方法；学生讲解原理，教师提问、引导、完善；教师拓展相关知识；学生制定合成氯霉素中间体 C4 的小试方案；氯霉素中间体 C4 合成实训</td></tr>
<tr><td>教学目标</td><td colspan="3">总体目标：
（1）能进行氯霉素中间体 C4 方案设计，能依据设计方案进行氯霉素中间体 C4 的制备，能对实训过程进行分析、总结
（2）熟悉酰化反应类型、反应试剂、影响因素及生产应用
（3）能按照操作规程进行投料，会调节合成工艺参数，能进行后处理操作
知识目标：
（1）O、N、C-酰化反应基本原理、方法及常用酰化试剂
（2）影响酰化反应的因素、原料配比及加料方式确定的依据
（3）选择性酰化的原理与方法
（4）工业应用实例，对硝基-α-乙酰氨基苯乙酮（氯霉素中间体 C4）的生产原理、工艺流程、工艺实施及操作技术
技能目标：
（1）根据产品结构及要求，选择合适的酰化试剂
（2）会分析典型产品对硝基-α-乙酰氨基苯乙酮（氯霉素中间体 C4）的生产原理、工艺过程、影响因素、操作控制要点
（3）会设计氯霉素中间体 C4 的小试实训方案
（4）能制备氯霉素中间体 C4，记录实验数据，对合成过程出现的问题进行正确处理，提出合理改进方法，会撰写实训报告
素质目标：
（1）具有良好的实验操作习惯，保证操作安全、规范
（2）具有酰化生产岗位所必备的安全措施，保证科研、生产的正常进行
（3）具有团队意识与合作精神，服从团队组织管理
（4）具有良好的职业道德和环境保护意识
（5）具有积累理论知识与操作经验，逐渐能够提出本岗位工艺改革、优化方案的能力</td></tr>
</table>

教学条件：

（1）多媒体教室、图书馆、网络、计算机

（2）实训室：水循环真空泵、熔点测定仪。每组配备有电动搅拌器、电热套、100mL 三口烧瓶、温度计、回流冷凝器、滴液漏斗、抽滤瓶、布氏漏斗等。实训室准备好上步合成的氯霉素中间体 C3、乙酸酐、乙酸钠、碳酸氢钠、薄层色谱板、pH 试纸等

教学形式：

讲解、讨论、查资料、实训

教学组织：

分组查阅文献、集中讲解、分组讨论＋设计方案、分析生产实例、制备氯霉素中间体 C4 实训

教学内容：

酰化单元理论及操作技术

<table>
<tr><th colspan="4">实施步骤</th></tr>
<tr><th>步骤</th><th>内容</th><th>方法手段</th><th>时间安排</th></tr>
<tr><td>1. 集中讲解</td><td>N-酰化的原理、操作条件、应用，确定氯霉素中间体 C4（对硝基-α-乙酰氨基苯乙酮）工业生产方法、原理、工业生产装置（流程）、生产过程、影响因素、操作要点</td><td>任务驱动法
自主学习法</td><td>2 学时</td></tr>
<tr><td>2. 设计方案</td><td>设计氯霉素中间体 C4 的小试实训方案</td><td>任务驱动法</td><td>1 学时</td></tr>
<tr><td>3. 学习拓展知识</td><td>（1）O-酰化的原理、操作条件、使用的酰化试剂及注意事项、应用
（2）C-酰化的原理、操作条件、使用的酰化试剂及注意事项、应用</td><td>教师引导、启发、总结</td><td>1.5 学时</td></tr>
<tr><td>4. 实例分析</td><td>分析生产应用实例</td><td>学生、讨论讲解</td><td>0.5 学时</td></tr>
<tr><td>5. 实训</td><td>以乙酸酐为酰化试剂，制备氯霉素中间体 C4</td><td>实训</td><td>4.5 学时</td></tr>
<tr><td>6. 评估</td><td>总结、点评</td><td>现场教学</td><td>0.5 学时</td></tr>
<tr><td>7. 反馈</td><td>完成实训报告</td><td>自主学习法</td><td>学生课下完成</td></tr>
</table>

表 1-12 任务 3-5 合成对硝基-α-乙酰氨基-β-羟基苯丙酮（氯霉素中间体 C5）——缩合技术

任务	设计合成氯霉素中间体 C5 的小试方案；依据方案制备氯霉素中间体 C5	计划学时	10
教学描述	学生提前查阅资料搜集氯霉素中间体 C5 的工业生产方法；学生讲解原理，教师提问、引导、完善；教师拓展相关知识；学生制定合成氯霉素中间体 C5 的小试方案；制备氯霉素中间体 C5 实训		
教学目标	总体目标： (1)能设计氯霉素中间体 C5 的实训方案，能在实训室制备氯霉素中间体 C5，能记录制备过程中的实验现象及操作过程 (2)熟悉缩合反应类型、影响因素及生产应用 (3)了解缩合反应设备，能进行日常设备维护及清洗，能进行后处理操作和“三废”回收处理 知识目标： (1)醛、酮及其与羧酸衍生物的缩合、酯缩合及其他缩合反应原理、影响因素、应用 (2)原料配比及加料方式确定的依据 (3)工业应用实例，氯霉素中间体 C5(对硝基-α-乙酰氨基-β-羟基苯丙酮)生产原理、工艺流程、反应条件及控制技术 技能目标： (1)会分析缩合单元过程的影响因素，确定操作方法与原料配比 (2)会分析典型产品氯霉素中间体 C5 生产工艺过程及影响因素 (3)会设计氯霉素中间体 C5 的小试实训方案 (4)能制备氯霉素中间体 C5，能进行原始实验记录，会分析实验过程及问题产生原因，能进行工艺条件优化 素质目标： (1)具有良好的实验操作习惯，保证操作安全、规范 (2)具有缩合生产岗位所必备的安全意识，保证科研、生产的正常进行 (3)具有团队意识与合作精神，服从团队组织管理 (4)具有良好的职业道德和环境保护意识 (5)善于积累理论知识与操作经验，逐渐能够提出本岗位工艺改革、优化方案			

教学条件：

(1)多媒体教室、图书馆、网络、计算机

(2)实训室：水循环真空泵、熔点测定仪。每组配备有电动搅拌器、电热套、100mL 三口烧瓶、温度计、回流冷凝器、滴液漏斗、抽滤瓶、布氏漏斗、显微镜等。实训室准备好上步合成的氯霉素中间体 C4、甲醛、甲醇、薄层色谱板、pH 试纸等

教学形式：

讲解、讨论、查资料、实训

教学组织：

分组查阅文献、集中讲解、分组讨论＋设计方案、分析生产实例、制备氯霉素中间体 C5 实训

教学内容：

缩合单元反应理论及操作技术

实施步骤			
步骤	内容	方法手段	时间安排
1. 集中讲解	羟醛缩合原理、操作条件、应用，确定氯霉素中间体 C5(对硝基-α-乙酰氨基-β-羟基苯丙酮)工业生产方法、原理、工业生产装置(流程)、生产过程、影响因素、操作要点	任务驱动法 自主学习法	2 学时
2. 设计方案	设计氯霉素中间体 C5 的小试实训方案	任务驱动法	1 学时
3. 学习拓展知识	(1)醛酮与羧酸缩合的原理、操作条件、使用的烷基化试剂及注意事项、应用 (2)酯缩合的原理、操作条件、使用的烷基化试剂及注意事项、应用	教师引导、启发、总结	2.5 学时
4. 实例分析	分析生产应用实例	学生讲解	0.5 学时
5. 实训	以甲醛为缩合试剂，制备氯霉素中间体 C5	实训	3.5 学时
6 评估	总结、点评	现场教学	0.5 学时
7. 反馈	完成实训报告	自主学习、总结	学生课下完成

表 1-13 任务 3-6 合成对硝基-苯基-2-氨基-1,3-丙二醇（氯霉素中间体 C6）——还原技术

任务	设计合成氯霉素中间体 C6 的小试方案；熟悉还原反应方法及试剂；制备氯霉素中间体 C6 并进行工艺改进	计划学时	12
教学描述	学生提前查阅资料搜集氯霉素中间体 C6 的工业生产方法；学生讲解原理，教师提问、引导、完善；教师拓展相关知识；学生制订合成氯霉素中间体 C6 的小试方案；制备氯霉素中间体 C6		
教学目标	总体目标： (1)能设计合成氯霉素中间体 C6 的小试方案，能合成氯霉素中间体 C6，能对工艺条件进行优化和改进 (2)熟悉常用的化学还原剂、反应条件、影响因素和生产应用，熟悉催化氢化的类型及常用催化剂、影响因素 (3)能进行高压催化加氢反应釜的安装、操作、维护及清洗 知识目标： (1)催化加氢法 ① 催化加氢类型、特点及应用 ② 常用催化剂 ③ 催化氢化操作要点及注意事项 (2)化学还原法：金属复氢化物、活泼金属、醇铝等还原剂的特点、应用及使用注意事项 (3)分析外消旋体对硝基-苯基-2-氨基-1,3-丙二醇(氯霉素中间体 C6)的生产原理、生产过程及影响因素 技能目标： (1)根据需要选择还原方法及还原剂，设计还原实验方案 (2)使用金属复氢化物、活泼金属、醇铝等常用还原剂，保证实验及生产的安全 (3)会设计氯霉素中间体 C6 的小试实训方案 (4)能制备氯霉素中间体 C6，能做好原始实验记录，分析实验过程出现的问题，撰写实训报告 (5)能安装高压催化加氢釜，能进行加氢实验操作，维护和清洗加氢釜 素质目标： (1)具有良好的实验操作习惯，保证操作安全、规范 (2)具有还原生产岗位所必备的安全措施，保证科研、生产的正常进行 (3)具有团队意识与合作精神，服从团队组织管理 (4)具有良好的职业道德和环境保护意识 (5)善于积累理论知识与操作经验，逐渐能够提出本岗位工艺改革、优化方案		

教学条件：

(1)多媒体教室、图书馆、网络、计算机

(2)实训室：水循环真空泵、熔点测定仪。每组配备有电动搅拌器、电热套、100mL 三口烧瓶、温度计、回流冷凝器、滴液漏斗、抽滤瓶、布氏漏斗、显微镜等。实训室准备好上步合成的氯霉素中间体 C5、异丙醇、氯化汞、铝、无水三氯化铝、盐酸、碳酸钠、活性炭、薄层色谱板、pH 试纸等

教学形式：

讲解、讨论、查资料、实训

教学组织：

分组查阅文献、集中讲解、分组讨论＋设计方案、分析生产实例、制备氯霉素中间体 C6 实训

教学内容：

还原单元反应理论及操作技术

实施步骤			
步骤	内容	方法手段	时间安排
1. 集中讲解	活泼金属还原反应原理、操作条件、应用，氯霉素中间体 C6 工业生产方法、原理、工业生产装置(流程)、生产过程、影响因素、操作要点	任务驱动法 自主学习法	2 学时
2. 设计方案	完善氯霉素中间体 C6 的小试实训方案	任务驱动法	1 学时
3. 学习拓展知识	(1)催化加氢法 ①催化加氢类型、特点及应用 ②常用催化剂 ③催化氢化操作要点及注意事项 (2)化学还原法，其他还原剂金属复氢化物、铁等还原剂的特点、应用及使用注意事项	教师引导、启发、总结	2.5 学时

续表

步骤	内容	方法手段	时间安排
4. 实例分析	分析氯霉素中间体 C6 生产应用实例	学生讲解	0.5 学时
5. 实训	以异丙醇铝为还原剂，制备氯霉素中间体 C6	实训	5.5 学时
6. 评估	总结、点评	现场教学	0.5 学时
7. 反馈	完成实训报告	自主学习法	学生课下完成

表 1-14　任务 3-7　合成氯霉素原料药 C——手性药物制备技术

任务	设计合成氯霉素原料药 C 的小试方案；制备氯霉素原料药 C	计划学时	6
教学描述	学生提前查阅资料搜集氯霉素原料药的工业生产方法；学生讲解原理，教师提问、引导、完善；教师拓展相关知识；学生制订合成氯霉素原料药 C 的小试方案，学生分组制备氯霉素原料药 C(终产品)		
教学目标	总体目标： (1)能设计氯霉素原料药 C 实训方案，能制备氯霉素原料药 C，能提出工艺条件优化方案 (2)理解诱导结晶法拆分外消旋体制备手性药物的原理，掌握基本操作 (3)总结氯霉素合成过程，熟悉每步合成方法及操作过程，了解生产中各步的控制因素，熟悉每步操作规程 知识目标： (1)理解诱导结晶法拆分外消旋体制备手性药物的原理 (2)掌握合成氯霉素原料药 C 最后酰化的原理、方法与依据 (3)归纳氯霉素原料药 C 每步合成过程及方法，了解各步控制条件，熟悉每步操作规程 技能目标： (1)设计氯霉素原料药 C 的小试实训方案 (2)合成氯霉素原料药 C 做好实验原始记录，能优化工艺条件 (3)总结氯霉素原料药 C 每步合成过程，会分析每步实验过程中出现的问题和解决方法，提高自己的动手能力和分析问题、解决问题的能力 素质目标： (1)具有良好的实验操作习惯，保证操作安全、规范 (2)具备合成生产岗位所必备的安全措施，保证科研、生产的正常进行 (3)具有再学习能力、创新意识和创新精神 (4)了解化学合成使用的设备和常用物料的安全特性，能够消除一般隐患 (5)了解反应工序和分离工序的情况，能够和上下工序的人员协作，生产出合格产品 (6)善于积累理论知识与操作经验，能够逐渐提出本岗位工艺改革、优化方案		

教学条件：

(1)多媒体教室、图书馆、网络、计算机

(2)实训室：水循环真空泵、熔点测定仪、HPLC。每组配备有电动搅拌器、电热套、100mL 三口烧瓶、温度计、回流冷凝器、滴液漏斗、抽滤瓶、布氏漏斗等。实训室准备好上步合成的氯霉素中间体 C6、二氯乙酸甲酯、甲醇、活性炭、冰、薄层色谱板、pH 试纸等

教学形式：

讲解、讨论、查资料、实训

教学组织：

分组查阅文献、集中讲解、分组讨论＋设计方案、分析生产实例、制备氯霉素原料药实训

教学内容：

诱导结晶法拆分外消旋体制备手性药物的原理；酰化单元反应理论及操作技术

实施步骤			
步骤	内容	方法手段	时间安排
1. 集中讲解	在查阅酰化反应相关资料的基础上，确定氯霉素原料药 C(终产品)工业生产方法、原理、工业生产装置(流程)、生产过程、影响因素、操作要点	任务驱动法 自主学习法	1 学时

续表

步骤	内容	方法手段	时间安排
2. 设计方案	设计氯霉素原料药C的小试实训方案	任务驱动法	0.5学时
3. 学习拓展知识	复习*O*-酰化、*N*-酰化、*C*-酰化反应类型，熟悉常用的酰化反应试剂及各自特点、使用范围及生产应用	自主学习法 教师引导、总结	课下完成
4. 实训	以二氯乙酸甲酯为酰化试剂，制备氯霉素原料药C	实训、现场教学法	2学时
5. 评估	总结、点评	现场教学	0.5学时
6. 总结	总结氯霉素原料药各步合成方法，熟悉每步反应类型及所用试剂，总结各步合成过程所出现的问题，熟悉工业生产中各步岗位操作规程	现场教学法	2学时
7. 反馈	完成实训报告、项目总结报告	自主学习法	学生课下完成

四、 项目教学工具

1. 教师工作手册

教学过程按照咨询、决策、计划、实施、评估、总结的步骤进行，教师可参考本部分的课程设计，对每一教学单元提前设计“教师工作页”。汇总“教师工作页”组成《教师工作手册》，以指导项目化教学的开展。

2. 学生工作手册

每一项任务对应一份“学生工作页”，用于详细指导和记录学生开展项目化教学，汇总后组成《学生工作手册》。其内容包括：①接受任务；②讨论并制订实训方案；③实训方案的确认；④任务实施过程（如任务实施前检查、搭建反应装置，进行装置的试运行；任务实施，对每一个所完成的工作任务进行记录和归档、实训结果分析与讨论）；⑤产品检测与展示；⑥任务完成情况评估；⑦清场记录单；⑧思考与总结等。本教材提供了全套的《学生工作手册》。

3. 课程网络资源

除了教材之外，学习本课程可以参考以下网站。

（1）《药物合成技术》在线开放课程网站 https：//mooc. icve. com. cn/course. html?cid=YWHHB688686

（2）制药专业网站

① 中文网站

国家药品监督管理局　　国家知识产权局专利检索与分析
全国标准信息服务平台　　中国化工网
中国石油石化工程信息网　　中国化工设备网
药智数据　　蒲标网
中国知网　　万方数据知识服务平台

② 外文网站

欧洲专利/世界专利局专利检索　　美国专利商标局
美国《化学文摘》　　美国《工程索引》
有机合成手册　　有机化学
Science（科学）　　Nature（自然）

4. 专业期刊

学习本课程常用专业期刊如下。

期刊名称	ISSN	CN
化学反应工程与工艺	1001-7631	33-1087
精细化工	1003-5214	21-1203
化工学报	0438-1157	11-1946
现代化工	0253-4320	11-2172
化学世界	0367-6358	31-1274
化学工程	1005-9954	61-1136
应用化学	1000-0518	22-1128
化学通报	0441-3776	11-2717
中国医药工业杂志	001-8255	31-1243
精细石油化工	1003-9384	12-1179
高等学校化学学报	0251-0790	22-1131

第二部分
项目及实施

项目一　准备物料与确定工艺

素养案例

绿水青山，就是金山银山——绿色制药工艺改进的必要性

“绿水青山就是金山银山”的环保理念对我国的制药行业也提出了更高的要求。制药企业可通过绿色工艺优化、资源回收和套用、节能降耗、减少“三废”排放等方式进行技术改造，以点带面，实施绿色制药工艺。

对氨基苯酚，简称PAP，是广泛用于医药、精细化工等领域的重要中间体。在医药工业上，对氨基苯酚用于合成扑热息痛、安妥明等药物。因其用途广泛，国内外有关合成方法的研究很多。铁屑还原制备PAP是比较经典的方法，国内许多企业曾用此法。该方法生产PAP的收率较高，可达91.8%，但是工艺路线长，生产成本高。同时，每生产1t产品需要排放2t多铁泥及大量废水，环境污染严重。1992年我国化工部已停止扩大该法生产。

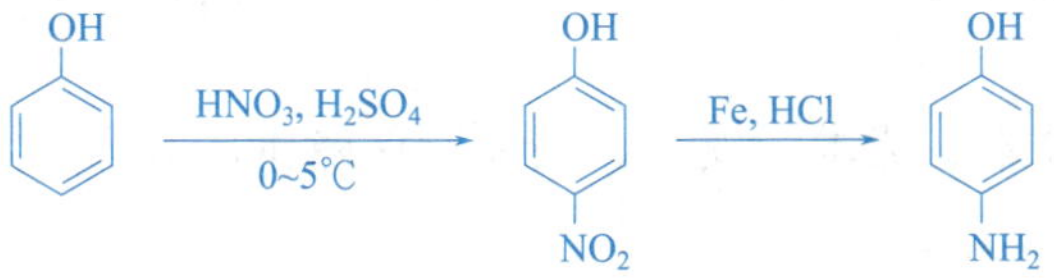

近30年来，广大技术人员不断对生产PAP的工艺进行改进及优化，设计了多条合成路线，最终催化氢化法是目前工业上优先采用的方法。催化剂可采用骨架镍，金属铂、钯、铑或其氧化物。为了缩短反应时间、高效回收催化剂、降低能耗，并提高产品质量，可添加一种不溶于水的惰性溶剂，如甲苯，反应后产品在水层中，催化剂则留在甲苯层中，利于催化剂的回收套用。加氢还原法的优点是产品质量较高，催化剂可回收套用且“三废”少。

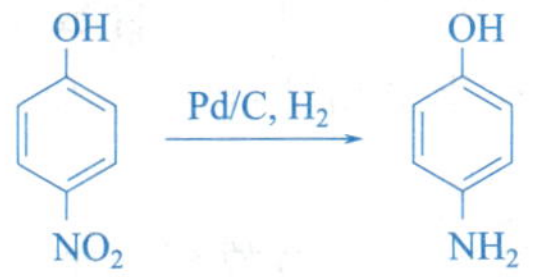

学习感悟：大力开发环境友好的药物合成新技术和新工艺，从源头削减污染，提高资源利用效率，避免或减少生产、服务和产品使用过程中污染物的产生和排放，确保生态环境和可持续发展。

项目背景

药品是一种特殊商品，直接关系到人民群众的生命安危，药品质量是在生产中形成的。为确保药品质量，必须对原料至成品到销售的全过程中的各个环节进行严格的管理和控制。原料、辅料是药品生产的基础物质，是药品生产过程的第一关，其质量状况将会直接影响药品的质量。因此，选择合适的原辅材料对于药物合成工艺路线的确定十分关键。大家想想，药品生产中的原辅材料包括哪些？它们在生产不同阶段的作用是什么？其质量要求如何？来源及供应情况如何保证？如何进行预处理而确保其质量呢？为了保证生产正常进行、保证药品质量，岗位工作中应该做好哪些准备工作呢？

2-1微课：反应时间与反应终点的控制

化学反应是在一定的条件下实现的，相同的反应物在不同的温度、压力、pH 值、时间等工艺条件下可以得到不同的产物，即使反应条件相同，不同的原料配比、不同的加料方式又会带来不同的效果，即生产具有原料、产品、工艺、技术等多方案性的特征，这种多方案性源于科学技术，也蕴含着经济的盈亏与环境的优劣。因此，全面了解影响反应效果的各因素，制订和实施优化的工艺方案，是使药物合成技术进步的源泉和必由之路。掌握工艺优化方法，制订科学的工作方案，并能够正确地组织与实施，是药物合成岗位的主要工作内容，也是一个高端技能型人才所必备的职业素质。

任务 1　物料准备与预处理

一、 布置任务

（1）设计方案　通过学习必备知识及查阅相关文献，选择实训室合成阿司匹林所用的原料、溶剂、催化剂，并根据要求进行适当预处理，使其符合合成工艺要求。写出具体的方案、工作步骤。

（2）讲解方案　从技术、成本、安全、环保及保障供应等方面，说明方案制订的依据。

二、 必备知识

（一）原辅材料的要求与选择

1. 药物合成所用原辅材料及要求

在药品生产中，原料是指生产过程中使用的所有投入物。就是说，原料不仅包括生产产品所需要的骨架和功能基的物质，还包括生产过程中的挥发性液体、溶剂、过滤用的助剂以及其他不作为最后产品成分的中间过程所用材料。合成中对原料的基本要求是利用率高、价廉易得。利用率是指包括化学结构中骨架和功能基的利用程度，它取决于原料的化学结构、性质以及所进行的反应。

药品被加工成各种类型的制剂时，绝大多数都要加入一些无药理作用的辅助物质，这些辅助物质被称为辅料。如片剂生产中加入的淀粉、糊精，注射剂生产中加入调节 pH 值的酸、碱等。辅料在制剂生产中起到相当大的作用，它不但赋予药物适于临床用药的一定形式，而且还可以影响药物的稳定性、药物作用的发挥以及药品质量等。

药品生产中所需要的原辅材料种类多，结构复杂，有的危险性较大。为此，必须对所需原辅材料进行全面了解，包括理化性质、相类似反应的收率、操作的难易程度、危险性以及市场来源和价格因素等。有些原辅材料一时得不到供应，则需要考虑自行生产以及替代的问题；同时要考虑到原辅材料的质量规格以及运输等。此外，还要考虑综合利用问题，有些产品的副产物，经过适当处理，有可能成为其他产品的主要原材料。选择原辅材料还要考虑原辅材料经过使用后产生的废物处理问题。

2. 原辅材料的质量标准

《药品生产质量管理规范》（2010 年版）第三十九条中明确规定：药品生产所需的物料应符合药品标准、包装材料标准、生物制品规程或其他有关标准，不得对药品的质量产生不良影响。这就意味着药品生产所需的原辅材料和包装材料等必须有质量标准。质量标准可以分为法定标准和企业标准。

（1）法定标准　法定标准是国家颁布的对产品质量的最基本要求，是药品生产中必须达到的质量标准。药品生产中执行的法定标准包括以下几方面。

① 中华人民共和国药典。目前执行的是 2020 版中国药典。

② 国家食品药品监督管理局药品标准。简称部标，它是对暂时收载于药典尚不够完善，或新药典未出版前的优良产品制定颁发的药品标准。

生产药品所需的原料、辅料以及直接接触药品的容器和台装材料，必须符合范围要求。

（2）企业标准　企业标准是企业根据法定标准和企业的生产技术水平、用户要求等制定的高于法定标准的内控标准，目的是保证药品成品质量，并对无法定标准的物料进行质量控制。

3. 供应商质量审核制度

要保证使用质量合格稳定的原辅材料，还必须要选择稳定的供应商。《药品生产质量管理规范》（2010 年版）第七十六条中明确规定，质量管理部门应同有关部门对主要物料供应商质量体系进行评估。这就是要实行供应商质量审核制度。

供应商审核是对现有供应商进行表现考评及年度质量体系审核，是供应商管理过程中的重要内容。它是在完成供应市场调研分析，对潜在的供应商已做初步筛选的基础上，对可能发展的供应商进行的审核。

对于企业主要原辅料、包装材料以及对产品质量、收率影响较大的原辅料的各供应厂家应进行质量审核，以达到如下目的：①评估现有的或可能的供应厂家；②促使供应商不断改善内部质量情况，提供高质量产品；③检查供应商的各项实施操作是否符合书面程序；④及时提出纠正和预防措施等。

（1）供应商审核的层次　供应商审核的层次根据采购供应来进行控制，可分为以下四层。

① 产品层次。主要是确认、改进供应商的产品质量。实施办法有正式供应前的产品或样品认可检验，以及供货过程中的来料质量检查。

② 工艺过程层次。主要针对那些质量对生产工艺有很强依赖性的产品。要保证供货质量的可靠性，往往必须深入到供应商的生产现场了解其工艺过程，确认其工艺水平、质量控制体系及相应的设备设施能够满足产品的质量要求。这一层次的审核包括工艺过程的评审，以及供应过程中因质量不稳定而进行的供应商现场工艺确认与调整。

③ 质量保证体系层次。就供应商的整个质量体系和过程，参照 ISO 9000 标准或其他质量体系标准而进行审核。

④ 公司层次。这是对供应商进行审核的最高层次，它不仅要考察供应商的质量体系，还要审核供应商经营管理水平、财务与成本控制、计划制造系统、信息系统和设计工程能力等各主要企业管理过程。

(2) 供应商审核的方法　供应商审核方法可以分为主观判断法和客观判断法。主观判断法是指依据个人的印象和经验对供应商进行的判断，这种评判缺乏科学标准，评判的依据十分笼统、模糊；客观判断法是指依据事先制定的标准或准则对供应商进行量化的考核和审定，包括调查法、现场打分评比法、供应商绩效考评、供应商综合审核、总体成本法等方法。

(3) 供应商审核的程序　供应商审核一般按以下步骤进行，也可根据实际情况进行调整。首先，通过对供应商的一般声誉、企业概况、国家质量认证情况等进行初步考察，按照企业《物料采购过程质量管理规定》中的有关要求对供应商产品进行检验、验证和试用，结果完全合格的供应商可确定为预审计供应商。供应商质量审计程序包括以下几方面。

① 首次会议。由供应商派相关人员与使用方质量审计人员共同参加。使用方质量审计人员应解释审计的目的、要求等，并根据实际情况征求供应商的意见，研究审计的时间、内容、顺序等。

② 审计步骤。通过检查现场和查看文件制度、生产记录等，对下列内容进行详细评价并记录：a. 原材料的控制情况；b. 生产工艺流程及工艺过程质量控制情况；c. 文件管理有关内容；d. 质量管理有关内容；e. 质量检验、保管、交付过程质量控制情况；f. 包装搬运、储存、保管、交付过程质量控制情况；g. 人员培训情况；h. 售前、售后服务情况；i. 现场管理情况；j. 厂房环境、生产及有关设施。

③ 末次会议。由双方共同参加进行总结。使用方审计人员应按审计标准公正评价供应商的优点和缺陷，准确提出需整改的各项问题，并要求限期整改。

④ 审计报告。由审计小组严格对供应商现场审计的实际情况写出详细的审计报告，并注明小组的最后结论，及时上交公司质量管理领导小组进行复核和评价。

⑤ 审计复核、评价及签发证书。由公司质量管理领导小组组织评审会议，根据供应商质量审计报告、产品质量状况、稳定性报告等相关材料，以及供应商的改进措施等进行综合复核与评价。通过评审会鉴定合格的供应商，由物资供应部签发“合格供应商”证书。

(4) 供应商质量审计标准依据　对于生产原料药，药用辅料的供应商应按 GMP 标准进行质量审计。参照 ISO 9000 系列标准中有关质量管理的质量保证标准。

4. 试剂的等级与预处理

(1) 试剂的等级　试剂又称化学试剂。主要是实现化学反应、分析化验、试验研究、教学实验等使用的纯净化学品。一般按用途分为通用试剂、高纯试剂、分析试剂、仪器分析试剂、临床诊断试剂、生化试剂等。试剂的品级与规格应根据具体要求和使用情况加以选择。

在中国国家标准（GB）中，将一般试剂划分为三个等级：一级试剂为优级纯，二级试剂为分析纯，三级试剂为化学纯。定级的根据是试剂的纯度（即含量）、杂质含量、提纯的难易，以及各项物理性质。有时也根据用途来定级，如光谱纯试剂、色谱纯试剂，以及 pH 标准试剂等。化学纯是指一般化学试验用的试剂，有较少的杂质，不妨碍实验结果。分析纯是指做分析测定用的试剂，杂质更少，不妨碍分析测定。色谱纯是指进行色谱分析时使用的标准试剂，在色谱条件下只出现指定化合物的峰，不出现杂质峰。对于化学纯、分析纯、优级纯，不同的药品其要求也不完全相同。

（2）试剂的预处理　在实际工作中，由于价格、供应等问题有时不可能得到所需纯度的试剂，需要提纯，应针对不同的试剂，选择合适的提纯方法。常用的提纯方法有：①蒸馏。对于易挥发的试剂（如常用的有机溶剂）这是最常用的提纯方法。根据沸点的高低选用常压或减压蒸馏。②升华。对于某些易升华的试剂，如碘、萘等，此法最简便。③重结晶。适用于大多数固体试剂的提纯，其关键是选择好合适的溶剂。④溶剂萃取。无论将母体还是将杂质萃取到有机溶剂相中，均可达到提纯的目的。⑤离子交换色谱分离。这是一种新型的高效提纯方法，例如，用阴离子交换树脂吸附清除盐酸中的铁。此外，还有薄层色谱、电渗析、区域熔融、离子交换膜等特殊手段来分离提纯化学试剂。

5. 危险原辅材料的性质与安全防护技术

合成药物的原料一般都是有机化学品。大多数有机化学品都有一定的危险性，可能造成火灾、爆炸、中毒和环境污染等恶性事故。特别是挥发性的化学品，其蒸气的毒性、易燃易爆性更不可忽视。另外，一些原料有可能在加工和储存过程中形成十分危险的过氧化物，必须在使用过程中做特殊处理。例如，乙醚与四氢呋喃（THF）在接触氧气及光线时，会形成高爆炸性的过氧化物。这些过氧化物因为沸点高，会在蒸馏时浓缩。醚类必须在稳定剂（如 2,6-二叔丁基-4-甲基苯酚，BHT）或氢氧化钠的存在下储存在封闭容器内，并置于阴暗处。

无机溶剂中，液氨、液氮、液态二氧化碳等属于高压液化气体，还存在窒息、冻伤、高压爆炸等危险。在使用化学品前必须关注其物料安全数据表（material safety data sheet，简称 MSDS），常用的化学品的卫生和安全数据，可以从《化学试剂手册》和官方网站检索。

（1）物料安全数据表　物料安全数据表简称 MSDS 评估认证报告，其中说明了对应化学品对人类健康和环境的危害性并提供如何安全搬运、储存和使用该化学品的信息，是关于危险化学品的燃、爆性能，毒性和环境危害，以及安全使用、泄漏应急救护处置、主要理化参数、法律法规等方面信息的综合性文件；是阐明化学品的理化特性（如 pH 值、闪点、易燃度、反应活性等）以及对使用者的健康（如致癌、致畸等）可能产生的危害的文件；是关于传递化学品危害信息的重要报告。

（2）火灾、爆炸危险及防护技术　一般而言，化学操作人员面对的最主要的危险是火灾和爆炸。发生燃烧的基本条件是火源（能量）、可燃物、助燃物（比如氧气）。避免和消灭火灾的方法，就是切断一个或几个燃烧的要素。预防火灾、爆炸危险的具体措施包括以下几方面。

① 隔离火源。在合成操作现场，禁止携带火种、禁止使用非防爆电器是基本规则，也是控制火源的主要措施之一。

易燃液体在输送和流动时，液体运动摩擦产生静电，静电的积聚，能够引起有足够潜能的火花，引燃可燃化学品的蒸气，造成火灾和爆炸事故。非极性化学品的静电危害特别需要注意，长时间高速搅拌就足以积聚大量电荷，产生爆燃。从安全角度来说，工艺过程中如能在非极性溶剂中加入一些极性溶剂，也是导除静电的一个方法。

消除电荷的有效方法是在输送和储存危险品时，将所有金属容器和管道可靠接地。永久性接地是使用实心线缆或编织的金属网线，以螺丝或焊接方法固定在容器上；暂时性连接是使用编织线用弹簧夹连接，以便保持金属与金属之间的接触，防止电荷积聚。

在分装易燃液体时，应首先确保储料桶与接收容器可靠接地，再进行分配操作。分装完毕后，应先关闭接收容器的盖子，再拆除接地线。

② 隔离助燃物。隔离助燃物是抑制火灾的重要措施。在化学反应过程中，如果采取措施隔离氧气，就能大大减少火灾的危险。实际操作中，常采用在反应器或容器中充加氮气的办法。氮气是一种惰性气体，用氮气吹扫置换系统中的空气，能够减少系统中的氧气含量，使系统更安全。

（3）中毒危险及防护技术

① 化学品的毒性和防护。化学品的毒性是根据其对大多数人的作用而确定的。中毒者会出现局部麻醉或整个身体机能障碍，摄入体内的毒性物质与组织器官发生生物化学作用，破坏正常的生理功能，引起暂时性或永久性的病理改变，甚至在短时间内危及生命。具有毒害作用的化学品侵入人体的方式可以是经口腔、皮肤或通过呼吸。化学品的蒸气是人们最难以避免接触，最容易进入人体的。

为了减少有毒化学品的暴露，在操作有毒化学品时应注意：a. 仔细阅读物料安全数据表（MSDS），了解涉及的全部物料的化学性质和毒性；b. 了解有毒暴露可以通过吸入、摄入和皮肤接触发生，在整个操作过程都应使用防护用具，避免直接接触有害物质；c. 确保人员操作环境的蒸气浓度低于安全浓度；d. 使用潜在的或不明确的毒性物质时，坚持使用通风设施。

② 眼睛的防护。在有可能发生化学品喷溅或喷射的工作场所，应当佩戴防化学喷溅护目镜。这种护目镜紧贴面部，形成一个密封的环境，在发生喷溅时可以有效防止液体进入眼部。在有大量物理或化学危险的场所，应当佩戴防护面罩以保护整个面部。安全专家推荐以上两种防护装置同时使用，形成理想的双重保护。

③ 呼吸系统的防护。保持厂房内的良好通风，可以降低有害气体浓度。除此之外，强劲的局部排风系统，能够为近距离操作有害化学品的人员提供非常有效的防护。在打开化学品的桶盖，使用抽取物料或分装物料时都应使用局部排风系统。

在粉尘严重的工作场所应当使用防尘口罩，但防尘口罩对于有毒气体、蒸气和有毒灰尘不能起到防护作用。在存在有毒气体的场所，应当使用防毒面具。

当使用者感到呼吸困难或在面具中闻到污染物的气味时，表示吸附剂已经饱和，必须及时更换滤盒。每次佩戴防毒面具时都应做“贴合检查”，即检查防毒面具的面罩是否已紧密贴合在脸上。带好面具后，用手掌盖住吸气的进口，阻止空气进入，吸气时，橡胶面罩应该因吸气造成的真空而塌陷；用手掌阻断呼气口，向面罩内吹气时，橡胶面罩应该微微鼓起，而且面罩的周围没有明显漏气。贴合严密的防毒面具才能有效保护有毒物质对呼吸系统的伤害。

④ 手部的防护。各种防护手套可以防护手可能遇到的极热、极冷、摩擦和化学品暴露。使用化学防护手套前，要做加压检查，防止泄漏。最简单的方法是，向手套内吹气直到手指端也胀起，把手套浸入水中，不应看到有气泡从手套中漏出。

⑤ 防护服装和工作鞋。在化学合成岗位，根据操作物料的性质选择工作服和橡胶围裙，

不能穿便鞋、露脚趾的敞口鞋和帆布运动鞋。建议穿戴有加强硬头的安全鞋。化学合成场所的工作服装应该单独清洗，特别是不要带回家清洗，防止污染家人的衣物。

⑥ 低温液化气体的危险和防护技术。很多合成制药车间会使用到压缩气体（如压缩空气）或高压液化气体（如液氮、液氨）。有些是作为原料，有些是用于为反应提供冷量。在使用这些危险品之前首先要了解原料的 MSDS。

液化气体除了有其在常态的危险性以外，还有一些特殊的危险，如接触低温液体会发生严重的冻伤，使局部的血液循环停止；低温液化气体在气化时容积会急剧膨胀，如果失控，就有发生容器爆炸的风险；低温液化气体还能够使其他气体固化，阻断低温储罐的排气管路，造成容器超压。

在使用低温液化气体时，要始终穿戴好防护手套、工作服，佩戴防护眼镜。要经常检查储罐的压力和安全系统，防止出现超压。

（二）溶剂的选择与使用

1. 溶剂的性质

溶剂的常用性质包括溶解能力、密度、蒸气压、蒸发潜热、共沸特性、挥发速率、熔点、黏度等。从不同的角度，人们会关心溶剂不同方面的性质，如从合成角度，会关心介电常数、沸点、反应性等；从分离角度，更关心溶解度（或溶解能力）、密度等；从使用安全角度，则会关心蒸发速度、闪点、燃点、爆炸极限、毒性等。

（1）溶解能力　在实际工作中，人们关心的溶剂的溶解能力包括以下几个方面：①溶质在溶液中均匀分散的速率；②溶质溶解（与溶液成为均相）的速率；③将溶质在溶剂中配制成指定浓度的速率；④与其他溶剂混溶的能力。

在反应过程中，往往希望找到对各种反应物和催化剂溶解能力均较强的溶剂作为反应介质，以便形成均相，提高反应速度。

（2）密度　密度是不相溶的两种液体分相的主要动力。多数常用小分子有机溶剂的密度比水小，在与水分相时是轻相，处于水相的上面。一些含卤的化合物（如 CH_2Cl_2、$CHCl_3$ 等）则例外，它们的密度比水大，在与水分相时成为重相沉在水底。这在分离水相和溶剂相时要特别注意。

有机溶剂蒸气密度往往比空气密度大，因此会沉到底部并扩散很长的距离而几乎不被稀释。这就使得有机溶剂发生火灾时会沿着地面“延燃”，是这类火灾容易出现迅速发展的一个重要原因。

（3）共沸特性　共沸混合物是指处于平衡状态下的气相和液相组成完全相同时的混合溶液，形成这种溶液对应的温度叫做共沸点。一旦形成共沸混合物，就不能用普通的蒸馏方法分开，共沸现象往往给溶剂的回收带来影响。可以利用共沸蒸馏轻易地分离非共沸物组成的杂质，但分离共沸组成却是比较麻烦的问题。分离共沸组成往往采用三元共沸精馏、萃取、膜分离等其他方法，并要具体情况具体分析。如乙醇-水形成共沸物，使用蒸馏的方法只能得到 95％的乙醇，要得到无水乙醇必须使用特殊的方法如生石灰脱水法、醇镁脱水法或三元共沸精馏方法达到目的。

（4）蒸发速率、闪点、燃点和爆炸极限　蒸发速率、闪点、燃点和爆炸极限，往往是人们判断溶剂发生火灾、爆炸危险性的指标。

① 蒸发是液体表面发生的气化现象，蒸发过程在任何温度下都会发生。各种有机溶剂

的蒸发速率是不同的。蒸发速率与溶剂的化学结构有关，还受到环境温度、溶剂的热导率、分子量、蒸发潜热等的影响。决定蒸发速率的根本原因是溶剂在环境中的蒸气压。沸点相对较高的溶剂蒸发速率未必就比沸点相对较低的溶剂蒸发速率慢。例如甲醇的沸点为 64.5℃，比蒸发速率为 370；苯的沸点为 79.6℃，其比蒸发速率为 500。溶剂在储运过程中往往会使用密闭容器，容器受热以后，蒸发速率快的溶剂会在容器内产生内压，容易发生爆破事故。因此在使用蒸发速率大的溶剂时需要更加小心。

② 在规定条件下，把金属杯中的溶剂缓慢加热，并定期地向杯子顶部引入小火焰与杯子上部的溶剂蒸气接触，重复这一操作，直到观察到首次出现闪火，这时溶剂的温度就叫做溶剂的闪点。闪点越低的溶剂，越容易发生闪燃，发生火灾或爆炸的危险性越大。

③ 物质在空气中加热时，开始并继续燃烧的最低温度叫做燃点。温度升高到燃点时，溶剂会自发地开始燃烧而不需要火源。燃点越低的溶剂，发生火灾或爆炸的危险性越大。

④ 爆炸极限，又称爆炸浓度极限，指可燃性气体、蒸气或粉尘与空气混合后，在一定浓度范围内，遇火会猛烈燃烧形成爆炸。其最低浓度叫“爆炸低限”，最高浓度叫“爆炸高限”。任何蒸气或气体的浓度低于爆炸低限或高于爆炸高限都不会有爆炸的危险。爆炸极限是评定溶剂爆炸危险性大小的主要依据。爆炸下限愈低，爆炸范围愈宽，爆炸危险性就愈大。

2. 溶剂的分类

溶剂有多种分类方法。例如，按化学组成分类可分为有机溶剂（如脂肪烃、芳香烃、醇、酯、醛、酮、酸等）和无机溶剂（如水、液氨、液氮、液态二氧化碳等）；按蒸发速率分类，可分为快速蒸发溶剂（挥发速率是醋酸丁酯 3 倍以上的溶剂，如乙醚、醋酸乙酯、丙酮、苯等）、中速蒸发溶剂（挥发速率是醋酸丁酯 1.5 倍以上的溶剂，如乙醇、甲苯）、慢速蒸发溶剂（挥发速率在醋酸丁酯和戊醇之间的溶剂，如醋酸丁酯）、特慢蒸发溶剂（挥发速率比戊醇更慢的溶剂，如乳酸乙酯、邻苯二甲酸二丁酯等）等。

按化学结构，溶剂又可分为质子性溶剂和非质子性溶剂。质子性溶剂含有易取代氢原子，可与含有阴离子的反应物发生氢键结合，发生溶剂化作用，也可与阳离子的孤对电子进行配合，或与中性分子中的氧原子（或氮原子）形成氢键。质子性溶剂有水、醇类、乙酸、多聚磷酸、三氟乙酸以及氨或胺类化合物等。

非质子性溶剂不含有易取代的氢原子，主要靠偶极矩或范德华力的相互作用而产生溶剂化作用。介电常数（D）和偶极矩（μ）小的溶剂，溶剂化作用小，一般把介电常数 15 以上的称为极性溶剂，15 以下的称为非极性或惰性溶剂。常用的非质子性极性溶剂有醚类、卤代烃类、酮类、亚砜类、酰胺类等。芳烃类和脂肪烃类又称为惰性溶剂。

使用溶剂时要根据具体需要综合考虑，具体指标可参见相关工具书。

3. 溶剂的作用与选择方法

大多数有机合成反应是在溶剂中进行的。溶剂可以通过对反应物和催化剂的溶解，降低黏度，使反应体系中分子分布均匀，增加分子碰撞机会，加速反应进程；溶剂的存在还可以改善反应热的传导，缓冲反应条件的变化，使反应条件更趋于温和。在分离过程中，溶剂作为洗涤剂可以洗去物料上的其他杂质；作为萃取剂和重结晶溶剂，可以有效地分离杂质，增加产品的纯度。

在有机反应中，溶剂对反应速率、反应方向和产品结构都有可能产生影响。在分离过程中，溶剂的选择决定着去除杂质的效率，决定着产物的质量和收率，有些溶剂还可以与产物形成溶剂化物，使产物失去应有的疗效。总之，溶剂的选择对整个生产过程的经济性有重要影响。

（1）溶剂对反应过程的影响　溶剂不仅起到溶解作用，还影响反应的速率、方向、产物构型、收率等。溶剂对反应的影响，应该事先了解反应机理，再查阅文献了解前人所做的工作，才能做到心中有数。

在药物合成中选择适当的溶剂可能使反应速率发生很大的变化，甚至使化学反应的速率增加数百倍、上千倍。溶剂还有可能对催化剂的活性产生影响。如在C-酰化反应中常用的溶剂有硝基苯、二硫化碳、二氯甲烷、二氯乙烷等，催化剂常选用三氯化铝。硝基苯与三氯化铝可以形成配合物，使催化剂的活性降低，所以只适合较易酰化的反应。再如，某些卤代烃类溶剂在比较高的反应温度下受三氯化铝催化作用的影响，有可能参与芳环上的取代反应，如二氯甲烷做溶剂可发生氯甲基化反应，因此不宜采用过高的温度。

除对反应速率的影响外，有时溶剂还影响着反应方向。比如甲苯的溴化反应，使用 CS_2 作为溶剂时，得到的主要产物为苄基溴，而硝基苯做溶剂时，得到的主要产物是对位和邻位的溴代甲苯。

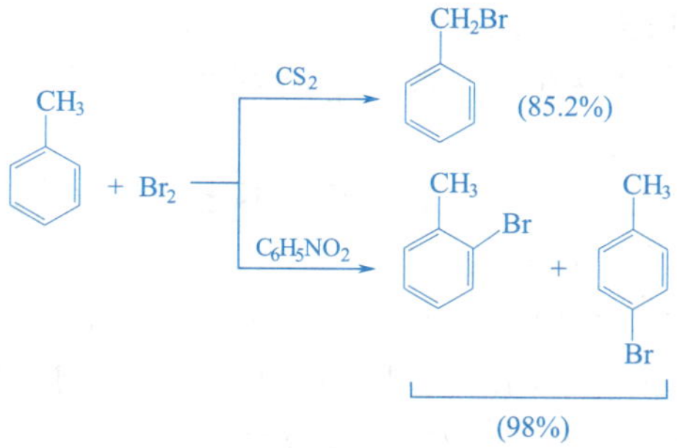

溶剂对产品的构型也会产生影响，这一点对于合成制药特别重要。一般来说，在非极性溶剂中反应，有利于生成反式异构体，在极性溶剂中则利于生成顺式异构体。

可以利用溶剂的性质提高一些类型反应的收率。例如，酯化反应中水的采出，就可以利用溶剂和水的共沸点促进反应平衡朝着有利的方向进行：在酯化反应中，酸与醇反应生成酯和水，当反应达到平衡时则无法继续。这时利用某些溶剂与水的共沸，在共沸温度蒸出共沸物，把生成的水移出反应体系，通过减少反应体系中的生产物，促进反应平衡向酯化方向移动。

在反应温度的控制方面，经常利用溶剂的沸点保持反应温度的稳定，使用溶剂回流控制温度，可以通过溶剂的蒸发潜热，把多余的热量转移出反应体系，防止过高温度导致的副反应。

溶剂对改善反应体系的黏度或稠度起到重要作用。例如，有的化学反应，反应物为气体或液体，但由于生成物是固体，会使反应的初始阶段和反应后期的黏稠度发生很大变化，甚至会因混合不良而影响反应进程。这时溶剂就可以起到改善反应混合物黏度的作用，反应物和生成物溶解或均匀分散在溶剂中，仍然具有一定的流动性，反应顺利进行下去。例如，在三甲基氯硅烷与氨合成六甲基二硅胺烷的反应中，随着反应的进行，生成了越来越多的氯化铵固体，反应体系的黏度不断增大，甚至会失去流动性，影响氨在反应体系中的分散，无法完成反应。如在反应时加入甲苯作为溶剂，则可以始终保持反应体系的流动性，使反应接近终点。

$$2(CH_3)_3SiCl+3NH_3 \longrightarrow (CH_3)_3SiNHSi(CH_3)_3+2NH_4Cl$$

溶剂质量指标也会对合成反应造成影响。由于溶剂在反应过程中的绝对用量较大，溶剂中的一些杂质，哪怕是微量杂质都有可能会对反应造成不利影响。出现这种现象的原因是：

有些杂质会导致催化剂中毒，影响反应速率；有些杂质与反应物发生竞争反应，降低了目标产物的收率；还有些杂质则会与生成物反应，如在以六甲基硅醚和氯化氢为原料，生产三甲基氯硅烷的反应中，如果在溶剂（二氯甲烷或甲苯）中混有水分，就会大大增加氯化氢的消耗，影响反应速率。原因是溶剂中的水分与生成的三甲基氯硅烷发生反应，又逆向反应生成了六甲基硅醚。

（2）溶剂对分离、精制过程的影响　合成产物在分离及精制过程中，溶剂在萃取、脱色、结晶、洗涤过滤等方面都有应用，直接影响这一单元操作的效率、经济性。

① 萃取过程溶剂的选择。在萃取过程中，溶剂选择需考虑以下几个问题。

2-2视频：萃取操作

a. 溶解度。不同溶剂对同种化学物质的溶解度是不同的，溶解度的差距可以用分配系数（萃取相与萃余相中溶质浓度之比）来表示，分配系数越大，萃取效果越好。

b. 选择性。所选溶剂应具有一定的选择性，即溶剂对混合液中各组分的溶解能力具有一定的差异。萃取操作中溶剂对溶质的溶解度大，对其他杂质组分的溶解度小，是有利于萃取提纯的。

c. 萃取溶剂与原溶剂的混溶性。一般萃取溶剂和原溶剂应当互不相溶或溶解度很小，才能减少产物在废液中的损失。

d. 萃取溶剂最好还具有化学性质稳定（至少不能与萃取物发生反应）、沸点不宜过高、挥发速率较慢、价格便宜、利于回收的特性。

② 精制过程的溶剂选择。在脱色、洗涤过程中，溶剂的选择也很重要，需要注意的细节主要包括：使用活性炭脱色时，因溶剂对杂质的溶解性不同，使得活性炭在不同的溶剂中的选择性、效率不同；洗涤溶剂要考虑对杂质的溶解度大，同时对产品的溶解度小，洗涤溶剂要容易干燥等因素。

4. 重结晶溶剂的选择

（1）溶剂选择依据　药品和中间体必须符合相关质量标准的规定，其外观、性状、含量、有关物质等指标都有比较严格的要求。成品往往需要经过精制，以去除由原辅料和反应带来的杂质，这个精制过程可以是萃取、重结晶、过滤、洗涤和干燥等单元操作。

2-3动画：减压抽滤操作

重结晶是除去固体产品中含有的少量杂质的有效方法之一，经常成为精制过程的核心步骤。重结晶的一般过程是：使提纯物（待结晶物料）在一定条件下，溶解到合适的溶剂或混合溶剂中，再通过萃取、脱色、过滤等方法除去溶液中的杂质，然后改变溶液的条件，使精制物料结晶出来。

在选择溶剂时必须了解提纯物（溶质）的结构，因为溶质往往易溶于与其结构相近的溶剂中——“相似相溶”原理。极性物质易溶于极性溶剂，而难溶于非极性溶剂中；相反，非极性物质易溶于非极性溶剂，而难溶于极性溶剂中。这个溶解度的规律对科学实验和生产实践都有一定的指导作用。如提纯物是非极性化合物，试验中已知其在丁醇中的溶解度太小，这时一般不必再实验极性更强的溶剂，如甲醇、水等，应实验极性较小的溶剂，如丙酮、脂肪烃等。溶剂的最终选择，只能通过试验的方法来决定。

选择重结晶溶剂也要注意溶剂对杂质的影响。有时溶液中所含的杂质会影响晶体的外形

（晶型）。例如，氯化钠以纯水作为重结晶溶剂时，得到的结晶为立方体，但如水中含有少量尿素，就会得到八面体的结晶。对药物而言，即使是同种化合物，不同晶体形状的稳定性和药理作用也未必相同。

（2）溶剂的要求与选择方法　选择重结晶溶剂还要考虑对提纯物的溶解度、对杂质的溶解度、安全性、经济性、回收的难易程度以及回收费用等诸多方面。理想的重结晶溶剂应具备以下特点。

① 不与提纯物反应。如酯类化合物不宜用作醇类或酸类化合物结晶和重结晶的溶剂，也不宜用作氨基酸盐酸盐结晶和重结晶的溶剂。

② 容易与提纯物分离。在不同操作条件（如温度、pH 值）下，对提纯物的溶解度有显著变化，但对杂质的溶解度很小（可以通过过滤溶液除去）或很大（可以通过结晶将杂质甩在母液中除去）。

③ 溶剂的沸点合适。一般来说，沸点过低的溶剂操作消耗高；沸点过高的溶剂难以除去晶体表面吸附的溶剂，回收与综合利用成本高。药品有残留溶剂不但无治疗作用，还可能危害人体健康、造成环境污染。

④ 来源广泛，价格便宜。

⑤ 利于回收与综合利用，对环境污染小。

⑥ 使用安全。制药工业使用的溶剂，不仅要考虑溶剂的价格、易燃易爆特性，还要考虑溶剂的毒性和药品中残留的可能性。

要使重结晶得到的产品纯且回收率高，溶剂的用量相当重要。用量过少，影响提纯物和杂质的溶解，会影响产品的纯度和损失产品；用量太多，则被提纯物残留在母液中的量太多，损失大。因此，可以使用试验方法确定重结晶溶剂的使用量，试验方案的初始用量，一般可比按溶解度计算得出的理论量高 20％～100％。

在重结晶时有时会使用混合溶剂。混合溶剂就是把对此物质溶解度很大的和溶解度很小的而又能互溶的两种溶剂混合起来，这样可获得新的良好的溶解性能。有时使用混合溶剂可以改善提纯物的溶解状态，或者降低溶剂的使用成本，但从溶剂回收的角度来说，如能使用单一溶剂，最好不用混合溶剂。所以在选择溶剂时对整个重结晶过程的经济性要全面考虑。

药品有比较高的价值，在重结晶后，应该考虑母液回收的问题，即通过浓缩等方法，把溶解在溶剂中的产物回收回来。因此在选择重结晶溶剂时，还应当考虑避免给母液浓缩回收带来麻烦。例如，如母液回收采用蒸发浓缩的方法，就要避免使用高沸点溶剂；如只能采用膜浓缩的方法进行母液回收，就要考虑到膜对有机溶剂的耐受性。

5. 水和水的选用

制药用水通常是指制药工艺过程中用到的各种质量标准的水。对制药用水的定义和用途，通常以药典为准。制药用水至少应采用饮用水。在《中国药典》（2015 版）中，有以下几种制药用水的定义。

（1）饮用水　为天然水经净化处理所得的水，其质量必须符合现行中华人民共和国国家标准《生活饮用水卫生标准》。

（2）纯化水　为饮用水经蒸馏法、离子交换法、反渗透法或其他适宜的方法制得的制药用水。不含任何添加剂，其质量应符合纯化水项下的规定。

（3）注射用水　为纯化水经蒸馏所得的水，应符合细菌内毒素试验要求。注射用水必须在防止细菌内毒素产生的设计条件下生产、储藏及分装。其质量应符合注射用水项下的规定。

（4）灭菌注射用水　为注射用水按照注射剂生产工艺制备所得，不含任何添加剂。其质量应符合灭菌注射用水项下的规定。各级水在原料药生产中的应用范围见表 2-1 所示。

表 2-1　饮用水、纯化水、注射用水和灭菌注射用水在原料药生产中的选用

水的类别	原料药生产中的使用建议
饮用水	①药品包装材料粗洗、中药材和中药饮片的清洗、浸润、提取等用水。 ②药材净制时的漂洗、制药用具的粗洗用水。除另有规定外，也可作为药材的提取溶剂
纯化水	①非无菌药品的配料、直接接触药品的设备、器具和包装材料最后一次洗涤用水；非无菌原料药精制工艺用水；制备注射用水的水源；直接接触非最终灭菌棉织品的包装材料粗洗用水等。 ②配制普通药物制剂用的溶剂或试验用水；中药注射剂、滴眼剂等灭菌制剂所用饮片的提取溶剂；口服、外用制剂配制用溶剂或稀释剂；非灭菌制剂用器具的精洗用水。也用作非灭菌制剂所用饮片的提取溶剂。纯化水不得用于注射剂的配制与稀释
注射用水	直接接触无菌药品的包装材料的最后一次精洗；无菌原料药精制工艺用水；直接接触无菌原料药的包装材料的最后洗涤用水；无菌制剂的配料用水等。注射用水可作为配制注射剂、滴眼剂等的溶剂或稀释剂及容器的精洗
灭菌注射用水	灭菌粉末的溶剂或注射剂的稀释剂

（三）催化剂的使用

在药物合成反应中，需要使用催化剂催化的化学反应占 80%～85%。催化剂只能加速热力学过程，加速达到平衡的进程，但无法改变化学平衡。催化剂又可以分为正催化剂和负催化剂。正催化剂可以使反应的活化能大大降低，使得一些原本需要激烈条件（如高温、高压等）才能发生的反应在较温和的条件下即可发生，大大加快了反应速率。而负催化剂则通过提高反应的活化能使反应较难发生，降低了反应速率。正催化剂的作用不言而喻，负催化剂则可以用来影响反应的方向，抑制副反应速率。

1. 固体催化剂的评价指标

催化剂是否适用，主要是从以下三个方面做出评价：催化剂的活性、催化剂的选择性、催化剂的稳定性和寿命。这三项指标影响着生产过程的技术经济性，是选择催化剂时必须慎重考察的。

（1）催化剂的活性　催化剂的活性是指催化剂加速反应的能力，通俗地说就是催化剂的工作效率。习惯上以每单位质量或容积的催化剂在单位时间内转化反应物的负荷（即数量）来表示，其单位是 kg/(kg·h)[或 L/(L·h)]。负荷是连续生产评价催化剂的主要参数之一。

生产中应尽量使实际负荷接近催化剂的额定负荷，负荷不满，会降低催化剂的使用效率，生产能力降低；负荷过高，易使反应转化不完全。

在间歇操作中，也要进行催化剂的活性考察，基本方法是，用相同数量的两种催化剂，进行平行实验，检查达到反应终点的时间，反应时间较短的催化剂活性较好。

（2）催化剂的选择性　催化剂的选择性是指在能够发生多个反应的体系中，同一催化剂对不同反应催化能力的比较。人们总是希望提高催化剂的选择性，以使原料向指定的方向进行，减少副反应的发生。催化剂的选择性通常用目标产物的转化率来表示，即消耗指定原料后，实际生成产物与理论生成产物的摩尔比。因此催化剂加速主反应、抑制副反应的能力越强，说明其选择性越高，技术经济性能越好。

（3）催化剂的稳定性和寿命　催化剂的稳定性是指在使用条件下，催化剂保持活性和选择性的能力，主要指对催化剂毒物的稳定性。在实际生产操作过程中，催化剂不可避免地会被物料中的杂质污染或者破坏——有的杂质可能造成催化剂中毒；有的杂质可能会附着在催化剂表面，减少催化剂的有效表面积；在搅拌、物料摩擦等作用下，催化剂的（或者其载体）的机械性能被破坏等，都是造成催化剂性能下降的原因。

在实际使用过程中，催化剂活性会随时间发生变化，图 2-1 是催化剂活性变化示意图。催化剂的活性变化可以用三个时期表示：诱导期（Ⅰ）、稳定期（Ⅱ）和衰退期（Ⅲ）。在诱导期（Ⅰ）催化剂刚刚进入反应环境，催化效率没有达到最佳；很快催化剂的活性会稳定在比较高的水平，进入稳定期（Ⅱ）。随着使用过程中的物理、化学作用，催化剂逐渐被破坏和污染，活性开始下降，最终失活。

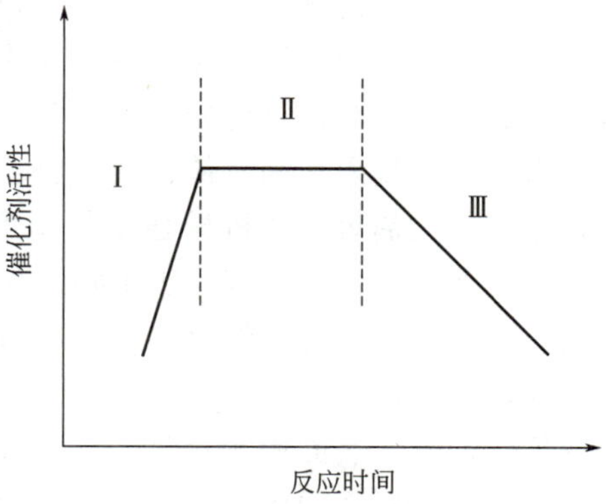

图 2-1　催化剂活性变化示意图

因催化剂表面污染而导致催化活性下降的，可以通过再生方法恢复活性。催化剂从开始使用，到因活性下降需要再生的时间称为再生周期。防止催化剂中毒的一般措施是依靠控制原材料的质量，尽可能避免引入催化剂毒物。

在酶催化反应中，洗涤是保养催化剂的必要步骤。如在使用青霉素酰化酶进行青霉素的裂解反应的生产过程中，完成每批裂解后，都要进行酶的洗涤，目的就是除去附着在酶表面的杂质。

催化剂从开始使用到完全失去活性的期限叫做催化剂寿命。在使用一些昂贵的催化剂时，催化剂的成本会成为产品成本构成中的主要项目之一，因此催化剂寿命是催化剂的主要经济指标。

2. 影响固体催化剂活性的因素

（1）温度　温度对催化剂活性的影响很大，一般催化剂都有自己的活性温度范围，温度过低时催化剂的活性小，反应速率慢；温度过高时催化剂的活性也被破坏。特别是酶催化剂，过高和过低的温度会彻底破坏酶的活性。

有时催化剂对主反应和副反应均有催化作用，但在不同的温度下，对两种反应的催化效率不相同，这时，可以通过控制温度影响反应方向。

（2）催化剂中毒　对催化剂的活性具有抑制作用的物质叫做催化剂毒物。即使系统中只有微量的催化剂毒物，也有可能使催化剂完全失效。为了避免催化剂失效，可以对反应物料进行预处理。例如，胺类是某反应的催化剂毒物，在反应前可对反应物进行酸洗，使胺类成盐脱离有机相。经过预处理后再进行催化反应。

（3）载体　为了减少催化剂的损失，增加机械强度，或者增加催化剂的比表面积，延长使用寿命，催化剂可以被附着在一些惰性物质上，这些惰性物质就成为催化剂的载体。常见的催化剂载体有活性炭、硅藻土、树脂、硅胶、氧化铝等表面积较大的物质。通过载体增大有效面积，可以提高催化剂的使用效率，节约催化剂的用量。

3. 固体催化剂的选择与要求

固体催化剂在药物合成上有比较广泛的应用，在氧化、还原、酯化等重要的化学反应中经常使用。

尽管均相催化剂的催化效率比非均相催化剂高，但使用固体催化剂与反应物进行非均相反应，仍然因其自身的一些优势而广泛应用，如生成物与催化剂容易分离、后处理工艺简易；催化剂能够回收循环使用，节约催化剂的用量等。特别是对于一些高成本催化剂（如贵金属类），使用非均相反应具有明显的优势。

在选择固体催化剂时，需要关注固体催化剂的性质指标，包括比表面积、孔隙度、孔直径、粒子大小、机械强度、导热性质和稳定性等。

机械强度、稳定性等性质关系到催化剂的寿命。例如，在流化床中催化剂会在流态化物料中剧烈运动，磨损是比较大的，要求催化剂有很高的机械强度。

由于重复使用，固体催化剂也要求具有很好的稳定性。对于热稳定性而言，在不同温度下，固体催化剂表现的机械强度与温度对其微观结构的影响有关。固体催化剂从常温到高温，要脱除吸附的水及其他吸附物。如早期使用骨架镍作为加氢催化剂，干燥状态下本身在空气中就会自燃，只好保存在水中。后来人们进行部分钝化改性，使其不致自燃又保留足够的活性，以方便使用。

催化剂的比表面积、孔隙度、孔直径等指标，关系到催化剂的活性。催化剂的比表面积越大，接触反应物的机会越多，越有利于反应，表现的活性就越强。孔直径越大，反应速率越大。

4. 酸、 碱催化剂的应用

通常，催化反应是将反应过程分成几步降低活化能。催化剂必须容易与反应物之一作用，形成活泼的中间配合物，即容易与另一反应物发生作用，重新释放出催化剂。对于许多极性分子间的反应，容易放出质子或接受质子的物质，如酸碱很符合这个条件，故而成为良好的催化剂。酸碱催化反应不仅限于 H^+ 和 OH^-，广义的酸碱路易斯（Lewis）酸和路易斯（Lewis）碱也可以充当酸碱催化剂。

（1）酸催化剂　酸催化剂（如 H^+）的作用是 H^+ 可以使基团（如羰基）质子化，可提高羰基碳原子的正电性，使其更容易受亲核试剂的进攻，从而加速反应进行。

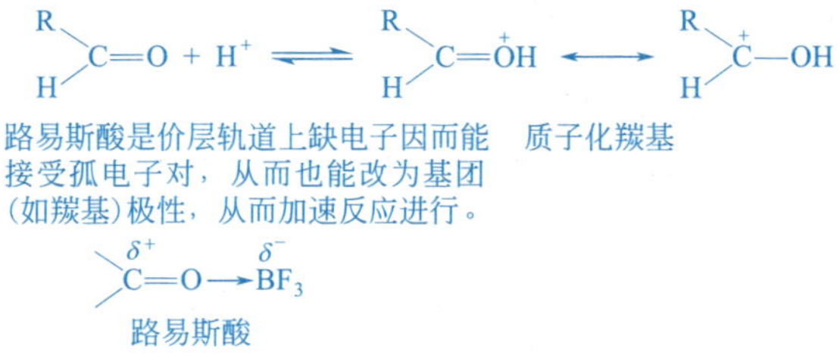

醇、醚、羰基化合物、酯以及一些含氮化合物中的氧原子或氮原子上，都有孤电子对（或它们形成的负离子），容易接受质子或缺电子基团（路易斯酸），它们与酸催化剂先是结合成为一个中间的配合物，进一步起反应，诱发产生正碳离子或其他元素的正离子或活化分子，最后得到产品。

常用的酸性催化剂有无机酸，如盐酸、氢溴酸、氢碘酸、硫酸、磷酸等；因浓硫酸具有强烈的脱水和氧化作用，限制了其使用范围；有机酸，如对甲苯磺酸、草酸、磺基水杨酸等。

在无水条件下，常用的路易斯酸类催化剂有 $AlCl_3$、$ZnCl_2$、$FeCl_3$、$SnCl_4$、BF_3、$TiCl_4$ 等。$AlCl_3$ 和 $FeCl_3$ 因价格便宜，催化活性较强，比较常用，但 $FeCl_3$ 商品有时会带有

结晶水，可能会影响催化，甚至造成副反应，在使用时必须注意。

在不同类型的反应中酸性催化剂表现出的催化能力是不相同的，对于具体反应要做具体的分析与选择。

（2）碱性催化剂　碱性催化剂的作用是使较弱的亲核试剂转化成亲核性较强的亲核试剂，从而加速反应。在碱催化的反应中，碱是质子的接受者，那些能被碱催化的反应物必须是容易把质子转移给碱而形成中间配合物的分子，它们经常是一些有氢原子的化合物。在 $>C=O$、$-COOR$、$-CN$、$-NO_2$ 等基团旁边的 α-碳原子上的氢（α-氢原子）常呈现这种活泼性。该类化合物，常可以用碱来诱发生成负碳离子，以此来推动反应的进行。

碱性催化剂有：金属的氢氧化物、强碱弱酸盐、有机碱、醇钠和金属有机化合物。金属的氢氧化物一般使用 NaOH、KOH、$Ca(OH)_2$ 等；弱酸强碱盐类有 Na_2CO_3、Na_2HCO_3、K_2CO_3、CH_3COONa；有机碱常用吡啶、氨基吡啶、乙醇钠、三乙胺等；醇钠有乙醇钠、甲醇钠、叔丁醇钠等。有机金属化合物的碱性更强，与含有活泼氢的化合物反应更容易。

（3）强酸型离子交换树脂和强碱型阴离子交换树脂　除了以上酸碱催化剂以外，还使用强酸型离子交换树脂和强碱型阴离子交换树脂代替酸碱催化剂催化反应。树脂作为催化剂的优点是，催化性能有可能更好，产物与催化剂的分离比较简单，操作简便，易于实现自动化控制。

例如，Vesley 酰化法就是采用强酸型离子交换树脂加硫酸钙法，获得了高速率、高收率的结果。Vesley 酰化法用于制备乙酸甲酯时，在同样配比的条件下，使用对甲苯磺酸为催化剂进行反应，14h 的收率为 82%，而使用 Vesley 酰化法反应，10min 收率就可以达到 98%。

$$CH_3COOH + CH_3OH \xrightarrow[10min]{Vesley\ 法} CH_3COOCH_3\ (98\%)$$

5. 相转移催化反应及催化剂

在药物合成中，经常遇到两种互不相溶的物质反应的情况，由于反应物处于不同的相中，所以这类反应速率慢、效率低。通常实验室的解决办法是加入一种溶剂，将两种物质溶解，但这样有时效果并不理想，因为，若选用质子溶剂，质子溶剂能与负离子发生溶剂化作用，使反应活性降低，并伴有副反应；若选用极性非质子性溶剂，效果虽然好，但存在溶剂价格昂贵、不易回收以及后处理麻烦等缺点。并且工业上为节约成本，最好不加或使用成本较低的溶剂，相转移催化技术提供了解决的方法。

由于在许多反应中使用该催化技术后，显示出很多优势，如可以节约昂贵的极性非质子性溶剂，可用碱金属氢氧化物水溶液代替醇盐、氨基钠、氢化钠及金属钠等，反应快而条件温和，后处理较容易，还可提高反应的选择性、抑制副反应、提高收率等。所以，采用相转移催化技术是制药工艺改进的有效手段，是研究非常活跃的新技术。

（1）相转移催化原理　两个分子发生反应最起码的条件是分子间必须发生碰撞。如果两分子不接触，不管其中一分子的动能有多大，也无法与另一分子发生反应。例如，对 1-氯辛烷与氰化钠水溶液的两相混合物进行充分加热并搅拌，即使长达几天，壬腈的收率也为零。但若加少量适宜的季铵盐或季磷盐，回流 1～2h 后即可生成定量收率的壬腈。

$$\underset{有机相}{C_8H_{17}Cl} + \underset{水相}{NaCN} \longrightarrow \underset{有机相}{C_8H_{17}CN} + \underset{水相}{NaCl}$$

这里的季铵盐或季磷盐被称为相转移催化剂（phase transfer catalyst，以下简称 PTC）。它的作用是使一种反应物由一相转移到另一相中，促使一个可溶于有机溶剂的底物和一个不溶于此溶剂的离子型试剂两者之间发生反应。应用了相转移催化剂的反应统称为相转移催化反应。

不同的相转移催化反应机理不完全相同，但其中的共同点是靠催化剂在两相之间不断来回运输，把反应物从一相转移到另一相（通常以离子对的形式），使原来分别处于两相的反应物能够频繁地碰撞而发生反应。

以季铵盐或季磷盐作 PTC 催化上述反应为例，其催化作用是这样的：首先有一个互不相溶的二相系统，其中一相（一般是水相）含有亲核试剂的盐类；另一相为有机相，其中含有与上述盐类起反应的有机作用物。因为含盐类的那一相不溶于含有机作用物的这一相，因此，如果在两相的界面无任何作用就不会发生反应。在该体系中加入相转移催化剂，一般加入季铵、季鏻的卤化物或硫酸氢盐，这些物质的阳离子是亲油性的，它既可溶于水相又可溶于油相。当在水相中接触到分布在其中的盐类时，水溶液中过剩的阴离子便与 PTC 中的阴离子进行交换。上述阴离子交换过程可用下式表示：

$$\underset{\text{水相}}{Q^+X^-} + \underset{\text{水相}}{Na^+CN^-} \longrightarrow \underset{\text{水相}}{Q^+CN^-} + \underset{\text{水相}}{Na^+X^-}$$

式中，Q（quaternarysait）表示季盐。可是，如果阴离子的交换仅限于上式，还不能称为阴离子交换。具有亲核作用的阴离子（CN^-）一定要与 Q^+ 形成离子对，并且必须萃取入有机相。因此，要使 PTC 很好起作用的条件是第二个平衡，这种平衡如下式：

$$\underset{\text{水相}}{Q^+CN^-} \longrightarrow \underset{\text{有机相}}{Q^+CN^-}$$

亲核试剂一旦进入有机相，便发生取代反应而形成产物。这种反应可用下述循环图表示：

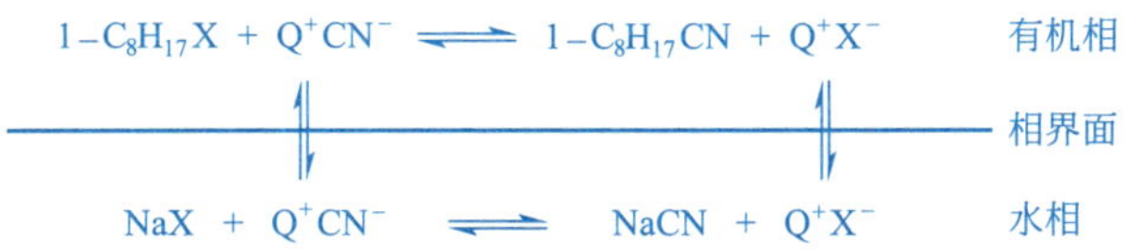

在循环中，有机相中所生成的离子对（Q^+X^-）不一定非要和一开始作为 PTC 而加入的离子对一样，只要在溶液中存在亲油性阳离子（Q^+），而 X^- 只要是能与 CN^- 进行交换的阴离子就可以了。

（2）相转移催化剂

① 相转移催化剂的要求。相转移催化剂的作用，主要是在两相系统中与反应物形成离子对而进入有机溶剂中，避免了反应物由于质子溶剂的溶剂化作用，从而加速了反应的进行。相转移催化剂具有下列性能。

a. 首先应具备形成离子对的条件，即结构中含有阳离子部分便于与阴离子形成有机离子对，或者能与反应物形成复合离子。前者属季盐类，常用季铵盐（$R_4N^+X^-$）、季鏻盐（$R_4P^+X^-$）、季钟盐（$R_4As^+X^-$）等；后者属于聚醚类化合物，它们可借分子中许多氧原子上的孤对电子与阳离子形成复合物而溶于有机相。

b. 无论是季盐或聚醚，必须有足够的碳原子，以便使形成的离子对具有亲有机溶剂的能力。

c. 碳链（R）的结构位阻应尽可能小，因此碳链（R）以直链居多。

d. 在反应条件下，应化学性质稳定，并便于回收。

② 常用的相转移催化剂。常用的相转移催化剂有季盐类、冠醚类和非环多醚三大类，

其性质如表 2-2 所示，其中应用最早并且最常用的为季盐类。与冠醚类催化剂相比，季盐类催化剂适用于液-液和液-固体系，季盐能适用于所有的正离子，而冠醚类则具有明显的选择性；季盐价廉而冠醚昂贵，季盐毒性小而冠醚毒性大。季盐在有机溶剂中可以各种比例溶解，故季盐的应用更加广泛。

表 2-2　三类相转移催化剂性质比较

名称	催化活性	稳定性	价格	回收	反应体系	无机离子	毒性
季盐类	中等，与结构有关	在 120℃以下较稳定，碱性条件下不稳定	中等	不困难，与反应条件有关	液-液 液-固	不重要	小
冠醚类	中等，与结构有关	基本稳定，强酸条件下不稳定	较贵	蒸馏	液-固	重要	大
非环多醚类	中等，与结构及反应条件有关	基本稳定，强酸条件下不稳定	较低	蒸馏	液-液 液-固	不重要	小

a. 季盐类。季盐类相转移催化剂由中心原子、中心原子上的取代基和负离子三部分组成。季铵盐是应用最广泛的一类催化剂，结构（$R_4N^+X^-$）中四个烷基的总碳原子数一般应大于 12，R 基一般为 $C_2 \sim C_{16}$。常用季铵盐相转移催化剂及其英文缩写如表 2-3 所示。

表 2-3　常用季铵盐相转移催化剂及其英文缩写

催化剂	英文缩写名	催化剂	英文缩写名
$(CH_3)_4NBr$	TMAB	$(C_8H_{17})_3NCH_3Cl$	TOMAC
$(C_3H_7)_4NBr$	TPAB	$C_6H_{13}N(C_2H_5)_3Br$	HTEAB
$(C_4H_9)_4NBr$	TBAB	$C_8H_{17}N(C_2H_5)_3Br$	OTEAB
$(C_4H_9)_4NI$	TBAI	$C_{10}H_{21}N(C_2H_5)_3Br$	DTEAB
$(C_4H_9)_4NCl$	TBAC	$C_{12}H_{25}N(C_2H_5)_3Br$	LTEAB
$(C_2H_5)_3C_6H_5CH_2NCl$	TEBAC	$C_{16}H_{33}N(C_2H_5)_3Br$	CTEAB
$(C_2H_5)_3C_6H_5CH_2NBr$	TEBAB	$C_{16}H_{33}N(CH_3)_3Br$	CTMAB
$(C_4H_9)_4NHSO_4$	TBAHS	$(C_8H_{17})_3NCH_3Br$	TOMAC

b. 冠醚类。冠醚类也称非离子型相转移催化剂，它具有特殊的复合性能，能与碱金属形成复合物。冠醚的氧原子上的孤对电子位于环的内侧，当适合于环的大小的金属正离子进入环内时，由于偶极形成，电负性大的氧原子和金属正离子借静电吸引而形成复合物。疏水性的亚甲基均匀地排列在环的外侧，使金属复合物仍能溶于非极性有机溶剂中，这样就使原来与金属离子结合的负离子形成非溶剂化的负离子，即“裸负离子”，这种负离子在非极性溶剂中，具有较高的化学活性。例如，18-冠-6 可以非常迅速地催化下列两相反应。可用固体氰化钾或其水溶液，冠醚通过与 K^+ 络合，将整个 KCN 分子转移至有机相中。

$$1\text{-}C_8H_{17}Cl + KCN \xrightarrow{18\text{-冠-6}} 1\text{-}C_8H_{17}CN + KCl$$

有机相　水相或固相　　有机相　水相或固相

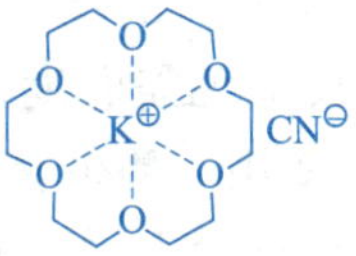

常用的相转移催化剂如下：

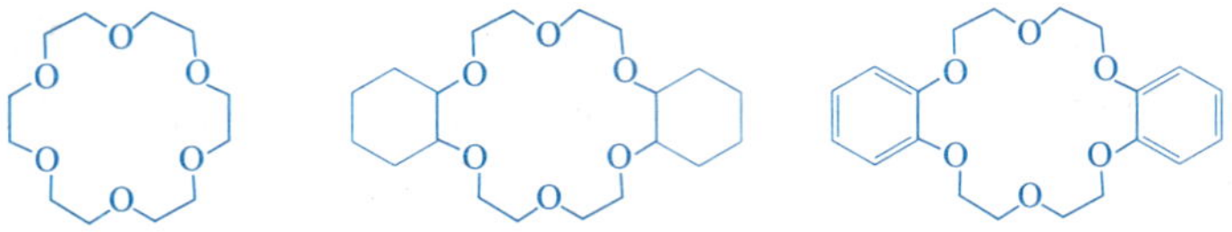

18-冠-6　　二环己基-18-冠-6　　二苯基-18-冠-6

其中，以 18-冠-6 应用最广，二苯基-18-冠-6 在有机溶剂中溶解度小，因而在应用上受到限制。一般无机盐不溶于非极性或极性小的有机溶剂中，如 KF、$KMnO_4$ 等，但当加入这些冠醚催化剂后，即分别形成复合物而溶于有机溶剂中，并形成 F^- 或 MnO_4^- 的“裸负离子”，具有很高的反应活性，可进行置换、氧化等反应。

c. 非环多醚类。非环多醚类相转移催化剂是一类非离子型表面活性剂。非环多醚类为中性配体，具有价格低、稳定性好、合成方便等优点。主要有如下几种类型。

聚乙二醇：$HO(CH_2CH_2O)_nH$

聚乙二醇脂肪醚：$C_{12}H_{25}O(CH_2CH_2O)_nH$

聚乙二醇烷基苯醚：$C_3H_7—C_6H_4—O(CH_2CHO)_nH$

非环多醚类可以折叠成螺旋形结构，与冠醚的固定结构不同，可折叠为不同大小，可以与不同直径的金属离子复合。催化效果与聚合度有关，聚合度增加催化效果提高，但总的来说催化效果比冠醚差。

在使用过程中，还可将一般的相转移催化剂连接到固定载体上，如聚苯乙烯、硅胶、纤维素等，因固体的高分子载体不溶于有机溶剂或水中，这样使反应成为三相，即所谓“三相催化”。三相催化是近年发展起来的一种新的合成技术，为有效地实现水相、固相催化剂和不溶于水的有机相三相间的反应，提供了一个新的手段。且具有固相催化剂可在反应结束后易于过滤除去、操作简单、可定量回收套用、产物不会被催化剂污染、分离纯化简便等优点。

6. 酶催化剂

酶催化剂与传统化学催化剂相比，由于具有优良的化学选择性、区域选择性、立体选择性和高效的催化性、反应条件温和等优点，在一定条件下利用生物酶作催化剂可顺利地实现有机物的生物转化和合成，在改善合成制药的安全性、提高反应收率、简化加工工序、节约能源、降低成本和减少环境污染等方面起到了积极的作用。

（1）酶催化剂的特点

① 催化效率高。酶催化的反应效率可以达到非催化的 10^8～10^{20} 倍，使用酶催化可以达到极高的转化率，甚至可以达到化学定量的配比。

② 选择性强，具有高度的专一性。酶在一定的条件下，只能催化一种或一类化学反应。如青霉素酰化酶在 pH 8 左右的条件下，只能催化青霉素 G 和头孢菌素 G 水解，对其他类似反应没有催化作用。酶的专一性是其与其他催化剂的主要区别之一，也是酶催化的一个重要优点。

③ 反应条件温和。酶催化反应一般都是常温、常压、接近中性的条件，反应比较温和。这使得酶催化的反应无需温度、压力的苛刻条件，可以节约大量的能源。

④ 可以循环使用。酶催化剂和一般的化学催化剂一样，都是通过降低反应的活化能达到催化的目的。从理论上说，其本身并没有变化，也没有消耗。酶的制造技术越来越成熟，

有些酶可以循环使用上百次。

当然，使用酶催化剂也有一些缺点：还无法做到广泛应用，并不是所有的反应都可以使用酶做催化剂；酶的成本相对较高，其价格远高于一般的化学品；由于酶催化反应条件温和，容易滋生杂菌，污染产品和酶本身；酶的稳定性相对较差，劣质的反应原料、过高或过低的使用温度、过酸或过碱的化学环境、溶剂的污染等都有可能使酶受到致命破坏。

（2）影响酶催化的因素　与一般的催化剂一样，酶催化反应也会受到外部因素的影响。

① 温度。多数酶的催化活性都受温度的影响，不同种类的酶的适宜温度也不相同。一般最适合的反应温度在 30～60℃。在特定的适宜温度范围内，温度升高酶的活性增加，反之则降低。过高或过低的温度都会使酶变性而失去活性。

② pH 值。不同的 pH 值对酶的催化反应有不同的影响，有的酶需要合适的 pH 值才能“充满活力”；另一些在不同的 pH 值则会催化不同的反应。

③ 辅酶、活化剂和抑制剂。酶的活化剂和辅酶在与酶结合后能够增强酶的活性，活化剂一般是简单的离子如 K^+、Na^+、Zn^{2+} 等；有些辅酶本身也有较弱的催化能力，在与特定的酶结合后，可以表现出高度专一的催化活性。

④ 物理因素。超声波、紫外线可以破坏蛋白质，酶的活性也会因此受到影响。

（3）酶催化反应器　为了改善酶的使用寿命，人们对酶催化反应的反应器进行了许多尝试，目前应用的反应器种类包括釜式反应器、固定床反应器、流化床反应器、膜反应器等。

釜式反应器的优点是设备结构简单，操作弹性大，适应性强，有较大的灵活性；缺点是生产效率较低，剧烈的搅拌对酶的损伤比较严重。

固定床反应器是在塔式（或管式）反应器中填充固定化酶，作为酶催化反应的容器。使用这种反应器，对酶的磨损消耗小，后处理设备投资低，但固定化成本投资略高，传质和传热效果差。

流化床反应器，一般是从反应器底部通入物料，并保证在一定的液体循环速度下，固定化细胞在固、液相流化体系中处于流化状态维持反应。其优点是结构简单，底物和酶混合均匀，没有搅拌形成的高剪切力，能耗小，成本低；缺点是高速的流体返混会造成固定化酶颗粒破碎和流失。

膜反应器利用了膜的选择透过作用，反应器同时也是固定化载体。在使用时一般与搅拌罐组成联合反应器，将酶固定在膜表面或微孔内，通过控制膜的两侧压差形成环路，酶催化反应在膜界面上发生，膜作为酶催化反应的反应界面、接触界面和分离界面。其最大优点是能实现酶催化转化、催化剂回收和产品分离一步完成，酶不会受到搅拌等机械力的破坏；缺点是设备投资大、效率低、膜易受污染而造成生产能力不稳定。

面对成本、安全和环保压力，酶催化已经越来越受到制药界的重视。国际上的一些制药巨头如 DSM、Dobfar 等公司，开发了阿莫西林、头孢氨苄、头孢羟氨苄等传统化学合成药物的酶法工艺，这种绿色合成将是传统的化学合成工业的一次进化，也是今后发展的重要趋势。

三、 实用案例

实例一　选择合成对氯苯甲酰苯甲酸的催化剂、溶剂

对氯苯甲酰苯甲酸是利尿药氯噻酮（Chlortalidone）的中间体，通过傅-克酰化反应制

得。反应式如下：

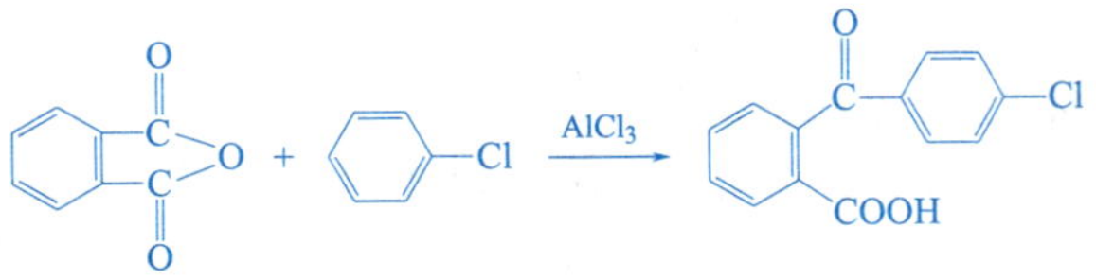

1. 催化剂的选择

傅-克酰化反应属于亲电取代反应，首先是催化剂与邻苯二甲酸酐作用，生成酰基碳正离子活性中间体，之后，酰基碳正离子进攻芳环上电子云密度较大的位置，取代该位置上的氢，生成芳酮。通过查阅文献可知，该类型反应常用的催化剂为 $AlCl_3$、BF_3、$ZnCl_2$、$SnCl_4$ 等路易斯酸以及多聚磷酸、H_2SO_4 等质子酸。一般用酰氯、酸酐为酰化剂时多选用路易斯酸催化，以羧酸为酰化试剂时则多选用质子酸为催化剂。本反应中邻苯二甲酸酐为酰化试剂，所以应该选择路易斯酸做催化剂。由于路易斯酸中 $AlCl_3$ 价廉、催化活性高，所以，本反应可初步选择 $AlCl_3$ 作为催化剂。

但无水 $AlCl_3$ 易与水快速分解生成氢氧化铝而使催化剂失活。而一般的试剂无水 $AlCl_3$ 由于密封不严和长期存放，通常由黄色的无水 $AlCl_3$ 分解成白色的氢氧化铝，催化活性较低，还易引发一些副反应。因此，实验室制备过程应采用新鲜的无水 $AlCl_3$，以免实验失败。工业化过程中为避免 $AlCl_3$ 水解，一般采取两种措施：一是进行氮气置换反应器后再加 $AlCl_3$；二是 $AlCl_3$ 整包投入以避免剩余物料水解，其余原料的加料量以 $AlCl_3$ 为计算基准。

2. 溶剂的选择

通过查阅文献可知，选择该类反应的溶剂可从以下三方面考虑。

（1）保持反应物之一过量，过量的部分起溶剂的作用。

（2）硝基苯、二硫化碳是该类反应的常用溶剂。

（3）可以使用卤代烷作溶剂。

由于硝基苯的溶解能力很强，同时可与三氯化铝络合，使得催化活性降低，因而只适用于电子云密度较大芳烃的酰化过程，氯苯中由于氯原子具有弱的吸电子作用使得芳环的电子云密度降低，显然不适合。若用卤代烷做溶剂，因或多或少有烷基化副产物生成，所以卤代烷不是理想的傅-克酰基化反应溶剂，在有其他可选择的情况下，可不必选择卤代烷。

而反应物之一的氯苯具有流动性好、价廉、易于回收综合利用等特点，所以，应该首先考虑使用氯苯做溶剂，即加大氯苯的投料比，使其过量兼作溶剂，这样既避免了芳烃烷基化的副反应，同时也减少加入反应体系中的原料种类，利于产品的分离、纯化。实际合成过程中，氯苯：邻苯二甲酸酐＝(7～8)：1（摩尔比）。

实例二 溶剂乙醇 (C_2H_5OH) 的纯化

乙醇是一种常用溶剂与基本原料，其沸点 78.3℃，n_D^{20} 1.361，d_4^{20} 0.7893。由于 95.5%的乙醇和 4.5%的水形成恒沸点混合物，所以，市售乙醇多数为含量 95%左右，而高含量乙醇价格要高很多。另外，由于市售无水乙醇一般只能达到 99.5%，在许多反应中需要纯度更高的绝对乙醇，所以，学会利用廉价的低含量乙醇（或废乙醇）自行制备高含量乙醇具有十分重要的意义。制备无水乙醇的方法很多，常根据无水乙醇质量要求而选择不同的方法。

1. 制备98%～99%的乙醇

方法1：用生石灰脱水。在100mL 95%乙醇中加入新鲜的块状生石灰20g，煮沸回流3～5h,使乙醇中的水与生石灰作用，生成氢氧化钙，它在加热时不分解，可留在瓶中与乙醇一起蒸馏，将无水乙醇蒸出。这样得到的乙醇，纯度最高可到99.5%。

方法2：利用苯、水和乙醇形成低共沸混合物的性质，将苯加入乙醇中，进行分馏，在64.9℃时蒸出苯、水、乙醇的三元恒沸混合物，多余的苯在68.3℃与乙醇形成二元恒沸混合物被蒸出，最后蒸出乙醇。工业上多采用此法。

2. 制备99%以上的乙醇

方法1：用金属钠制取。在250mL圆底烧瓶中，加入2g金属钠和100mL纯度为99%的乙醇，加入沸石。加热回流30min，再加入4g邻苯二甲酸二乙酯或草酸二乙酯，加热回流2～3h，然后进行蒸馏。产品储存于带磨口塞或橡皮塞的容器中。

金属钠虽能与乙醇中的水作用，产生氢气和氢氧化钠，但所生成的氢氧化钠又与乙醇发生平衡反应，因此单独使用金属钠不能完全除去乙醇中的水，须加入过量的高沸点酯，如邻苯二甲酸二乙酯与生成的氢氧化钠作用，抑制上述反应，从而达到进一步脱水的目的。

方法2：用金属镁制取。在250mL圆底烧瓶中，加入0.6g干燥镁条、10mL 99.5%乙醇，在防潮装置下加热回流然后移去热源，加入少量碘，此时应发生作用。待镁溶解生成醇镁后，再加入100mL 99.5%乙醇和几粒沸石。回流1h后，蒸馏，可得到99.9%乙醇。产物收集于玻璃瓶中，用一橡皮塞或一磨口塞塞住。

在操作时需注意以下两点。

① 由于乙醇具有非常强的吸湿性，所以在操作时，动作要迅速，尽量减少转移次数以防止空气中的水分进入，同时所用仪器必须事前干燥好。

② 以上方法是采用含量95%（或以上）的乙醇制备无水乙醇，如果实际遇到的废乙醇含量低或含有其他杂质，这时需要根据实际情况先将可能含有的杂质除去，预先蒸馏浓缩得到含量95%的乙醇，便可采用本方法。

四、 项目展示及评价

1. 项目成果展示

（1）制订的“合成阿司匹林”原料准备方案。

（2）讲解方案。

2. 评价依据

（1）催化剂、反应物、溶剂的选择是否正确，在技术、成本、安全、环保及保障供应等方面是否合理。

（2）这些原料是否有质量要求，若选定的物料不能达到要求，是否有合理的预处理措施。

（3）选择的物料储存、计量方法的正确程度。

（4）安全、环保措施是否得当。

（5）方案讲解流畅程度，理论依据是否清晰、可靠。

3. 考核方案

考核依据本书“第一部分”“考核与评价方式”进行，本任务的具体评价内容如下。

(1) 教师评价表

	考核内容	权重/%	成绩	存在问题	签名
项目完成情况	查文献,确定合成阿司匹林过程中所需的原料、试剂、催化剂、溶剂,并说明各组分对反应的影响情况	20			
	从技术角度、生产成本及保障供应等方面说明其合理性	20			
	确定合理的预处理、储存方法	15			
	确定合理的计量方法	10			
	讨论、调整、确定并总结方案	10			
职业能力及素养	查阅、归纳总结文献资料的能力	5			
	制订工作计划的能力	5			
	讨论、讲解的语言表达能力	5			
	方案制订过程中的再学习、创新能力	5			
	团结协作、沟通能力	5			
	总分				

(2) 学生评价表(用于自评、互评)

	考核内容	权重/%	成绩	存在问题	签名
项目执行情况	学习态度是否主动,是否能及时完成教师布置的任务	5			
	是否能熟练利用期刊书籍、数据库、网络查询相关资料	5			
	收集的有关信息和资料是否完整	10			
	能否根据学习资料对合成阿司匹林项目进行合理分析,对所制订的方案进行可行性分析	10			
	是否积极参与各种讨论,并能清晰地表达自己的观点	10			
	是否能够掌握所需知识,具备相应技能,并进行正确的归纳总结	5			
职业能力及素质形成	查阅文献获取信息、制订计划的能力	10			
	是否能够与团队密切合作,并采纳别人的意见、建议	10			
	是否具有再学习的能力、创新意识和创新精神	5			
	是否具有较强的质量意识、严谨的工作作风	10			
	是否具有较强的安全环保意识,并具备相应的手段	10			
	是否具有成本意识,重视经济核算	5			
	是否考虑到减轻污染,实现资源循环利用	5			
	总分				

(3) 成绩计算　本项任务考核成绩=教师评价成绩×50%+学生自评成绩×20%+小组互评成绩×30%。

任务 2　工艺确定与控制

一、布置任务

(1) 通过学习必备知识,查阅相关文献,借鉴“实用案例”中的思路,确定合成阿司匹林的工艺，包括以下几方面。

① 确定原料的用量及配料比，确定合理的加料顺序。

② 确定合成过程的温度，选择合适的传热介质及控制方法。

③ 确定合适的 pH 及控制方法。

④ 确定最佳反应时间及反应终点控制方法。

(2) 编写“合成阿司匹林”的实训方案。

(3) 按照确定的方案，进行合成阿司匹林实训，编写实训报告。

二、 必备知识

(一) 合成过程配料比的确定

1. 浓度对化学反应的影响

化学反应一般都可以用质量作用定律来描述浓度与反应速率之间的关系，即在温度不变的前提下，反应速率与该瞬间的反应物浓度的乘积成正比，并且每种反应浓度的指数等于反应式中各反应物的系数。例如在反应：$a\mathrm{A}+b\mathrm{B}=n\mathrm{C}+m\mathrm{D}$ 中，如用 A 反应物的浓度变化率表示反应速率，可以用以下公式：

$$-\frac{\mathrm{d}C_{\mathrm{A}}}{\mathrm{d}t}=kC_{\mathrm{A}}^{a}C_{\mathrm{B}}^{b}$$

式中，C_{A}、C_{B} 为组分 A、B 的浓度；a、b 为反应式中 A、B 的系数；k 为反应速率常数。

各浓度项的指数称为级数。所有浓度项的指数综合称为反应级数。要从反应质量作用定律正确判断浓度对反应浓度的影响，首先必须确定反应原理，了解反应的真实过程。对于单分子过程，因只有一个分子参与反应，因此反应速率与反应浓度成正比关系。对于双分子反应，两种反应物的浓度均会对反应速率产生影响，反应速率与反应物的乘积成正比。零级反应的反应速率与浓度无关，反应速率不受反应物浓度的影响，而是与反应的条件有关。

可逆反应是有机反应中比较常见的，其正反应和副反应速率都遵循质量作用定律。因此采用不断采出生成物的办法，维持正反应反应物的高浓度，对反应向正方向进行是非常有利的。例如，以硅醚为原料生产三甲基氯硅烷时，因三甲基氯硅烷的沸点较低，可以通过不断蒸馏采出三甲基氯硅烷，使反应一直进行下去，直至完成。反应式如下：

$$(\mathrm{CH_3})_3\mathrm{Si{-}O{-}Si}(\mathrm{CH_3})_3+\mathrm{Cl{-}PhCCl_3} = 2(\mathrm{CH_3})_3\mathrm{SiCl}+\mathrm{Cl{-}PhC(O)Cl}$$

通常，增加反应物的浓度可以提高反应器的生产能力，减少溶剂的消耗量。增加反应物的浓度还有利于加速主反应速率，但同时也会加速副反应。

在确定反应浓度时，要考虑到反应物和生成物的特性，如物料的熔点、混溶性、黏度变化等因素对顺利完成主反应的影响，有时为了使反应顺利进行，必须降低反应浓度。例如在某些低温反应中，常温投入的部分反应物料，在较低的反应温度下一些反应物会呈结晶或凝固状态，反应就难以进行。这时要通过加入合适的溶剂，使各种反应物溶解在液相中，进行反应。尽管加入溶剂降低了反应浓度，但因能够形成均相反应，改善了微观混合效果，有利于提高反应速率。

另外，一些反应后体积增大的气相化学反应，充入惰性气体，反应平衡会向有利的方向移动，有利于提高反应的收率。

总之，通过加入溶剂或惰性物料，调节反应浓度，是影响反应速率和反应平衡的常用手段。因此，在制定反应配方和工艺时，要考虑到各种物料的性质，考虑到反应进程不断加深可能造成的影响，以确定适当的反应浓度；还可以设法通过各种干预反应的方法，改变反应物或生成物的浓度，使反应向有利的方向进行。

2. 确定配料比

有机化学反应的过程往往并不单纯，在主反应进行的过程中，会有副反应的竞争，还有串联反应和平行反应等其他因素的影响，都会降低产物的收率。为了最大限度地使反应向理想的方向进行，不但要控制反应条件，还要通过优化反应配方中各种原料的配比来促进主反应、抑制副反应。配料比就是反应配方中各种原料的关系。通过优化配料比，可以提高产物的收率、降低成本，还可以减轻后处理的负担。

确定配料比时，首先要对反应类型、可能出现的副反应以及在反应过程中发生的物料性质的变化等因素做全面考虑，然后通过实验验证和数据分析，选择比较好的反应配比。最适合的配料比，应在目标产物收率较高，同时昂贵物料单耗较低的范围内。

配料比主要根据反应过程来考虑，当反应生成物的生成量取决于反应液中某一反应物的浓度时，则增加该反应物的配料比。例如在下述反应中，对乙酰氨基苯磺酰氯（ASC）的收率取决于反应液中氯磺酸与硫酸两者的比例关系。通过调整硫酸与氯磺酸的比例，可以得到更多的目标产物。

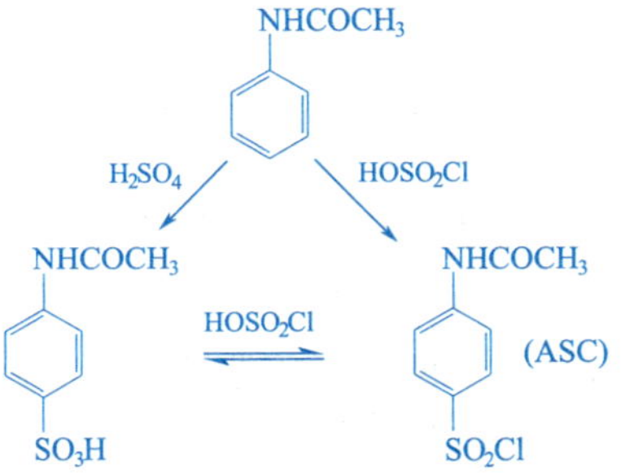

过量的反应物应该是成本较低、容易得到，或比较稳定、易于在反应后回收循环利用的原料，使贵重原料利用得更充分。例如在用苯和邻苯二甲酸酐合成邻苯甲酰基苯甲酸的反应中，相对便宜的苯为过量原料，苯的过量可高达 5～6 倍，使邻苯二甲酸酐完全反应，过量的苯通过回收，可以反复使用。

（二）加料次序的确定

加料的次序在药物合成过程中往往也是关键点。加料的顺序影响到反应的安全性、反应方向、副反应的控制和生产过程的成本。

1. 加料顺序对反应安全性的影响

对于放热的化学反应来说，及时移走多余的反应热是一个重要方面，不能移除的反应热会影响反应按预定的方向进行，严重时容易发生反应失控甚至爆炸事故。在这种情况下，除了反应器要配备良好的换热系统外，还需从改变化学反应速率的方面着手解决，这就涉及反应的加料顺序、加料快慢等许多问题。对于放热量较大的反应，可以将一种或几种物料缓缓加入反应器（采用滴加或分几份加入的办法）以控制温度。例如在制备过氧乙酸时，因过氧乙酸遇热会发生难以控制的自由基链式分解反应，急剧放热，甚至引发爆炸，因此宜采用滴加的形式，控制好双氧水向其他原料中的加料速度，使反应得到限制，及时移出反应热，才能防止发生事故的发生。

2. 加料顺序对反应方向的影响

不同的工艺、不同原料以及不同的预期产物决定了应当采用的加料顺序。例如在芳烃进行硝化反应时，由于生产方式和被硝化物的物理性质的不同，存在着正加法和反加法两种加料方式。正加法是把混酸加入被硝化物中进行硝化反应，其优点是反应比较缓和，可以避免多硝化，适用于容易反应的被硝化物；反加法则是被硝化物加入混酸中进行硝化反应，在反应中始终保持着过量的混酸和不足量的硝化物，适用于制备多硝化物，或者硝化物难以进一步硝化的反应。因预期的产物不同，可以采取不同的加料方法。

3. 加料顺序对产物收率和成本的影响

加料顺序也有可能影响产物收率和生产成本。一般的思路是，尽可能使加料顺序有利于提高原料的利用率，来降低工艺成本。例如合成乙酸乙酯的加料方法，对滴加加料和混加加料进行对比，滴加加料是把乙酸和部分乙醇组成的混合液，滴加到由浓硫酸和部分乙醇组成的混合液中；混加则是将全部的乙酸、乙醇和浓硫酸加入反应器中。实验结果表明，在相同的反应条件下，采用滴加法的合成收率可以达到53.3%，而混加法的收率仅为46.7%。分析其原因在于，浓硫酸在与另外两种原料混合时相当于稀释过程，会放出较多的热量，乙醇和乙酸都容易挥发，在反应体系温度升高时，会造成一定损失。采取滴加法时，因控制了反应物加入的速率，能够及时把溶解热传出系统；而采用混加法时，来不及移除反应热，会造成更多乙酸和乙醇的挥发损失，影响了收率和成本。反应底物使用浓硫酸和部分乙醇组成的混合液，也是从成本角度考虑，乙酸成本高于乙醇，这样做可以提高乙酸的转化率，节约高成本原料。

在确定加料顺序时，要考虑到每种原料和产物的物理化学性质，合理利用加料顺序，尽可能形成均相反应。例如在有固体原料时，应先将固体原料溶解于溶剂中，创造均相反应的条件，再加入液体原料，使均相反应在平稳状态下进行。此外，还要对可能发生的副反应有全面的了解，才能使工艺的潜力发挥出来。

（三）合成过程需控制的参数

1. 温度的影响、选择与控制方法

（1）温度对反应速率的影响　温度对化学反应速率的影响比较显著，升高温度往往能加速反应。当反应物浓度一定时，温度改变，反应速率会随着改变。阿仑尼乌斯总结了温度对化学反应的影响：

$$k=A\mathrm{e}^{\frac{-E_a}{RT}}$$

若以对数关系表示，则为：

$$\ln k=-E_a/RT+\ln A$$

式中，k 为反应速率常数；E_a、A 均为某给定反应的常数，可由实验求得，E_a 为反应的活化能，A 叫做指前因子；R 是摩尔气体常数；T 为热力学温度；e为自然对数的底。

阿仑尼乌斯公式表明，如果温度 T 增加，则 k 增大，所以反应速率也加快。利用阿仑尼乌斯公式，可求出一般反应温度变化对反应速率的影响。然而化学反应种类繁多，阿仑尼乌斯公式仅能较好地说明一般反应的温度与反应速率的规律，而对于一些复杂反应，阿仑尼乌斯公式就不适用了。到目前为止，还没有一个公式可以全面揭示反应速率与反应温度的关系，但对大多数化学反应来说，升高温度确实会加速反应。

（2）化学反应温度的选择　温度是影响化学反应的重要因素，温度升高在加速主反应的同时，也有可能使副反应的负面影响显现出来。这些副反应包括反应物、生成物或中间产物的聚合、降解、异构或者一些杂反应。

例如，阿司匹林合成工艺中的乙酰化反应，从理论上可以通过提高反应温度加快反应速度，但由于升高温度后，会发生原料水杨酸分子之间的副反应（生成水杨酰水杨酸），以及水杨酸与产物阿司匹林之间的副反应，温度升高到 90℃以上时还会缩合阿司匹林产物，因此必须严格控制反应温度。

另一个例子说明了温度影响下的异构现象，例如在用硫酸磺化萘时，60℃以下主要生成 α-萘磺酸，而在 160℃主要生成 β-萘磺酸。表 2-4 显示了不同温度下磺化产物的组成。

表 2-4 不同温度下磺化产物的组成

温度/℃	80	90	100	110	125	138	150	161
α-萘磺酸/%	96.5	90.0	83.0	72.6	52.5	28.4	18.3	18.4
β-萘磺酸/%	3.5	10.0	17.0	27.4	47.6	71.6	81.7	81.6

发生的副反应会影响收率，所以对于每一个反应都有比较适宜的反应温度。在确定一个反应工艺的温度时，一般首先查阅有关该类反应或类似反应的文献，检索每一种原料和产物的化学性质，再根据报道的温度区间进行试验，同时利用气相色谱（GC）、高压液相色谱（HPLC）等分析手段，对反应进行检测，考察转化率与反应产物的质量和收率，逐步优化出合适的反应温度范围。当然，在确定合适的反应温度时，转化率和反应产物的质量和收率，必然还受到反应配比和其他反应条件（如压力、溶剂）的影响，因此在设计试验方案时要系统地考虑各种因素和条件。

（3）温度检测方法 温度是影响化学反应的一个重要条件，因此几乎所有化学反应都需要对温度进行监控。温度计或温度传感器是检测温度的主要仪表设备。以下介绍几种常见的温度计。

① 双金属温度计。金属加热时会膨胀，膨胀量受温度和金属膨胀系数的影响。利用不同金属膨胀系数的差别制造双金属温度计，即把两种膨胀系数不同的金属条固定在一起，当温度改变时，两种金属的膨胀系数不同，会发生弯曲（向膨胀系数低的一侧弯曲），双金属线圈的膨胀产生回转作用。这就是双金属温度计的工作原理。在使用双金属温度计时要注意，表盘枢轴弯曲变形的温度计，是无法准确读数的。因为枢轴弯曲或变形会影响或限制双金属螺旋线圈的膨胀量，从而致使表盘读数不准确。

② 电阻温度计。热敏电阻是电的半导体，这类电阻的阻值受温度影响很大，因而可以用于调节通过的电流。热敏电阻具有很高的温度电阻系数，因而极其敏感。当电阻温度计受到外界的加热时，会将热量的变化转变为电压或电流的变化。电阻温度计使用方便可靠，已得到广泛应用。它的测量范围为－260～600℃。

③ 热电偶温度计。由两条不同金属连接着一个灵敏的电压计所组成。金属接点在不同的温度下，会在金属的两端产生不同的电位差。电位差非常微小，故需灵敏的电压计才能测得。由电压计的读数，便可知道温度。热电偶温度计不及热电阻温度计准确，但经过选择的各种金属与合金的组合，可使这种温度计适用范围更广。

④ 玻璃管温度计。玻璃管温度计是最常见的温度计，它是利用热胀冷缩的原理来实现温度测量的。由于测温介质的膨胀系数与沸点及凝固点的不同，所以常见的玻璃管温度计主要有煤油温度计、水银温度计、酒精温度计。其优点是结构简单，使用方便，测量精度相对

较高，价格低廉。缺点是测量上下限和精度受玻璃质量与测温介质性质的限制，不能远传，且易碎。

⑤ 半导体温度计。半导体的电阻变化和金属不同，温度升高时，其电阻反而减少，并且变化幅度较大。因此少量的温度变化也可使电阻产生明显的变化，所制成的温度计有较高的精密度，常被称为感温器。

(4) 控制温度的方法　从成本和设备维护的角度考虑，人们总是希望化学反应在常温下进行。对于高温或低温条件下进行的反应，在工业生产中利用热传导是向反应体系供给能量的基本方法，使用各种介质（载体）把热量从热源传递到需要加热的设备，或者利用载体把需要冷却的物料中的热量带走。表 2-5、表 2-6 分别给出了工业上常用的加热介质、冷却介质及使用范围。

表 2-5　常用加热介质及使用范围

序号	介质名称	适用范围/℃	传热系数/W/[(m^2·℃)]	性能及特点
1	热水	30～80	50～1400	优点：使用成本低廉，可以用于热敏性物质；缺点：加热温度低
2	低压饱和蒸汽(表压小于 600kPa)	100～150	1.7×10^3～1.2×10^4	优点：蒸汽冷凝的潜热大，传热系数高，调节温度方便；缺点：需要配备蒸汽锅炉系统，使用高压管路输送，设备投资大
3	高压饱和蒸汽(表压大于 600kPa)	150～200		
4	高压汽-水混合物	—		
5	导热油	100～250	50～175	优点：可以用较低的压力，达到较高的加热温度，加热均匀；缺点：需配备专用加热油炉和循环系统
6	道生油(液体)	100～250	200～500	由 26.5%联苯和 73.5%二苯醚组成的混合物，沸点 258℃ 优点：可在较低的蒸汽压力下获得较高的加热温度，加热均匀；缺点：需配备专用加热油炉和循环系统
7	烟道气	300～1000	12～50	优点：加热温度高；缺点：效率低，温度不易控制
8	熔盐	400～540	—	由 40%$NaNO_2$、53% KNO_3、7% $NaNO_3$ 组成 优点：蒸汽压力低，加热温度高，传热效果好，加热稳定
9	电加热	<500	—	优点：加热速度快，清洁高效，控制方便，适用范围广；缺点：电耗较高，一般仅用于加热量较小，要求较高的场合

表 2-6　常用的冷却介质及使用范围

序号	介质及主要设备	适用范围/℃	性能及特点
1	空气(空气冷却器)	10～40	优点：使用成本低廉，设备简单 缺点：冷却效率低，温度适用范围较窄
2	冷却水(循环水-晾水塔)	15～30	优点：使用成本低廉，设备简单，控制方便，是最常用的冷却剂 缺点：冷却温度有限
3	冷盐水(溴化锂冷机—7℃水)(螺杆机-冷盐水)	−20～−50	优点：冷却效果好，设备简单，控制方便 缺点：设备投资较大，需要配备压缩机等制冷系统，对管道系统有腐蚀
4	冷冻机组(深冷压缩机)	−60～−10	优点：冷却效果好，控制方便，能够达到很低的温度 缺点：设备投资很大，一般会使用破坏臭氧层的氟利昂等制冷剂，在−60℃以下深冷效率降低
5	液氮(液氮储罐)	−60 或更低	优点：冷却效果好，控制比较方便，能够达到极低的温度，与使用深冷机组相比，设备投资少，清洁无污染 缺点：使用成本较高，液化气体有比较大的危险性

一般来说，压缩机制冷在中冷温度段有一定的成本优势，液氮制冷在深冷条件下（−40℃以下）效率是比较高的。

液氮制冷有两种不同的方式：一种方式是把液氮直接通入物料之中，液氮在物料中通过气化潜热吸收物料的热量，可以急剧地降低物料温度。这种方法降温速度非常快，效率也比较高，但因液氮气化成为气体后，体积膨胀较大（体积约膨胀 700 倍），可能会在反应器中迅速地形成压力，另外，由于物料与正在气化的液氮接触，在氮气排出时会有少量的物料随着氮气的排空而损失。另一种方式是使液氮通过反应器中的盘管等换热装置，通过盘管中液氮的气化，释放出冷量，与管外的物料换热。这种制冷方式在降温速率上不如液氮直接注入快，但液氮的气化不会在反应器内产生超压，还可以联产高纯氮气，杜绝了物料随着氮气的损失。

进入 21 世纪后，使用液氮的技术又有更新，国外的一些液化气体厂家开发出了一些新的液氮制冷方式，通过高效换热器使液氮先给冷媒换热，再用冷媒为物料降温的流程，提高了液氮使用的效率，同时联产高纯度的氮气，增加了液氮使用的经济性。

2. 压力的影响、选择与控制方法

（1）压力对化学反应的影响　反应压力对有气体参与、产生体积变化的化学反应影响较大，对于单纯的液相反应来说，一般几乎不产生影响。能通过增加反应压力促进反应的情况，可以归纳为以下 3 种。

① 反应物是气体，反应后反应体积减小，加压有利于反应的完成。

② 参与反应的一种物质是气体，通过溶解或吸附才能与其他反应物接触反应，这时增加反应压力有利于反应的完成。如反应压力对加氢反应过程有非常巨大的影响，在气相加氢时，提高压力相当于增加了氢的反应浓度，因此反应速率几乎可以按比例增加。对于液相加氢，实际上是溶解于溶液内的氢才会发生反应，在不太高的压力下，氢在液体中的浓度符合亨利定律，所以反应速率也能够明显加快。

③ 反应温度高于反应物（或溶剂）的沸点时，可以通过加压，使反应物溶解于液相。例如用 HCl 气体和硅醚生产三甲基氯硅烷的反应中，HCl 气体必须溶于硅醚溶液中才能与硅醚反应，在反应时可采用加压的方法，增加 HCl 在液相的溶解度，加压增大了液相反应体系中反应物的浓度，提高了 HCl 的利用率，有利于提高整个反应的收率。

对于一些热敏物料，加热条件下存在副反应，有时人们也利用在负压（真空）状态下物质的沸点降低，降低反应温度，或者加速反应进程。如生成物的沸点较低，就可以通过反应-减压蒸馏的方法移除生成物，在促进反应平衡向有利方向转移的同时也降低反应的温度。

（2）反应压力的控制　加压反应所要求的反应设备，是特殊的压力容器，对设计、材质、制造、防爆措施和安全系数都有比较严格的要求，维护费用较高，运行时也具有一定的安全隐患。

产生反应正压的方法，可以是利用物料（特别是气体物料）自身进料的压力；而产生负压（真空）则需要使用真空泵。真空泵的形式多种多样，其作用一般是通过做功，将气体排出反应体系，降低体系中的各种物料的蒸气压。无论加压反应还是减压反应，都应经常对设备的气密性和安全性进行检查。

气密性试验所采用的气体为干燥、洁净的空气或氮气。因化学合成经常涉及易燃易爆的危险品，通常使用氮气。对要求脱油脱脂的容器和管道系统，应使用无油的氮气。

进行气密性试验时，升压应分几个阶段进行：先把系统的压力升高到试验压力的 10%～

20%，保压 20min 左右。检查人员在检查部位（如法兰连接、焊缝等）涂抹肥皂水，如有气泡出现则进行补焊或重新安装；如没有气泡漏出，则可继续升压到试验压力的 50%，如无异常出现，再以 10%的梯次逐级升压检查，直到达到试验压力。在试验压力下至少保压 30min，进行检查，如没有压降或压降在允许范围内，则为合格。

真空设备在气密性试验后，还要按照设计真空度进行真空度试验。对于未通过气密性试验，经过修补的部位，要按照设计要求，进行酸洗、热处理等加工。

3. 酸碱度的影响与控制方法

（1）酸碱度对反应的影响　许多化学合成药物对酸碱不稳定，有时一旦形成了副产物，再从体系分离纯化比较困难。为了保证产品的质量和收率，在反应过程和分离过程时要密切关注体系 pH 值对产物的影响。

以下以苄氯为原料合成苯乙腈的反应过程，来说明酸碱度对副反应和产物稳定性的重要性。例如，在苄氯合成苯乙腈的过程中存在以下反应。

① 主反应：苄氯和氰化钠水溶液在相转移催化剂的作用下，生成苯乙腈和氯化钠。

$$C_6H_5CH_2Cl + NaCN\,(aq) \longrightarrow C_6H_5CH_2CN + NaCl\,(aq)$$

② 副反应

$$C_6H_5CH_2Cl + H_2O = C_6H_5CH_2OH + HCl$$

$$C_6H_5CH_2Cl + C_6H_5CH_2OH = C_6H_5CH_2OCH_2C_6H_5 + HCl$$

$$NaCN + 2H_2O = HCOONa + NH_3$$

$$C_6H_5CH_2CN + 2H_2O = C_6H_5CH_2COOH + NH_3$$

$$C_6H_5CH_2Cl + C_6H_5CH_2CN = C_6H_5CH(CH_2C_6H_5)CN + HCl$$

总收率受到苄氯、氰化钠、苯乙腈的水解，以及苄氯和苯乙腈的聚合等很多副反应的影响。在 pH 值较高的情况下会出现这些反应。因此在苯乙腈的选择性反应中 pH 值是一个重要参数。过量的苄氯往往导致反应条件呈酸性，在铁和其他金属离子存在下，形成氰化氢和苄氯的聚合物。过量的氰化钠会造成偏碱性的反应条件，这将导致形成苄醇和其他残余杂质。

在以上的例子中，1 个主反应伴随着 5 个与反应体系酸碱度（pH 值）相关的副反应，可见控制反应的酸碱度对产品质量和收率的重要性。

（2）pH 值控制方法　在工业生产过程中，一般采用 pH 试纸和 pH 计监控反应体系的酸碱度。

① pH 试纸。pH 试纸的应用非常广泛，检测比较快速简便。它一般用来粗略测量溶液 pH 大小（或酸碱性强弱）。

在用 pH 试纸检验水溶液的性质时，取一条试纸，用沾有待测液的玻璃棒或胶头滴管点于试纸的中部，观察颜色的变化，与标准色卡比较，就可以判断水溶液的 pH 值。检验气体的性质时，先用蒸馏水把试纸润湿，粘在玻璃棒的一端，用玻璃棒把试纸靠近气体，观察颜色的变化，判断气体的性质。

使用 pH 试纸需要注意的是，pH 试纸不可直接伸入溶液，不要将 pH 试纸接触试管口、瓶口、导管口等；测定水溶液的 pH 时，不要事先用蒸馏水润湿 pH 试纸，因为润湿 pH 试纸相当于稀释被检验的溶液，会导致测量不准确。pH 试纸湿润后，如与环境中的二氧化碳、氨气接触，会使显色改变，因此在测试时要尽快比较颜色，才能相对准确。pH 试纸不能用来检测无水的有机溶剂的酸碱度；取出试纸后，应将盛放 pH 试纸的容器盖严，以免被环境气体污染。

② pH 计（酸度计）。用 pH 计进行电位测量是测量 pH 的精密方法，性能优良的 pH 计可分辨出 0.005pH 单位。pH 计具有精度高、反应较快、可以在线实时检测、检测数据可以连接计算机保存等优点，因而在制药行业中大量使用。

pH 计在使用前需用标准缓冲液进行二点校对。pH 测定的准确性取决于标准缓冲液的准确性。标准缓冲液是由标准试剂配制而成的。酸度计用的标准缓冲液，要求有较大的稳定性、较小的温度依赖性。在使用 pH 计检测酸度时，温度对准确性等的影响很大，因此应考虑温度补偿。在无水溶剂中，pH 计也无法正常工作。

正确使用与保养电极很重要，使用说明及注意事项见仪器使用说明书。

（四）反应时间与反应终点的控制

1. 反应时间的确定与终点控制

药物合成过程中，在反应温度、反应压力和反应配比等因素确定之后，都会有相对固定的最佳反应时间，在这时反应的转化率最高，副反应杂质相对少，主产物的收率最高。从技术角度来说，反应时间决定了反应的质量和收率，从经济角度说，反应时间影响着生产周期和生产效率，在一定程度上影响着工厂和产品的经济效益。

多数有机合成反应一般都不能进行彻底，在经历一段时间后，主反应达到平衡，主产物不再显著增加，一些副反应变成了主要的反应，这时就应当终止反应，以减少分解、聚合和串联等副反应对主产物的破坏，减少形成新杂质的机会。在工业生产上，常采用的方法是，在反应到一定的时间后，对反应物料进行检测，当达到标准之后，立即终止本步反应，进行下一步操作。

控制反应终点的方法可以分为两类：一是通过反应器的某些参数的变化来判断；二是通过检测从反应器中取得的样品，来判断反应的终点。

2-4微课：酶裂解工艺

一些化学反应反应器的操作参数会在反应终点发生变化，如温度、压力、pH 值、回流量等。例如三甲基氯硅烷的氨化反应，是向三甲基氯硅烷中通入液氨进行反应的，当反应接近终点时，反应器内的压力上升。这时可以通过停止液氨的加料，观察反应器中的压力变化来判断终点：停止液氨加料后，如压力在一定时间内没有明显变化，证明反应物氨几乎不再消耗，即为反应终点。再如青霉素酶裂解生产 6-APA，在反应过程中，随着裂解反应的进行，需要向体系中不断滴加氨水，以中和反应产生的苯乙酸。当反应接近终点时，因青霉素浓度越来越低，裂解反应的速率越来越慢，加入氨水的速率逐渐变慢。停止滴加氨水后，pH 值在一定时间不变化时，就可以认为反应结束了。

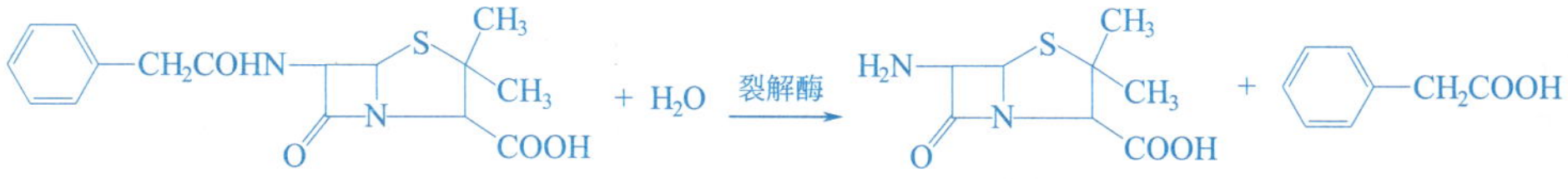

6-APA

在一些反应精馏的过程中，随着反应的进行，生成物不断通过蒸馏采出系统，当出现一段时间没有物料采出，反应器温度开始上升时，反应终点就达到了。利用反应器的参数变化来判断反应终点，简便直观，在现场就可以完成，但这种判断方法比较依赖现场操作人员的经验，不可能做到定量和精确。

在判断反应终点时，目前经常使用化学分析和仪器分析方法，如滴定、旋光检测、分光光度检测、高压液相法（HPLC）、气相色谱法（GC）来判断终点。

例如酯化反应的终点可以用酸碱滴定来判断，在反应达到终点时，由于反应物酸的消耗，反应体系的酸较初期明显减少，使用酸碱滴定的方法，就可以简单迅速地确定反应终点。

利用仪器分析方法更加准确，甚至可定量地观测反应的进程，因而成为药物合成生产过程分析的发展方向。

2. 常用仪器分析方法

（1）高压液相法　高压液相色谱仪是生产中间控制和成品检测经常用到的仪器。仪器由输送泵、进样器、色谱柱、检测器和工作站（或记录仪）组成。

分离过程是一个吸附-解吸附的平衡过程。被分离混合物由流动相液体推动进入色谱柱。根据各组分在固定相及流动相中的吸附能力、分配系数、离子交换作用或分子尺寸大小的差异进行分离。色谱分离的实质是样品分子（以下称溶质）与溶剂（即流动相或洗脱液）以及固定相分子间的作用，作用力的大小，决定色谱过程的保留行为。常用的吸附剂固定相为硅胶或氧化铝，粒度 5～10μm。高压液相色谱适用于分离分子量 200～1000 的组分，常用于非离子型化合物。检测器的工作原理是，基于被分析组分对特定波长紫外光的选择性吸收，连续测定流通池中溶液折射率来测定试样各组分浓度。

高压液相色谱与经典液相色谱法的区别是，填料颗粒小而均匀，小颗粒具有高柱效，但会引起高阻力，需用高压输送流动相，故又称高压液相色谱法。HPLC 有以下优点。

2-5微课：高压液相色谱仪的使用

① 分析速度快。通常分析一个样品需 15～30min，有些样品甚至在 5min 内即可完成。

② 高柱效。色谱柱的效率可达每米 5000 块塔板。在一根柱中可同时分离成分达 100 种。

③ 分辨率高。可选择固定相和流动相以达到最佳分离效果，可以使用一根色谱柱分离不同的化合物。

④ 灵敏度高。紫外检测器灵敏度可达 0.01mg，同时消耗样品少。HPLC 工作原理如图 2-2 所示。

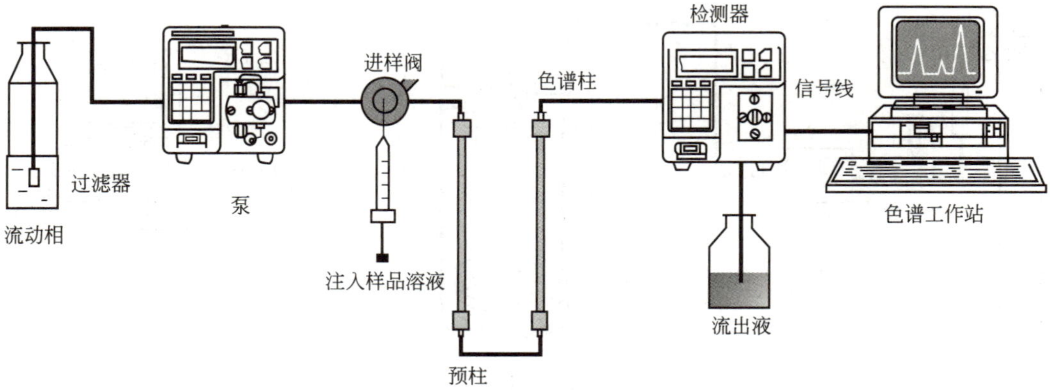

图 2-2　HPLC 工作原理

分析前，选择适当的色谱柱和流动相。开泵，用流动相冲洗柱子，待柱子达到平衡而且基线平直后，用微量注射器把样品溶液注入进样口，流动相把试样带入色谱柱进行分离，分离后的组分依次流入检测器的流通池，最后和洗脱液一起排入流出物收集瓶。当有样品组分流过流通池时，检测器把组分浓度转变成电信号，经过放大，用色谱工作站（记录器）记录下来，就得到色谱图。色谱图是定性、定量和评价柱效高低的依据。

对流动相需要预先过滤，目的是除去溶剂中的微小颗粒，避免堵塞色谱柱，尤其是使用无机盐配制的缓冲液，应使用 0.45μm 或更小孔径滤膜过滤。为了减轻样品对色谱柱的污染，有时还会使用预处理柱净化试样。

HPLC 适合分子量较大、气化难、不易挥发或对热敏感的物质、有机化合物及高聚物的分离分析，这些化合物大约占有机物的 70%。

(2) 气相色谱法　对于易挥发的、热稳定的有机化合物的混合物则可以采用气相色谱仪（GC）进行分析。

气相色谱工作原理是，利用试样中各组分在气相和固定液液相间的分配系数不同，当汽化后的试样被载气带入色谱柱中运行时，组分就在其中的两相间进行反复多次分配（类似于精馏过程），由于固定相对各组分的吸附能力不同，因此各组分在色谱柱中的运行速率就不同，经过一定的柱长后，便彼此分离，按顺序离开色谱柱进入检测器，产生的离子流信号经放大后，在记录器上描绘出各组分的色谱峰。GC 的组成包括载气系统、进样系统、色谱柱和柱温、检测系统、记录系统。

气相色谱流动相为惰性气体（称为载气），工作流程与 HPLC 相近，如图 2-3 所示。GC 是以净化后的载气（一般使用氮气）作为流动相。检测时从进样器中注射样品，载气携带着可挥发的样品，在高温下迅速蒸发成为气体，汽化后的试样被载气带入色谱柱中，利用样品中各组分在色谱柱中的气相和固定相间的分配系数不同，在其中的两相间进行反复多次（$10^3 \sim 10^6$）分配（吸附—脱附—放出）。由于固定相对各种组分的吸附能力不同（即保存作用不同），各组分在色谱柱中的运行速率就不同，经过一定的柱长后（一般长度可达几十米），便彼此分离，顺序离开色谱柱进入检测器，产生的离子流信号经色谱工作站放大后，在记录器上描绘出各组分的色谱峰。

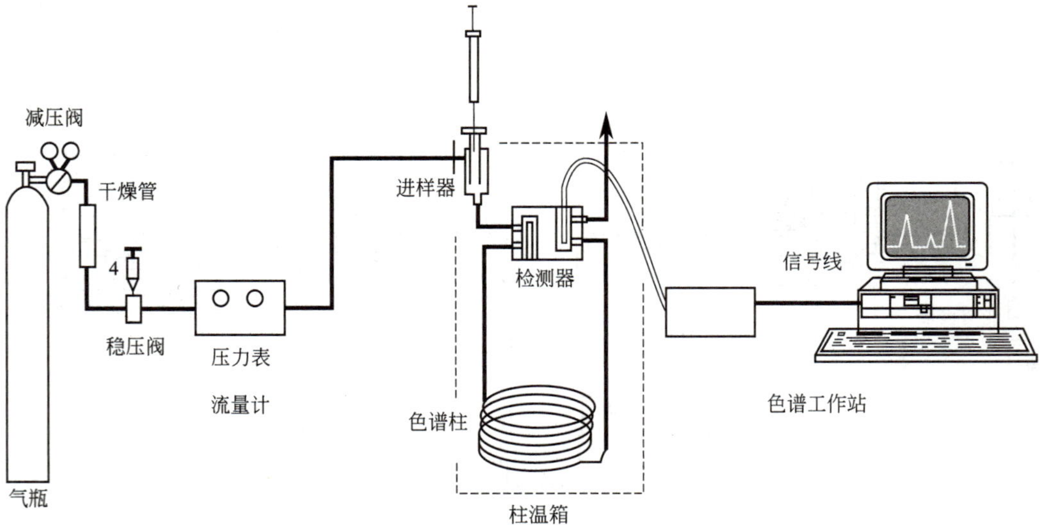

图 2-3　GC 工作原理图

仪器分析是一种相对分析法，一般需要化学纯品作标准来对照，而化学纯品需经化学分析法制得，所以，两种分析方法是相辅相成的。

三、 实用案例

实例一 合成对硝基苄基溴的工艺条件优化

对硝基苄基溴为重要的医药、农药中间体，在医药工业中主要用于制备头孢洛宁、抗风湿药阿克他利等，由对硝基甲苯侧链溴化而得。合成反应属于芳烃的苄位取代，属于自由基型反应，需在高温、光照或引发剂存在下进行连锁反应。反应式如下：

1. 溶剂的选择

溶剂有两种作用，即稀释作用和极化作用。对于稀释作用而言，溶剂的加入并未产生对芳烃侧链卤化有利的因素。从生产能力出发，溶剂不加为好。对于该类型的反应，当原料有一定极性，它或它的卤化产物所提供的电场会诱导卤素的极化，引发芳环上的卤代反应时，不得不采取措施削减极性的影响，这就需要溶剂。

非极性溶剂未提供电场，不但有利于卤素的均裂生成自由基，同时由于其稀释作用降低了芳烃本身及卤化产物的极性而抑制了芳环上的卤化，因而对提高芳烃的侧链卤化选择性有利。此外，由于芳环上电子云密度大的芳烃易于发生环上亲电取代，因而当以芳香族化合物为溶剂时，芳环上带有吸电基团更有利。

由以上分析可见，由于本反应中的底物是对硝基甲苯（液态），而硝基（—NO_2）是强的吸电子取代基，使苯环上的电子云密度降低，卤代困难，所以，从生产能力出发，本反应不另外加溶剂。

需要指出，芳烃侧链卤代反应的溶剂，对选择性的影响十分显著，甚至关系到反应过程的成败。

2. 卤素的选择

由于侧链卤化产物一般是中间体而非最终产物，因而卤素是可选择的，以利于整个过程的经济性。溴与氯比较，更有利于侧链而不利于芳环卤化，同时溴在多卤代时需要更高的能量。因而当以溴进行侧链一卤化时选择性较高。故在制备一卤苄时一般应以溴苄为主，因为溴苄有较高的收率。而在制备三卤苄时，因为三溴苄一般不易生成，需更高的能量，因此应制取三氯苄。

3. 引发剂的选择

对于低温下（<100℃）的芳烃侧链卤化，引发剂的加入往往是芳烃侧链卤化所必需的。常用的引发剂有偶氮二异丁腈、过氧化二苯甲酰和三氯化磷等。在反应过程中，引发剂的量会因在反应过程中逐渐分解而减少，因此适时补加引发剂非常重要。在较高的反应温度下，因引发剂的不稳定而一般不采用。

本实例可以采用高温引发、光引发和化学引发剂引发。若为高温引发，可采用 140℃下在搪玻璃反应釜内进行；若为光引发，可在装有机械搅拌及石英管（内装卤钨灯）的搪玻璃反应釜中进行；若为化学引发剂引发，可用偶氮二异丁腈或过氧化二苯甲酰，在搪玻璃反应釜内进行。

当用光照引发自由基时，以 300～478.5nm 的紫外线照射最为有利，因为在这个波长范围光量子能量较强，且能透过玻璃。若加入微量（0.01%～5%）添加剂 *N*,*N*-二甲基甲酰胺（DMF）或 *N*,*N*-二甲基乙酰胺（DMA），往往使反应大大加速。

4. 反应温度的选择

在该类反应中，目标化合物不同温度选择不同。以一卤苄为目标的侧链卤化反应，温度有其最佳值，高了容易发生多卤代，低了容易发生环上卤化，因此具体的温度范围必须由实验确定。以三卤苄为目标的侧链卤化反应，温度高些对反应有利，除了因主反应活化能较高的因素之外，高温也是引发自由基的有利条件。该情况下，反应温度宜高不宜低，当然还应综合平衡成本因素。

5. 杂质的影响及去除

微量的某些杂质（比如铁）即可催化芳环上的卤化反应。由于芳环上取代卤化的活化能低于侧链卤化的活化能，因此在侧链卤化条件下，杂质的影响是十分显著的，除去有催化剂作用的杂质是侧链卤化反应最重要的步骤之一。

若除去铁，一般芳烃和溶剂都采用蒸馏方法，有时采用加入 EDTA 络合的方法使其丧失芳环卤化的催化活性。而氯气中的铁可用活性炭吸附的方法脱除。除了铁以外，氧、水等均对自由基反应产生不利影响。

6. 加料方式的确定

芳烃、溶剂、引发剂的一次性加入对间歇侧链氯化无害，有时更有利。氯气的通入速率对芳烃侧链氯化反应无影响，在温度可控制的条件下，为提高生产能力，一般选择快速通入。

综合以上讨论，有利于芳烃侧链卤化反应的因素和不利于芳烃侧链卤化反应的因素总结如表 2-7 所示。

表 2-7 芳烃侧链卤化与芳烃卤化的条件比较

有利因素	溶剂	温度	添加剂	其他
侧链卤化	非极性	高	自由基引发剂	紫外线照射
芳环卤化	极性、酸性	低	路易斯酸	—

实例二 合成苯乙腈的工艺条件优化

苯乙腈是重要的医药、农药中间体，是苯乙酸、苯乙胺等的原料，由苄氯和氰化钠反应制得。反应的实质是 CN^- 对卤代烃进行的亲核取代，主反应式如下（但同时存在多个副反应，见本项目相关内容）。

$$C_6H_5CH_2Cl + NaCN\ (aq) \longrightarrow C_6H_5CH_2CN + NaCl\ (aq)$$

1. 反应温度与加料方式

由于氰基是个较强的亲核试剂，腈化反应活化能较低。为抑制水解副反应，较低的反应温度对腈化反应选择性有利。尤其对于腈化和水解均按 S_N2 反应机理进行的亲核取代反应（一般以伯卤烷为原料）。由于腈化反应和水解副反应的活化能差较大，较低温度可有效抑制水解副反应。

由于 CN^- 的高浓度对主反应有利，总是希望将其先加入反应系统。卤代烷的加入方式对反应选择性没有影响，但由于反应放热，为控制温度，不允许卤代烷与 NaCN 同时加入，只能选择滴加方式。

2. 溶剂的选择

由于 NaCN 或 KCN 是离子型化合物，在非极性溶剂中难于溶解，必须选用极性溶剂。又因 NaCN 或 KCN 是碱性，能与质子溶剂形成下列平衡：

$$H_2O + NaCN \rightleftharpoons NaOH + HCN$$

$$ROH + NaCN \rightleftharpoons RONa + HCN$$

尽管平衡不会造成亲核试剂 OH^-、RO^- 的较高浓度，但总会有少量存在，会有些副产物生成。因而质子溶剂不是好的选择，极性非质子溶剂（DMSO、DMF 等）才是最好的选择，因为创造无质子环境是减少副反应的重要手段。这尤其对于抑制 S_N1 机理进行的水解副反应尤为重要，因为当温度效应不显著时，浓度的控制是唯一的手段。

3. 抑制副反应的综合分析

根据副反应机理不同，分别采取不同的控制方法。表 2-8 给出了控制副反应的工艺要点。

表 2-8　不同反应机理的副反应的抑制

副反应机理	活化能比较	主要影响因素	控制要点
S_N2	$E_{VP} \ll E_{VS}$	反应温度	控制较低反应温度
S_N1	$E_{VP} \approx E_{VS}$	质子浓度	选用极性非质子溶剂

注：E_{VP}表示主反应活化能，E_{VS}表示副反应活化能。

4. 原料选择与产物分离

卤代烷中多卤代物可腈化生成多腈化物，但因多腈化物沸点较高，容易与一氰化物分离，故卤代烃的分离提纯一般没有必要。尽可能用粗品原料（或中间体）进行卤代烃的腈化反应才是最简单的方法。当卤代烷的母体化合物价格较高时，卤代中间体选择溴代烷比氯代烷更有优势。尽管溴的成本高于氯，但因为溴代烷生成与溴代烷腈化的选择性都高于相应的氯代烷，此时卤素所占成本比例较小，因此用溴代物为中间体一般更经济。

2-6视频：实验室固体样品称量

由于一腈化物与二腈化物的物性相差较大，对于较小分子量的腈化物，一般采用蒸馏方法，这样多腈化物容易除去。

案例

少污染、多回收，实现循环经济零排放

6-氨基青霉烷酸（简称 6-APA）是青霉素 G 的母核，也是一系列半合成青霉素的重要中间体，由青霉素 G 裂解而得。在青霉素 G 裂解过程产生副产物苯乙酸。

青霉素G　　6-APA　　苯乙酸

苯乙酸是合成青霉素 G 的重要前体，还用于制备镇静和抗癫痫药苯巴比妥，抗抑郁药阿米替林，心血管药乳酸心可定、地巴唑、氯可律等。随着我国制药工业、精细化工产业的快速发展，国内对苯乙酸的需求量很大。苯乙酸的生产方法主要有苯乙腈水解法（苄氯一氰

化钠法）、苯乙酰胺水解法、苄氯—羰基化法等，均污染大、能耗大，且生产成本较高，价格贵。

由以上可见，半合成青霉素的迅速发展导致了其重要中间体——6-APA需求量的迅速增加，而6-APA需求量及产量的迅速增加必然导致苯乙酸排放量的增加。一方面生产青霉素需要大量的苯乙酸；另一方面生产6-APA要排放大量的苯乙酸。如何把两者有机地结合起来，实现资源的循环利用，是关系环境、资源、成本的重大问题。

我国是一个发展中的大国，资源相对匮乏，为了减轻经济增长对资源供给的压力，实现资源的高效利用和循环利用，必须大力发展循环经济。通过科研人员近20年的不断探索，终于确定了酶裂解法生产6—APA，溶剂萃取法、“直通法”回收利用苯乙酸的生产路线，实现了“苯乙酸在青霉素生产中的循环利用”，对抗生素行业的发展，推动整个社会循环经济的发展具有深远的意义。

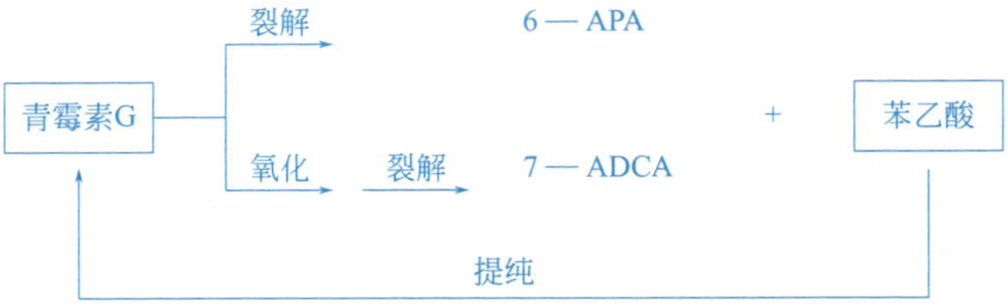

四、项目展示及评价

2-7视频：实验室液体样品称量

1. 项目成果展示

（1）制订的“合成阿司匹林”实训方案。

（2）合成的阿司匹林产品展示。

阿司匹林为白色结晶或结晶性粉末（见图2-4），熔点135～140℃，无臭或微带醋酸臭，味微酸，遇湿气缓缓分解。阿司匹林在乙醇中易溶，在氯仿或乙醚中溶解，在水或无水乙醚中微溶。在氢氧化钠溶液或碳酸钠溶液中溶解，但同时分解。具酸性，pK_a为3.5，水解后，用硫酸酸化可析出水杨酸的白色沉淀，此反应可供鉴别。阿司匹林水溶液与三氯化铁试液无反应发生。当将两者加热后可显紫堇色，可用于检测阿司匹林中水杨酸的含量。

2. 评价依据

（1）选择的原料、规格，以及确定的配比是否合理。

（2）选择的反应器、设计的实验装置的正确程度。

（3）选择的温度是否得当，传热介质及控制方法是否合理。

（4）确定pH控制方法是否合理。

（5）确定的反应时间及终点控制方法是否合理。

（6）安全、环保措施是否得当，母液套用及循环利用情况。

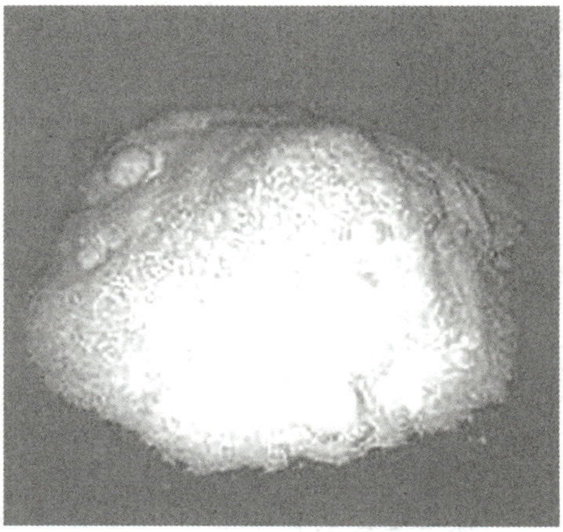

图2-4 阿司匹林

（7）编写方案是否合理、完整、可行。

（8）实训操作是否规范，各工艺点的控制是否准确。

（9）产品质量、收率情况。

（10）实训整体完成情况，实训报告完成质量。

3. 考核方案

考核依据本书第一部分“考核与评价方式”进行，本任务的具体评价内容如下。

（1）教师评价表 教师评价分为“项目材料评价表”与“项目实施过程评价表”两个方面。

① 项目材料评价表

	考核内容	权重/%	成绩	存在问题	签名
项目材料收集	原辅材料的准备情况	10			
	确定的投料比、加料顺序的正确程度	10			
	查阅文献，所确定的合成阿司匹林生产的温度、pH、终点控制等工艺条件的正确程度	10			
	控制温度、压力、pH 的措施是否得当	10			
	讲解工艺条件确定的依据，总体方案制订的依据，方案可行性分析	15			
	材料搜集完整性、全面性	10			
	讨论、调整、确定并总结方案	5			
职业能力及素养	查阅文献能力	5			
	归纳总结文献资料能力	5			
	制订、实施工作计划的能力	5			
	讲解方案的语言表达能力	5			
	方案制订过程中的再学习、创新能力	5			
	团结协作、沟通能力	5			
	总分				

② 项目实施过程评价表

	考核内容	权重/%	成绩	存在问题	签名
项目实施过程	铁架台摆放位置、铁圈调整高度	4			
	加热套摆放位置	2			
	三口烧瓶固定松紧适中	2			
	冷凝器胶管的连接方向，下进上出	4			
	温度计插入料液的深度，保证观测及搅拌	2			
	安装顺序规范	4			
	反应装置搭建完整，反应装置整体协调、稳固	10			
	搅拌速率合理	3			
	温度调节速率均匀，反应温度控制准确	8			
	反应终点判断规范、准确	3			

续表

	考核内容	权重/%	成绩	存在问题	签名
项目实施过程	拆卸装置顺序规范	3			
	出料操作细致、准确	3			
	烧瓶内无残留物	2			
	乙酰水杨酸析出状态良好	2			
	抽滤装置安装规范、正确，抽滤效果良好	4			
	溶剂用量合理	2			
	洗涤次数合理	2			
	滤饼洗涤效果良好	2			
	干燥温度正确(干燥温度不超过 60℃为宜)	2			
	干燥仪器使用规范、准确	2			
	干燥程度是否良好	2			
	收率计算方法正确，收率大小、产品质量及外观	5			
	实训报告完成情况(书写内容、文字、上交时间)	3			
职业能力及素养	动手能力、团结协作能力	3			
	实验现象、原始数据的记录及时、真实、整洁，认真规范的工作作风	3			
	现象观察、总结能力	3			
	分析问题、解决问题能力	3			
	突发情况、异常问题应对能力	3			
	安全及环保意识	3			
	仪器清洁、保管	3			
	纪律、出勤、态度、卫生	3			
	总分				

（2）学生评价表

	考核内容	权重/%	成绩	存在问题	签名
项目材料收集	学习态度是否主动，是否能及时完成教师布置的任务	5			
	是否能熟练利用期刊书籍、数据库、网络查询合成阿司匹林的相关资料	5			
	收集的有关学习信息和资料是否完整	5			
	能否根据学习资料对合成阿司匹林项目进行合理分析，对所制订的方案进行可行性评价	10			
	是否积极参与各种讨论，并能清晰地表达自己的观点	5			
	是否能够掌握所需知识技能，并进行正确的归纳总结	5			
	是否能够与团队密切合作，并采纳别人的意见建议	5			

续表

	考核内容	权重/%	成绩	存在问题	签名
项目实施过程	能否独立正确选择、安装实训装置	5			
	固体、液体物料的称取是否规范、准确	5			
	是否能够准确控制反应温度、时间、准确控制和判断反应终点	5			
	出料及结晶操作是否规范	5			
	是否能正确选择合适的后处理方法（固液分离、洗涤、干燥），操作是否规范	5			
	所得阿司匹林的质量、收率是否符合要求	10			
	是否能独立、按时按量完成实训报告	10			
	对实验过程中出现的问题能否主动思考，并利用所学知识进行解决，对实验方案进行适当优化和改进，并发现自身知识的不足之处	10			
	完成实训后，是否能保持实训室清洁卫生，对仪器进行清洗，药品妥善保管	5			
	总分				

（3）成绩计算　本项任务考核成绩＝教师评价成绩×50%＋学生自评成绩×20%＋小组互评成绩×30%。其中，教师评价成绩中“项目材料评价”占40%，“项目实施过程评价”占60%。

2-8动画：阿司匹林工业化生产工艺

五、自主能力训练项目　阿司匹林工业化生产工艺

认真学习该工艺，要求：

（1）并将工业生产工艺（工艺条件、控制方法、生产过程等）与实训室合成过程进行对比，找出其异同点，并解释原因。

（2）通过系统训练，掌握阿司匹林合成过程所涉及的工艺技术、控制方法和手段，各种事故应急处理的措施，节能降耗、提高生产效率的手段，具备工业生产的初步能力。

项目二　使用与维护反应设备

素养案例

共和国的“医药长子”——华北制药的社会担当

20世纪40年代以前，如果谁患了肺结核，就意味着这个人不久将会离世。在当时，人们还不能制作出可以高效治疗细菌性感染且副作用小的药物。1942年青霉素实现工业化生产，正值二战期间，战场上伤亡非常多，青霉素需求量巨大因而十分珍贵，当时有说法一支青霉素等于0.9克黄金。至20世纪50年代，在我国青霉素仍以进口为主。1953年，新中国百废待兴，党和政府把医药工业的创立和发展，置于发展国民经济第一个五年计划的重要

地位——建中国自己的“大”药厂。1953年6月，华北制药厂开始筹备，1958年，华北制药厂生产的第一批青霉素正式下线，结束了我国青霉素依赖进口的历史。自此，华北制药厂担负起了共和国“医药长子”的社会责任。

在华北制药厂的带领下，国内青霉素生产水平迅速提高，成本大幅度降低，20世纪至70年代曾经售价类比黄金的青霉素，降为几毛钱一支。1958年至1978年，华北制药厂产品由建厂时的5种累计增加到75种，抗生素生产水平步入当时国际先进行列。华药不断进行改革和创新，1992年，华北制药的五大抗生素产量占全国总产量的1/7，是中国最大的抗生素生产基地，也是亚洲最大的制药厂。

为了推动我国医药事业的发展，华北制药不负众望地承担起国内外医药企业的援建任务。先后支持并援建了蒙古土霉素车间及生产技术、朝鲜青霉素发酵技术、越南葡萄糖厂生产技术，以及罗马尼亚葡萄糖车间等；支援了国内46家单位的抗生素厂、药用玻璃厂、淀粉和葡萄糖厂，分别调出配套职工1389人。青霉素菌种选育经验在全国得到了推广，支援了全国20多个省市的抗生素生产，加快了中国抗生素工业化的步伐，被誉为“新中国制药工业的摇篮”。

随着华北制药企业的发展，培养了大批的医药人才，创造了巨大的经济效益和社会效益，为当地就业、抗灾、抗疫做出了突出贡献。

学习感悟：学习华北制药的担当精神，迎难而上，不忘初心牢记使命，用“担当”和“温暖”回馈社会。

项目背景

化学反应是药物合成工艺过程的核心，反应器是完成化学反应的核心设备，它为原料提供适宜的环境以完成一定的反应。小试阶段是在实验室中用玻璃仪器进行反应的，其传质和传热比较简单。在工业规模的反应器中要做到反应物料的温度、浓度均匀一致就不那么容易。那么，在工业生产中，不同的物料该选用什么类型的反应器，选择何种操作方式？如何使得物料混合均匀？如何控制加热或冷却的温度？若是非均相反应，如何使物料从一个相扩散到另一个相？工业生产设备如何安装、操作和保养维护？如何保证安全生产？如何确保原料的转化率、产品的质量，降低生产成本呢？……这些都是完成本项目要解决的问题。

任务1　认识反应设备及辅助设备

一、布置任务

（1）学习基础知识，掌握并讲解以下内容，填写工作任务单。

① 釜式反应器结构、特点、材质及应用情况。

② 釜式反应器传热装置有哪些类型，各有何特点。

③ 常用搅拌器类型、结构特点、适用范围。

④ 提高搅拌效果的措施有哪些。

⑤ 设备选型应从哪几个方面考虑。

（2）根据“合成阿司匹林”的反应物料特征，确定设备方案。

要求：以投料总量为 $2m^3$ 的反应物料为基准。

根据“项目一”确定的原料组成，分析物料特征，结合投料比、装料系数、加料方式等工艺数据，确定应该用什么形式、多大容积的反应器，简单设计换热装置。

选择合适的搅拌器及辅助设施。

绘出工艺流程方框图、工艺流程简图。

二、必备知识

（一）反应器基础

1. 化学反应器的分类

（1）按物料的聚集状态分类　根据物料的聚集状态不同，反应器可分为均相反应器和非均相反应器。均相反应器又包括液相均相反应器与气相均相反应器。许多药物合成反应属于相均相反应。非均相反应器可包括气-液相、气-固相、液-液相（如相转移催化剂反应）、液-固相（如离子交换反应）、气-液-固相（如催化氢化反应）等。

按物料的相态分类其实质是按宏观动力学特性分类，相同聚集状态反应有相同的动力学规律。均相反应，反应速率主要考虑温度、浓度等因素，传质不是主要矛盾；非均相反应过程，反应速率除考虑温度、浓度等因素外还与相间传质速率有关。

（2）按反应器结构分类　按反应器的结构不同，反应器可分为釜式、管式、塔式、床式反应器等。不同结构的反应器如图 2-5 所示。

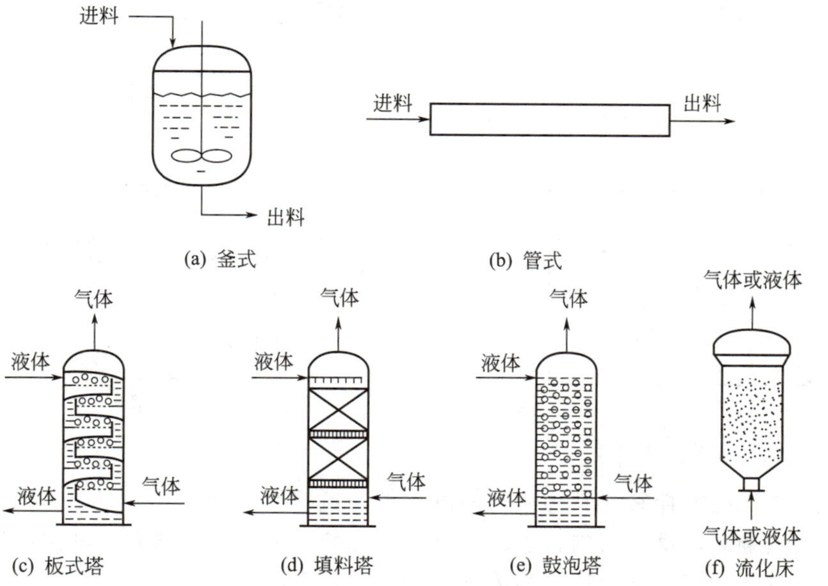

图 2-5　不同结构的反应器

按反应器结构分类的实质是按传递过程的特征分类，相同结构反应器内物料具有相同流动、混合、传质、传热等特征。

（3）按操作方式分类　根据操作方式，反应器可分为分批式操作、半连续式操作、连续式操作。

① 分批（或称间歇）式操作。分批（或称间歇）式操作是一次性加入反应物料，在一定条件下，经过一定的反应时间，达到所要求的转化率时，取出全部物料的生产过程。属非稳态

过程，反应器内参数随时间而变。适用于小批量、多品种的生产过程。

② 半分批(或称半连续)式操作。半分批(或称半连续)式操作是原料与产物只要其中的一种为连续输入或输出而其余则为分批加入或卸出的操作。属于非稳态过程，反应器内参数随时间而变，也随反应器内位置而变。

③ 连续式操作。连续式操作是连续加入反应物料和取出产物的生产过程。属稳态过程，反应器内参数不随时间而改变，适于大规模生产。

2. 反应器基本形式

（1）间歇操作的搅拌釜　由于药品的生产规模小，品种多，原料与工艺条件多种多样，而间歇操作的搅拌釜装置简单，操作方便灵活，适应性强，因此在制药工业中获得广泛应用。这种反应器的特点是物料一次加入，反应完毕后一起放出，全部物料参加反应的时间是相同的；在良好的搅拌下，釜内各点的温度、浓度可以达到均匀一致；釜内反应物浓度随时间而变化，所以反应速率也随时间而变化，如图 2-6 所示。

（2）连续操作的管式反应器　其特点是从反应器的一端加入反应物，从另一端引出反应产物；反应物沿流动方向前进，反应时间是管长的函数；反应物浓度、反应速率沿流动方向逐渐降低，在出口处达到最低值，如图 2-7 所示。在操作达到正常状态时，沿管长上任一点的反应物浓度、温度、压力等参数都不随时间而改变，因而反应速率也不随时间而改变。

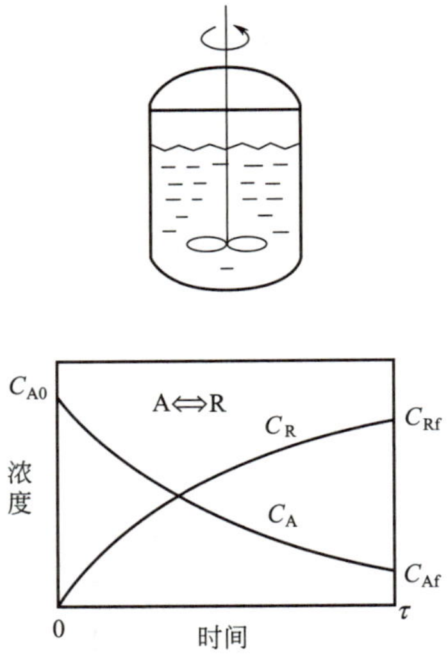

图 2-6　间歇操作的搅拌釜及其浓度变化

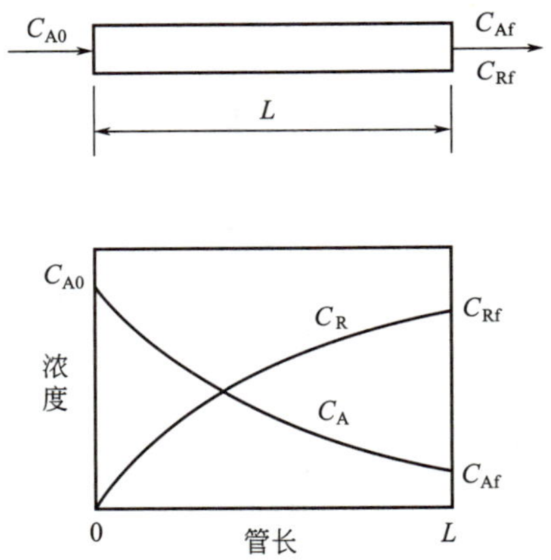

图 2-7　管式反应器及其浓度变化

（3）连续操作的搅拌釜　其构造与间歇操作的搅拌釜相同。其特点是釜内装有强烈搅拌器，使物料剧烈翻动，反应器内各点的温度、浓度均匀一致；物料随进随出，连续流动，出口物料中的反应物浓度与釜内反应物浓度相同；在正常状态流动时，釜内反应物温度、浓度都不随时间而变化，因而反应速率也保持恒定不变，如图 2-8 所示。

在连续操作的搅拌釜内反应物的浓度与出口物料中的浓度相等，因而釜内反应物的浓度很低，反应速率很慢，这是它的缺点。要达到同样的转化率，连续操作的搅拌釜需要的反应时间较其他型式反应器为长，因而需要的反应器容积较大。

（4）多釜串联连续操作　釜式反应器既可采用单釜连续操作，也可采用多釜串联连续操作。如上所述，当采用单釜连续操作时，新鲜原料一进入反应器就立即与釜内物料完全混合，釜内反应物的浓度与出口物料中的反应物浓度相同。单釜连续操作的缺点是，整个反应过程都在较低的反应物浓度下进行，因而反应速率较慢。

管式反应器内反应物的浓度要经历一个由大到小逐渐变化的过程，相应的，反应速率也有一个由大到小逐渐变化的过程，并在出口处达到最小。连续釜式反应器与管式反应器相比，同一反应要达到相同的转化率，连续釜式反应器所需的反应时间较长，因而对于给定的生产任务所需反应器的有效容积较大。

当采用多釜串联连续操作时，对单釜连续操作的缺点可有所克服。例如采用三台有效容积均为 $V_R/3$ 的釜式反应器串联连续操作，以代替一台有效容积为 V_R 的连续釜式反应器。若两者的反应物初始浓度、终了浓度和反应温度均相同，则三釜串联连续操作时仅第三台釜内的反应物浓度 C_{A3} 与单釜连续操作反应器内的反应物浓度 C_A 相同，而其余两台的浓度均较之为高，如图 2-9 所示。

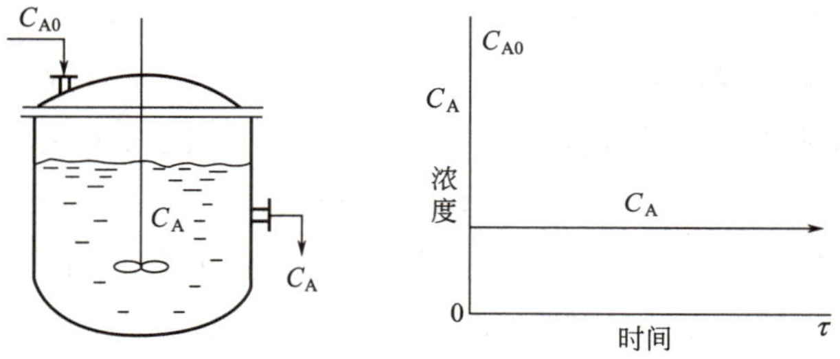

图 2-8 连续操作的搅拌釜及其浓度变化

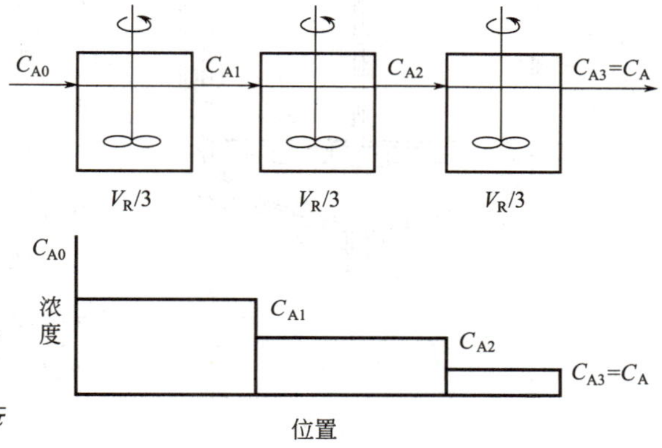

图 2-9 多釜串联连续操作反应釜

所以，三釜串联连续操作时的平均反应速率较单釜连续操作的要快，因而完成相同的反应，若两者的有效容积相同，则三釜串联连续操作的处理量可以增加；反之，若处理量相同，则三釜串联连续操作所需反应器的总有效容积可以减小。可以推知，串联的釜数越多，各釜反应物浓度的变化就愈接近于理想管式反应器，当釜数为无穷多时，各釜反应物浓度的变化与管式反应器内的完全相同，因而为完成相同的任务，两者所需的有效容积相同。但是，当串联的釜数超过某一极限后，因釜数增加而引起的设备投资和操作费用的增加，将超过因反应器容积减少而节省的费用。实践表明，采用多釜串联连续操作时，釜数一般不宜超过 4 台。

（二）搅拌釜及附属设备

釜式反应器是制药生产中广泛采用的反应器。它可用来进行均相反应，也可用于以液相为主的非均相反应如非均相液相、液-固相、气-液相、气-液-固相等。

1. 釜式反应器的结构及特点

反应釜（釜式反应器）常用于石油化工、医药、农药、染料等行业，用于完成磺化、硝化、烃化、聚合、缩合等工艺过程。由于工艺条件和介质的不同，反应釜材质一般使用碳锰钢、不锈钢、锆、镍基（哈氏、蒙乃尔、因康镍）合金或其他复合材料制造，根据其材质的不同可以分为碳钢反应釜、不锈钢反应釜、搪玻璃反应釜、钢衬 PE 反应釜、钢衬 ETFE 反应釜。根据反应釜的制造结构可分为开式平盖式反应釜、开式对焊法兰式反应釜和闭式反应釜三大类。根据反应釜的操作压力可分为低压反应釜及高压反应釜。虽然反应釜的材质及结构不尽相同，但基本组成是相同的，它包括传动装置、传热和搅拌装置、釜体（上盖、筒体、釜底）、工艺接管等。搅拌釜式反应器结构如图 2-10 所示。

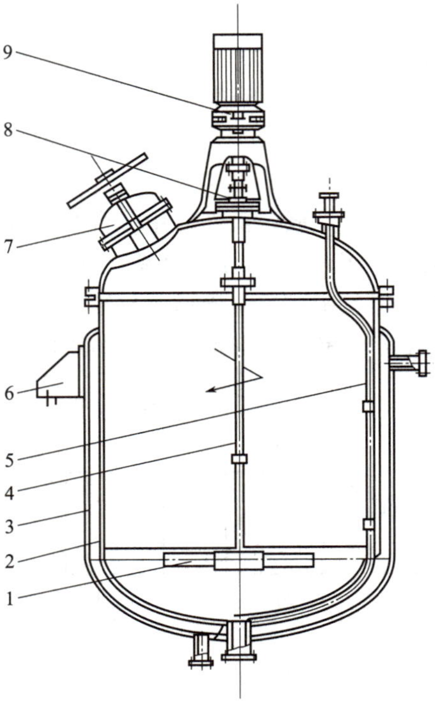

图 2-10 搅拌釜式反应器结构
1—搅拌器；2—罐体；3—夹套；4—搅拌轴；5—压出管；6—支座；7—人孔；8—轴封；9—传动装置

设备的外观尺寸，一般取反应釜有效高度（H）/反应釜内径（D）$=1.0\sim1.2$，如果 $H/D>1.5$，则需增设搅拌桨叶数，上、下桨叶的间距应略大于桨径。在设备的结构上设置必要的传热和搅拌装置是为了强化反应过程。反应釜所用的材料、搅拌装置、加热方法、轴封结构、容积大小、温度、压力等各有异同、种类很多，它们的基本特点分述如下。

（1）结构 反应釜结构基本相同，除反应釜体外，还有传动装置、搅拌和加热（或冷却）装置等，可改善传热条件，使反应温度控制得比较均匀，同时强化传质过程。釜式反应器的釜体结构包括筒体、底、盖（或称封头）、手孔或人孔、视镜及各种工艺接管口等。筒体的作用主要用来提供容积，是完成介质物理、化学反应的容器。

（2）操作压力 反应釜操作压力较高，釜内的压力是化学反应产生或由温度升高而形成的，压力波动较大，有时操作不稳定，突然的压力升高可能超过正常压力的几倍，因此，大部分反应釜属于受压容器。

（3）操作温度 反应釜操作温度较高，通常化学反应需要在一定的温度条件下才能进行，所以反应釜既承受压力又承受温度。获得高温的方法通常有以下几种。

① 水加温。要求温度不高时可采用，其加热系统有敞开式和密闭式两种。敞开式较简单，它由循环泵、水槽、管道及控制阀门的调节器所组成，当采用高压水时，设备机械强度要求高，反应釜外表面焊上蛇管，蛇管与釜壁有间隙，使热阻增加，传热效果降低。

② 蒸汽加热。加热温度在 100℃以下时，可用一个大气压以下的蒸汽来加热；100～180℃范围内，用饱和蒸汽；当温度更高时，可采用高压过热蒸汽。

③ 用其他介质加热。若工艺要求必须在高温下操作或欲避免采用高压的加热系统时，可用其他介质来代替水和蒸汽，如矿物油（275～300℃）、联苯醚混合剂（沸点 258℃）、熔盐（140～540℃）、液态铅（熔点 327℃）等。

④ 电加热。将电阻丝缠绕在反应釜筒体的绝缘层上，或安装在离反应釜若干距离的特设绝缘体上，因此，在电阻丝与反应釜体之间形成了不大的空间间隙。

前三种方法获得高温均需在釜体上增设夹套，由于温度变化的幅度大，使釜的夹套及壳体承受温度变化而产生温差压力。采用电加热时，设备较轻便简单，温度较易调节，开动也非常简单，危险性不高，成本费用较低，但操作费用较其他加热方法高，热效率在 85%以下，因此适用于加热温度在 400℃以下和电能价格较低的地方。

（4）搅拌结构　在反应釜中通常要进行化学反应，为保证反应能均匀而较快地进行，提高效率，通常在反应釜中装有相应的搅拌装置，于是便带来传动轴的密封及防止泄漏的问题。按反应釜的密封形式不同可分为填料密封、机械密封和磁力密封。

（5）反应釜的工作　反应釜多属间歇操作，有时为保证产品质量，每批出料后都需进行清洗；釜顶装有人孔及手孔，便于取样、测体积、观察反应情况和进入设备内部检修。

2. 釜式反应器的传动装置

反应釜搅拌器传动的方式有带传动、齿轮传动、蜗杆传动。

（1）带传动　带传动由主动带轮、从动带轮和紧套在两带轮上的传动带所组成，利用传动带把主动轴的运动和动力传递给从动轴。带传动的类型一般分为圆带传动、平带传动、V 带传动、同步带传动等。带传动的特点是：①传动平稳，无噪声，成本低，维护方便；②可用于两轴中心距较大的场合；③不能保证恒定的传动比，带的寿命较短，传动效率较低；④不宜用于易燃烧和有爆炸危险的场合。

（2）齿轮传动　齿轮传动由主动齿轮和从动齿轮组成，依靠轮齿的直接啮合而工作。齿轮传动的类型一般分为平行轴传动、相交轴传动以及交错轴传动。平行轴传动使用直齿圆柱齿轮、斜齿圆柱齿轮、人字齿轮；相交轴传动使用直齿锥齿轮、曲齿锥齿轮；交错轴传动使用交错轴斜齿轮。

齿轮传动的特点是：①传递的功率和圆周速度范围较大；②瞬时传动比恒定，传动平稳；③能实现两轴任意角度的传动；④效率高，寿命长；⑤结构紧凑，外廓尺寸小；⑥制造、安装、维护要求较高，成本较高；⑦工作时有噪声，精度较低的传动会引起一定的振动。

（3）蜗杆传动　蜗杆传动由蜗杆和蜗轮组成，用于传递空间两交错轴之间的运动和动力，蜗杆主动，蜗轮从动。蜗杆传动的类型一般分为圆柱蜗杆传动和环面蜗杆传动。

蜗杆传动的特点是：①可用较紧凑的一级传动得到很大的传动比；②传动平稳无噪声；③具有自锁性；④效率低；⑤有轴向分力；⑥蜗轮用青铜制造，成本高。

（4）减速机　减速机的作用是传递运动和改变转动速度，以满足工艺条件的要求。减速机的选择要考虑传动比、转速、载荷大小及性质，再结合效率、外廓尺寸、重量、价格和运转费用等各项参数与指标，进行综合分析比较，以选定合适的减速机类型与型号。

反应釜用减速机常用的有摆线针轮行星减速机、齿轮减速机、V 带减速机以及圆柱蜗杆减速机。各种减速机的特点如表 2-9 所示。

表 2-9　各种减速机的特点

特性参数	减速机类型			
	摆线针轮行星减速机	齿轮减速机	V 带减速机	圆柱蜗杆减速机
传动比(i)	87～9	12～6	4.53～2.96	80～15
输出轴转速/(r/min)	17～160	65～250	200～500	12～100
输入功率/kW	0.04～55	0.55～315	0.55～200	0.55～55
传动效率	0.9～0.95	0.95～0.96	0.95～0.96	0.80～0.93
传动原理	利用少齿差内啮合行星传动	两级同中心距并流式斜齿轮传动	单级 V 带传动	圆弧齿圆柱蜗杆传动

续表

特性参数	减速机类型			
	摆线针轮行星减速机	齿轮减速机	V带减速机	圆柱蜗杆减速机
主要特点	传动效率高，传动比大，结构紧凑，拆装方便，寿命长，重量轻，体积小，承载能力高，工作平稳。对过载和冲击载荷有较强的承受能力，允许正反转，可用于防爆要求	在相同的传动比范围内具有体积小、传动效率高、制造成本低、结构简单、装配检修方便等优点，可以正反转，不允许承受外加轴向载荷，可用于防爆要求	结构简单，过载时能打滑，可起安全保护作用，但传动比不能保持精确，不能用于防爆要求	凹凸圆弧齿廓啮合，磨损小，发热低，效率高，承载能力高，体积小，重量轻，结构紧凑，广泛用于搪玻璃反应釜，可用于防爆要求

3. 釜式反应器的传热装置

釜式反应器的传热装置是用来加热或冷却反应物料，使之符合工艺要求的温度条件的设备。其结构形式主要有夹套式、蛇管式、列管式、外部循环式等，也可用直接火焰或电感加热，如图 2-11 所示。目前多将半圆形管子焊在反应釜外壁上，既可以取得较好的传热效果，又可简化内部结构，便于清洗。

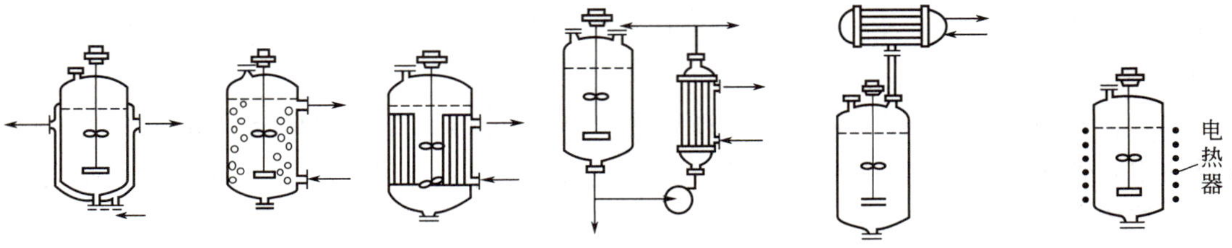

(a) 夹套式　(b) 蛇管式　(c) 列管式　(d) 外部循环式　(e) 回流冷凝式　(f) 电加热式

图 2-11　反应器的传热装置

(1) 夹套式传热　传热夹套一般由普通碳钢制成，它是一个套在反应器筒体外面能形成密封空间的容器，既简单又方便。夹套上设有水蒸气、冷却水或其他加热、冷却介质的进出口。如果加热介质是水蒸气，则进口管应靠近夹套上端，冷凝液从底部排出；如果传热介质是液体，则进口管应安置在底部，液体从底部进入，上部流出，使换热介质能充满整个夹套。传热夹套结构如图 2-12 所示。

夹套和反应器外壁的间距根据反应器直径的大小采用不同的数值，一般为 25～100mm。夹套的高度取决于传热面积，而传热面积由工艺要求确定。夹套高度一般应高于料液的高度，应比釜内液面高出 50～100mm，以保证传热。

夹套内通蒸汽时，其蒸汽压力一般不超过 0.6MPa。当反应器的直径大或者加热蒸汽压力较高时，夹套必须采取加强措施。夹套传热的优点是结构简单，耐腐蚀，适应性广。

(2) 蛇管式传热　当工艺需要的传热面积大，单靠夹套传热不能满足在反应时间内换热的要求时，或者是反应器内壁衬有橡胶、瓷砖等非金属隔热材料时，可采用蛇管、插入套管、插入 D 形管等传热。蛇管传热结构如图 2-13 所示。

蛇管浸没在物料中，热量损失少，传热效果好，且由于蛇管内传热介质流速高，它的给热系数比夹套大很多。排列密集的蛇管能起到导流筒和挡板的作用，强化搅拌强度，提高传热效率。对于含有固体颗粒的物料及黏稠的物料，容易引起物料堆积和挂料，影响传热效果。

蛇管的传热系数比直管大，当蛇管过长时，管内换热介质流动阻力大，消耗能量多，因此蛇管不宜过长。另外，蛇管的管径过粗会带来制造和加工的困难，通常蛇管采用的管径在 25～70mm。

2-9动画：带TRC的夹套传热装置

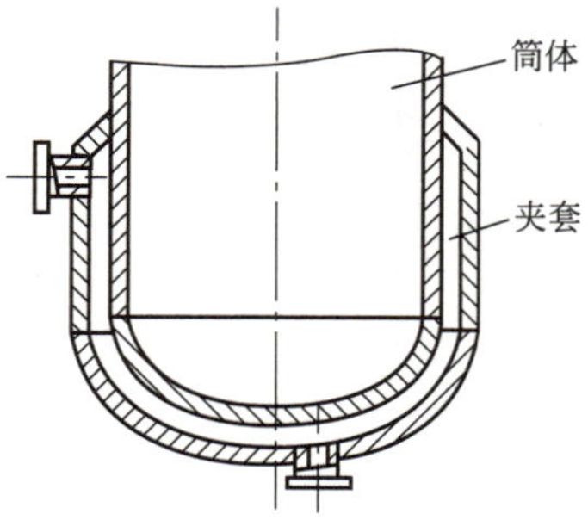

图 2-12　传热夹套

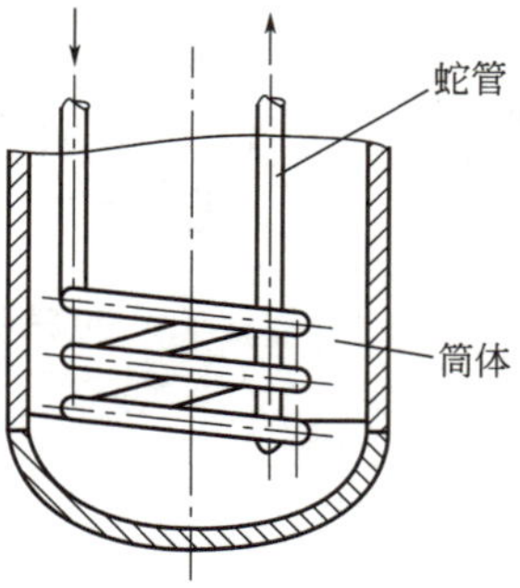

图 2-13　蛇管传热

2-10动画：反应釜蛇管换热装置

（3）列管式传热　对于大型反应釜，需高速传热时，可在釜内安装列管式换热器。

2-11动画：反应釜列管换热装置

（4）外部循环式传热　当反应器的夹套和蛇管传热面积仍不能满足工艺要求，或由于工艺的特殊要求无法在反应器内安装蛇管而夹套的传热面积又不能满足工艺要求时，可以通过泵将反应器内的料液抽出，经过外部换热器换热后再循环回反应器内。在选取外部换热器时要考虑清洗方便，常用的换热器有板式换热器、套管式换热器或列管式换热器。

在选择合适换热方式的同时，还要对换热介质进行选择，要考虑换热效率和成本等因素。

（三）搅拌器

搅拌能使物料的质点相互接触，扩大反应物间的接触面积，提高传热和传质速率，从而加速反应的进行。原料药生产的许多过程都是在装有搅拌器的釜式反应器中进行的。

1. 常用的搅拌器类型

工业上应用搅拌器的场合很多，主要可分成以下几种情况：①液-液互溶系统的搅拌；②液-液不互溶系统的搅拌；③固-液系统的搅拌；④气-液系统的搅拌。一般，对于第①种情况缓和的搅拌就可足够完成，但为了缩短混合反应的操作时间，搅拌可以加快；在第②种情况下，强烈的上下翻动的搅拌是必要的，因为液-液不互溶系统往往两种不互溶的液体存在密度差；第③种情况，如固体量较少且不易沉降时，可以采用缓和的搅拌，反之，当固体量较多，且较易沉降时，则必须采用强烈的上下翻动的搅拌；在第④种情况下，通常必须采用强烈的搅拌。根据上述情况分析，选择合适的搅拌器及相应的附属装置是必要的。在化学制药工业中，最常用的搅拌器有桨式搅拌器、框式和锚式搅拌器、推进式搅拌器、蜗轮式搅拌器等，其材质通常为铸铁或锻钢，与轴的连接是通过轴套用平键或紧固螺钉固定，轴端加固定螺母，并加轴头保护帽，以防螺纹腐蚀。

（1）桨式搅拌器　桨式搅拌器是搅拌器中最简单的一种，制造方便，图 2-14 为几种桨式搅拌器的结构示意图，图 2-15 为对应的实物图。

桨式搅拌器的旋转直径一般为釜径的 0.35～0.8 倍，用于高黏度液体时可达釜径的 0.9 倍以上，桨叶宽度为旋转直径的 1/10～1/4，常用转速为 1～100r/min，叶端圆周速度为 1～5m/s。平桨式搅拌器可使液体产生切向和径向运动，可用于简单的固液悬浮、溶解和气体分散等过程。当釜内液位较高时，应采用多斜桨式搅拌器，或与螺旋桨配合使用。当旋转直径达到釜径的 0.9 倍以上，并设置多层桨叶时，可用于较高黏度液体的搅拌。

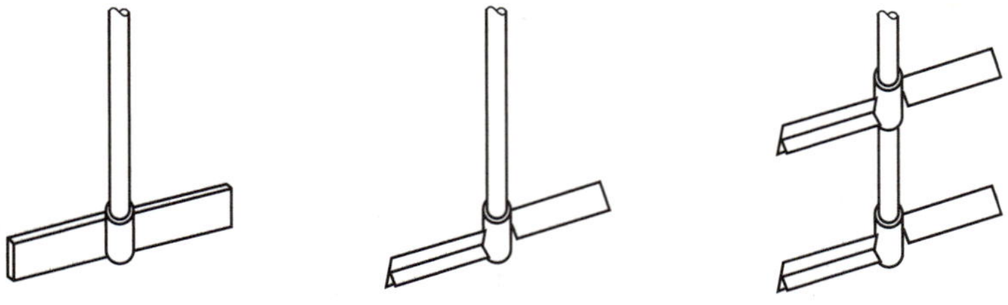

(a) 平桨式　(b) 斜桨式　(c) 多斜桨式

图 2-14　桨式搅拌器示意图

2-12动画：框式和锚式搅拌器

(a) 平桨式　(b) 斜桨式　(c) 多斜桨式

图 2-15　桨式搅拌器实物图

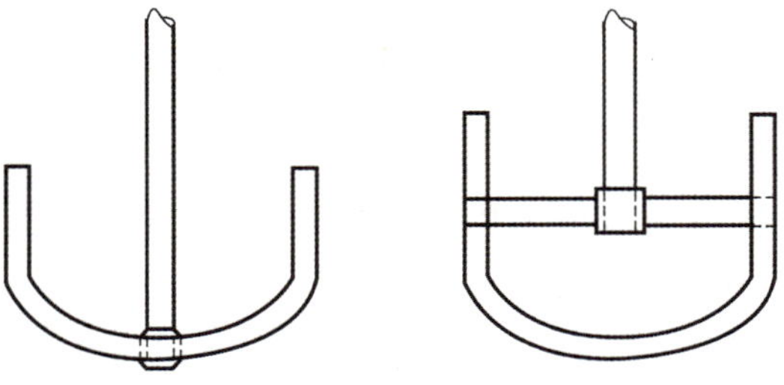

(a) 锚式　(b) 框式

图 2-16　锚式和框式搅拌器

（2）框式和锚式搅拌器　框式搅拌器是由水平的桨叶及垂直的桨叶组成，有时还包括斜的桨叶。锚式搅拌器的形状和框式搅拌器相似，但具有弧形的桨叶，根据反应釜底的形状，它的曲面可以是圆形的、椭圆形的和锥形的，如图 2-16 所示。

此类搅拌器的旋转直径较大，一般可达釜径的 0.9～0.98 倍，常用转速为1～100r/min。搅拌器主要使液体产生水平环向流动，基本不产生轴向流动，故难以保证轴向混合均匀。但此类搅拌器的搅动范围很大，且可根据需要在桨上增加横梁和竖梁，以进一步增大搅拌范围，所以一般不会产生死区。此外，由于搅拌器与釜内壁的间隙很小，故可防止固体颗粒在釜内壁上的沉积现象。锚式和框式搅拌器常用于中、高黏度液体的混合、传热及反应等过程。

（3）推进式搅拌器　推进式搅拌器有 2～4 片短桨叶（一般为 3 片），桨叶是弯曲的，呈螺旋推进器形式，犹如轮船上的推进器。图 2-17 是常见的三叶推进式搅拌器的结构示意图，图 2-18 是三叶推进式搅拌器的实物图。

搅拌器叶轮直径一般为釜径的 0.2～0.5 倍，常用转速为 100～500r/min，切向速度可达 5～15m/s，故制造时应做静平衡试验。高速旋转的搅拌器使釜内液体产生轴向和切向运动。液体的轴向分速度可使液体形成如图 2-19 所示的总体循环流动，上下翻腾的效果好，起到混合液体的作用；而切向分速度使釜内液体产生圆周运动，并形成旋涡，不利于液体的混合，且当物料为多相体系时，还会产生分层或分离现象，因此，应采取措施予以抑制。推进式搅拌器产生的湍动程度不高，但液体循环量较大，常用于低黏度（<2Pa·s）液体的传热、反应以及固液比较小的悬浮、溶解等过程。

2-13动画：推进式搅拌器总体循环

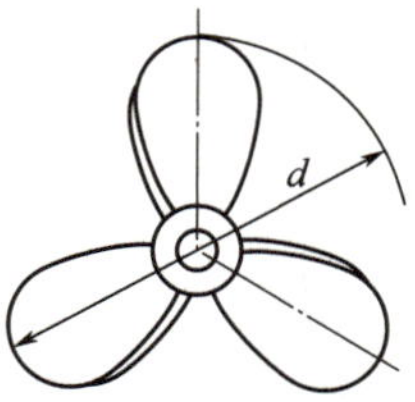

图 2-17 三叶推进式搅拌器结构示意图

图 2-18 三叶推进式搅拌器的实物图

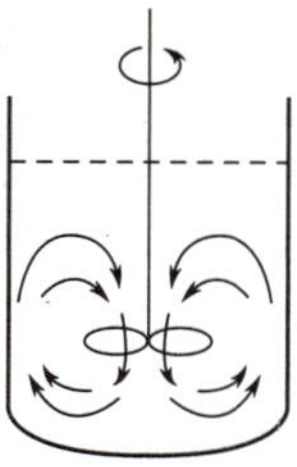
图 2-19 推进式搅拌器的总体循环流动

推进式搅拌器在应用时，通常安装两组搅拌叶：第一组搅拌叶安装在反应釜的上部，用于将液体或气体往下压；第二组搅拌叶安装在下部，将液体往上推。搅拌时，能使物料在反应釜内循环流动，所起的作用以容积循环为主。当需要更大的流速时，反应釜内设有导流筒。

（4）蜗轮式搅拌器　蜗轮式搅拌器和离心泵相似，高速旋转，液体的径向流速较高，冲击在内壁上，变成沿壁上下流动，基本上形成比较有规则的循环作用。图 2-20 是几种蜗轮式搅拌器的结构示意图。

2-14动画：蜗轮式搅拌器总体循环

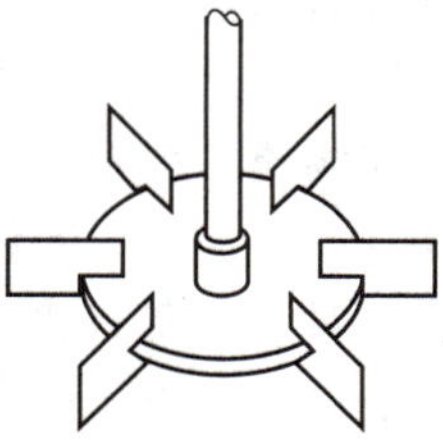
(a) 直叶圆盘叶轮

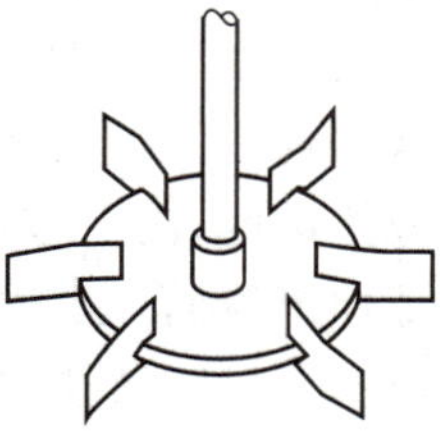
(b) 弯叶圆盘叶轮

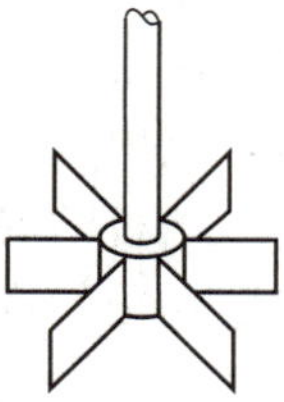
(c) 直叶蜗轮

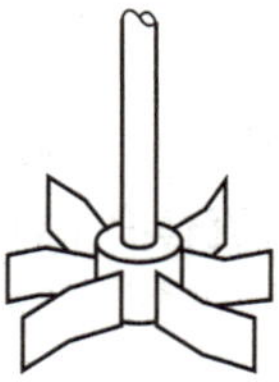
(d) 弯叶蜗轮

(e) 折叶蜗轮

图 2-20 蜗轮式搅拌器

此类搅拌器叶轮直径一般为釜径的 0.2～0.5 倍，常用转速为 10～500r/min，叶端圆周速度可达 4～10m/s。高速旋转的搅拌器使釜内液体产生切向和径向运动，并以很高的绝对速度沿叶轮半径方向流出。流出液体的径向分速度使液体流向壁面，然后形成上、下两条回路流入搅拌器，其总体循环流动如图 2-21 所示。流出液体的切向分速度使釜内液体产生圆周运动，同样应采取措施予以抑制。与推进式搅拌器相比，蜗轮式搅拌器不仅能使釜内液体产生较大的循环量，而且对桨叶外缘附近的液体产生较强的剪切作用。由于这种搅拌器能最剧烈地搅拌液体，因而它主要应用在下列场合：混合黏度相差较大的两种液体；气体在液体中的扩散过程；混合含有较高浓度固体微粒（达 60%）的悬浮液；混合密度相差较大的两种液体。蜗轮式搅拌器适用于黏度为 2～25Pa·s，密度达 2000kg/m^3 的液体介质。

2. 打旋现象及提高搅拌效果的措施

（1）打旋现象　如图 2-22 所示，当搅拌器置于容器中心搅拌低黏度液体时，若叶轮转速足够高，液体就会在离心力的作用下涌向釜壁，使釜壁处的液面上升，而中心处的液面下降，结果形成了一个大旋涡，这种现象称为打旋。

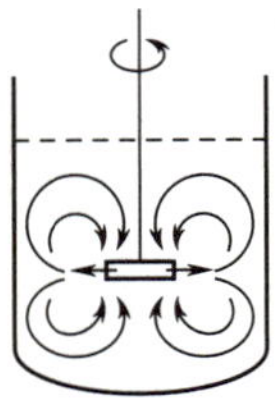

图 2-21　蜗轮式搅拌器的总体循环流动

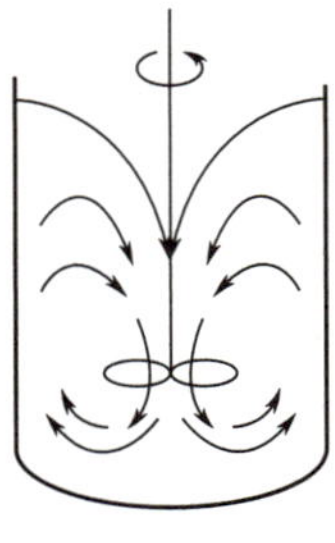

图 2-22　打旋现象

叶轮的转速越大，形成的旋涡就越深，液体轴向流动效果非常好，但各层液体之间几乎不发生轴向混合，且当物料为多相体系时，还会发生分层或分离现象。更为严重的是，当液面下凹至一定深度后，叶轮的中心部位将暴露于空气中，并吸入空气，使被搅拌液体的表观密度和搅拌效率下降。此外，打旋还会引起功率波动和异常作用力，加剧搅拌器的振动，甚至使其无法工作。

（2）提高搅拌效果的措施

① 装设挡板。在釜内装设挡板，既能提高液体的湍动程度，又能使切向流动变为轴向和径向流动，制止打旋现象的发生。图 2-23 是装设挡板后釜内液体的流动情况。装设挡板后，釜内液面下凹现象基本消失，釜内液体流动形成湍流，使搅拌效果显著提高。

挡板的安装方式与液体黏度有关。对于低黏度（<7Pa·s）液体，可将挡板垂直纵向地安装在釜的内壁上，上部伸出液面，下部到达釜底。对于中等黏度（7～10Pa·s）液体或固液体系，应使挡板离开釜壁，以防液体在挡板后形成较大的流动死区或固体在挡板后积聚。对于高黏度（>10Pa·s）液体，应使挡板离开釜壁并与壁面倾斜。由于液体的黏性力可抑制打旋，所以当液体黏度为 5～12Pa·s 时，可减小挡板的宽度；而当黏度大于 12Pa·s 时，则无需安装挡板。

② 偏心安装搅拌器。将搅拌器偏心或偏心且倾斜地安装，不仅可以破坏循环回路的对称性，有效地抑制打旋现象，而且可增加流体的湍动程度，从而使搅拌效果得到显著提高。搅拌器的典型偏心安装方式如图 2-24 所示。

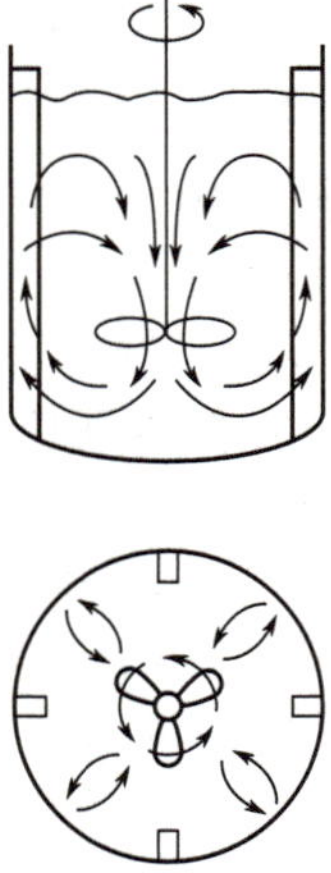

图 2-23　有挡板时的流动情况

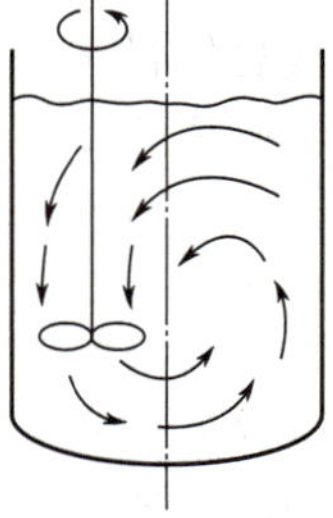

图 2-24　搅拌器的垂直偏心安装

③ 设置导流筒。导流筒为一圆筒体，其作用是使桨叶排出的液体在导流筒内部和外部形成轴向循环流动。导流筒可限定釜内液体的流动路线，迫使釜内液体通过导流筒内的强烈混合区，既提高了循环流量和混合效果，又有助于消除短路与流动死区。导流筒的安装方式如图 2-25 所示。应注意，对于推进式搅拌器，导流筒应套在叶轮外部；而对蜗轮式搅拌器，则应安装在叶轮上方。

2-15动画：装有导流筒的推进式搅拌装置

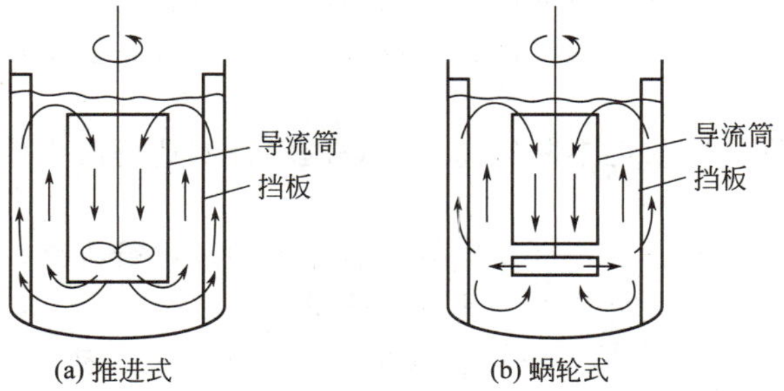

图 2-25　导流筒的安装方式

2-16动画：装有导流筒的蜗轮式搅拌装置

（四） 设备选型

设备选型即是从多种可以满足相同需要的不同型号、规格的设备中，经过技术经济的分析评价，选择最佳方案以作出购买决策。合理选择设备，可使有限的资金发挥最大的经济效益。

设备选型首先应考虑的是生产上适用，只有生产上适用的设备才能发挥其投资效果；其次是技术上先进，技术上先进必须以生产适用为前提，以获得最大经济效益为目的；最后，把生产上适用、技术上先进与经济上合理统一起来。一般情况下，技术先进与经济合理是统一的。因为技术先进的设备不仅具有高的生产效率，而且生产的产品也是高质量的。但是，有时两者也是矛盾的。例如，某台设备效率较高，但可能能源消耗量很大，或者设备的零部件磨损很快，所以，根据总的经济效益来衡量就不一定适宜。有些设备技术上很先进，自动化程度很高，适合于大批量连续生产，但在生产批量不大的情况下使用，往往负荷不足，不能充分发挥设备的能力，而且这类设备通常价格很高，维护费用大，从总的经济效益来看是不合算的，因而也是不可取的。

设备选型应遵循的原则如下：①生产上适用，所选购的设备应与本企业扩大生产规模或开发新产品等需求相适应；②技术上先进，在满足生产需要的前提下，要求其性能指标保持先进水平，以利提高产品质量和延长其技术寿命；③经济上合理，要求设备价格合理，在使用过程中能耗、维护费用低，并且回收期较短。具体从以下几个方面进行说明。

1. 设备的主要参数选择

（1）生产率　设备的生产率一般用设备单位时间（分、时、班、年）的产品产量来表示。例如，锅炉以每小时蒸发蒸汽吨数来表示；空压机以每小时输出压缩空气的体积来表示；制冷设备以每小时的制冷量来表示；水泵以扬程和流量来表示。设备生产率要与企业的经营方针、工厂的规划、生产计划、运输能力、技术力量、劳动力以及原材料供应等相适应，不能盲目要求生产率越高越好，否则生产不平衡，服务跟不上，不仅不能发挥全部效果反而造成损失，因为生产率高的设备，一般自动化程度高、投资多、能耗大、维护复杂，如不能达到设计产量，单位产品的平均成本就会增高。

（2）工艺性　机器设备最基本的一条是要符合产品工艺的技术要求，设备满足生产工艺要求的能力叫工艺性。例如，加热设备要满足产品工艺的最高和最低温度要求、温度均匀性和温度控制精度等。除上面基本要求外，设备操作控制的要求也很重要，一般要求设备操作轻便、控制灵活。产量大的设备自动化程度应高，进行有害有毒作业的设备则要求能自动控制或远距离监督控制等。

2. 设备的可靠性和维修性

（1）设备的可靠性　可靠性是保持和提高设备生产率的前提条件。投资购置设备都希望设备能无故障地工作，以期达到预期的目的，这就是设备可靠性的概念。

可靠性在很大程度上取决于设备的设计与制造。因此，在进行设备选型时必须考虑设备的设计制造质量。选择设备可靠性时要求使其主要零部件平均故障间隔期越长越好，具体的可以从设备设计选择的安全系数、冗余性设计、环境设计、元器件稳定性设计、安全性设计和人-机因素等方面进行分析。

随着产品的不断更新，对设备的可靠性要求也不断提高，设备的设计制造商应提供产品设计的可靠性指标，方便用户选择设备。

（2）设备的维修性　用户希望投资购置的设备一旦发生故障后能方便地进行维修，即设备的维修性要好。选择设备时，对设备的维修性可从以下几方面衡量。

① 设备的技术图纸、资料齐全，便于维修人员了解设备结构，易于拆装、检查。

② 结构设计合理。设备结构的总体布局应符合可达性原则，各零部件和结构应易于接近，便于检查与维修。

③ 结构的简单性。在符合使用要求的前提下，设备的结构应力求简单，需维修的零部件数量越少越好，拆卸较容易，并能迅速更换易损件。

④ 标准化、组合化原则。设备尽可能采用标准零部件和元器件，容易被拆成几个独立的部件、装置和组件，并且不需要特殊手段即可装配成整机。

⑤ 结构先进。设备尽量采用参数自动调整、磨损自动补偿和预防措施自动化原理来设计。

⑥ 状态监测与故障诊断能力。可以利用设备上的仪器、仪表、传感器和配套仪器来检测设备有关部位的温度、压力、电压、电流、振动频率、消耗功率、效率、自动检测成品及设备输出参数动态等，以判断设备的技术状态和故障部位。

⑦ 提供特殊工具和仪器、适量的备件或有方便的供应渠道。

此外，要有良好的售后服务质量，维修技术要求尽量符合设备所在区域情况。

3. 设备的安全性和操作性

（1）设备的安全性　安全性是设备对生产安全的保障性能，即设备应具有必要的安全防护设计与装置，以避免带来人、机事故和经济损失。在设备选型中，若遇有新投入使用的安全防护性元部件，必须要求其提供实验和使用情况报告等资料。

（2）设备的操作性　设备的操作性属人机工程学范畴内容，总的要求是方便、可靠、安全，符合人机工程学原理。通常要考虑的主要事项如下。

① 操作机构及其所设位置应符合劳动保护法规要求，符合一般体型操作者的要求。

② 充分考虑操作者生理限度，不能使其在法定的操作时间内承受超过体能限度的操作力、活动节奏、动作速度、耐久力等。例如操作手柄和操作轮的位置及操作力必须合理，脚踏板控制部位和节拍及其操作力必须符合劳动法规规定。

③ 设备及其操作室的设计必须符合有利于减轻劳动者精神疲劳的要求。例如，设备及其控制室内的噪声必须小于规定值，设备控制信号、油漆色调、危险警示等都必须尽可能地符合绝大多数操作者的生理与心理要求。

4. 设备的环保与节能

在设备选型时必须要求其噪声、振动频率和有害物排放等控制在国家和地区标准的规定范围内。设备的能源消耗是指其一次能源或二次能源消耗。通常是以设备单位开动时间的能源消耗量来表示。在选型时，所选购设备必须要符合国家《节约能源法》规定的各项标准要求。

5. 设备的经济性

设备选择的经济性，其定义范围很宽，各企业可视自身的特点和需要而从中选择影响设备经济性的主要因素进行分析论证。设备选型时要考虑的经济性影响因素主要有：①初期投资；②对产品的适应性；③生产效率；④耐久性；⑤能源与原材料消耗；⑥维护修理费用等。

设备的初期投资主要指购置费、运输与保险费、安装费、辅助设施费、培训费、关税费等。在选购设备时不能简单寻求价格便宜而降低其他影响因素的评价标准，尤其要充分考虑停机损失、维修、备件和能源消耗等项费用，以及各项管理费。总之，以设备寿命周期费用为依据衡量设备的经济性，在寿命周期费用合理的基础上追求设备投资的经济效益最高。

三、 项目展示及评价

1. 项目展示

（1）填写的工作单。

（2）确定的“合成阿司匹林”设备方案。

2. 项目评价依据

（1）对以下内容的讲解是否正确、熟练，工作任务单填写是否完整。

① 釜式反应器结构、特点、材质及应用；

② 釜式反应器传热装置；

③ 常用搅拌器类型、结构特点、适用范围；

④ 提高搅拌效果的措施；

⑤ 设备选型的依据。

（2）制订的“合成阿司匹林”设备方案是否正确，流程图是否正确。

（注：“工作单”格式见本教材配套的《学生工作手册》，“合成阿司匹林方案”参考第三部分“典型案例及项目化教学素材”）

3. 考核方案

（1）教师评价表

	考核内容	权重/%	成绩	存在问题	签名
项目材料准备	有关反应釜、搅拌器的相关材料准备情况	5			
	讲解釜式反应器结构、材质、特点及应用	6			
	讲解釜式反应器常见的传热装置	6			
	讲解釜式反应器类型、结构特点及适用范围	6			
	讲解常见搅拌器的类型及适用范围	6			
	讲解提高搅拌效果的措施	6			
	讲解设备选型思路	4			
	材料搜集完整性、全面性	4			
制订方案	“合成阿司匹林”反应器、换热装置及辅助设备选择的准确性	8			
	选择的搅拌器、辅助设施的正确性	6			
	绘制工艺流程方框图、工艺流程简图的质量	6			
	讨论、调整、确定并总结方案	6			

续表

	考核内容	权重/%	成绩	存在问题	签名
职业能力及素养	查阅文献的能力	6			
	归纳总结所查阅资料的能力	5			
	制订、实施工作计划的能力	5			
	讲解方案的语言表达能力	5			
	方案制订过程中的再学习、创新能力	5			
	团结协作、沟通能力	5			
	总分				

（2）学生评价表

学生总成绩＝自评成绩×40%＋互评成绩×60%（自评、互评用同一格式的评价表）

	考核内容	权重/%	成绩	存在问题	签名
项目材料收集与实施	学习态度是否主动，是否能及时完成教师布置的认识反应器、搅拌器的任务	14			
	是否能熟练利用期刊书籍、数据库、网络查询相关资料	12			
	收集的有关学习信息和资料是否完整	12			
	能否根据学习资料对反应器、搅拌器进行整理、归纳	12			
	是否积极参与各种讨论，并能清晰地表达自己的观点	12			
	是否能够掌握所需知识技能，并进行正确的归纳总结	12			
	讲解反应器、搅拌器知识是否熟练，并借助图片、flash 动画等展示自己的成果	14			
	是否能够与团队密切合作，并采纳别人的意见建议	12			
	总分				

（3）成绩计算　本项任务考核成绩＝教师评价成绩×50%＋学生自评成绩×20%＋小组互评成绩×30%。

四、知识拓展

（一）管式反应器

1. 管式反应器的结构

在化工、制药生产中，连续操作的长径比较大的管式反应器可以近似看成是理想置换流动反应器。管式反应器的主体通常是一根或多根水平或竖直放置的管子，管子常为无缝钢管，当为多根管子时，相邻管子的两端可用 U 形管件连接。管外常设有夹套，构成的套管环隙作为加热或冷却介质的流动通道。图 2-26 是典型管式反应器的结构示意图。

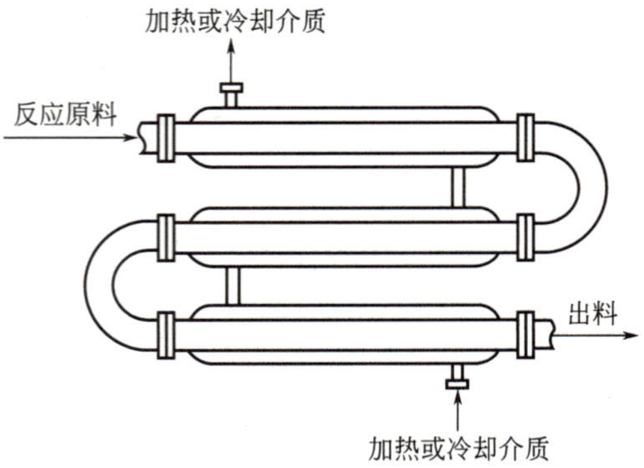

图 2-26　管式反应器

2. 管式反应器的特点及应用

管式反应器既适用于液相反应，又适用于气相反应，用于加压反应尤为合适。具有容积小、比表面大、单位容积的传热面积大的特点。在操作控制上具有返混少、反应参数连续变化、易于控制的优点。

对于热效应不大的放热反应，常用绝热变温操作，主要控制参数为反应时间（通过流量控制）、压力。对于高温（高压）的反应，采用等温操作。液相反应为等容过程，主要控制参数为反应时间（通过流量控制）、温度、压力。气相反应为变容过程，主要控制参数为反应时间（通过流量控制）、压力、温度。

（二）气-固相催化反应器

气-固相催化反应器的基本类型包括固定床反应器和流化床反应器。

1. 固定床反应器

在反应器中，若原料气以一定流速通过静止催化剂的固体层，通常把这类反应器称为固定床反应器。其优点包括：①操作中气流可看成是理想置换，完成相同的生产任务所需要的有效体积小，催化剂用量少；②气体的停留时间可以严格控制，有利于选择性的提高；③催化剂不易磨损，可长时间连续使用；④可用于高温高压下操作。

其缺点包括：①导热性能差，温度控制难；②难于使用小颗粒催化剂；③催化剂再生、更换均不方便等。

2. 流化床反应器

若原料气通过反应器时，固体颗粒受流体的影响而悬浮于气流中，这类反应器称为流化床反应器。其优点包括：①传热效率高，床内温度易于维持均匀，这对于热效应大而对温度又很敏感的过程非常重要，因此特别适合应用于氧化、裂解、焙烧以及干燥等各种过程；②大量固体粒子可方便地往来输送，这对于催化剂迅速失活而需随时再生的过程（如催化裂化）来说，正是能否实现大规模连续生产的关键，此外，单纯作为粒子的输送手段，在各行业中也得到广泛应用；③可采用细颗粒催化剂，可以消除内扩散阻力，充分发挥催化剂的效能。

其缺点包括：①气流状况不均匀，不少气体以气泡状态经过床层，气-固两相接触不够有效，在要求高转化率时，这种状况更为不利；②粒子运动基本上是全混式，因此停留时间不一，在以粒子为加工对象时，可影响产品质量的均一性，且转化率不高，另外粒子的全混也造成气体的部分返混，影响反应速率和造成副反应的增加；③粒子的磨损和带出造成催化剂的损失，并要有旋风分离器等粒子回收系统。

（三）鼓泡塔反应器

鼓泡塔反应器在操作时塔内充满液体，气体从反应器底部通入，分散成气泡沿着液体上升，既与液相接触进行反应，同时搅动液体以增加传质速率。这类反应器适用于液体相也参与反应的中速、慢速反应和放热量大的反应。

鼓泡塔反应器的优点是结构简单、造价低、易控制、易维修、防腐问题易解决，用于高压时也无困难。但存在鼓泡塔内液体返混严重，气泡易产生聚并，故效率较低的缺点。

任务2　安装、使用及维护反应设备

一、布置任务

（1）学习必备知识，填写工作任务单。工作单格式见《学生工作手册》。

（2）在药物合成生产车间操作反应设备，要求如下。

① 能够按工艺操作规程，对反应及辅助设备进行安装、调试、检查、清理、维护等。
② 能够按要求操作设备，正确开车、停车、投料、放料，控制反应工艺。
③ 能够随时监控反应过程的工艺参数，熟练处置参数波动。
④ 能够及时发现、解决操作中存在的问题，提出合理化建议并加以改进。
⑤ 做好个人及生产现场的安全防护，保证生产正常进行。
(3) 在实训室，操作 10L 玻璃反应釜。
[说明：根据实践教学条件，(2)、(3) 两项任选一项]

二、 必备知识

(一) 釜式反应器的安装、 使用及维护

1. 反应釜操作使用注意事项

(1) 在操作反应釜前，应仔细检查有无异状，在正常运行中，不得打开上盖和触及板上之接线端子，以免触电。

(2) 应定期对反应釜上测量仪表进行校准，以保证其准确可靠地工作。

(3) 升温速度不宜太快，加压亦应缓慢进行，尤其是搅拌速度，只允许缓慢升速。

(4) 不得速冷，以防过大的温差压力造成损坏。

(5) 反应釜运转时，联轴器与反应釜釜盖间的水夹套必须通冷却水，以控制磁钢的工作温度，避免退磁。

(6) 严禁在高压下敲打拧动螺栓和螺母接头。

(7) 爆破膜在使用一段时间后，会老化疲劳，降低爆破压力，也可能会有介质附着，影响其灵敏度，应定期更换，一般一年更换一次，以防失效。

(8) 严禁带压拆卸。

图 2-27 为开式反应釜实物图，图 2-28 为制药企业生产车间在用反应釜。

图 2-27 开式反应釜实物图

图 2-28 制药企业生产车间反应釜

2. 反应釜的维护保养

(1) 检查反应釜所有进出口阀是否完好可用，若有问题必须及时处理。

(2) 检查反应釜的法兰和机座等有无螺栓松动，安全护罩是否完好可靠。

(3) 检查反应釜本体有无裂纹、变形、鼓包、穿孔、腐蚀、泄漏等现象，保温、油漆等

是不是完整，有无脱落、烧焦情况。

(4) 检查安全阀、防爆膜、压力表、温度计等安全装置是否准确、灵敏、好用，安全阀、压力表是否已校验，并铅封完好，压力表的红线是否画得正确，防爆膜是否内漏。

(5) 减速机和电机声音是否正常，减速机、电机、机座轴承等各部位的开车温度情况：一般温度≤40℃，最高温度≤60℃（手背在上可停留 8s 以上为正常）。

(6) 检查减速机有无漏油现象，轴封是否完好，油泵是否上油，检查减速箱内油位和油质变化情况，釜用机封油盒内是否缺油，必要时补加或更新相应的机油。

(7) 保持搅拌轴清洁见光，对圆螺母连接的轴，检查搅拌轴转动方向是否按顺时针方向旋转，严禁反转。

(8) 反应釜内有无异常的振动和响声。

(9) 定期进釜内检查搅拌器等釜内附件情况，并紧固松动螺栓，必要时更换有关零部件。

(10) 做好设备卫生，保证无油污、设备见本色。

(11) 若长期停车不用，应全部清洗干净，各润滑处注油，并切断电源。

3. 搪瓷反应釜的安装

(1) 吊装搪瓷反应釜时要求平稳且轻起轻落，以免碰撞硬物，留下隐患，吊装作业的受力点只能是吊耳、支脚或出厂时的原包装。

(2) 安装前后进行搪瓷面检查，可用高频电火花发生器进行探伤，所用电压一般控制在 5000V，并用 60～100W 安全灯照视有无脱瓷及破裂等。

(3) 安装釜盖、人孔盖、接管法兰等，要求两连接面保持平行，并按对角线逐步拧紧卡子和螺栓，而且卡子和螺栓数目要符合设计要求，防止工具等磕碰搪瓷面。

4. 搪瓷反应釜的使用要求

(1) 在操作过程中避免用金属器具直接敲击搪瓷面，并注意观察出料情况，避免因小缺陷未发现而转变成大缺陷。

(2) 避免空釜加热料和热釜加冷料，使用温差不得超过设备技术指标规定。

(3) 使用过程中不得急速加压升温或骤冷，按工艺要求制定合适的升降温曲线，一般控制在 3℃/min 以下。

5. 搪瓷反应釜的维护

(1) 按不同的生产状况制定相应的搪瓷反应釜使用操作法，并严格按此执行。

(2) 定期对搪瓷反应釜进行清洗、检查，及时发现细小爆瓷，要定期检查各紧固元件及密封面的可靠度，检查、检修搪瓷反应釜附属的电机、减速机、温度计、压力表、密封件等。

(3) 严禁用盐酸清洗夹套，夹套内介质应呈中性，若夹套内是冷却水时，也要防止系统内酸性介质误入夹套。

(4) 因法兰面的受力情况较特殊，要选择合适的耐蚀法兰垫圈，防止漏料、渗料和法兰圈腐蚀，并需加强搪瓷反应釜外壁防护，减弱腐蚀。

(5) 搪瓷反应釜上施焊时，要保证焊渣不能落在瓷面上。

6. 搪瓷反应釜损坏原因

搪瓷设备在药物合成生产中应用十分广泛。其附着在铁胎表面的搪瓷釉层光滑洁净，极耐磨蚀，对多种无机、有机物料的耐腐蚀性是不锈钢和工程塑料所不能比的。它既有一般金属设备的机械强度，又有它们所不具备的特点，如防止物料变质变色、免除金属离子污染，且价格低廉、方便实用。所以，搪瓷设备是制药、染料、食品加工等精细化工行业的首选设备。由于搪瓷衬层毕竟是一种脆性材料，苛刻的工作条件（磨蚀和腐蚀）又不允许其存在任何微小的裂痕，因此在其设备的运输、安装和使用等操作过程中要求特别细心，还要注重保养，以确保设备的安全使用性能。即便如此，由于下列诸原因，搪瓷设备的损坏仍然存在。

（1）运输与安装方法不当。

（2）物料内夹带金属、石块等硬物撞击器壁。

（3）冷热冲击温差太大，超过规定要求。

（4）强酸、强碱物料在高温高浓度条件下腐蚀。

（5）在磨蚀、腐蚀条件下超负荷使用。

（6）清除异物方法不当。

（7）搪瓷釉层质差等因素。

7. 搪瓷反应釜的使用范围

搪瓷反应釜搪瓷层能耐大多数无机酸、有机酸、有机溶剂等介质，尤其在盐酸、硝酸、王水等介质中具有优良的耐腐蚀性能，但不能在下列条件下使用。

（1）碱液　pH 大于或等于 12、温度大于 100℃时，不能耐腐蚀。

（2）硫酸　浓度 10%～30%、温度大于 200℃时，不能耐腐蚀。

（3）盐酸　浓度 10%～20%、温度大于 150℃时，腐蚀强烈。

（4）磷酸　浓度 30%以上、温度大于 180℃时，腐蚀强烈。

（二）搅拌器及附属设备的选型

1. 搅拌器选型

目前，对搅拌器的选型主要是根据实践经验，也可根据小型实验或计算流体力学模拟，取得数据，再进行放大设计的方法。根据搅拌过程的特点和主要控制因素，可按表 2-10 中的方法选择适宜型式的搅拌器。

表 2-10　搅拌器选型表

搅拌过程	主要控制因素	搅拌器型式
混合(低黏度均相液体)	循环流量	推进式、蜗轮式，要求不高时用桨式
混合(高黏度液体)	①循环流量 ②低转速	蜗轮式、锚式、框式、螺带式、带横挡板的桨式
分散(非均相液体)	①液滴大小(分散度) ②循环流量	蜗轮式
溶液反应 (互溶体系)	①湍流强度 ②循环流量	蜗轮式、推进式、桨式
固体悬浮	①循环流量 ②湍流强度	按固体颗粒的粒度、含量及密度决定采用桨式、推进式或蜗轮式
固体溶解	①剪切作用 ②循环流量	蜗轮式、推进式、桨式
气体吸收	①剪切作用 ②循环流量 ③高转速	蜗轮式
结晶	①循环流量 ②剪切作用 ③低转速	按控制因素采用蜗轮式、桨式或桨式的变形

续表

搅拌过程	主要控制因素	搅拌器型式
传热	①循环流量 ②传热面上高流速	桨式、推进式、蜗轮式

2. 电动机的选型原则

（1）选定的电动机型号和额定功率要满足搅拌装置设备开车时启动功率增大的要求。

（2）对于气体或蒸汽爆炸危险环境，根据爆炸危险环境的分区等级或爆炸危险区域内气体或蒸汽的级别和电动机的使用条件，选择防爆电动机的结构型式和相应的级别。

（3）处于化学腐蚀环境时，根据腐蚀环境的分类选择相适应的电动机。

（4）除上述因素外，还应考虑可能引起机械和电器损坏的环境，如灰尘、温度、雨水、潮湿、虫害等的影响，选择合适的防护型电动机。

3. 减速机的选型原则

（1）应考虑减速机在振动和载荷变化情况下工作的平稳性、连续工作的稳定性。

（2）轴旋转方向要求正反双向传动，不宜选用蜗轮蜗杆减速机。

（3）对于易燃、易爆的工作环境，一般不采用皮带传动减速，否则必须有防静电措施。

（4）搅拌轴原则上不应由减速机轴承承受，若必须由减速机承受时，需验算核定。

（5）减速机额定功率应大于或等于正常运行中减速机输出轴的传动功率（输出轴传动功率包括搅拌轴功率、轴封处摩擦损耗功率以及机架上传动轴承损耗等功率之和），同时还需满足搅拌设备开车时启动轴功率增大的要求。

（6）输入轴转速应与电动机转速相匹配，输出轴转速应与工艺要求的搅拌转速相一致。当不一致时，可在满足工艺过程要求的前提下相应改变搅拌转速。

（7）输入轴和输出轴相对位置的选择应符合釜顶或釜底传动布置的要求。

（三）搅拌器的安装与维护

1. 搅拌器的安装方案

（1）搅拌器在安装前必须测量各装配点的尺寸公差，是否达到其装配要求。

（2）反应釜釜盖在拆卸后，校正反应釜口的水平（粗校）。在这个过程中，釜口法兰与釜体的不垂直度存在的误差，在粗校中必须两者兼顾。

（3）搅拌器放入釜内，必须在釜底铺好草包或纸板包装箱等类似比较柔软的物品，防止釜底和搅拌碰伤。

（4）釜盖盖好后，根据釜盖尺寸，必须用 $16^{\#}$ 槽钢制作“井”字形支架，用 8 枚≥16mm 螺栓固定。

（5）SJ 或 DJ 搅拌机架在槽钢支架上的安装，必须配有≥20mm 的过渡板与≥16mm 调节螺栓，才能增强槽钢支架的强度和保证搅拌不垂直度的精度。检查精度的方法有：①用水准仪测量搅拌轴径基面，90°两点测量校至轴径测量的垂直基面，不垂直度≤±1°；②用 0.02mm/m 水平仪放在搅拌联轴器平面或机架顶部基面，进行横纵放置，校至不平面度≤0.04mm，从而得到搅拌轴线垂直度。

（6）各连接点紧固后不可走动精校数据，然后连接摆线减速器和联轴器。

（7）摆线减速器加油。安装结束后一定要及时加油，不可遗忘。推荐使用 $70^{\#}$～$90^{\#}$ 极压工业齿轮油或 $68^{\#}$ 以上机械油。

（8）搪瓷反应釜除以上安装方案外，另加釜口填料箱的密封装置。该釜能经受正负压力，但对搅拌轴径磨损过大，要根据工艺要求酌情考虑。

(9) 在调试中若发生不同程度的径向跳动，可能由以下原因引起：①环氧玻璃钢釜口法兰强度的问题；②搅拌在加工过程中的不直度是否超差；③搅拌桨叶角度与等分是否存在误差，动平衡是否达到要求（尤其是涂层以后）；④轴径配合中是否存在超差。

2. 搅拌设备日常巡检维护

搅拌设备日常巡检维护标准如表 2-11 所示。

表 2-11　搅拌设备日常巡检维护标准

部位	项目	方法	标准	周期
工艺操作情况	进/出料	操作、观察	进/出料顺畅无堵塞，无异物进出	每次操作过程中
	换热		换热良好，物料升/降温正常。操作过程中还要注意无异常升温情况	
	升压情况		压料/抽真空正常，操作过程中还要注意无异常升压情况	
电气仪表元件	电气元件（变频器）	操作、观察	开关机正常，变频调速灵敏可靠	
	计量仪表		灵敏完好，在检定有效期内	
搅拌系统	罐内/外噪声（电机、减速机、罐内搅拌器）	耳听	罐内/外噪声均匀（无冲击声和摩擦声），噪声无异常升高	
	温度（电机、减速机）	手摸	电机通风良好、无异常升温；减速机无异常升温	
	润滑油泵情况（可选）	观察、手感	油泵电机风扇在旋转，手感通风良好。润滑油在油管内连续输送	
设备、管道	跑冒滴漏（如漏油、漏气、漏液）	观察、手感	无跑冒滴漏。消除一般性跑冒滴漏	
搪玻璃、罐体附件	搪玻璃（可选）	检查	无搪瓷脱落、罐壁腐蚀情况，物料不被污染	清洗时、定期检查
	罐内/外附件（如罐内换热器、搅拌器、中间拉筋及滤芯等，罐外换热器、过滤器及阀门等）	检查	罐内/外附件齐全、紧固、完好	
其他	卫生	擦拭	清洁，无料迹、油污、锈迹及灰尘	每次操作过程中
	人孔密封	观察、扳手	螺栓齐全、紧固、完好	
	静电接地	观察	完好、无松脱	

（四）常见问题及处理方法

1. 釜式反应器的故障及处理方法

釜式反应器在使用过程中经常出现的故障以及对应的解决方法见表 2-12。

表 2-12　釜式反应器的故障处理及维护要点

序号	故障现象	故障原因	处理方法
1	壳体损坏（腐蚀、裂纹、透孔）	①受介质腐蚀 ②热应力影响产生裂纹或碱脆 ③损失变薄或均匀腐蚀	①用耐蚀材料衬里的壳体需新修衬或局部补焊 ②焊接后要消除应力，产生裂纹要进行修补 ③超过设计最低的允许厚度需更换本体

续表

序号	故障现象	故障原因	处理方法
2	超温超压	①仪表失灵，控制不严格 ②误操作；原料配比不当；产生剧烈反应 ③因传热或搅拌性能不佳，发生副反应 ④进气阀失灵，进气压力过大，压力高	①检查、修复自控系统，严格执行操作规程 ②根据操作法，紧急放压，按规定定量、定时投料，严防误操作 ③增加传热面积或清除结垢，改善传热效果；修复搅拌器，提高搅拌效率 ④关总气阀，切断气源，修理阀门
3	密封泄漏	①搅拌轴在填料处磨损或腐蚀，造成间隙过大 ②油环位置不当或油路堵塞不能形成油封 ③压盖没压紧，填料质量差，或使用过久 ④填料箱腐蚀机械密封 ⑤动静环端面变形、碰伤 ⑥端面比压过大，摩擦后产生热变形 ⑦密封圈选材不对，压紧力不够，或V形密封圈装反，失去密封性 ⑧轴线与静环端面垂直度误差过大 ⑨操作压力、温度不稳，硬颗粒进入摩擦面 ⑩轴窜量超过指标 ⑪镶装或黏结物、静环的缝隙泄漏	①更换或修补搅拌轴，并在机床上加工，保证表面粗糙度 ②调整油环位置，清洗油路 ③压紧填料，或更换填料 ④修补或更换 ⑤更换摩擦剂或重新研磨 ⑥调整比压使其合适，加强冷却系统，及时带走热量 ⑦密封圈选材、安装要合理，要有足够的压紧力 ⑧停车，重新找正，保证垂直度误差小于0.5mm ⑨严格控制工艺指标，颗粒及结晶物不能进入摩擦面 ⑩调整、检修使轴的窜量达到标准 ⑪改进安装工艺，或过盈量要适当，或黏结剂要好用，黏结牢固
4	釜内有异常杂音	①搅拌器摩擦釜内附件（蛇管、温度计套管等）或刮壁 ②搅拌器松脱 ③衬里鼓包，与搅拌器撞击 ④搅拌器弯曲或轴承损坏	①停车检查或找正，使搅拌器与附件有一定间距 ②停车检查，紧固螺栓 ③修鼓包，或更换衬里 ④检修或更换轴及轴承
5	搪瓷搅拌器脱落	①被介质腐蚀断裂 ②电动机旋转方向相反	①更换搪瓷轴或用玻璃修补 ②停车改变转向
6	搪瓷釜法兰漏气	①法兰瓷面损坏 ②选择垫圈材质不合理，安装接头不正确，空位，错位 ③卡子松动或数量不足	①修补、涂防腐漆或树脂 ②根据工艺要求，选择垫圈材料，垫圈接口要搭拢，位置要均匀 ③按设计要求，有足够数量的卡子，并要紧固
7	瓷面产生鳞爆及微孔	①夹套或搅拌轴管内进入酸性杂质，产生氢脆现象 ②瓷层不致密，有微孔隐患	①用碳酸钠中和后，用水冲净或修补，腐蚀严重的需更换 ②微孔数量少的可修补，严重的更换
8	电动机电流超过额定值	①轴承损坏 ②釜内温度低，物料黏稠 ③主轴转数较快 ④搅拌器直径过大	①更换轴承 ②按操作规程调整温度，物料黏度不能过大 ③控制主轴转数在一定范围内 ④适当调整检修

2. 电动搅拌器的常见故障及处理方法

（1）电机不转　这是电动搅拌器最常见的故障。造成电机不转的原因有很多种，最主要的是电动搅拌器使用不当造成电机损坏。检测办法如下。

① 不通电，检查电源线是否插好，保险丝是否熔断，电源和定时器开关是否完好。若排除以上情况，可以断定为变压器烧毁。若保险丝烧断，先不要急于更换保险丝，而应检查变压器是否烧焦。若出现变压器层间短路现象，对于该故障，用万用表1Ω挡即可断定。

② 打开电源开关和定时器，指示灯亮，但电机不转，此情况多为线路板上大功率元件损坏，偶尔也会出现小功率管损坏，整流电路中有一路二极管短路（二极管短路会出现指示灯极暗，且变压器温升很快）。查出故障原因，更换损坏元器件即可，偶尔出现电机不明原因不转现象，可以拔掉电源先用手转动电机，看电机是否灵活转动，如若电机不转动则可判断是电机损坏，请用万用表 1Ω 挡测量是否阻值很小。若较大，则是电机已坏。

维修办法：更换电机或其他损坏元件。需要注意的是，因各型号的电动搅拌器使用的电机功率不同，所以在更换电机时要更换原厂生产并功率相同的电机。

（2）可显示转速型电动搅拌器显示不稳　此类故障主要是显示屏坏了，所以最好的办法就是更换显示屏。

（3）加热型电动搅拌器不加热　常见为加热丝断了或者接触不良。

维修办法：更换加热板。

三、自主能力训练项目　10L 玻璃反应釜操作实训

（一）目的与要求

（1）按照操作规程操作 10L 玻璃反应釜，防止出现安全事故。

（2）能够进行反应釜的安装、使用、清理和保养。

（二）工作原理

向反应釜夹层注入恒温的（高温或低温）热溶媒体或冷却媒体，对反应釜内的物料进行恒温加热或制冷，并提供搅拌。物料在反应釜内进行反应，并能控制反应溶液的蒸发与回流，反应完毕，物料可从釜底的出料口放出。10L 双层玻璃反应釜的实训装置如图 2-29 所示。

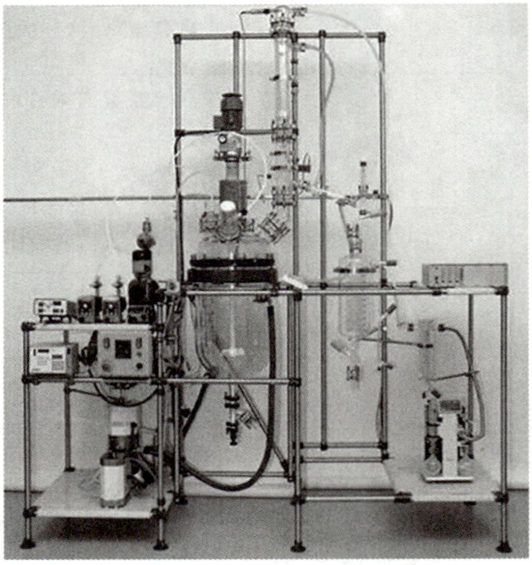

图 2-29　10L 双层玻璃反应釜实训装置

（三）设备特性及附件

1. 设备主要特点

（1）采用优质硼硅玻璃，机械-聚四氟复合密封，聚四氟搅拌桨。

（2）可进行常温、高温及低温反应。

（3）可在常压及负压下工作，负压可达到－0.09MPa。

（4）变频恒速搅拌系统，工作平稳，转速数字显示。

2. 设备配件

设备配件如表 2-13 所示。

表 2-13　反应釜配件表

序号	配件名称	数量	说明
1	双层釜体	一台	有效容积 10L
2	搅拌电机	一台	转速 0～1350r/min(可调)
3	变频调速器	一台	带有数字显示功能(无级调速)
4	五口釜盖	一个	与釜体配套使用

续表

序号	配件名称	数量	说明
5	反应釜架子	一套	支撑釜体等
6	冷凝器	一个	蒸馏冷凝
7	聚四氟放料器	一个	放料(可以拆卸)
8	温度计套管	一个	放温度计
9	加料阀	一个	真空状态下加料
10	聚四氟搅拌杆	一套	内周为不锈钢
11	蒸馏冷凝弯管	一个	连接釜盖和冷凝器

（四）操作过程

1. 安装

（1）打开包装后，按照装箱清单检查主要配件是否齐全。

（2）将不锈钢管与固定件按照说明书所示组装框架。

（3）将电气箱安装在右后立杆顶端并旋紧螺钉，插上七芯插头。真空表安装在左后端，拧紧螺钉。

（4）根据使用高度，将釜圆形托架固定在立杆滑块上，釜放在托架上，半圆形抱箍用于固定釜颈部分别插入立杆滑块，合拢后拧紧固定螺丝，安装时注意反应釜主体垂直。

（5）搅拌棒固定在电机主轴的齿环夹头上，搅拌棒穿过盖中间旋转轴承，拧紧专用连接器，然后调整电机的位置，注意垂直同心度。

（6）釜盖上左边 40# 标准口插蛇形回流冷凝器，右边 40# 标口为加料口连接恒压漏斗，中前方 24# 标口插温度计套管口，帽子后方 34# 标口为多功能备用口，底部设有放料阀门，釜身上下分别为循环液进出口。下口接循环液进口，上口接循环液回流口。

（7）安装玻璃仪器时必须清洁，各接口处用凡士林涂抹，以防止玻璃磨损现象出现，然后涂上真空脂以防漏气。

（8）按下万向轮固定装置，进行搅拌，如果搅拌稳定，说明调试已好。

2. 作业前的安全检查

（1）检查开关、电机接地是否牢固，若有松动或脱落，要立即接牢。

（2）检查夹套内有没有残存的液体。

（3）检查自动加热装置的电源及加热介质的液位。如果加热介质偏少的话，加到指定位置。

（4）插上电源插头，打开变频器上的电源开关，用调速旋钮来选择适合的转速。

（5）反应釜没有裂痕，各固定装置牢靠。

3. 反应釜操作

（1）搅拌棒装上后，必须用手旋转一下，注意同心度是否良好，如同心度不好应松开重夹，夹正后再打开电源，由慢至快逐步调整。

（2）按照实验要求计算物料并做好记录。要做到双人复核，确保称量的正确性。一般情况下先加入固体，再加入液体。

（3）反应过程中，随时观察主要反应现象、液面的升降、固体物料的溶解与结晶等现象。定时记录温度、压力、转速、时间、pH 等反应指标。

（4）物料的流动与电机转速的动力在某一点时可能会产生共振，这时请改变电机的转速，避免共振。

(5) 使用中溶液内如有微粒物体，放料时有可能存积剩物在阀门的聚四氟活塞上，再次使用时气密性会有影响，每次放料后务必先清洗，再使用。

(五) 反应釜保养

(1) 用前仔细检查仪器、玻璃设备是否有破损，各接口是否吻合，注意轻拿轻放。

(2) 用软布擦拭各接口，然后涂抹少许真空脂。真空脂用后一定要盖好，防止灰沙进入。

(3) 各接口不可拧得太紧，要定期松动活络，避免长期紧锁导致连接器咬死。

(4) 先开电源开关，然后让机器由慢到快运转，停机时要使机器处于停止状态，再关开关。

(5) 各处的聚四氟开关不能过力拧紧，容易损坏玻璃。

(6) 每次使用完毕必须用软布擦净留在机器表面的各种油迹、污渍、溶剂剩留，保持清洁。

(7) 停机后拧松各聚四氟开关，长期静止在工作状态会使聚四氟活塞变形。

(8) 定期对密封圈进行清洁，方法是：取下密封圈，检查轴上是否积有污垢，用软布擦干净，然后涂少许真空脂，重新装上即可，保持轴与密封圈滑润。

(六) 故障排除方法

10L 玻璃反应釜常见故障及排除方法见表 2-14。

表 2-14 10L 玻璃反应釜常见故障及排除方法

故障	原因及排除方法
开启电源开关，指示灯不亮	外接电源未通或接触不良，应检查电源、插座
保险管短路	将电源开关置于 OFF 位置，再换置保险管
电源指示灯亮，但不旋转	旋转轴生锈，停止使用，与供应商联系；电机、电气箱故障，未连接七芯插头，应重新连接七芯插头
真空突然消失，玻璃有裂痕，开关有破损	检查玻璃部件，调换开关
有真空，但抽不上	密封圈磨损，连接真空开关泄漏，请更换密封圈开关
真空时有时无	钢轴上有污垢，连接器有松动，请清除污垢检查真空表，真空泵
真空软管老化	更换真空软管
电机温度过高(室温加 40℃属正常)	超负荷，停机，用手使机轴转动，是否很重，应清除密封圈与玻璃轴接触部上的污垢，涂上真空脂
转速显示与实际不符	电压不稳定，自身有误差，应与供应商联系
外壳带电	加热管有裂痕进水，请专业电工检查

说明：本实训项目所投物料，可以自行设计，也可以按照“维生素 C 的精制”实训进行。“维生素 C 的精制”内容见本教材第三部分“典型案例及项目化教学素材”，但应合理放大用量。

案例

常备不懈，消除隐患——论设备点检的重要性

2019 年 1 月，某制药企业合成车间 308 反应罐放罐清洗完毕后准备下一批进罐，设备点检人员在罐内进行各个部位的完好性检查。当点检人员手动盘车，推动底搅拌桨叶进行搅拌系统旋转运行检查时，发现搅拌系统无法旋转！初步判断减速机内齿轮出现故障。

之后由专业设备人员对 308 罐减速机放完油后拆开侧盖进行检查，从减速箱底部发现残存金属碎片；进一步进行检查，发现两个啮合齿轮中间被一个小金属碎片卡住，无法旋转，

导致整个搅拌系统出现故障。经深入专业分析和研究，确定造成该故障的原因是：在放罐过程中，按照工艺要求放到一定体积后停了搅拌，但需要继续通入空气，搅拌桨叶在空气的推动下缓慢逆向旋转；减速箱内部有一个小的零件“六角卡盘”，由于长时间运行该卡盘发生疲劳而导致碎裂。由于正值停搅拌期间，卡盘碎片掉入正在逆向旋转啮合齿轮中间，导致齿轮无法转动，进而搅拌桨叶也停止旋转，当时看罐人员并未发现这一细节，当再次进行设备检查准备下一批进罐时，通过手动盘车点检发现了这一异常情况，及时安排准备其他反应罐，同时立即对308罐更换备用减速机，避免了对生产进度的影响。

四、 项目展示及评价

1. 项目展示

（1）填写的工作单。

（2）反应设备的现场操作水平及实训报告。

2. 项目评价依据

（1）工作单填写的完整、正确程度。

（2）现场操作能力，包括以下几方面。

① 设备安装顺序是否正确，各部件安装是否到位。

② 作业前检查是否全面。

③ 反应釜操作的正确程度。

④ 反应釜保养是否符合规范。

⑤ 作业过程故障排除方法是否正确、熟练。

3. 考核方案

（1）教师评价表（项目实施过程）

	考核内容	权重/%	成绩	存在问题	签名
项目实施过程	反应设备的熟悉、检查，了解反应釜的规格、材质、型号、适用范围及操作要求	5			
	按工艺操作规程，开车前查看阀门及管件状态	5			
	投料（也可以水代料），检查有无跑冒滴漏现象	6			
	操作控制点的参数（如转速、温度、压力）	6			
	根据工艺要求，调节工艺参数	6			
	反应液取样操作（如常压、加压、减压）	6			
	正确停车，放料	6			
	清洗、维护反应釜	5			
	操作过程的熟练程度	5			
	绘制釜式反应器及配套设施工艺流程示意图	10			
	实训报告完成情况（书写内容、文字、上交时间）	15			
职业能力及素养	动手能力、团结协作能力	5			
	现场处理突发情况、异常问题的应对能力	5			
	分析问题、解决问题的能力	5			
	安全及环保意识	5			
	纪律、出勤、态度、卫生	5			
	总分				

(2) 学生评价表

	考核内容	权重/%	成绩	存在问题	签名
项目实施过程	是否熟悉釜式反应器的操作规程和安全防护措施	6			
	开车前查看设备运转是否正常,阀门、管件是否连接正确	6			
	检查反应器本体有无裂纹、变形、鼓包、泄漏等现象	6			
	检查安全阀、压力表、温度计等安全装置是否准确灵敏好用,安全阀、压力表是否已校验,并铅封完好,压力表的红线是否画得正确,防爆膜是否内漏	6			
	查看减速机和电机声音是否正常,减速机、电机、机座轴承等各部位的开车温度情况	6			
	是否按照操作规程进行开车	7			
	是否检查有无跑冒滴漏现象	7			
	是否能够正确控制反应器工艺参数(如温度、压力、搅拌器转速等)	7			
	能否正确进行取样操作	7			
	能否正确停车、放料	7			
	是否对反应器进行合理清洗,是否了解反应器维护方法	7			
	是否协调配合,共同完成任务	10			
	对操作中出现的问题能否主动思考并合理解决	6			
	是否能独立、按时按量完成实训报告	12			
	总分				

(3) 成绩计算　本项任务考核成绩=教师评价成绩×50%+学生自评成绩×20%+小组互评成绩×30%。

项目三　合成氯霉素原料药

素养案例

新中国医药工业的奠基人——沈家祥院士

“我对于我的私生活不抱有任何奢望，我的快乐和幸福绝大部分寄托在我的工作上，和全国人民的快乐和幸福是分不开的”，“为人民的建设事业，我愿意鞠躬尽瘁，死而后已。”这是著名的药物合成化学家、制药工程专家沈家祥院士常说的话。沈家祥（1921 年 11 月—2015 年 7 月），汉族，江苏扬州人，早年留学英国，1949 年获伦敦大学理学博士学位，1999 年当选中国工程院院士。

氯霉素是 20 世纪 40 年代继青霉素、链霉素、金霉素之后，第四个得到临床应用的广谱抗生素，发现于 1947 年，系由委内瑞拉链丝菌产生，1948 年用于治疗斑疹伤寒及伤寒。由于其疗效显著，自发现后在世界范围内进行了大量广泛而深入的研究，确定了其化学结构。

1952 年，在大连科学研究所，我国有机化学家沈家祥带领其团队，在当时极其艰苦、简陋的实验条件下摸索和比较了不同的合成路线，最后利用库房里仅存的一小瓶“对硝基甲苯”为起始原料，在不到一年的时间内完成了 10 余步反应，打通了氯霉素混旋体的合成路线。这在 20 世纪 50 年代初期是一项重大突破！

1955 年夏天，沈家祥对氯霉素的合成工艺又进行了一次卓有成效的改造。经过对催化剂的系统筛选和对反应条件的细致观察，发现了以碳酸钙为载体的醋酸锰能有效地催化和控制反应，使反应进行到对硝基乙酮的含量达62%，然后结晶析出，从而完成了“氧气氧化法”制取对硝基苯乙酮工艺的发明。随后，他又完成了还原、水解等重大技术革新和旋光体的拆分，使氯霉素的生产工艺得到很大改善。这个氯霉素生产新流程，经受住了60多年的时间考验，迄今仍然是世界上最有竞争力的生产流程。

“让中国老百姓吃上便宜药、放心药。”是沈老一生的愿望。2014年，93岁的沈家祥将自己和老伴多年积蓄的100万元捐赠给天津大学，成立了“沈家祥教育基金”。“我这么做是响应国家的号召，国家鼓励我们创新、再创新，而我们现在的药物研究与世界水平还有差距。”晚年的沈家祥院士还念念不忘报效国家。

学习感悟：学习科学家坚定理想信念，精益求精、锲而不舍的研究精神，吃苦耐劳的奉献精神和社会担当。科学的探索之路永无止境！

项目背景

氯霉素是一种广谱抗生素，自20世纪50年代投入工业生产以来，至今仍广泛应用。其剂型有片剂、胶囊、注射液、滴眼液、滴耳液、耳栓、颗粒剂等多种。目前医用的氯霉素大多用化学合成法制造。我国于1951年，在沈阳东北化学制药厂（今东北制药总厂）由沈家祥博士主持研究，设计了以乙苯为起始原料，经硝化、氧化、卤化等反应的合成路线。在多年的生产实践中，科技工作者对其合成路线、生产工艺及副产物综合利用等方面做了大量的研发工作，使生产技术水平有了大幅度的提高。我国氯霉素各生产厂家均采用该方法。

该方法涵盖了氧化、卤化、烷基化、酰化、缩合、还原等药物合成反应单元过程，以及手性药物制备等技术，较全面地反映了药物合成的理论知识及应用技术，其实验室合成技术及工业化生产工艺涵盖了不同反应类型、不同相态、不同操作方法等药物合成技术。氯霉素的合成路线如下：

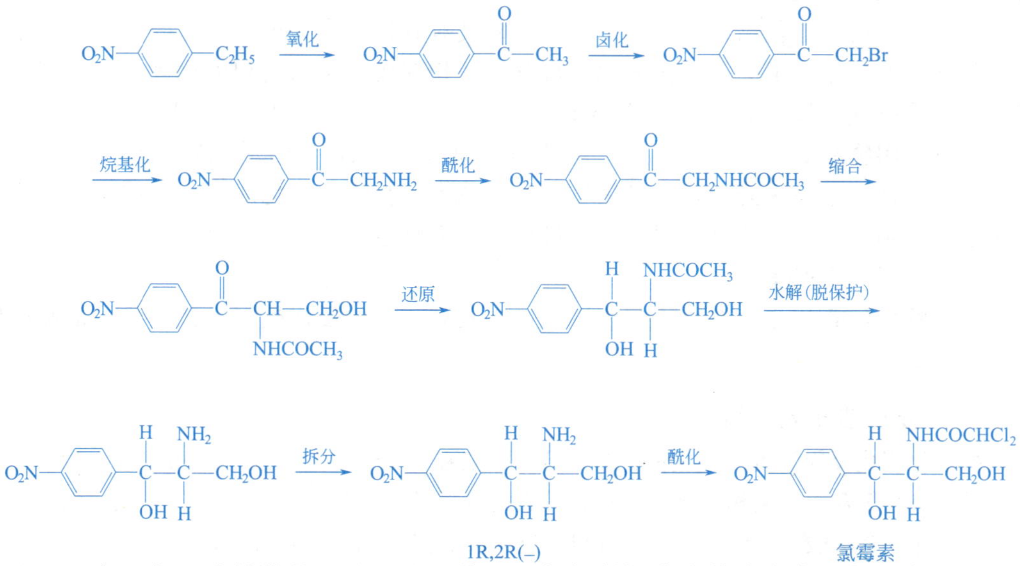

那么，实现每一步转化的理论基础是什么？如何制订合成技术方案？如何完成实训室制备？如何降低消耗？实现清洁生产的措施是什么？在工业化生产中，采取什么生产工艺？如何进行工艺优化？如何保证安全生产、提高收率、确保质量、实现资源循环利用？实训室合成技术与工业生产工艺有哪些异同点？其原因是什么？……这些都是完成本项目要解决的问题。

任务1 合成对硝基苯乙酮（氯霉素中间体C1）——氧化技术

一、 布置任务

（1）制订方案　根据教材提供的知识点，查阅专业期刊、图书、网站等，制定合成对硝基苯乙酮（氯霉素中间体C1）的实训室制备方案。方案可以有多种，然后对其进行对比、分析，完善，确定优化方案。

（2）讲解方案　讲解小试方案的制订依据，以及工业生产的异同点。

（3）实训操作　按照修改完善的方案，在实训室合成氯霉素中间体C1。

二、 必备知识

（一）氧化技术相关概念

凡是失去电子或碳原子周围的电子云密度降低的反应都属于氧化反应。具体地说，氧化反应是指在氧化剂存在下，向有机物分子中引入氧原子或减少氢原子的反应。通过氧化反应可以制备醇、醛、酮、羧酸、酚、环氧化合物等。氧化反应是通过化学氧化剂或催化氧化来实现的。

根据反应所采用的氧化剂及操作方法不同，氧化反应可以分为催化氧化、化学氧化以及生物氧化等。化学氧化是指在化学氧化剂的直接作用下完成的氧化反应。化学氧化剂可分为无机氧化剂（如$K_2Cr_2O_7$、H_2O_2、$KMnO_4$等）、有机氧化剂（如异丙醇铝、四醋酸铅、过氧酸等）两大类。往往一种基团可被多种氧化剂氧化，而被不同氧化剂氧化，或在不同条件下被同一种氧化剂氧化后所得到的产物形式也是多样的。

催化氧化是指在催化剂存在下，用空气或氧气对有机化合物进行氧化的方法。根据作用物与催化剂所处的相态不同，催化氧化又可分为液相催化氧化与气相催化氧化。液相催化氧化时，通常将空气或氧气通入作用物与催化剂的溶液或悬浮液中进行反应；气相催化氧化时，通常将作用物在300～500℃气化，与空气或氧气混合后，通过灼热的催化剂进行反应。催化氧化法是近年来在医药工业中发展较快的新技术。与化学氧化法相比，催化氧化法有显著的优越性，不仅氧化剂价廉易得、废物排放少，而且生产工艺也可以实现连续化，从而降低劳动强度、提高生产率。

但需要特别注意的是，有机物与氧混合通常具有较宽的爆炸极限，必须严格按照操作规程，防止事故发生。

（二）液相催化氧化技术

液相催化氧化反应温度较气相催化氧化低，一般在100～200℃，反应压力也不太高，可用于高温下不稳定的化合物。液相催化氧化具有较高的选择性，反应可停留在中间阶段，常用于制备有机过氧化物、有机酸，控制合适的条件可以制备醇、醛、酮等重要有机合成中间体。

1. 反应历程

为了提高氧化的速率，需要加入一定量的催化剂或引发剂，并在一定温度下反应。其历程为自由基历程，包括链引发、链增长和链终止三个过程。

（1）链引发　指被氧化物R—H在能量、催化剂等的作用下，发生C—H键均裂而生成

2-17微课：液相催化氧化技术

R·自由基的过程。

$$R—H \xrightarrow{能量} R\cdot + H\cdot$$

$$R—H + M^{n+} \longrightarrow R\cdot + H^{+} + M^{(n-1)+}$$

式中，R为各种类型的烃基；M为可变价金属。

（2）链增长　指自由基与O_2作用生成有机过氧化氢和新的自由基R·的过程。

$$R\cdot + O_2 \longrightarrow R—O—O\cdot$$

$$R—O—O\cdot + R—H \longrightarrow R—O—O—H + R\cdot$$

通过以上两个反应持续不断地循环进行，使RH不断被氧化成ROOH，这是氧化的最初产物。

（3）链终止　在这个阶段，自由基相互结合形成较稳定的烃基过氧化合物，使自由基反应终止。

$$R\cdot + R\cdot \longrightarrow R—R$$

$$R—O—O\cdot + R\cdot \longrightarrow R—O—O—R$$

烃类催化氧化的最初产物是有机过氧化物。如果它在反应条件下是稳定的，则可以成为催化氧化的最终产物。但大多数情况下，它不稳定，将进一步分解而转化为醇、醛、酮或被继续氧化为羧酸。这一阶段属于过氧化物分解阶段。

液相催化氧化属于气-液非均相反应，氧化过程既可采用间歇方法，又可采用连续方法。由于空气中的氧在液相中的溶解度很小，为了有利于气-液接触传质，氧化反应器可采用釜式和塔式两种。

2. 影响因素及氧化剂、氧化条件的选择

（1）催化剂　氧化反应速率受链引发反应速率的影响，加入催化剂可以大大降低引发反应的活化能，缩短反应的诱导期，加速反应。过渡金属离子可以通过空气被氧化再生，以保持持续的引发活性。同时过渡金属离子对有机过氧化物的分解有促进作用，可以防止有机过氧化物的爆炸性分解。因此，在目标产物不是有机过氧化物的反应中，通常采用过渡金属离子作为催化剂，常用的金属是Co和Mn，此外还有Cr、Mo、Fe、Ni、V等。最常用的钴盐是水溶性的乙酸钴、油溶性的油酸钴、环烷酸钴等。其用量一般是被氧化物的百分之几到万分之几。

（2）被氧化物结构　在烃分子中C—H键均裂成R·和H·的难易程度与其结构有关，其活性规律是：叔C—H>仲C—H>伯C—H。因此反应优先发生在叔碳原子上。如：

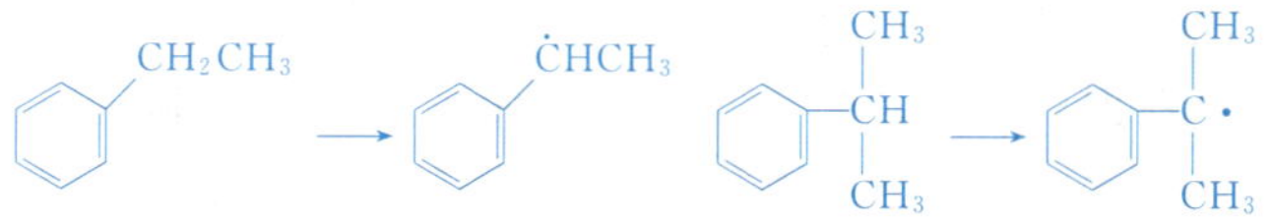

也就是说，异丙苯氧化的主要产物是叔碳过氧化氢物，乙苯氧化的主要产物是仲碳过氧化氢物。叔碳过氧化氢物较为稳定，可以作为终产物；仲碳过氧化氢物在一定条件下比较稳定，也可以作为氧化产物，但用过渡金属离子催化，则继续分解。

（3）链终止剂　终止剂是指能与自由基结合成稳定化合物的物质。链终止剂会使自由基销毁，造成链终止，少量的链终止剂能使氧化速率明显减慢。因此被氧化物中不应含有终止剂。活性最强的终止剂是酚类、胺类、醌类和烯烃等。

三、实用案例

2-18动画：对硝基苯乙酮生产工艺

实例 氯霉素中间体对硝基苯乙酮的生产(氯霉素中间体C1)

1. 生产过程分析

对硝基苯乙酮是氯霉素的重要中间体，可由对硝基乙苯氧化而得。由于亚甲基比甲基易被氧化，因此对硝基乙苯中的乙基在较缓和的条件下进行氧化时，则亚甲基转变为羰基而生成对硝基苯乙酮；但在激烈的条件下进行氧化，则生成对硝基苯甲酸。这两个反应并不是截然分开的，在对硝基乙苯氧化过程中，应注意控制反应条件，以尽量减少对硝基苯甲酸的生成。合成对硝基苯乙酮的反应过程如下：

副反应：

本反应是对硝基乙苯在催化剂作用下与 O_2（实际用空气）进行的自由基反应。

2. 工艺流程方框图

由以上分析可见，本反应属于液相催化氧化，采用塔式反应器。其工艺流程方框图如图 2-30 所示。

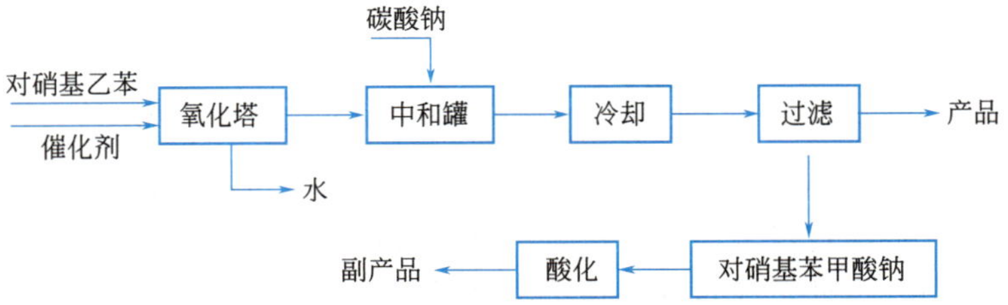

图 2-30 对硝基苯乙酮生产工艺流程方框图

3. 操作过程

（1）合成过程 将对硝基乙苯自计量槽中加入氧化反应塔，同时加入硬脂酸钴及乙酸锰催化剂（内含载体碳酸钙 90%），其量各为对硝基乙苯重量的 0.5/10000。用空压机压入空气使塔内压强为 0.5MPa，逐渐升温至 150℃以激发反应。反应开始后，随即发生连锁反应并放热。这时适当地往反应塔夹层通水使反应温度平稳下降，维持在 135℃左右进行反应。收集反应生成的水，并根据汽水分离器分出的冷凝水量判断和控制反应进行程度。当反应产生的热量逐渐减少，生成水的速率和数量降到一定程度时停止反应，稍冷，将物料放出。

（2）分离及副产物综合利用 反应物中含对硝基苯乙酮、对硝基苯甲酸、未反应的对硝基乙苯、微量过氧化物以及其他副产物等。在对硝基苯乙酮未析出之前，根据反应物的含酸量加入碳酸钠溶液，使对硝基苯甲酸转变为钠盐。然后充分冷却，使对硝基苯乙酮尽量析出。过滤，洗去对硝基苯甲酸钠盐后，干燥，便得对硝基苯乙酮。对硝基苯甲酸的钠盐溶液经酸化处理后，可得副产物对硝基苯甲酸。

分出对硝基苯乙酮后所得的油状液体仍含有未反应的对硝基乙苯，用亚硫酸氢钠溶液分解除去过氧化物后，进行水蒸气蒸馏，回收的对硝基乙苯可再用于氧化。生产工艺流程如图 2-31 所示。

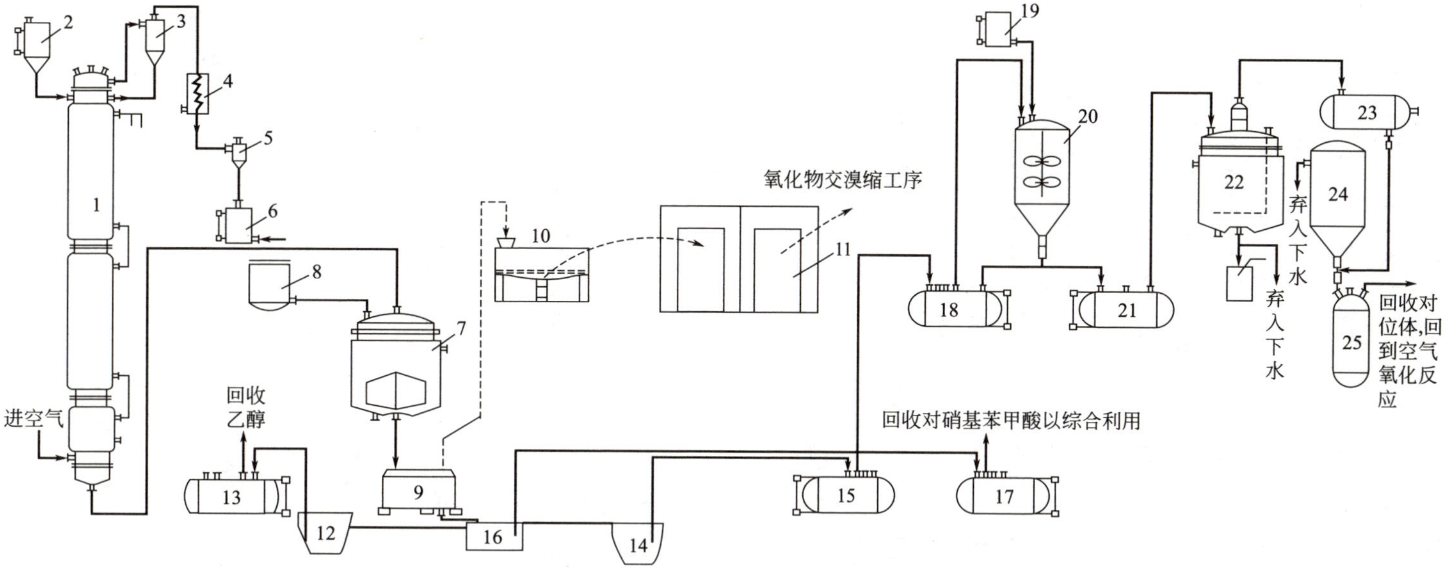

图2-31 对硝基苯乙酮的生产工艺流程

1—氧化反应塔；2—对位体计量槽；3—汽水分离器；4—冷却器；5—分水油回收器；6—分水器；
7—中和罐；8—碳酸钠溶解罐；9—离心机；10—过筛机；11—干燥箱；12—醇洗液接受器；13—醇液储罐；
14—回收油接受器；15—回收油储罐；16—洗液接受器；17—洗液储罐；18—计量罐；19—亚硫酸氢钠液计量槽；
20—洗涤罐；21—回收油储槽；22—水蒸气蒸馏釜；23—蒸馏液接受器；24—残渣接受器；25—回收对位体储槽

4. 反应条件及控制

（1）催化剂　大多数变价金属的盐类对本反应均有催化活性。铜盐和铁盐对过氧化物作用过于猛烈，故不宜采用，且反应中应注意防止微量 Fe^{3+} 和 Cu^{2+} 的混入。乙酸锰的催化作用较为缓和，能提高氧化收率。用碳酸钙作载体，可使反应平稳进行。催化剂硬脂酸钴的作用是降低反应的活化能，可使反应温度比单纯乙酸锰降低 10℃左右，故采用硬脂酸钴与乙酸锰-碳酸钙混合催化剂。

（2）反应温度　该反应是强烈的放热反应，虽然开始需要供给一定的热量使产生游离基，但当反应引发后便进行连锁反应而放出大量热，此时若不将产生的热量移去，则产生的游离基越来越多，温度急剧上升，就会发生爆炸事故。但若冷却过度，又会造成连锁反应中断，使反应过早停止。因此，当反应激烈后必须适当降低反应温度，使反应维持在既不过分激烈而又能均匀出水的程度。

（3）反应压力　用空气作氧化剂较氧气安全，生产上采用空气氧化法。由反应方程式可以看出，此氧化反应是使气体分子数减少的反应（生成的水经冷凝后分出），所以加压对反应有利。但实践证明，反应压力超过 $5kgf/cm^2$（$1kgf/cm^2=98.07kPa$）时产物含量增加不明显，故生产上采用 $5kgf/cm^2$ 压力的空气氧化。

（4）抑制物　若有苯胺、酚类和铁盐等物质存在时，会使对硝基乙苯的催化氧化反应受到强烈抑制，故应防止这类物质混入。

注：本案例有配套的仿真软件，见本教材提供的电子素材。

四、 项目展示及评价

1. 项目成果展示

（1）制订的合成对硝基苯乙酮（氯霉素中间体 C1）的实训室制备方案。

（2）合成的产品氯霉素中间体 C1。

对硝基苯乙酮（氯霉素中间体 C1）为淡黄色晶体或针晶，易溶于热乙醇、乙醚和苯，不溶于水，熔点 98～101℃（图 2-32）。

2. 评价依据

（1）根据教材提供的知识点，所选用的催化剂、原料是否正确，用量与配比是否合理。

（2）选择的反应器、设计的实验装置的正确程度。

（3）操作步骤的合理、准确性，是否考虑了放大生产的可行性。

（4）安全、环保措施是否得当，是否考虑了副产物的循环利用。

图 2-32　对硝基苯乙酮

（5）方案讲解的准确、流畅程度。

（6）产品收率、外观、熔点等总体质量。

（7）对工业生产方法及操作控制点的理解程度，讲解的熟练程度与准确性。

3. 考核方案

考核依据本书“第一部分”“考核与评价方式”进行，本任务的具体评价内容如下。

（1）教师评价表

	考核内容	权重/%	成绩	存在问题	签名
项目材料收集与实施	材料搜集完整性、全面性(查阅合成氯霉素中间体 C1 相关材料情况)	7			
	选用的催化剂、原料是否正确,用量与配比是否合理	9			
	选择的反应器、设计的实验装置的正确程度	9			
	讲解合成氯霉素中间体 C1 制订方案的依据、方案可行性分析	10			
	制订方案的完整性、可行性	10			
	产品收率、外观、熔点等总体质量	10			
	对氯霉素中间体 C1 工业生产方法及操作控制点的理解程度,讲解的熟练程度与准确性	10			
	实训报告的全面性、完整程度	5			
职业能力及素养	查阅文献能力	5			
	归纳总结所查阅资料的能力	5			
	制订、实施工作计划的能力	5			
	讲解方案的语言表达能力	5			
	方案制订过程中的再学习、创新能力	5			
	团结协作、沟通能力	5			
	总分				

(2) 学生评价表

	考核内容	权重/%	成绩	存在问题	签名
项目材料收集与实施	学习态度是否主动,是否能及时完成教师布置的合成氯霉素中间体 C1 的任务	10			
	是否能熟练利用期刊书籍、数据库、网络等查询氯霉素中间体 C1 相关资料	5			
	收集的有关学习信息和资料是否完整	5			
	能否根据学习资料对合成氯霉素中间体 C1 项目进行合理分析,对所制订的方案进行可行性分析	10			
	是否积极参与各种讨论,并能清晰地表达自己的观点	5			
	是否能够掌握所需知识技能,并进行正确归纳总结	10			
	所制订的方案中,安全、环保措施是否得当,原料利用率是否充分	5			
职业能力及素质形成	查阅文献获取信息、制订计划的能力	5			
	是否能够与团队密切合作,并采纳别人的意见和建议	10			
	再学习的能力、创新意识和创新精神	5			
	是否具有较强的质量意识、严谨的工作作风	5			
	是否具有较强的安全、环保意识,并具备相应的手段	5			
	是否具有成本意识,重视经济核算	10			
	是否考虑到减轻污染,实现资源循环利用	10			
	总分				

(3) 成绩计算　本项任务考核成绩=教师评价成绩×50%+学生自评成绩×20%+小组互评成绩×30%。

五、 知识拓展

（一）化学氧化技术

化学氧化的主要优点是反应条件温和，容易控制，操作简便，一般不用催化剂。化学氧化具有较高的选择性，可以实现多官能团化合物的选择性氧化，对产量小、附加值高的医药及其中间体的生产，有广泛的应用。但化学氧化法存在氧化剂价格高、副产物多、腐蚀严重、间歇法生产等不足。化学氧化剂种类繁多，在此主要学习常用的氧化剂及其应用。

1. 活性二氧化锰

活性 MnO_2 是较缓和的选择性氧化剂，主要用来氧化 α,β-不饱和醇或苄醇，制备相应的醛或酮。反应对 MnO_2 的活性有一定的要求，使用之前必须检验活性，或新鲜制备。活性 MnO_2 常用硫酸锰和 $KMnO_4$ 反应制得，或者用 $MnCl_2$ 四水合物与 $KMnO_4$ 反应制得。活性不同的原因之一在于 MnO_2 的脱水程度不同，即使制法相同，一般的，粉碎程度好的和长时间高温（>200℃）处理过的 MnO_2，其活性均会提高。

该反应条件温和，常在室温下进行，若反应缓慢，可加热回流，收率均较高。氧化反应是醇被吸附于 MnO_2 表面进行的，会受到所用溶剂的影响。常用的溶剂有水、苯、石油醚、氯仿、二氯甲烷、乙醚、丙酮等。反应时，将活性 MnO_2 悬浮于溶液中，加入要氧化的醇，室温下搅拌、过滤、浓缩即可，操作简单方便。

活性 MnO_2 氧化不饱和醇成不饱和醛、酮，氧化时双键构型不受影响。如：

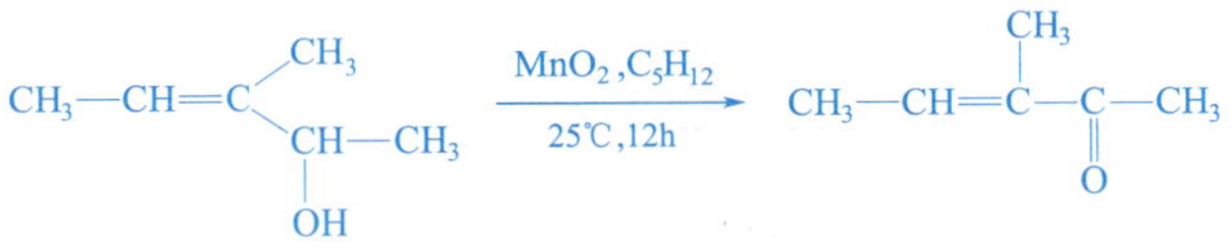

例如，维生素 A_1 醛（2-1）的合成也使用了活性二氧化锰。

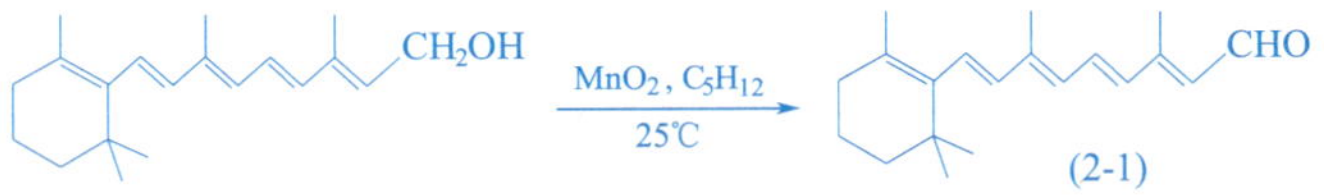

活性 MnO_2 氧化苄醇成羰基化合物。当苄位羟基与非苄位羟基共存时，可选择性氧化苄位羟基，而分子中的其他羟基一般难以氧化。

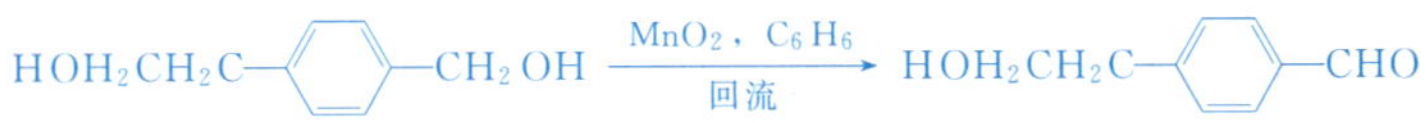

2. CrO_3-吡啶配合物及 Collins 试剂

铬化合物是常用的氧化剂，铬酸是一种多聚体，在不同的溶剂中解聚得到不同的铬化合物，如在水、醋酐、叔丁醇及吡啶中解聚，分别得到铬酸、铬酰乙酸酯、叔丁基铬酸酯及三氧化铬-吡啶配合物，不同的形式氧化效果不同。

将 CrO_3 加到过量吡啶（质量比 CrO_3：吡啶＝1：10）中即形成 CrO_3-吡啶配合物的吡啶溶液。它可以氧化伯、仲醇为醛、酮，效果好，对酸敏感的官能团没有影响。

$$CH_3CH{=}CHCH_2CH_2OH \xrightarrow[\text{py}]{CrO_3\cdot 2py} CH_3CH{=}CHCH_2CHO$$

该法在药物合成中应用非常广泛，氧化过程不饱和键、醚键等不受影响。操作时，要特别注意以下几点：①反应器和原料都要保证无水；②氮气保护下反应；③滴加被氧化物的二氯甲烷溶液；④室温反应；⑤反应结束后用硅藻土过滤，滤液用饱和的亚硫酸氢钠洗涤，无水硫酸钠干燥。

也可将CrO_3-吡啶配合物（$CrO_3 \cdot 2py$）从吡啶中分离出来，干燥后再溶于二氯甲烷中使用，这样组成的溶液称为 Collins 试剂。它在无水条件下使用，氧化伯、仲醇，可得收率较高的醛、酮，对双键、缩醛（酮）、环氧、硫醚等均无影响，是使伯醇氧化成醛、仲醇氧化成酮的最普通的氧化方法。例如，苄醇和肉桂醇均可用 Collins 试剂氧化得到醛，后者的双键不受影响。

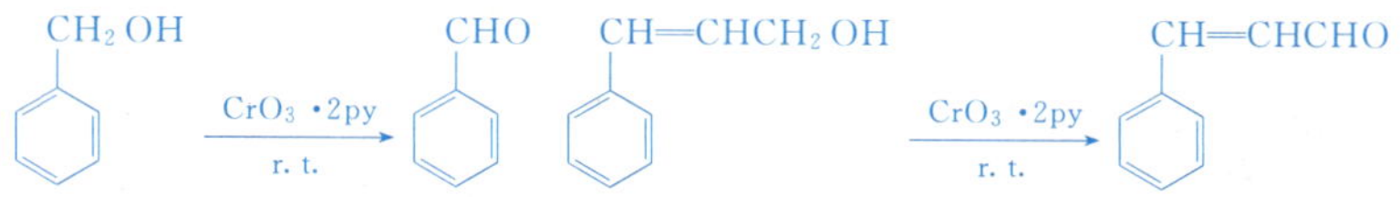

Collins 试剂的缺点是：该试剂很易吸潮，很不稳定，不易保存，需要在无水条件下进行反应；为使氧化反应加快和反应完全，需用相当过量（≥5 倍摩尔）的试剂；配制时容易着火等。

3. 过氧化物氧化剂

（1）过氧化氢　过氧化氢俗称双氧水，是比较温和的氧化剂。其最大优点是反应后本身转变为水，无残留物。但双氧水不稳定，只能在低温下使用，需要严格控制工艺条件。市售的双氧水浓度通常是 42%或 30%，近年来，由于高能燃料的需要，含量 90%或更浓的过氧化氢已有出售，但这些产品切不可与可燃物品接触，以免发生燃烧、爆炸事故。

① 使用条件。使用过氧化氢时，反应介质的酸碱性及催化剂影响过氧化氢的形式，使得它以不同的形式参与反应。在碱性介质中，过氧化氢以亲核性离子（HOO^-）的形式进行亲核性的氧化反应。

$$HOOH + OH^{\ominus} \rightleftharpoons HOO^{\ominus} + H_2O$$

在强酸性介质中，过氧化氢生成质子化的试剂，若在有机酸介质中，则生成过氧酸，而起氧化反应。

$$HOOH + H^{\oplus} \rightleftharpoons HO\text{—}\overset{\oplus}{\underset{\substack{|\\ H}}{O}}\text{—}H$$

$$ROOH + H_2O_2 \rightleftharpoons RCOOOH + H_2O$$

在有还原作用的过渡金属离子存在时，氢氧游离基起作用。

$$HOOH + Fe^{2\oplus} \longrightarrow HO\cdot + Fe(OH)^{2\oplus}$$

② 应用

a. 烯烃环氧化。在碱性条件下，过氧化氢以 HOO^- 存在而具有亲核性，与 α,β-不饱和羰基化合物发生亲核加成，然后形成环氧化合物。这是制备环氧化物的常用方法。此反应具有立体选择性，氧环常在位阻小的一面形成。

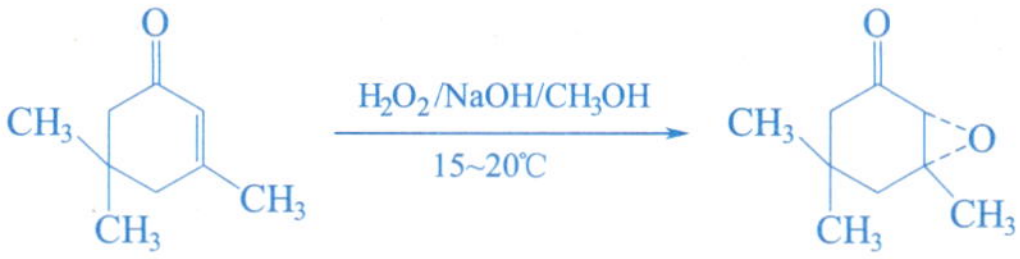

烯烃的环氧化反应在甾体药物合成中应用较多。生产时，在氧化反应器内通入氮气，滴加 20%的氢氧化钠溶液，在低温下加入计量的过氧化氢，保持在低温下反应。抽样测定过氧化氢含量、环氧化物的熔点等，符合要求则为终点。

b. 烯烃的二羟基化。过氧化氢与酸性较强的有机酸（如甲酸、乙酸等）混合，有机酸转变成过氧酸，与烯烃进行亲电性加成，生成环氧化合物。在此条件下，环氧化合物立即与有机酸作用，进行反式开环得反式二醇单酯，后者经水解得反式 1,2-二醇。

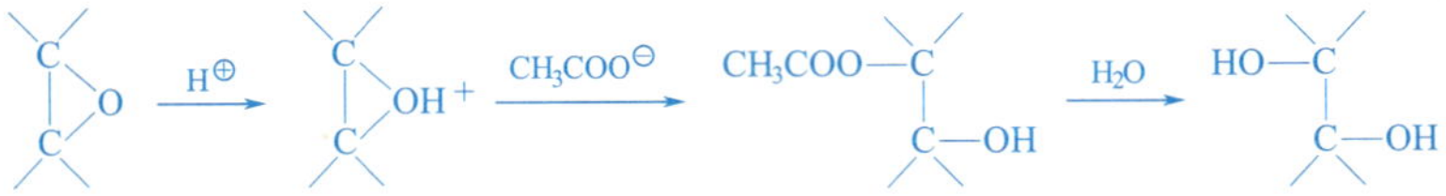

(2) 有机过氧酸　凡具有 RCO_3H 结构的羧酸称为有机过氧酸，其酸性比相应的羧酸弱。常用的有机过氧酸有过氧甲酸、过氧乙酸、过氧三氟乙酸、过氧间氯苯甲酸等，其中过氧三氟乙酸的酸性和氧化性最强，过氧间氯苯甲酸最稳定。

① 制备方法。有机过氧酸可由相应的羧酸或酸酐与过氧化氢反应制得。如：

$$HCOOH + H_2O_2\ (25\%\sim30\%) \xrightarrow{r.t.} HCO_3H + H_2O$$

$$(CH_3CO)_2O + H_2O_2\ (25\%\sim30\%) \xrightarrow{35\sim40℃} CH_3CO_3H + CH_3CO_2H$$

制备过程要注意下列问题：a. 有机过氧酸不稳定，放置过程中会慢慢分解放出氧气，特别是过氧甲酸、有机过氧三氟乙酸要随用随制；b. 在制备和使用有机过氧酸时，切记要采取防爆措施；c. 为了确保安全，使用溶剂，如乙醚、二氧六环等必须先除去其中的过氧化物才能应用，陈旧的含有少量过氧化物的二氧六环在与过氧间氯苯甲酸混合时，易发生爆炸。

② 应用。有机过氧酸的应用主要有以下几方面。

a. 烯烃环氧化。有机过氧酸氧化烯键，首先生成环氧化合物，但若反应条件选择不当，会进一步反应生成邻二醇的酰基衍生物，再在碱的作用下，形成邻二醇。酸性弱的过氧酸如过氧苯甲酸、过氧间氯苯甲酸等较适合于合成环氧化合物。其他酸性强的过氧酸，如过氧乙酸需在缓冲剂（如 AcONa）存在下，才能得到环氧化合物。否则，酸性破坏氧环形成邻二醇的单酰基化合物或其他副产物。

b. 烯烃邻二羟基化。过氧酸氧化烯键可生成环氧化合物，亦可形成 1,2-二醇，这主要取决于反应条件。首先过氧酸与烯键反应形成环氧化合物，当反应中存在一些可使氧环开裂的条件，如较强的酸性，则氧环即被开裂成反式 1,2-二醇。常用的有过氧乙酸和过氧甲酸。

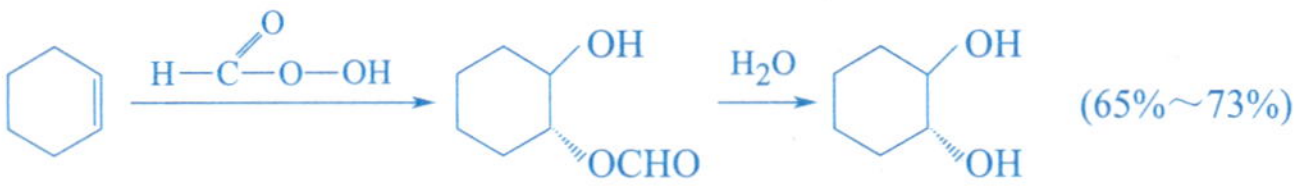

反应分两步进行，先是过氧酸氧化烯键成环氧化合物，分离后加酸，酸从烯键平面的另一侧进攻，再水解形成反式 1,2-二醇。

c. 氧化芳香醛、酮。在芳香醛（酮）中，当羰基的邻、对位有羟基等供电子基团时，与有机过氧酸（或是碱性溶液的 H_2O_2）反应，醛基经甲酸酯阶段，最后转化成羟基。如：

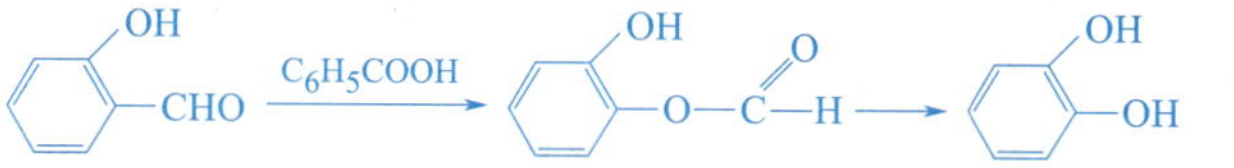

反应经过了重排过程，由于是芳基负离子迁移到氧正离子上，所以，当芳环上醛基对位（或邻位）有给电基团时，有利于芳基负离子重排形成甲酸酯，再经水解形成羟基。

该反应多应用于由天然羟基芳醛合成多元酚。如：

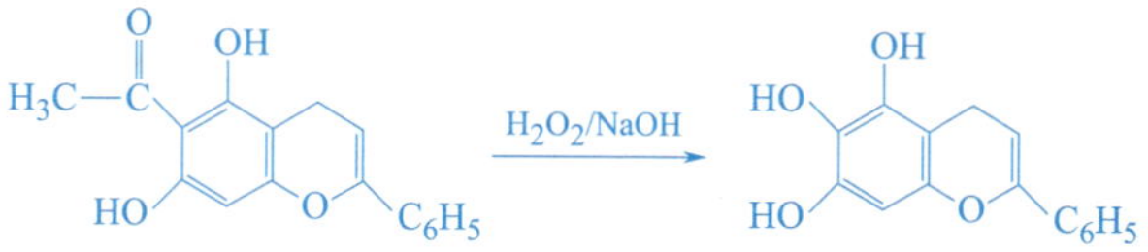

4. 卤素

氯气价廉，很早就被用作氧化剂，使用时常通入水或碱性水溶液。起氧化作用的实际上是次氯酸（或次氯酸盐）。氯气氧化后生成盐酸，容易处理，但在氧化过程中常常伴有氯化反应。例如，利尿药乙酰唑胺中间体（2-2）的制备。

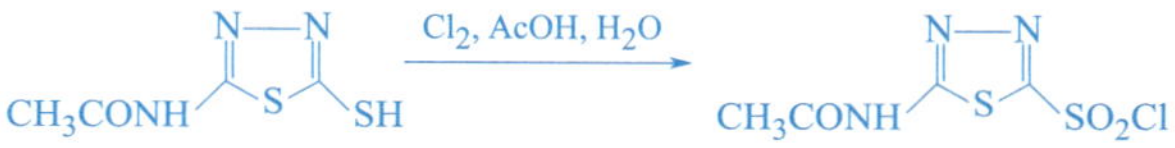

(2-2)

溴的氧化性与氯相似，但氧化能力比氯弱。溴为液体，可溶于四氯化碳、氯仿、二硫化碳或冰醋酸中，配制成一定浓度的溶液，使用方便，但价格较贵。

另外，次卤酸在碱性条件下与甲基酮反应，先生成三卤代酮，继而发生碳-碳键断裂生成卤仿和羧酸，即“卤仿反应”，也属于氧化反应。可以用来制备结构特殊的羧酸。

在芳环上引入羧酸困难，但引入乙酰基比较容易，因此通过傅-克酰化反应与卤仿反应，可以制备复杂结构的芳酸。

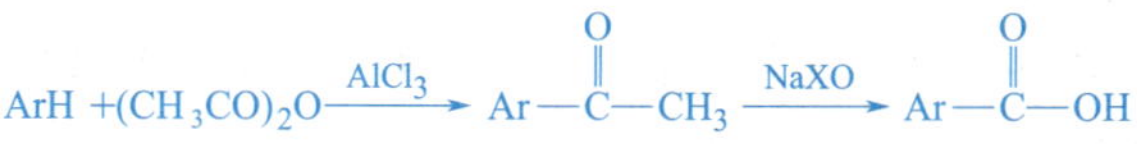

5. 异丙醇铝

仲（或伯）醇在异丙醇铝（或叔丁醇铝）的催化下，用过量的酮（常用丙酮或环己酮）作为氢的接受体，可被氧化成相应的羰基化合物，该反应称为 Oppenauer 氧化反应。反应式如下：

Oppenauer 氧化反应其实是醇铝为还原剂，将醛、酮等羰基化合物还原为伯、仲醇的逆

反应。氧化反应的历程为氢负离子转移的过程，在这一反应中只在醇与酮之间发生氢的转移，而不涉及分子的其他部分，所以，分子中含有不饱和键或其他对酸敏感的官能团的化合物，用此法较为合适。

本法是一种适宜于仲醇氧化成酮的有效方法，酮的收率较高。若用于伯醇氧化，由于生成的醛在碱性条件下易发生羟醛缩合副反应，所以应用较少。利用该法将烯丙位的仲醇氧化成 α,β-不饱和酮，对其他基团无影响，但在甾醇氧化反应中，常有双键的移位，以生成 α,β-位的共轭酮，此性质在甾体药物的合成中得到了广泛的应用。

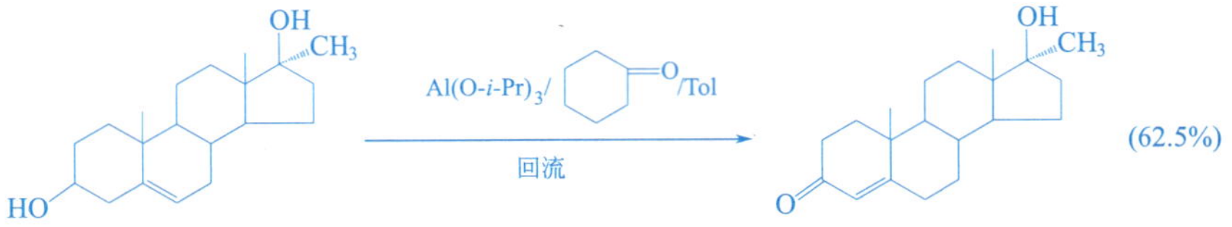

在操作时，通常将原料醇和负氢受体（即氧化剂）在烷氧基铝的存在下一起回流，常用甲苯和二甲苯等较高沸点的溶剂，负氢受体以丙酮或环己酮最常用并过量。反应过程中将所生成的异丙醇或环己醇与高沸点溶剂一起连续地蒸出，以促进原料醇的氧化。为避免异丙醇铝等的水解，该反应必须在无水条件下进行。

（二）生物氧化

利用微生物对有机化合物进行氧化的反应称为生物氧化（biological oxidation）。其实质是利用微生物代谢所产生的酶为催化剂的催化氧化。酶是生物体内产生的一类蛋白质，具有特殊的催化功能，微生物几乎对甾体分子中的每个位置上的碳原子都能进行各种不同程度的氧化，所以，生物氧化在药物合成中具有越来越大的作用。

1. 生物氧化的特点

生物氧化的特点见本教材“任务 1-1”的必备知识“酶催化剂”相关内容。

另外，由于酶的特点使生物氧化存在以下缺点。

① 酶是一种蛋白质，一般对酸、碱、热和有机溶剂等都不稳定，容易失活。

② 酶只能和底物作用一次，生产能力低，生产周期长。

③ 通常发酵液的体积大，使产品的提取、分离、精制较麻烦，从而使生物氧化在药品生产中的应用受到一定的限制。

固定化酶技术的应用可以解决以上问题。固定化酶是将水溶性的酶或含酶细胞固定在某种载体上，成为不溶于水但仍具有酶活性的酶衍生物。它具有很多优点：①采用过滤或离心的方法极易与反应液分开；②可较长时期地反复分批操作和装柱连续反应；③酶的稳定性有改进；④酶在反应过程中能严格控制和及时终止；⑤酶不混入产物溶液中，产物纯化步骤可以简化；⑥酶的使用效率提高，成本降低。

2. 生物氧化过程与影响因素

（1）生物氧化一般过程　就得到的产物而言，生物氧化和一般的发酵生产有所不同，其发酵的产物不是目的产物，而只是利用微生物的酶对底物的某一部位进行特定的化学反应来获得一定的产物。整个生产过程，微生物的生长和氧化完全可以分开，一般先进行菌的培养，在菌生长过程中累积氧化所需要的酶，然后利用这些酶来改造分子的某一部位。所以为了获得较多的酶，首先需保证菌体的充分生长，但微生物的生长与酶的生产条件不是完全一致的，所以这时还需了解各种菌产酶的最适条件，并尽可能地诱导生产所需要的酶而抑制不需要的酶。

（2）生物氧化影响因素　生物氧化的关键是选择专属性高的微生物和控制适宜的发酵条件。

① 培养基。培养基是微生物生长的营养物质，包括碳源、氮源、无机盐及微量元素等。每种微生物都有自身适宜的培养基。

② 灭菌。发酵污染杂菌对药物生产极其有害，因此在发酵进行前，发酵罐、培养基、空气过滤器及有关设备都必须用蒸汽灭菌。

③ 通气与搅拌。增加氧气的供给并使其均匀分散，保证微生物生长及生物氧化的需要，提高转化率。

④ 选择最适发酵温度、pH 值，选择最佳接种时机及接种量。

此外，根据需要还需补料（加糖、通氨等）以调节发酵过程使其在最佳范围内。

3. 生物氧化在药物合成中的应用

由于微生物几乎对甾体分子中每个位置上的碳原子都能进行各类不同程度的氧化，所以生物氧化较多用于甾体药物的制备。另外，生物氧化现已越来越多地用于抗生素、氨基酸、有机酸、核酸、维生素和甾体激素等的合成中。

如维生素 C 的合成中也使用了生物氧化。其中“二步发酵法”是我国研究出的新方法。D-山梨醇用黑醋菌氧化，可生成 L-山梨糖，再用假单胞菌氧化而得 2-酮-L-古龙酸，后者经酸处理烯醇化、内酯化转变为维生素 C。

2-19微课：维生素C

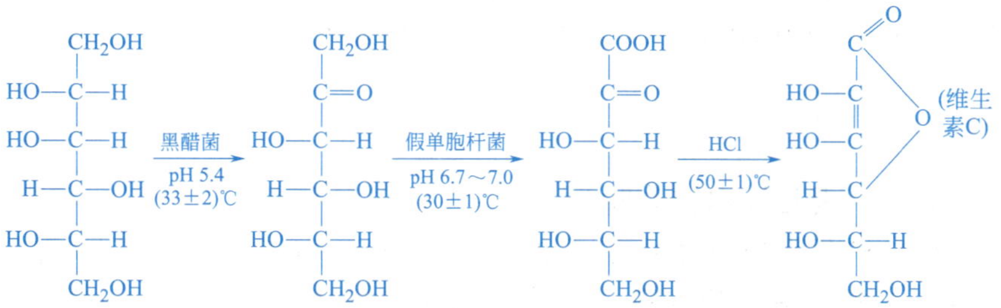

操作过程如下。

（1）第一步发酵（由 D-山梨醇合成 L-山梨糖）　黑醋菌经种子扩大培养，接入发酵罐，种子和发酵培养基主要包括山梨醇、玉米浆、泡敌、酵母膏、碳酸钙等成分，pH 5.0～5.2。山梨醇浓度控制在 24%～27%，培养温度 29～30℃，通气比为 1∶(1～0.7) $v/v/m$。测定发酵液中的山梨糖，当浓度不再增加时，结束发酵，约 10h。D-山梨醇转化为 L-山梨糖的生物转化率达 98%以上。发酵液经低温 60℃灭菌 20min，冷却至 30℃，作为第二步发酵的原料。

（2）第二步发酵（由 L-山梨糖合成 2-酮基-L-古龙酸）　发酵罐为无机械搅拌的气升式反应器。种子和发酵培养基的成分类似，主要有 L-山梨糖、玉米浆、尿素、碳酸钙、磷酸二氢钾等，pH 7.0。巨大芽孢杆菌和氧化葡萄糖酸杆菌经二级种子扩大培养，接入含有第一步发酵液的发酵罐中，29～30℃下通入大量无菌空气，培养 72h 左右结束发酵，残糖 0.5%以下。转化率可达 70%～85%。

（3）2-酮基-L-古龙酸的分离纯化　酸化上清液通过 732 氢型离子交换树脂柱，控制流出液 pH。当流出液达到一定 pH 时，更换树脂进行交换。收集流出液和洗脱液，在加热罐内调节 pH 至等电点，加热至 70℃，加入活性炭，升温 90～95℃维持 10～15min，快速冷却，过滤。

滤液再次通过阳离子交换柱，控制流出液 pH 1.5～1.7，酸化为 2-酮基-L-古龙酸的水溶液。在 45℃以下减压浓缩，冷却结晶，离心分离，冰乙醇洗涤，得到 2-酮基-L-古龙酸，提取率 80%以上。

六、 自主能力训练项目 合成二苯乙二酮（苯妥英钠中间体）

训练素材见本书第三部分“典型案例及项目化教学素材”相关内容。

任务 2 合成对硝基-α-溴代苯乙酮（氯霉素中间体 C2）——卤化技术

一、 布置任务

（1）制订方案 根据教材提供的知识点，查阅专业期刊、图书、网站等，制订合成氯霉素中间体 C2 的实训室制备方案。根据“项目一”所掌握的工艺优化方法，确定优化方案。

（2）编写总结报告 认真学习对硝基 α-溴代苯乙酮的工业生产实例，对比小试方案与工业生产工艺的异同点，说明原因。

（3）讲解方案与报告 讲解小试方案及工业生产的依据，详细阐述工业上液相催化氧化法生产氯霉素中间体 C1（对硝基苯乙酮）的原理、生产过程、影响因素、操作要点。

二、 必备知识

（一） 卤化技术相关概念

在有机化合物分子中引入卤原子建立碳-卤键的反应称为卤化反应。引入的卤原子可以是氟、氯、溴和碘。其中，氯化和溴化最常用。通过卤化反应，可以达到如下目的。

① 增加有机物分子极性，提高有机物的反应活性。在官能团转化中，卤化物常常是一类重要的中间体，其中，氯化物和溴化物的应用最为广泛。由于 C—F 键稳定，有机氟化物不宜作为中间体使用，在合成中应用价值很小；碘化物活性最高，但制备难度大，成本高。

② 制备不同生理活性的含卤素药物。

③ 为了提高反应的选择性，卤原子可作为保护基、阻断基等。

（二） 酮的 α-卤取代反应

一般的 C—H 键能比较大，H 原子难以被取代，但几个特殊位置，如芳烃侧链 α-位（苄位）、烯丙位、羰基 α-位、芳环等，由于受到芳环、烯键、羰基等的影响，使碳原子上 H 的活性增大而较容易被取代。而这些取代后的卤化物（除芳卤外）大都有较高的反应活性，是药物合成中常用的中间体。酮的 α-卤取代反应得到高活性的卤化物，在药物合成中非常普遍。

1. 反应历程

该取代反应可以用酸或碱催化，条件不同反应历程不同，得到的产物也不完全相同。

(1) 酸催化反应

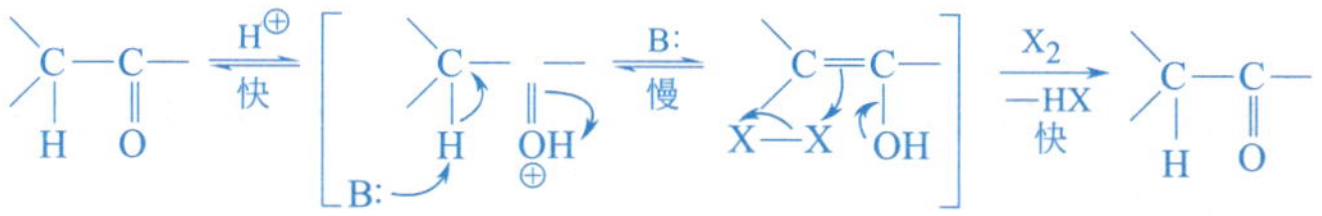

(2) 碱催化反应

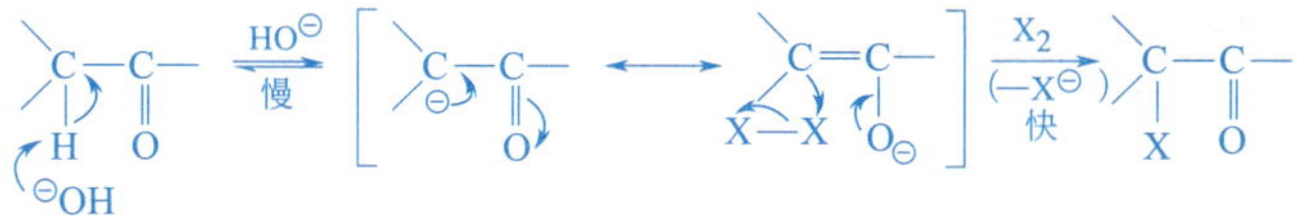

2. 影响因素

(1) 催化剂　酸催化常用的催化剂是质子酸或 Lewis 酸，卤化反应的速率取决于烯醇化速率。酸催化初期，因催化剂量很少，烯醇化速率较慢，只有经过一段时间产生足够的 HX 后，反应才能以稳定的速率进行，这一阶段常称为“诱导期”。为了缩短诱导期，常在反应开始加入少量的卤化氢。可是，在用溴或碘进行的羰基 α-卤代反应中，生成的溴化氢或碘化氢虽具有加快烯醇化速率的作用，但由于其具有还原作用，且还可能引起异构化及缩合等副反应。因此，要尽可能除去多余的溴化氢或碘化氢，常在反应液中添加适量的乙酸钠或吡啶、氧化钙、氢氧化钠等碱性物质，或加入适量的氧化剂。

碱催化常用 NaOH、$Ca(OH)_2$ 等无机碱，也可用有机碱，前者使用较多。

(2) α-碳上取代基　在酸催化下，不对称酮的 α-卤代主要发生在与给电子基相连的 α-碳原子上，因为给电子基有利于酸催化下烯醇化及烯醇的稳定。羰基 α-碳原子上连有卤素等吸电子取代基时，反应受阻，所以，在同一个碳原子上引入第二个卤原子相对较困难。利用此性质，可以制备同一碳原子的单卤代产物。如：

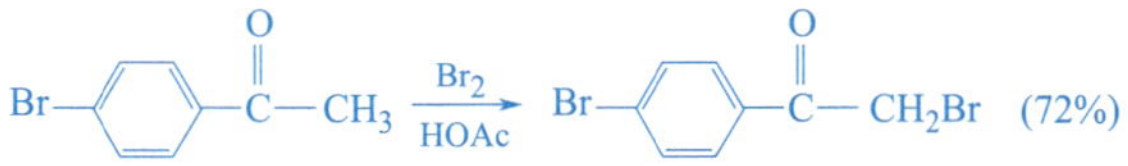

碱催化则相反，α-卤代易发生在与吸电子取代基相连的 α-碳原子上，因为吸电子取代基有利于碱催化下 α-碳负离子的形成。当羰基 α-碳原子上连有卤素等吸电子取代基时，反应变得容易，所以，在碱催化时，若在过量卤素存在下，反应不停留在 α-单卤代阶段，易在同一个 α-碳原子上继续进行反应，直至所有的 α-氢原子都被取代为止，从而得到同一碳原子的多卤代产物。同碳原子的多卤代物在碱性水溶液中不稳定，易分解成羧酸盐和卤仿，即发生卤仿反应。根据此性质，常常利用甲基酮在氢氧化钠水溶液中溴化，制备少一个碳原子的、结构特殊的羧酸。

$$(CH_3)_3CCOCH_3 \xrightarrow[\text{②}H^+]{\text{①}Br_2/NaOH/H_2O} [(CH_3)_3COCBr_3] \longrightarrow (CH_3)_3CO_2H + HCBr_3$$

(3) 卤化试剂与溶剂　常用的卤化试剂有卤素、硫酰氯、N-卤代酰胺、次卤酸等，常用的溶剂有四氯化碳、氯仿、乙醚、乙酸等。

(三) 羧酸及其衍生物的 α-卤取代反应

羧酸的 α-H 活性较小，其卤取代不如醛、酮容易，需在硫、磷或三氯化磷等催化剂存在下才能进行。

$$C_4H_9CH_2CO_2H \xrightarrow[60\sim100℃,\ 6h]{Br_2/cat.\ PCl_3} C_4H_9\underset{\substack{|\\ Br}}{C}HCO_2H \quad (83\%\sim96\%)$$

然而，酰卤、酸酐、腈、丙二酸及其酯类的 α-H 活性较大，可以直接用卤素或其他卤化试剂进行 α-卤取代反应。所以，对于羧酸的 α-卤取代，一般需先转化成酰氯或酸酐，然后用卤素或卤化亚砜等卤化试剂反应。利用此方法时，制备酰卤和卤代两步反应可以在同一反应器中一次完成，不需纯化酰卤中间体。像这样，中间产物不用分离和纯化，可以直接进行下一步转化的操作方式俗称“一勺烩”方法，具有方便、实用、操作工序少等优点。这种方法适合于许多长链脂肪酸的 α-卤取代。如：

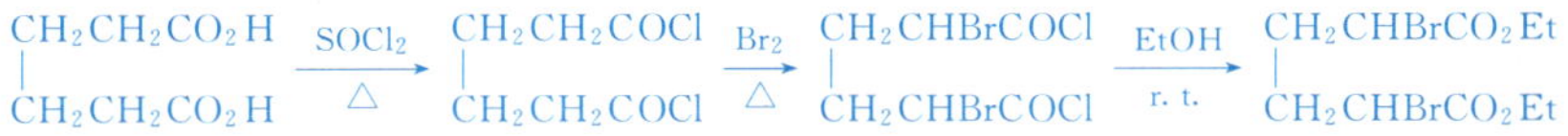

三、 实用案例

实例 对硝基-α-溴代苯乙酮的生产（氯霉素中间体C2）

1. 生产过程分析

对硝基-α-溴代苯乙酮是氯霉素的中间体，合成反应如下：

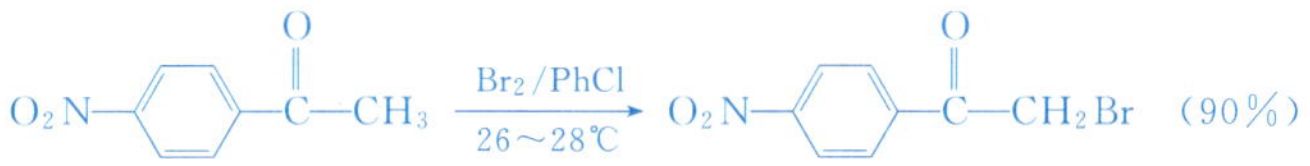

溴化反应属于离子型反应，溴化的位置发生在羰基的 α-碳原子上。对硝基苯乙酮的结构能发生烯醇式与酮式的互变异构。烯醇式与溴进行加成反应，然后消除一分子的溴化氢而生成所需的溴化物。这里溴化的速率取决于烯醇化速率。溴化产生的溴化氢是烯醇化的催化剂，但由于开始时其量尚少，只有经过一段时间产生足够的溴化氢后，反应才能以稳定的速率进行，这就是本反应有一段诱导期的原因。工艺流程如图 2-33 所示。

2-20视频：溴化反应装置

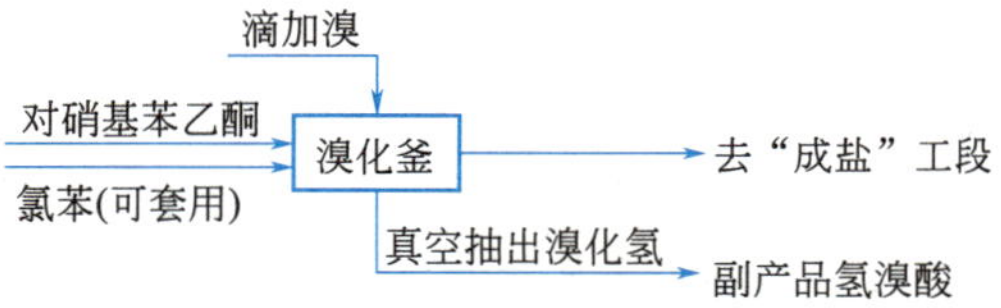

图 2-33 对硝基-α-溴代苯乙酮生产工艺流程

2. 操作过程

将对硝基苯乙酮及氯苯（含水量低于 0.2%，可反复套用）加入搪玻璃的溴代罐中，在搅拌下先加入少量的溴（占全量的 2%～3%）。当有大量溴化氢产生且红棕色的溴素消失时，表示反应开始。保持温度在（27±1）℃，逐渐将其余的溴加入。溴的用量稍超过理论量。反应产生的溴化氢用真空抽出，用水吸收，制成氢溴酸回收。真空度不宜过大，只要使溴化氢不从它处逸出便可。溴加毕后，继续反应 1h。然后升温至 35～37℃，通压缩空气以尽量排走反应液中的溴化氢，否则将影响下一步成盐反应。静置 0.5h 后，将澄清的反应液送至下一步进行成盐反应。

3. 反应条件及控制

（1）水分　对硝基苯乙酮溴代反应时，水分的存在对反应大为不利（诱导期延长甚至不起反应），因此必须严格控制溶剂的水分。

（2）金属　本反应应避免与金属接触，因为金属离子的存在能引起芳香环上的溴代反应。

（3）对硝基苯乙酮质量　对硝基苯乙酮质量好坏对溴化反应的影响也较大。若使用不合格的对硝基苯乙酮进行溴化，会造成溴化物残渣过多、收率低，甚至影响下一步的成盐反应，使成盐物质量下降、料黏。对硝基苯乙酮应控制熔点、水分、含酸量、外观等几项质量指标，质量达不到标准的不能应用。

图 2-34　对硝基-α-溴代苯乙酮氯苯溶液

四、项目展示及评价

1. 项目成果展示

（1）制订的合成氯霉素中间体 C2 的实训室制备方案。

（2）“实验室制备方案”与“工业生产工艺”的对比总结报告。

（3）合成的氯霉素中间体 C2 产品。

对硝基-α-溴代苯乙酮（氯霉素中间体 C2）为浅黄色晶体，熔点 94～99℃，沸点 325.2℃/760mmHg，密度 1.671g/cm^3，闪点 150.5℃。根据工艺需要，本任务制备的是氯霉素中间体 C2 的氯苯溶液（见图 2-34）。

2. 评价依据

（1）溴取代反应的催化剂、反应物选择是否正确，用量与配比是否合理。

（2）选择的溴化反应器规格、形式是否合理，设计的实验装置的正确程度。

（3）加料顺序、操作步骤的合理、准确性。

（4）温度控制、有害气体处理方案是否合理、可行。

（5）安全、环保措施是否得当。

（6）方案讲解的准确、流畅程度。

（7）产品整体质量。

（8）实训报告、总结报告的完整性与质量。

3. 考核方案

考核依据本书“第一部分”“考核与评价方式”进行，本任务的具体评价内容如下。

（1）教师评价表

	考核内容	权重/%	成绩	存在问题	签名
项目材料收集与实施	查阅合成氯霉素中间体 C2 相关材料情况，包括所选用的催化剂、原料试剂是否正确，用量与配比是否合理	12			
	选择的反应器、设计的实验装置的正确程度	8			7
	设计的方案是否可行，对加料方式、温度控制、废气排放处理措施是否得当	8			
	讲解方案，包括合成氯霉素中间体 C2 制订方案的依据、方案的可行性分析等的正确、流畅程度	9			
	实训操作总体情况	10			
	产品整体质量，如产品收率、外观、色泽等	8			
	对氯霉素中间体 C2 工业生产方法及操作控制点的理解程度，总结报告的全面程度	10			
	完成实训报告的质量	5			

续表

	考核内容	权重/%	成绩	存在问题	签名
职业能力及素养	查阅文献能力	5			
	归纳总结所查阅资料能力	5			
	制订、实施工作计划的能力	5			
	讲解方案的语言表达能力	5			
	方案制订过程中的再学习、创新能力	5			
	团结协作、沟通能力	5			
	总分				

（2）学生评价表

	考核内容	权重/%	成绩	存在问题	签名
项目材料收集与实施	学习态度是否主动，是否能及时完成教师布置的合成氯霉素中间体 C2 的任务	10			
	是否能熟练利用期刊书籍、数据库、网络查询氯霉素中间体 C2 相关资料	5			
	收集的有关学习信息和资料是否完整	5			
	能否根据学习资料对合成氯霉素中间体 C2 项目进行合理分析，对所制订的方案进行可行性分析	10			
	是否对合成氯霉素中间体 C2 的原理进行了认真归纳，利用该原理还能合成哪些重要物质	5			
	是否积极参与各种讨论，并能清晰地表达自己的观点	5			
	是否能够掌握所需知识技能，并进行正确的归纳总结	5			
	所制订的方案中，安全、环保措施是否得当，实施情况如何	5			
职业能力及素质形成	查阅文献获取信息、制订计划的能力	5			
	是否能够与团队密切合作，并采纳别人的意见建议	10			
	再学习的能力、创新意识和创新精神	5			
	是否具有较强的质量意识、严谨的工作作风	5			
	是否具有较强的安全、环保意识，并具备相应的手段	5			
	是否具有成本意识，重视经济核算	10			
	是否考虑到减轻污染，实现资源循环利用	10			
	总分				

（3）成绩计算　本项任务考核成绩＝教师评价成绩×50%＋学生自评成绩×20%＋小组互评成绩×30%。

五、知识拓展

（一）取代卤化技术

1. 脂肪烃及芳烃侧链 α-位取代卤化

（1）反应历程　脂肪烃及芳烃侧链 α-位的取代卤化是在光照、加热或引发剂存在下，卤原子取代烷基上氢原子的自由基历程，包括链引发、链增长、链终止三个阶段，过程如下。

$$链引发：X_2 \xrightarrow{光照或自由基引发剂} 2X\cdot$$

$$链增长：X\cdot + RH \longrightarrow R\cdot + HX$$

$$R\cdot + X_2 \longrightarrow RX + X\cdot$$

$$链终止：X\cdot + R\cdot \longrightarrow RX$$

$$X\cdot + X\cdot \longrightarrow X_2$$

（2）影响因素与反应条件

① 引发条件。该类反应需在较高温度、光照或自由基引发剂存在下进行，反应的快慢取决于引发条件。光照引发以紫外光照射最有利，因为紫外光的能量较高，有利于引发自由基，生产中，常采用富于紫外光的日光灯光源来照射。

如果是高温引发，具体的反应温度根据反应活性而定，提高温度有利于卤化试剂均裂成自由基。以氯化为例，氯分子的热离解能是 238.6kJ/mol。只有在 100℃以上，氯分子的热离解才具有可以观察到的速率。说明热引发的自由基型氯化反应的温度必须在 100℃以上。一般液相氯化反应温度在 100～150℃，气相氯化反应多在 250℃以上。提高反应温度有利于提高取代反应速率，减少加成副反应。其他卤素的热离解能要低于些，反应温度可以相应降低。表 2-15 为卤素分子离解所需能量。

表 2-15　卤素分子离解所需能量

卤素	光照极限波长/nm	光离解能/(kJ/mol)	热离解能/(kJ/mol)
Cl_2	478	250	238.6
Br_2	510	234	193.4
I_2	499	240	148.6

② 引发剂。常用的自由基引发剂有两大类：一类是过氧化物，如过氧化二苯甲酰、二叔丁基过氧化物等；另一类是对称的偶氮化合物，如偶氮二异丁腈（AIBN）等，引发剂用量一般为 5%～10%。在具体的反应过程中，三种引发条件并不是独立使用的，常常同时使用，得到最佳反应条件。

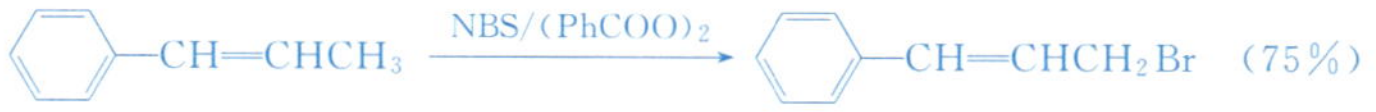

③ 催化剂及杂质。因为许多催化剂（如金属卤化物）对烯烃的加成卤化或芳环上的亲电卤化有利，所以金属卤化物存在对自由基反应不利。因此，该类反应不能用普通钢设备，需要用衬玻璃、搪瓷或石墨反应器，而且原料中也不能含杂质铁。其他杂质，如氧气、水等也不利于自由基反应，所以，反应要用干燥的、不含氧的卤化试剂，并在有机溶剂中进行。

④ 卤化试剂与溶剂。常用的卤化试剂有卤素、*N*-卤代酰胺（NBS、NCS）、次卤酸酯、硫酰氯等。其中，*N*-卤代酰胺和次卤酸酯效果较好，尤其是前者，反应条件温和，操作方便，反应选择性高，无芳核和羰基 α-位取代副反应，是广泛使用的卤化试剂，特别适用于苄位和烯丙位的卤取代。如下两个反应中，用 *N*-卤代酰胺为卤化试剂，均无芳核取代或羰基 α-位卤代的副反应。

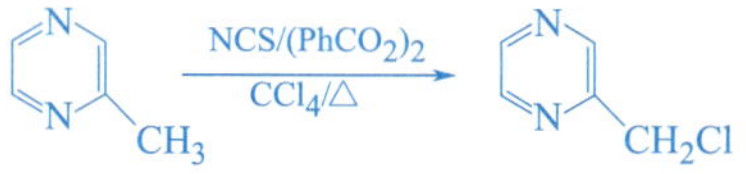

$$PhCH_2CH_2CH_2CH_2COPh \xrightarrow[h\nu,\ 高温]{NBS/CCl_4} PhCH(Br)CH_2CH_2CH_2COPh$$

反应多采用四氯化碳、氯仿、苯、石油醚等非极性惰性溶剂，以免自由基反应的终止。其中最常用的是四氯化碳，因 NBS、NCS 可溶于四氯化碳，而生成的丁二酰亚胺却不溶于四氯化碳，反应容易进行，而副产物通过滤取即可回收。某些不溶于或难溶于四氯化碳的烯烃，可用氯仿，其他可选用的溶剂有苯、石油醚等。若反应物为液体，则可不用溶剂。

2. 芳环上的取代卤化

该类反应历程属于芳环亲电取代反应，首先由被极化了的卤化试剂向芳环作亲电进攻，形成 σ-配合物，然后失去一个质子得到卤代芳烃。其中芳烃结构对反应的影响、定位规律等符合芳环亲电取代反应的性质（可复习有机化学的有关内容），在此，强调以下几个方面。

（1）卤化剂　卤素是常用的卤化剂。其活性次序是：$Cl_2 > BrCl > Br_2 > ICl > I_2$。另外常用的氯化试剂还有次氯酸（HOCl）、硫化氯（S_2Cl_2）、硫酰氯（SO_2Cl_2）等；常用的溴化试剂还有 NBS、HOBr 等。

① 氯取代。Cl_2 活性高，用氯分子直接对芳烃进行卤取代反应比较容易，若用 Lewis 酸催化则反应更快。Cl_2 价廉易得，所以在药物合成中应用较多。如驱虫药氯硝柳胺中间体（2-3）、精神振奋药甲氯芬酯中间体（2-4）等的制备，都是由氯气直接氯化而得。

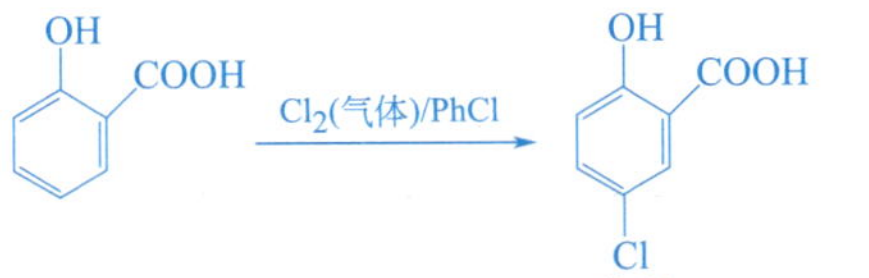

(2-3)

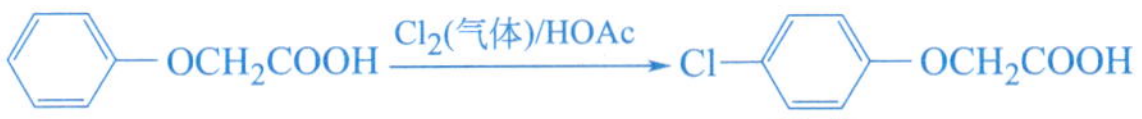

(2-4)

② 溴取代。用溴分子的取代反应，通常在乙酸中进行，且必须用另一分子的溴来极化溴分子，才能进行正常速率的溴代反应。若在反应介质中加入碘，因 I_2Br^- 比 Br_3^- 容易生成，可以提高反应速度。如：

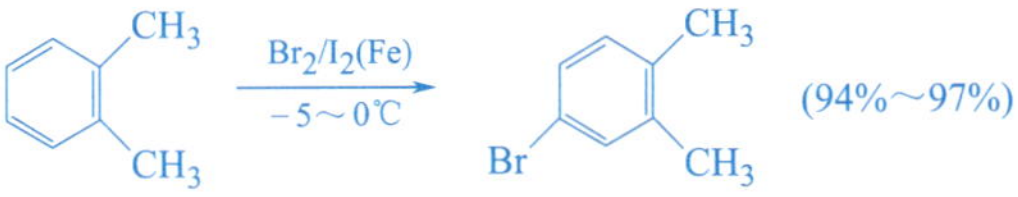

③ 碘取代。在自然界中碘的资源很少，价格较贵，且由于单独使用碘素对芳烃进行碘取代时，反应生成的碘化氢具有还原性，可使碘产物还原成原来的芳烃。所以碘取代反应常使用一些特殊的方法。如在反应介质中加入氧化剂（如硝酸、过氧化氢、过碘酸、乙酸汞等），一方面除去生成的 HI，另一方面可将 I^- 氧化成 I_2 继续反应；还可用碱性缓冲溶液（如氨水、氢氧化钠、碳酸氢钠等），或某些能和 HI 形成难溶于水的碘化物的金属氧化物（如氧化汞、氧化镁等）来除去生成的 HI，或者采用强的碘化试剂（如 ICl、RCO_2I、CF_3CO_2I 等）来提高反应中碘正离子的浓度，均能有效地进行碘取代。如双碘喹啉（2-5）的制备。

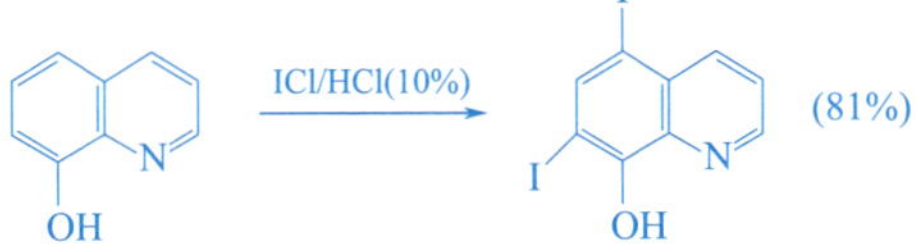

(2-5)

（2）催化剂　若芳环上含有—OH、—NH_2 这样强的给电子基，在卤化时一般可不加催化剂。对活性较低的芳烃（如甲苯、苯、氯苯等），一般要加入金属卤化物（Lewis 酸）作催化剂。

（3）反应介质　反应介质包括两类：一类是水、酸性水溶液；另一类是乙酸、氯仿或其他卤代烃等有机溶剂。极性溶剂能够提高反应活性；若采用非极性溶剂，则反应速率减慢，但在某些反应中，可用来提高选择性。

（二）置换卤化技术

1. 醇羟基的置换卤化

通过醇羟基的置换卤化是制备卤代烃的重要途径，所用试剂包括卤化氢、卤化亚砜等。

（1）醇和卤化氢或氢卤酸反应　醇和 HX 的反应是可逆的平衡反应，反应如下：

$$ROH + HX \rightleftharpoons RX + H_2O$$

$$(X = Cl、Br、I)$$

其反应难易程度取决于醇和 HX 的活性以及平衡点的移动方向。常采用增加反应物醇或 HX 的浓度，并不断将产物或生成的水从平衡混合物中移走的方法，以加速反应并提高收率。移走水的方法可以加脱水剂或采用共沸带水。常用的脱水剂有浓硫酸、磷酸、无水氯化锌、氯化钙等；常用的共沸溶剂有苯、甲苯、环己烷、氯仿等。

各种醇的反应活性大致为：苄醇、烯丙醇＞叔醇＞仲醇＞伯醇；卤化氢的活性为 HI＞HBr＞HCl。

① 碘置换。醇的碘置换反应很快，但生成的碘代烃易被 HI 还原，因此在反应中需及时将生成的碘代烃蒸馏移出反应体系，同时也不宜直接采用 HI 为碘化剂，而是用碘化钾和 95％的磷酸或多聚磷酸。

$$HO(CH_2)_6OH \xrightarrow[100\sim120℃]{KI，PPA} I(CH_2)_6I$$

② 溴置换。醇的溴置换反应可采用恒沸氢溴酸，恒沸氢溴酸的沸点为 126℃，含溴化氢 47.5％。为了加速反应和提高收率，可加入浓硫酸作催化剂，并在反应中及时分馏除去水。在实际操作中，可将 SO_2 通入溴水中制成氢溴酸的硫酸溶液，再与醇反应；也可将浓硫酸慢慢滴入溴化钠和醇的水溶液中进行反应。

$$(CH_3)_2CHCH_2CH_2OH \xrightarrow[100\sim106℃，1.5h]{NaBr/H_2SO_4} (CH_3)_2CHCH_2CH_2Br \quad (80\%)$$

③ 氯置换。在醇的氯置换反应中，活性大的叔醇、苄醇等可直接用浓盐酸或氯化氢气体，而伯醇常用 Lucas 试剂（浓盐酸-氯化锌）进行氯置换反应。

$$CH_3(CH_2)_2CH_2OH \xrightarrow[\triangle，4h]{Lucas\ 试剂} CH_3(CH_2)_2CH_2Cl \quad (66\%)$$

需要指出，在用盐酸或氯化氢气体进行置换反应时，若温度过高，某些仲醇、叔醇和 β-位具有叔碳取代基的伯醇，会产生脱卤化氢、异构化、重排等副反应，所以，由醇制备相应的氯代烷时，更多采用氯化亚砜或三氯化磷作氯化试剂。

（2）醇和卤化亚砜反应　氯化亚砜（又名亚硫酰氯、二氯亚砜）是一种良好的氯化试剂，广泛用于醇羟基、羧羟基的氯置换反应。对醇羟基的置换反应式如下：

$$ROH + SOCl_2 \longrightarrow RCl + HCl\uparrow + SO_2\uparrow$$

其优点有：①反应活性较高；②反应除生成卤代烃，以及氯化氢、二氧化硫气体外，没有其他残留物，产物容易分离纯化，且异构化等副反应少，收率较高；③选用不同溶剂，可得到指定构型的产物；④可以与其他试剂合用增强其选择性等。

其缺点有：①反应中大量的 HCl 和 SO_2 气体逸出会污染环境，需进行吸收利用或无害化处理；②氯化亚砜易水解，需在无水条件下反应。

溴化亚砜（又称亚硫酰溴）与醇反应，类似于氯化亚砜，但价格较贵，应用不及氯化亚砜广泛。氯化亚砜因其良好的活性与其诸多优点，使得在药物合成中被广泛用，尤其适合于高沸点卤代烃及特殊结构氯代烃的制备。

① 用于含有碱性官能团化合物的反应。有机碱（如吡啶等）可催化本反应，当醇本身分子内存在氨基等碱性基团时，能与反应中生成的氯化氢结合，有利于提高反应速率。如镇痛药盐酸哌替啶中间体（2-6）、抗精神病药氯丙嗪中间体（2-7）等的制备。

$$CH_3-N(CH_2CH_2OH)_2 \xrightarrow{SOCl_2/PhH} CH_3-N(CH_2CH_2Cl)_2 \cdot HCl$$

（2-6）

$$(CH_3)_2NCH_2CH_2OH \xrightarrow[r.t.]{SOCl_2} (CH_3)_2NCH_2 \cdot CH_2Cl \cdot HCl$$

（2-7）

② 用于一些对酸敏感的醇类（如含醚键、不饱和键等的醇）的氯置换反应。如 2-羟甲基四氢呋喃用氯化亚砜和吡啶在室温下反应，可得预期的 2-氯甲基四氢呋喃，而不影响酯环醚结构。

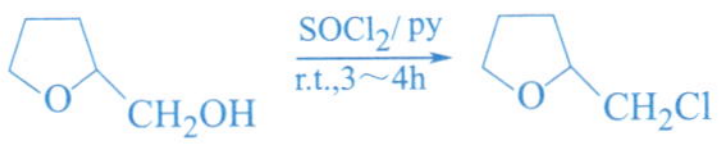

(75%)

在 $SOCl_2$ 和 DMF 或 HMPA（催化剂兼溶剂）合用时，具有反应活性大、反应迅速、选择性好以及能有效地结合反应中生成的 HCl 等优点，特别适合于某些特殊要求（如易消除、含酸敏感的官能团等）的醇羟基的氯置换反应，也可作为羧羟基的氯置换试剂。

2. 羧羟基的置换卤化

酰卤（主要为酰氯）作为重要的酰化试剂在药物合成中应用十分广泛，而酰卤都是由相应的羧酸经羟基的卤置换而得。进行羧羟基卤置换常用的试剂有五氯化磷、三氯氧磷、三氯化磷和氯化亚砜等。其活性次序大致为：$PCl_5 > POCl_3 > SOCl_2 > PCl_3$。

不同结构羧酸的卤置换活性不同，一般规律是：脂肪酸＞芳酸；芳环上含给电子基的芳酸＞无取代的芳酸＞芳环上含吸电子取代基的芳酸。

（1）五氯化磷为卤化试剂　五氯化磷为白色或淡黄色晶体，易吸水分解成磷酸和氯化氢。实际操作中，将五氯化磷溶于三氯化磷或三氯氧磷中使用，效果更好。

五氯化磷的活性最大，能置换醇、酚、各种羧酸中的羟基，以及缺 π 电子芳杂环上的羟基和烯醇中的羟基，但选择性差，容易影响分子中的官能团。它与羧酸的卤置换反应比较激烈，主要用于活性小的羧酸转化成相应的酰氯，如芳环上含吸电子取代基的芳酸、多元芳酸烯丙酸等。

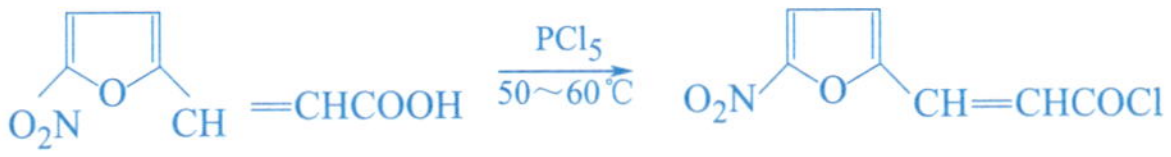

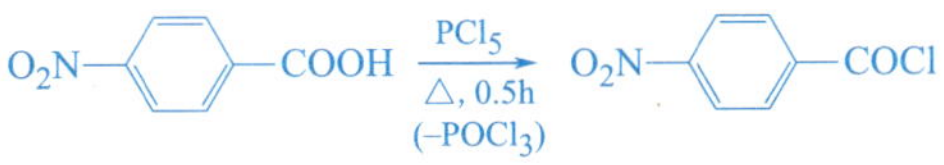

(96%)

使用五氯化磷需要注意：一是要求生成酰氯的沸点应与 $POCl_3$ 的沸点有较大差距，以便将反应生成的 $POCl_3$ 蒸馏除去，利于得到纯度高的产品；二是羧酸分子中不应含有羟基、醛基、酮基或烷氧基等敏感官能团，以免发生氯置换反应。

（2）三氯氧磷为卤化剂　三氯氧磷又称磷酰氯或氧氯化磷，为无色澄明液体。露置于潮湿空气中迅速分解为磷酸和氯化氢，发生白烟。它与羧酸作用活性较弱，但容易与羧酸盐类反应得到相应的酰氯。由于反应中不产生卤化氢，特别适用于制备不饱和脂肪酰氯以及含有对酸敏感的官能团。

$$CH_3-CH{=}CH-COONa \xrightarrow[r.t.]{POCl_3/CCl_4} CH_3-CH{=}CH-COCl \quad (64\%)$$

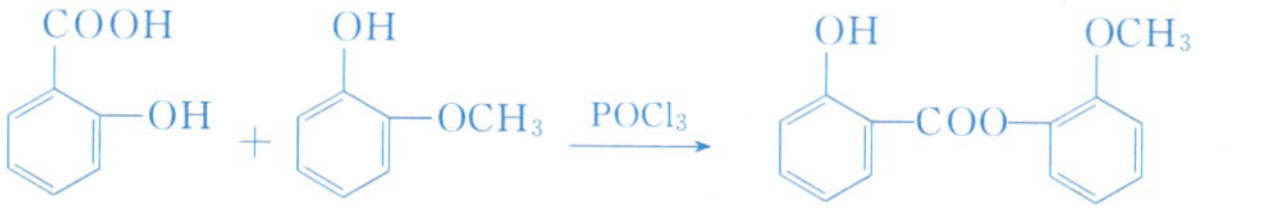

（镇咳祛痰药呱西替柳中间体）

（3）三氯（溴）化磷为卤化剂　三氯（溴）化磷的活性比三氯氧磷小，一般适用于脂肪羧酸的卤置换反应。在实际使用时，常使 PX_3 稍过量，并与羧酸一起加热，制成的酰卤如果沸点低，可直接蒸馏出来；如果沸点高，则用适当溶剂溶解后再与亚磷酸分离。由于 PBr_3 使用方便，所以也经常被使用。

$$PhCH_2COOH \xrightarrow[\substack{100℃，1h \\ (-H_3PO_3)}]{PCl_3} PhCH_2COCl \xrightarrow[\triangle，1h]{PhH/AlCl_3} PhCH_2COPh \quad (83\%)$$

（4）氯化亚砜为卤化试剂　氯化亚砜是由羧酸制备相应酰氯的最常用而有效的试剂。它适用于各种羧酸（芳环上含有强吸电子取代基的芳酸除外）的酰氯的制备，也可与酸酐反应得到酰氯。

$$RCOOH+SOCl_2 \longrightarrow RCOCl+SO_2\uparrow+HCl\uparrow$$

$$(RCO)_2O+SOCl_2 \longrightarrow 2RCOCl+SO_2\uparrow$$

由氯化亚砜制备酰氯具有以下优点。

① 产物纯。由于 $SOCl_2$ 的沸点低、易蒸馏回收，反应中生成的 SO_2 和 HCl 气体易逸出，故反应后无残留副产物，使得产品容易纯化，质量好、收率高。

② 对其他官能团影响小。除分子中含有醇羟基需要保护外，对分子中的其他官能团如双键、羰基、烷氧基、酯基等影响较小。

③ 操作简单。反应中只需将羧酸和 $SOCl_2$ 一起加热，至不再有 SO_2 和 HCl 气体易逸出为止，然后，蒸去溶剂后进行蒸馏或重结晶。可用过量的 $SOCl_2$ 兼作溶剂，为了节省用量，还可用苯、石油醚、二硫化碳作溶剂。

④ 反应速率快。在反应中可加入少量的吡啶、DMF、$ZnCl_2$ 等催化剂，可提高反应速率。

由于使用氯化亚砜有诸多优点，所以它广泛用于各种酰氯的制备中。

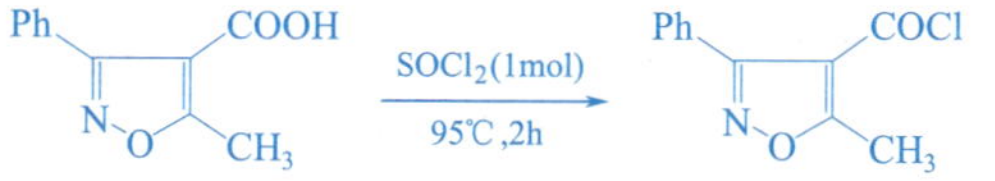

（80%）

（三）常见问题处理及工艺优化要点

1. 芳烃侧链卤化的常见问题

（1）溶剂的选择不当　长期以来，人们将 CCl_4 视为光卤代的良好溶剂。随着国家环境保护政策的落实，应该寻找光卤化反应溶剂的替代物。

芳烃侧链卤化反应的芳香族溶剂应该具备的特点是：①极性较小；②电子云密度较低；③沸点较高，以适用于不同的反应温度；④便于回收；⑤价格较低。目前推荐使用含卤素和三氟甲基的各种对称性芳香烃，即芳烃侧链卤化反应的溶剂应以带有卤素和三氟甲基的苯类为好。而在该系列化合物中更应重视其对称性，因为对称性越高则极性越低。如：

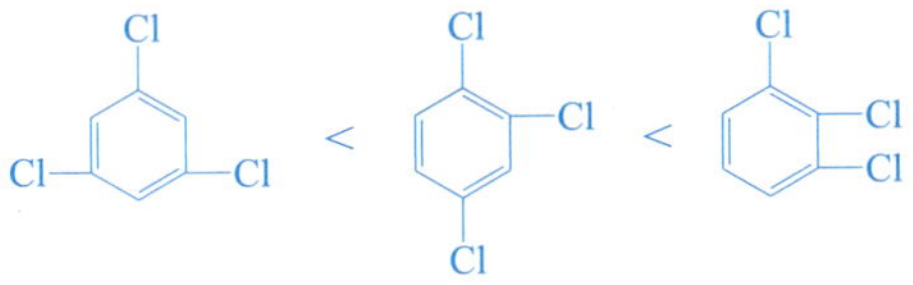

即均三氯苯极性：对称性最好极性最弱，相对更适合用于侧链卤化溶剂。当存在卤素与三氟甲基等多个不同取代基时，也应考虑对称性。如下述结构的芳香族溶剂相对较好：

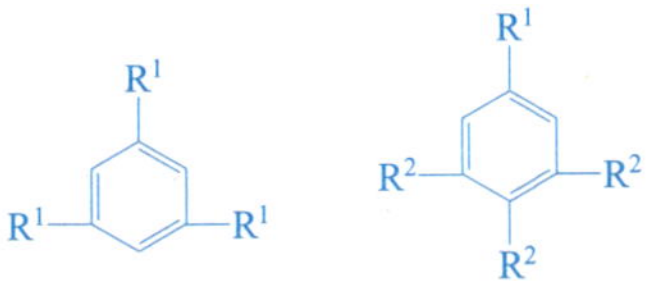

这里应强调，对称不仅是位置上对称，更重要的是电子云分布的对称。

（2）自由基的引发不利　对于高温度、强紫外线、引发剂三种自由基引发因素的认识有待深化，特别是对于引发剂的消耗因素认识不足，适时补加引发剂是十分重要的。

（3）卤化剂的选择不利　制备一卤苄时单纯考虑氯化比溴化便宜是不够的，还要看到溴化反应比氯化反应收率更高；此外，将溴苄用于后续亲核取代反应往往比用氯苄更好。综合比较后才能看出溴代氯的优势。

2. 芳环卤取代反应工艺优化要点

（1）卤化剂　在此仅讨论卤素或正离子为卤化剂的研究范围。

① 高电子云密度的芳烃采用卤负离子氧化法卤化。当芳烃上带有氨基、羟基等强供电基团时，其亲电取代反应活性提高，不加催化剂也可以进行卤代反应。此类非催化卤化反应可以以卤素为卤代剂，也可以用卤化氢加氧化剂的方法，后者选择上更具优势。

特别是在非催化碘化反应过程中必须使用（或部分使用）氧化剂去氧化和利用负碘离子，这是由于碘的价格太贵。此外，高分子量芳香族化合物的卤化也应用卤负离子氧化法制备和使用卤素以提高选择性，降低成本。而制取低分子量的芳香族化合物，氧化剂的成本不可忽视，应权衡总成本。

② 低电子云密度的芳烃用卤素在 Lewis 酸催化下卤化。当芳环上电子云密度不处于极高或极低状态时，卤化反应通常采用卤素在 Lewis 酸催化作用下进行。此时卤素分子与 Lewis 酸络合，有亲电活性的带有正电荷的卤原子进攻芳环，完成卤化反应。

应注意两种卤化剂使用范围的差别，根据具体情况选择卤化剂。

（2）反应温度　由于生成对位产物需要的能量相对较低，所以相对低的反应温度有利于对位产物的生成，可有效地抑制临位异构体和串联副反应。但应该强调，卤化反应是放热反应，局部过热也会降低选择性。

（3）加料方式　根据动力学的浓度效应，芳香族化合物一次性加入、卤素缓慢加入有利于一取代物选择性，可抑制多卤代副产物。

以盐酸和氧化剂代替 Cl_2 的方法，实际上就相当于缓慢加氯和良好分布的一种方式，这种方式可降低氯分子的浓度，使选择性提高。至于盐酸与氧化剂的加料次序，先加氧化剂而后滴加盐酸的方法，选择性更好，原因是降低了 Cl^- 的浓度，也就降低了 Cl_2 的浓度。

同理，以 Br_2、I_2 为卤化剂进行非催化卤化在选择性上一般不如其相应负离子加氧化剂的方法。

（4）溶剂的稀释作用　溶剂在反应体系内稀释了芳香族化合物，理论上会降低主反应的速率；而另一方面，溶剂也可降低卤素的浓度，这对选择性有利；溶剂的热容可吸收反应热，避免了局部过热使选择性提高。综合考虑，溶剂的加入有利于提高选择性。

应该指出，溶剂的有利作用主要是对卤素的稀释，这从动力学分析中可以看出。氯化时之所以盐酸加氧化剂的方法一般优于用 Cl_2 直接氯化，其实际原因就相当于卤素得到了稀释。该方法用在溴化上有同样的效果。当以溴素溴化芳香族化合物时，溶剂稀释溴素与溶剂稀释芳香族化合物相比，前者对于抑制串联副反应更有效。

（5）溶剂的极化作用　溶剂对卤化反应的影响，从宏观动力学上分析是对原料和产物的稀释作用，而从微观角度去分析，溶剂为卤素提供了一个电场，对卤素分子起极化作用，影响卤素的反应活性。表 2-16 列举和分析了不同溶剂对卤素的极化作用。

表 2-16　不同溶剂对卤素的极化作用

溶剂	举例	与卤素作用	图示
Lewis 酸	BF_3、AlC_3、$FeCl_3$、$ZnCl_2$ 等	依靠其空轨道去络合独对电子，使卤素大大被极化了，因而有较强的卤化活性	$X^{\delta+}—X^{\delta-}\cdots AlCl_3$
酸性溶剂	CH_3COOH、$CHCl_3$ 等	与 Lewis 酸有类似的作用，但活性稍弱	$X^{\delta+}—X^{\delta-}\cdots H^+AcO^-$
非极性溶剂	CCl_4、CS_2 等	不能极化卤素分子，对卤化反应无促进和抑制作用	$X—X\cdots CCl_4$
碱性溶剂	吡啶、DMF、THF 等	吸引卤素的正电荷而将卤素的负电荷裸露在外，使卤化反应致钝而抑制卤化反应	$X^{\delta-}—X^{\delta+}\cdots$ 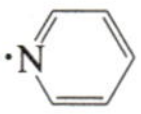

由上述分析可以看出，同一卤化反应在不同溶剂中会有不同的卤化活性、不同的反应温度和不同的选择性，同时，不同溶剂的不同混合比例会带来不同的卤化效果。认识和运用这些基本规律，能使得一些卤化反应选择性提高到一个新的水平。

（6）催化剂　对于以卤素为卤化剂的卤化反应，往往采用 BF_3、AlC_3、$FeCl_3$ 等 Lewis 酸催化。在使用 Lewis 酸催化剂时应注意，具有孤对电子的组分会使 Lewis 酸催化剂失活。对于非催化卤化反应来说，加入相转移催化剂一般会使效果更佳。

（7）分离与提纯　分离与提纯过程的物料损失会影响收率。在工业化的若干实例中，往往忽略了分离提纯损失问题。

① 对于产生气体的反应，如 HCl、HBr，若芳香烃易挥发，则非常容易挥发损失芳香烃。为减少损失，应注意生成气体的吸收并从中回收有机物，这对于较贵重的芳香烃（如氟苯）尤其重要。若代之以不生成气体的卤化剂（如卤正离子）则会更好。

② 为减少水、溶剂、焦油等对产物的溶解损失，易挥发的卤化产物采用水蒸气蒸馏法可获得几乎定量的收率。但应注意蒸出水的回用。

③ 在多步反应的过程中，中间产物的提纯应十分慎重，在不影响后续反应收率和目的产物提纯的前提下，以不提纯中间体即采取“一勺烩”工艺为佳，这样可减少单元操作步骤、减少中间体损失、提高收率。

六、自主能力训练项目　氯代环己烷的制备

训练素材见本教材第三部分“典型案例及项目化教学素材”相关内容。

任务3 合成对硝基-α-氨基苯乙酮盐酸盐(氯霉素中间体C3)——烷基化技术

一、布置任务

(1) 制订方案 制订合成氯霉素中间体C3的小试方案。

(2) 讲解方案 讲解小试方案的依据，以及其与工业生产工艺的异同点。

(3) 实训操作 按照修改完善的方案，在实训室合成氯霉素中间体C3产品。

二、必备知识

(一) 烷基化技术相关概念

用烷基取代有机物分子中氢原子的反应，包括某些官能团（如羟基、氨基、巯基等）或碳架上的氢原子，均称为烷基化反应。被引入烷基的化合物称为被烷基化物；另一反应物被称为烷基化剂。常用的被烷基化物有醇（ROH）及酚（ArOH）类、氨及胺（RNH_2、R_2NH）类、芳烃（ArH）及活性亚甲基化合物等。常用的烷基化剂有卤代烃、硫酸酯、芳磺酸酯、环氧烷类，此外，醇类、烯烃、甲醛、甲酸等也有应用。

烷基化反应的难易不仅取决于被烷基化物的结构，也决定于烷基化剂的结构及离去基团的性质、催化剂、溶剂等。一般在药物及其中间体的合成中，选用烷基化剂时，除了根据反应的难易、制备工艺的繁简、成本的高低、污染情况，以及副反应的多少等综合考虑外，还要同时考虑选用适宜的溶剂及催化剂。

(二) 卤代烃为烷基化剂制备胺类

1. 卤代烃的性质

卤代烃的活性与其结构及卤原子有较大的关系。①当烷基相同时不同卤代烃的活性次序为：RF<RCl<RBr<RI；②当卤原子相同时，随烷基分子量的增大，卤代烃的活性逐渐降低。在卤代烃中，RF的活性很小且本身不易制备，故很少应用。RI的活性虽然大，但由于稳定性差、不易制备、价格较贵等原因而应用较少，应用较多的是RCl和RBr。

当引入分子量较大的长链烷基时，一般常选用活性较大的RBr，且当所用的卤代烃的活性不够大时，可加入适量的碘化钾［碘化钾的加入量（摩尔数）大约是卤代烃（摩尔数）的1/10～1/5］，使卤代烃中的卤原子被置换成碘，而有利于烷基化反应。

2. 氮-烷基化

通过卤代烃与NH_3进行的*N*-烷基化是亲核取代，由于N原子上含有多个活泼H，可以被多个烷基取代，反应生成的大多数是伯胺、仲胺、叔胺的混合物。为了得到单纯物质，通常需要特殊方法，如封闭氨、胺分子中的氢原子。通过长期的实践，总结出了制备伯胺、仲胺、叔胺的方法。

(1) 制备伯胺 常用以下三种方法。

① Gabriel合成。将氨先制成邻苯二甲酰亚胺，再进行*N*-烷基化。这时，氨中两个氢原子已被酰基取代，只能进行单烷基化反应。在操作时，利用氮原子上氢的酸性，先使其与

氢氧化钾或碳酸钠作用生成钾或钠盐，然后再与卤代烃作用，得 *N*-烷基邻苯二甲酰亚胺，之后，进行肼解或酸水解可得纯伯胺。其过程如下：

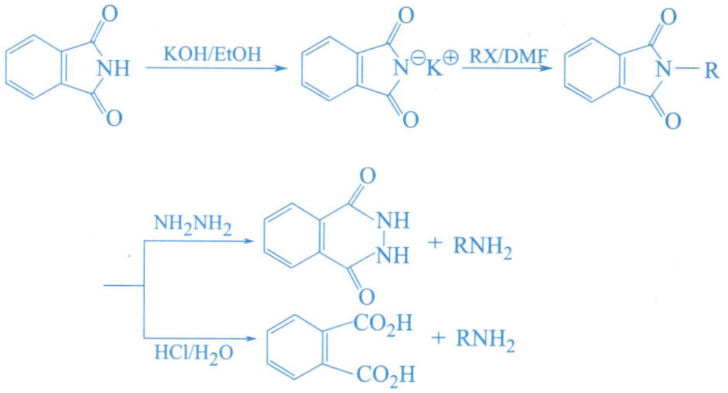

酸性水解一般需要剧烈条件，如用盐酸需在封管中加热至 180℃，收率较低，操作不便。若改用水合肼水解，则反应迅速，不需加压，操作方便，收率也较高，现多采用此法。

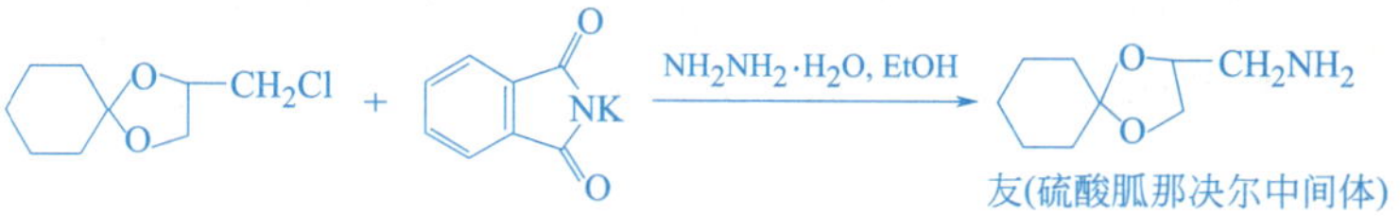

Gabriel 合成有以下特点：第一，使用的卤代烃范围广，除活性较差的芳卤烃外，其他的卤代烃均可反应，应用非常广泛；第二，卤代烃上若带有—X、—OH、—CN 等活性官能团时，可进一步和另外的物质反应，再经水解，制得结构较为复杂的伯胺衍生物。

② Dele′pine 反应。用环六亚甲基四胺［$(CH_2)_6N_4$，即抗菌药乌洛托品］与卤代烃反应得季铵盐，然后在醇中用酸水解可得伯胺，此反应称为 Dele′pine 反应。环六亚甲基四胺是氨与甲醛反应所得的产物，氮上没有氢，不能发生多取代反应。

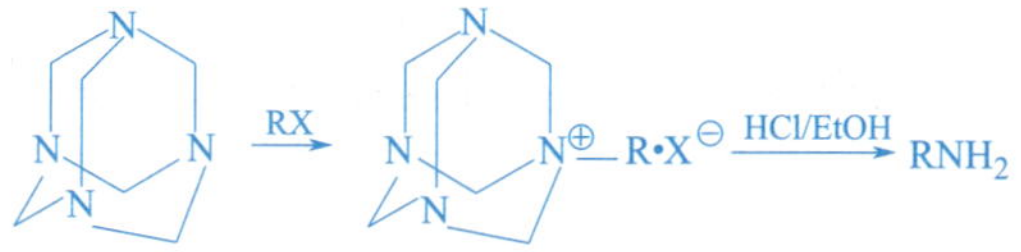

反应通常分两步进行。第一步，将卤代烃加到环六亚甲基四胺的氯仿、氯苯或四氯化碳溶液中，即很快生成不溶的季铵盐，产物是定量的，过滤分离；第二步，将所得的季铵盐溶于乙醇中，在室温下用盐酸分解，除去溶剂和生成的甲醛缩乙二醇后即得伯胺盐酸盐。

Dele′pine 反应的优点是操作简便，原料价廉易得。缺点是应用范围不如 Gabriel 合成法广泛。本法要求使用的卤代烃有较高的活性，在 RX 中，R 一般为 Ar—CH_2—，R—$COCH_2$—，CH_2═CH—CH_2—，R—C≡C—CH_2—等。

③ NH_3 与卤代烃反应。采用大大过量的 NH_3 与卤代烃反应，主要得伯胺。反应中还可加入氯化铵、硝酸铵、乙酸铵等铵盐，以增加铵离子，使氨的浓度增高而有利于反应。该法虽然原料价廉、易得，但存在原料利用率低、产品难分离、纯度差等缺点，应用不及 Gabriel 合成、Dele′pine 反应广泛。

（2）制备仲胺　可采取以下两种方法。

① 伯胺与卤代烃反应。由于生成的仲胺（R^1R^2NH）仍含有活泼氢，还会继续烷基化生成叔胺使产物复杂，所以，通常需要考虑反应物的活性、立体位阻等。利用反应物的活性及位阻，如当伯胺与卤代烃反其中之一位阻大，或反应物之一活性低时，产物较单一，主要得仲胺。如局麻药丁卡因（Tetracaine）中间体（2-8）等的合成。

(2-8)

② 芳胺与卤代芳烃反应。由于卤代芳烃活性低，又有位阻，不易与芳伯胺反应。若加入铜粉（或铜盐）催化，并与无水碳酸钾共热，可得二苯胺及其同系物，该反应称为Ullmann 反应。

$$ArNH_2 + X—Ar' \xrightarrow[\triangle]{Cu/K_2CO_3} Ar—NH—Ar' + HX$$

此反应常用于联芳胺的制备，如抗炎酸（2-9）等即是用此方法制备的。

(2-9)

（3）制备叔胺　由于叔胺分子中不含活泼氢，所以叔胺的制备较伯胺、仲胺简单，由卤代烃与仲胺反应即可得叔胺。如镇咳药氯哌斯汀中间体（2-10）等的合成。

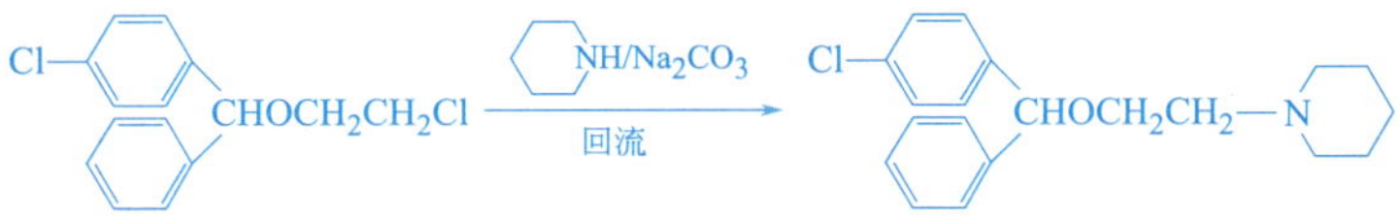

(2-10)

三、 实用案例

实例一　对硝基-α-氨基苯乙酮盐酸盐的生产(氯霉素中间体C3)

1. 生产过程分析

抗菌药氯霉素中间体 C3 的合成采用 Dele′pine 反应。反应式如下：

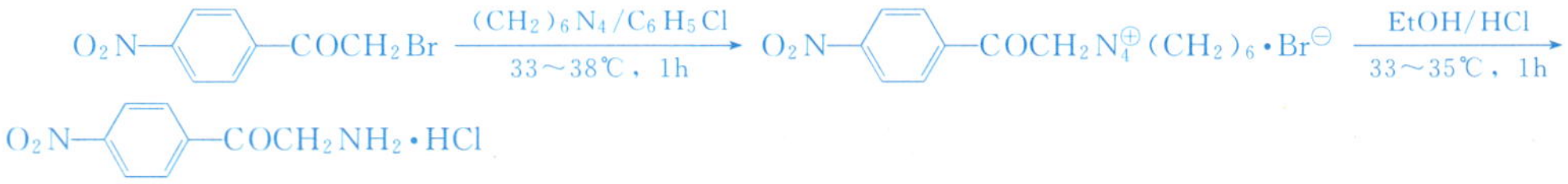

由于水和酸存在能使环六亚甲基四胺分解成甲醛，所以在第一步的操作中应严格控制体系的水分和 pH，所用氯苯必须除水，对硝基-α-溴代苯乙酮必须除净残留的 HBr。其工艺流程方框图如图 2-35 所示。

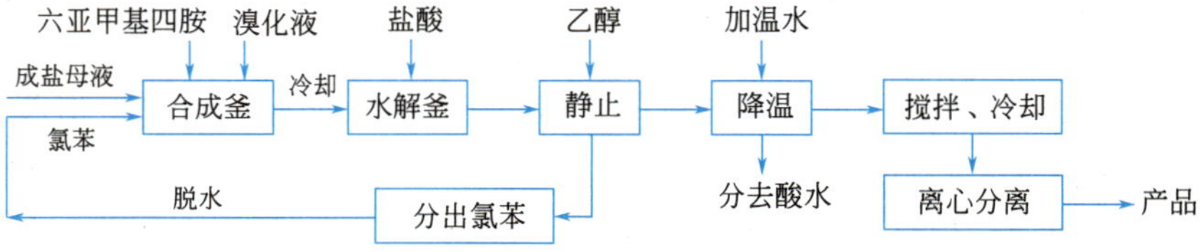

图 2-35　对硝基-α-氨基苯乙酮盐酸盐生产工艺流程方框图

2. 生产过程

将经脱水的氯苯或成盐反应的成盐母液加入干燥的反应罐内，在搅拌下加入干燥的六亚甲基四胺（比理论量稍过量），用冷盐水冷却至 5～15℃，将除净残渣的溴化液抽入，33～38℃反应 1h，测定反应终点。成盐物无需过滤，冷却后即可直接用于下一步水解反应。

将盐酸加入搪玻璃罐内，降温至7～9℃，搅拌下加入“成盐物”。继续搅拌至“成盐物”转变为颗粒状后，停止搅拌，静置，分出氯苯。然后加入乙醇，搅拌升温，在32～34℃反应5h。3h后开始测酸含量，并使其保持在2.5%左右（确保反应在强酸下进行）。反应完毕，降温，分去酸水，加入常水洗去酸后，加入温水搅拌得二乙醇缩醛，反应后停止搅拌将缩醛分出。再加入适量水，搅拌，冷却至−3℃，离心分离，便得对硝基-α-氨基苯乙酮盐酸盐。

3. 反应条件及控制

（1）水和酸对成盐反应的影响　水和酸的存在能使乌托品分解成甲醛。

（2）温度的影响　成盐反应的最高温度不得超过40℃。

（3）成盐反应终点的控制　根据两种原料和产物在氯仿及氯苯中溶解度不同的原理进行控制，如表2-17所示。

表2-17　成盐反应的原料与产物在氯仿、氯苯中的溶解度

物料	氯仿	氯苯
对硝基-α-溴代苯乙酮	溶解	溶解
六亚甲基四胺	溶解	不溶
“成盐物”	不溶	不溶

注：表中所写“不溶”是指溶解度很小。按此方法测定，到达终点时氯苯中所含未反应的对硝基-α-溴代苯乙酮的量在0.5%以下。

（4）酸浓度影响　“成盐物”转变成伯胺必须在强酸性下反应，并保证有足够的酸。因为“水解物”是强酸弱碱生成的盐，在强酸性下才较稳定。盐酸浓度越大，反应越容易生成伯胺，且反应速率也较快。水解反应后，盐酸应保持在2%左右，因为水解物是强酸弱碱盐，有过量的盐酸存在时比较稳定。当盐酸浓度低于1.7%时，有游离氨基物产生，并发生双分子缩合，然后与空气接触氧化为紫红色吡嗪化合物。

实例二　*N*,*N*′-二苄基乙二胺二乙酸的生产

1. 生产过程

N,*N*′-二苄基乙二胺二乙酸是半合成长效青霉素类中间体，为白色针状晶体，熔点116～119℃，溶于水和乙醇，微溶于苯、丙酮、乙酸乙酯。其合成方法有苄胺法、苄氯法，在此采用苄氯法。产物为仲胺类化合物，由苄氯与乙二胺反应制得。反应式如下：

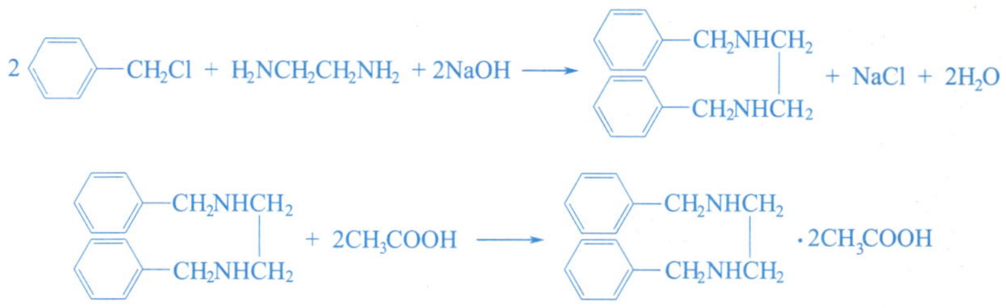

投料比（质量）为乙二胺∶50%液碱∶苄氯∶水∶冰醋酸∶助剂∶丙酮＝1∶（3.5～4.0）∶（3.25～3.5）∶15.0∶1.7∶适量∶8.0。工艺流程图方框图如图2-36所示。

2. 操作过程

在合成釜中投入固体碱，加水配成50%溶液，由于放热温度上升较快，当料液温度为

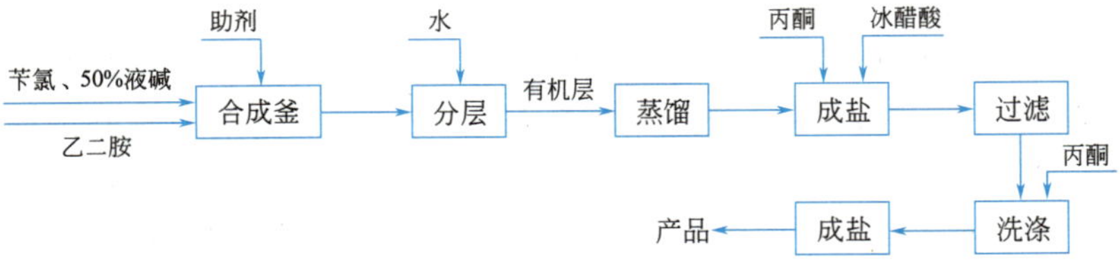

图 2-36 N,N'-二苄基乙二胺二乙酸合成工艺流程图

(65±5)℃时，加入乙二胺和助剂，并在（50±5)℃下搅拌约 45min，然后再加入苄氯，加毕在该温度下继续搅拌 2h。

反应结束后加水稀释，并在（50±5)℃下搅拌 0.5h。接着冷却，静止分层，油层去蒸馏，接收 212～213℃/1.6kPa 的馏分，即 N,N'-二苄基乙二胺，含量≥99.5%。

将 N,N'-二苄基乙二胺溶于丙酮中，在搅拌下加入冰醋酸，冷却至室温，并结晶 3～5h，再过滤、洗涤、干燥，得白色针状结晶物，含量≥99.5%。

3. 常见问题与处理措施

（1）设备的选择　该反应设备应耐碱、耐氯离子。

（2）该反应为强放热反应，且温度偏高易生成三苄基物和四苄基物。加入适量的助剂可抑制或减少副反应，使产品收率提高，且能保持产品的稳定性，防止产品保存时变色。

（3）N,N'-二苄基乙二胺真空蒸馏时，真空度应尽可能高，蒸馏时间尽可能短。若用 GC 跟踪分析则更佳。

四、项目展示及评价

1. 项目成果展示

（1）制订的“合成对硝基-α-氨基苯乙酮盐酸盐”（氯霉素中间体 C3）方案。

（2）合成的氯霉素中间体 C3 产品。

对硝基-α-氨基苯乙酮盐酸盐（氯霉素中间体 C3）为浅黄色晶体，熔点 250℃（见图2-37）。

图 2-37　对硝基-α-氨基苯乙酮盐酸盐

2. 项目评价依据

（1）制备方法、原料选择是否正确，用量与配比是否合理。

（2）选择的反应器、设计的实验装置的正确程度。

（3）操作步骤的合理、准确性。

（4）安全、环保措施是否得当。

（5）方案讲解流畅程度，对工业生产方法及操作控制点的理解程度，讲解的熟练程度与准确性。

（6）产品总体情况，实训报告完成情况。

3. 考核方案

考核依据本书第一部分“考核与评价方式”进行，本任务的具体评价内容如下。

（1）教师评价表　包括项目准备过程的“项目材料评价表”和项目实施过程的“项目实施过程评价表”。

① 项目材料评价表

	考核内容	权重/%	成绩	存在问题	签名
项目材料收集	查阅合成氯霉素中间体 C3 相关材料情况	10			
	讲解制备氯霉素中间体 C3 方案制订的依据、方案可行性分析	20			
	材料搜集完整性、全面性	15			
	拓展知识(包括卤代烃、酯类、环氧乙烷、醛酮为烷基化试剂进行的烷基化反应)的掌握程度	10			
	讨论、调整、确定并总结方案的效果	15			
职业能力及素养	查阅文献能力	5			
	归纳总结所查阅资料能力	5			
	制订、实施工作计划的能力	5			
	讲解方案的语言表达能力	5			
	方案制订过程中的再学习、创新能力	5			
	团结协作、沟通能力	5			
	总分				

② 项目实施过程评价表

		考核内容	权重/%	成绩	存在问题	签名
项目实施过程	合成季铵盐	仪器选择、预处理(除水)、安装	4			
		物料预处理(原料氯霉素中间体 C2 除 HBr、氯苯除水)	5			
		物料称取、加料顺序	4			
		降温至合适温度(5～15℃),降温措施	2			
		反应温度及时间控制(33～38℃,1h)	4			
		反应终点的检验方法(根据两种原料和产物在氯仿及氯苯中溶解度不同的原理进行检测)	5			
	合成氯霉素中间体 C3	冰浴降温至合适温度(7～9℃)	2			
		固液分离"成盐物"与氯苯	5			
		反应温度时间及酸度控制(32～34℃,5h,酸度 2.5%左右)	5			
		固液分离粗品与酸水	5			
		粗品的洗涤、过滤及干燥	8			
		实验现象、原始数据记录情况	10			
		产品质量,包括外观、收率等	10			
		实训报告完成情况(书写内容、文字、上交时间)	10			
职业能力及素养		动手能力、团结协作能力	3			
		观察现象、总结能力	3			
		分析问题、解决问题能力	3			
		突发情况、异常问题应对能力	3			
		安全及环保意识	3			
		仪器清洁、保管	3			
		纪律、出勤、态度、卫生	3			
		总分				

（2）学生评价表

	考核内容	权重/%	成绩	存在问题	签名
项目材料收集	学习态度是否主动，是否能及时完成教师布置的合成氯霉素中间体C3任务	5			
	是否能熟练利用期刊书籍、数据库、网络查询氯霉素中间体C3相关资料	5			
	收集的有关学习信息和资料是否完整	5			
	能否根据学习资料对合成氯霉素中间体C3项目进行合理分析，对所制订的方案进行可行性分析	10			
	是否积极参与各种讨论，并能清晰地表达自己的观点	5			
	是否能够掌握所需知识技能，并进行正确的归纳总结	5			
	是否能够与团队密切合作，并采纳别人的意见建议	5			
项目实施过程	能否独立正确选择、安装实训装置	5			
	是否能对所用原辅材料进行预处理（原料氯霉素中间体C2除HBr、氯苯除水）	5			
	合成“成盐物”过程，是否能够准确控制反应温度、时间及反应终点的检测方法	5			
	合成氯霉素中间体C3过程，是否能控制反应温度、时间及反应酸度	5			
	合成氯霉素中间体C3时，是否能正确选择合适的后处理方法（固液分离、洗涤、干燥）	5			
	所得产品氯霉素中间体C3质量、收率是否符合标准	10			
	是否能独立、按时按量完成实训报告	10			
	对实验过程中出现的问题能否主动思考，并使用现有知识进行解决，对实验方案进行适当优化和改进，并知道自身知识的不足之处	10			
	完成实训后，是否能保持实训室清洁卫生，对仪器进行清洗，药品妥善保管	5			
	总分				

（3）成绩计算　本项任务考核成绩＝教师评价成绩×50%＋学生自评成绩×20%＋小组互评成绩×30%。其中教师评价成绩＝项目材料评价成绩×30%＋项目实施过程评价成绩×70%。

五、知识拓展

（一）卤代烃为烷基化试剂进行O-烷基化、C-烷基化

1. O-烷基化技术

在碱存在下，醇或酚与卤代烃反应生成醚，是制备混合醚的常用方法。反应为亲核取代历程，即RO^-对卤代烃中与卤素相连的碳原子做亲核取代。其过程如下：

$$ROH + B^{\ominus} \longrightarrow RO^{\ominus} + HB$$

$$R'X + {}^{\ominus}OR \longrightarrow R'OR + {}^{\ominus}X$$

(1) 醇或酚的结构　醇的活性一般较弱，需要在反应中加入碱以生成亲核试剂 RO^-，促进反应的进行。酚的酸性比醇强，在碱性条件下，很容易得到高收率的酚醚。在操作时一般采用氢氧化钠形成酚氧负离子，或用碳酸钠（钾）作缚酸剂，不必使用金属钠或醇钠。反应时，可在水相，或用醇或其他非质子溶剂，待溶液接近中性时，反应即基本完成。操作简便，如抗溃疡药螺佐呋酮（Spizofurone）中间体的制备，依次将作用物、无水碳酸钾、丙酮加入反应器中，搅匀后加入卤代烃，于 60℃反应即可。

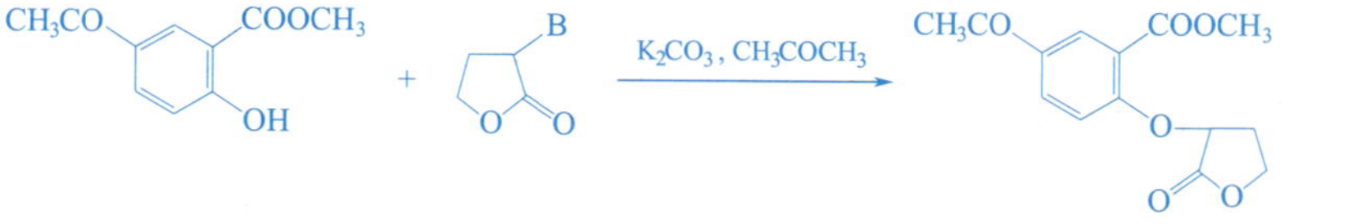

(螺佐呋酮中间体)

(2) 卤代烃的选择　反应是在强碱条件下进行的，一般不用叔卤烷作为烷基化试剂，因为叔卤烷在碱性条件下易发生消除，生成烯烃。如果卤原子相同，则伯卤烷的反应最好，仲卤烷次之。氯苄和溴苄的活性较大，易于进行烷基化反应；而氯苯和溴苯由于卤原子与芳环存在 p-π 共轭，活性很差而很少使用。

制备芳基-脂肪混合醚（Ar—O—R）时，一般应选用酚类与脂肪族的卤代烃反应。但在下列情况：①芳环上卤素的邻、对位有强的吸电子取代基；②六元杂环化合物如嘧啶、吡啶、喹啉等衍生物中，卤原子位于氮原子的邻、对位。这时，卤原子活性增强，可以选用芳香卤化物在碱性条件下与醇反应，得到烷基化产物。

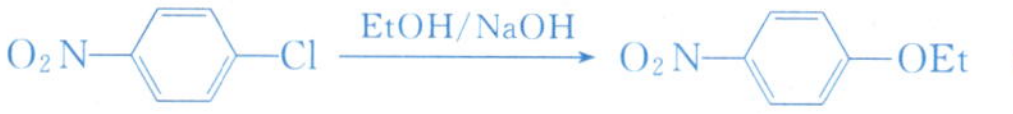

（非那西丁中间体）

卤代醇在碱性条件下，可发生分子内的烷基化反应，是制备环氧乙烷、环氧丙烷及高级醚类化合物的方法。在操作时，若反应的卤代醇为液体，直接加碱加热反应即可。

(3) 碱和溶剂　醇的氧-烷基化反应中常加入氢氧化钠、氢氧化钾、钠等强碱性物质，使 ROH 转化成 RO^-，亲核性增强，加速反应。质子溶剂虽然有利于卤代烃离解，但能与 RO^- 发生溶剂化作用，降低 RO^- 的亲核性，而极性非质子性溶剂能够增强 RO^- 的亲核性。因此，反应中常采用极性非质子性溶剂如 DMSO、DMF、HMPTA、苯、甲苯等；若被烷基化物醇为液体，也可过量兼作溶剂使用；还可将醇盐悬浮在醚类（如乙醚、四氢呋喃、乙二醇二甲醚等）溶剂中进行反应。用季铵盐、聚乙二醇等做相转移催化剂，可使反应收率大大提高。同时也使反应在更温和的条件下进行。

由于酚的烷基化比醇容易，所以常用的碱除了氢氧化钠等强碱外，还可以用碳酸钠（钾）等弱碱。反应溶剂可用水、醇类、丙酮、DMF、DMSO、苯或二甲苯等。

2. 活性亚甲基化合物的 α 位 C-烷基化

(1) 基本原理　当一个饱和的碳原子上含有吸电子取代基时，由于受到吸电子取代基的影响，该碳原子上的氢原子变得活泼，具有一定的酸性，在碱的作用下可以失去活泼氢得到碳负离子，然后对卤代烃进行亲核取代，从而在碳原子上引入烷基。这类化合物活性的高低、反应的难易程度与所连吸电子取代基的数量和强弱有关，所连的吸电子取代基数量愈多，吸电子性愈强，其活性愈高，反应愈容易进行。常见吸电子基团的强弱顺序为：

$$-NO_2>-COR>-SO_2R>-CN>-COOR>-SOR>-Ph>-CH=CH_2$$

在一个饱和的碳原子上含有两个或一个强的吸电子取代基时，常被称为活性亚甲基化合物，其烷基化反应的活性较高，这类反应很有应用价值。常见的活性亚甲基化合物有β-二酮、β-羰基酸酯、丙二酸酯、丙二腈、氰乙酸酯、乙酰乙酸乙酯、苄腈、脂肪硝基化合物等。

(2) 影响因素及试剂、条件的选择　从上述反应过程可见，在形成碳负离子的过程中，存在着溶剂、碱和亚甲基负离子之间的竞争性平衡。要使亚甲基负离子有足够的浓度，使用的溶剂和碱的共轭酸的酸性必须比活性亚甲基化合物的酸性弱，才利于烷基化反应的进行。

① 催化剂。根据活性亚甲基上氢原子的活性不同，可选择不同的碱作催化剂。一般是根据化合物的 p*K*a 值选择不同强度的碱。例如，丙二酸二乙酯和乙酰乙酸乙酯的 p*K*a 分别为 12～13 和 11，它们的烷基化反应所用碱（B^-）的共轭酸（HB）的 p*K*a 就必须大于 13。甲醇和乙醇的 p*K*a 分别为 16 和 18，因此甲醇钠和乙醇钠可以作它们的催化剂。醇钠是常用的催化剂，醇钠中烷基不同其碱性也不同。不同醇钠的碱性顺序为：

t-BuOK（Na）>*i*-PrONa>EtONa>MeONa

若亚甲基上氢原子的活性较低，需要时也可用氢化钠、金属钠作催化剂。

② 溶剂。一般，若用醇钠作催化剂，则用相应的醇作溶剂；对于在醇中难于烷基化的活性亚甲基化合物，则在苯、甲苯、二甲苯或石油醚等溶剂中用氢化钠或金属钠催化，等生成碳负离子后再进行烷基化；对于难反应的化合物，也可以在石油醚中加入甲醇钠/甲醇溶液，使之与活性亚甲基反应，待生成碳负离子后，再蒸馏分离出甲醇，以避免可逆反应的发生，有利于烷基化反应的进行。

(二) 酯类为烷基化剂

芳磺酸酯（$ArSO_2OR$）和硫酸酯（$ROSO_2OR$）也是常用烷基化剂，其反应机理与卤代烃的烷基化反应相同，其活性比卤代烃大，是一类强烷基化剂。因此，使用时，其反应条件较卤代烃温和。

(1) 芳磺酸酯烷基化剂　芳磺酸酯中应用最多的是对甲苯磺酸酯（TsOR）。由于 TsO^- 是很好的离去基团，所以 TsOR 活性大，R 可以是简单的、复杂的以及带有各种取代基的烷基。因此，芳磺酸酯的应用广泛，常用于引入分子量较大的烷基。例如，抗抑郁药盐酸茚洛秦（Indeloxazine Hydrochloride）中间体的制备。

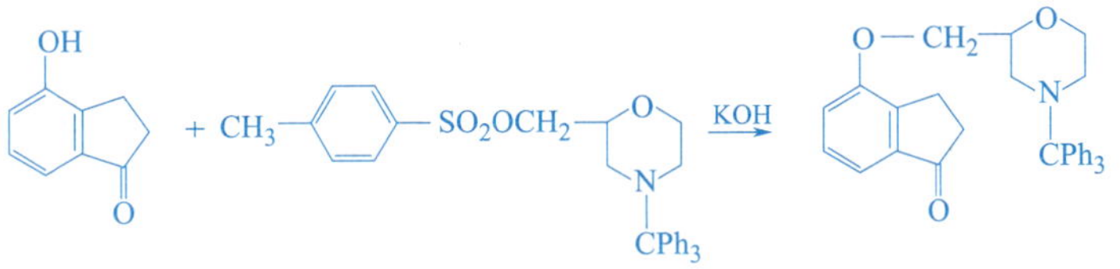

(抗抑郁药盐酸茚洛秦中间体)

制备时，将 1-氧代茚满酚的钾盐、芳磺酸酯溶于二甲基亚砜中，加热 100℃反应，反应结束后减压蒸除溶剂，残渣用 5%氢氧化钠溶液洗净，得产品。

(2) 硫酸酯烷基化剂　常用的硫酸酯类烷基化剂有硫酸二甲酯（Me_2SO_4）和硫酸二乙酯（Et_2SO_4），即硫酸酯主要用作甲基化及乙基化试剂。它们可分别由甲醇、乙醇与硫酸作用制得。其分子中虽有两个烷基，但通常只有一个烷基参加反应。它们是中性化合物，在水中溶解度小，但温度高时或在碱性水溶液中易水解。因此，在使用时一般将硫酸二酯滴加到含被烷基化物的碱性水溶液中进行反应；或在无水条件下直接加热进行烷基化。

硫酸二酯类的沸点比相应的卤代烃高，因而能在较高温度下反应而不需加压。由于烷基化剂活性大，其用量也不用过量很多。

硫酸二甲酯由于其良好的反应活性，在医药、农药、精细化学品等的合成中，作为甲基化试剂而得到广泛应用。如抗高血压药甲基多巴（Methyldopa）中间体等的合成。但由于其毒性大，能通过呼吸道及皮肤接触使人体中毒，所以在使用时必须做好劳动防护与“三废”处理。

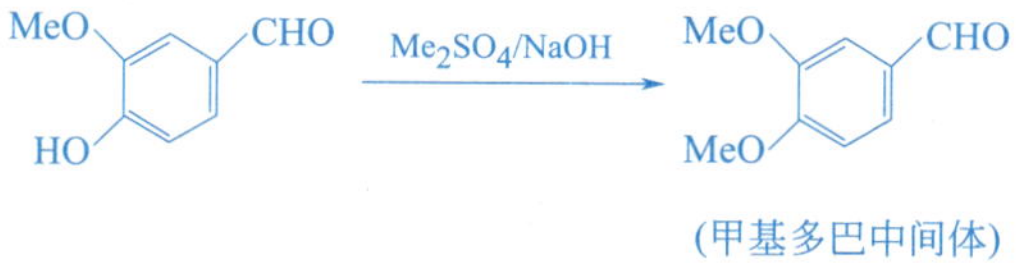

(甲基多巴中间体)

（三）环氧乙烷类为烷基化剂

环氧乙烷三元环的张力很大，容易开环，在酸或碱的作用下，能和分子中含有活泼氢的化合物（如醇、酚、胺、活性亚甲基、芳环等）反应得到烷基化产物。由于在被烷基化的原子上引入羟乙基，所以这类反应又称为羟乙基化反应。环氧乙烷为烷基化剂的反应一般用酸或碱催化（但酚羟基的羟乙基化只能采用碱催化），反应条件温和，速率快，尽管环氧乙烷的沸点较低（10.73℃），反应压力也不高，可在常压或不太高的压力下进行。

（1）酸催化　含有取代基的环氧乙烷，在酸催化下，若 R 为给电子基，主要生成伯醇类产物；若 R 为吸电子基，则相反生成仲醇类产物。大多数情况下，R 为给电子基。

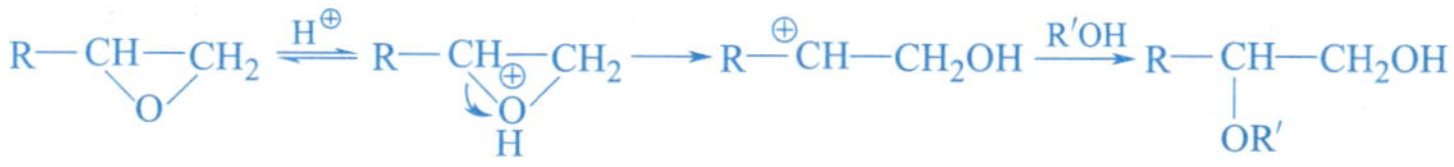

（2）碱催化　碱催化下，醇首先与碱作用生成烷氧负离子（RO^-），由于位阻原因，RO^- 通常进攻环氧环位阻小的碳原子，而生成仲醇类产物。

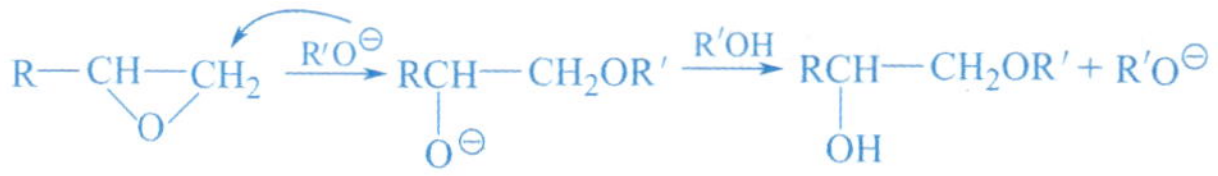

氧-烷基化，制备羟基醚类药物中间体，例如，将间甲基苯酚和环氧氯丙烷在催化量哌啶盐酸盐存在下反应，用盐酸处理，即得到抗高血压药盐酸贝凡洛尔（Bevantolol Hydrochloride）中间体。

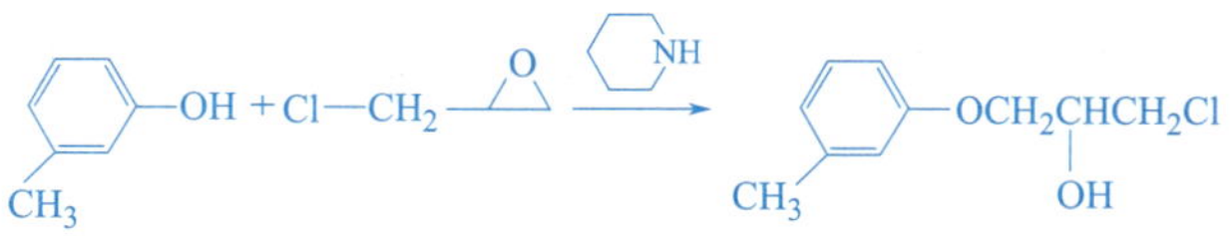

(盐酸贝凡洛尔中间体)

氮-烷基化，反应的难易程度取决于氮原子的碱性强弱，碱性愈强，反应愈容易进行。但利用环氧乙烷及其衍生物对胺类进行羟乙基化需注意两个问题：一是对于含取代基的环氧乙烷，其开环规律同碱性条件下对醇的氧-烷基化；二是应用此反应注意控制配料比，以免发生多聚副反应。该类反应原料价廉易得、操作简便、条件温和、收率高，应用广泛。

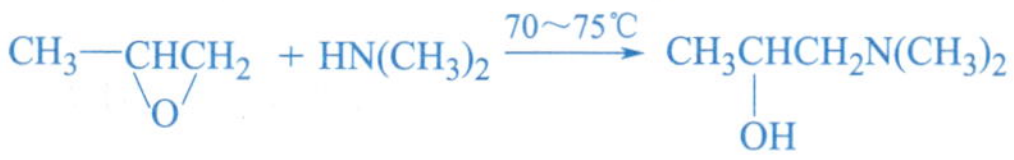

伯胺与环氧乙烷反应是制备烷基双-(β-羟乙基)胺的主要方法。

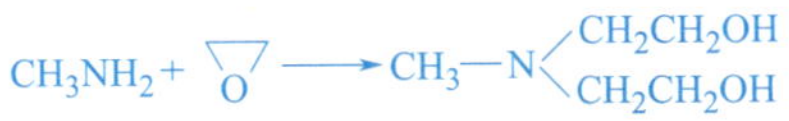

需要特别指出：环氧乙烷沸点很低，它在空气中的可燃极限浓度为3%～98%（体积分数），爆炸极限为3%～80%（体积分数）。在工业生产中，为防止爆炸，在向反应器通入环氧乙烷之前，必须用氮气将反应器中的空气置换掉；反应完毕，也要用氮气将反应器中残余的环氧乙烷吹掉。

（四）醛、酮为烷基化剂

醛或酮在还原剂存在下，与氨及伯胺、仲胺反应，在氮原子上引入烷基的反应称为还原烷基化反应。其过程如下：

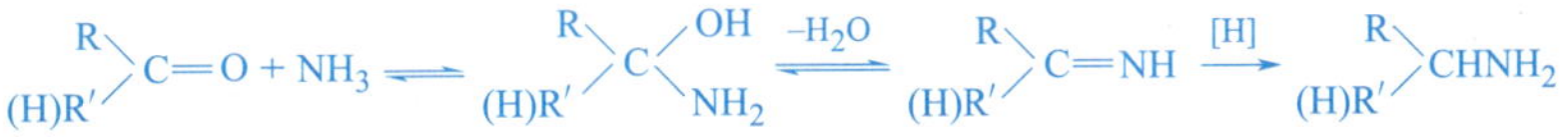

实际上两步反应同时进行，使操作工艺简单，在药物合成中具有重要意义。

1. 还原剂

该反应可使用的还原剂有：催化氢化（常用Raney Ni催化剂）、金属钠（或钠汞齐）加乙醇、锌粉、金属负氢化物、甲酸等。

2. 反应特点及规律

理论上，通过氨与醛、酮还原可得到伯胺，通过伯胺与醛、酮还原可得到仲胺，通过仲胺与酮、醛还原可得到叔胺，但实际上，反应的难易程度及产物的收率受很多因素的影响。如果醛、酮的活性高、立体位阻小，则与氨反应生成的伯胺还可进一步反应得到仲胺，仲胺又能反应得到叔胺，易得混合物；如果醛、酮及胺的活性低、位阻大，则难于反应，产物收率低。通过大量的实践，基本上找到了一些规律。

（1）制备伯胺　五碳以上的脂肪醛与过量的氨，在Raney Ni催化剂存在下氢化还原，主要得伯胺；苯甲醛与等摩尔氨在此条件下主要得苄胺。

$$\mathrm{PhCHO + NH_3 \xrightarrow{H_2/Raney\ Ni} \underset{(90\%)}{PhCH_2NH_2} + \underset{(7\%)}{(PhCH_2)_2NH}}$$

芳酮与氨反应的收率很低，无实用价值。脂肪酮与氨在Raney Ni催化剂存在下反应，可以得伯胺，但收率随酮的位阻增大而降低。

（2）制备仲胺　伯胺与醛、酮反应可得仲胺，但收率受反应物结构的影响较大。芳香醛与NH_3的摩尔比为2∶1时，以Raney Ni催化加氢，烃化产物主要为仲胺，收率较好。

$$\mathrm{2PhCHO + NH_3 \xrightarrow{H_2/Raney\ Ni} \underset{(81\%)}{(PhCH_2)_2NH} + \underset{(12\%)}{PhCH_2NH_2}}$$

（3）制备叔胺　仲胺的位阻常常较大，所以，用活性大、位阻小的甲醛制得叔胺的收率才高，也更有工业化价值。如：

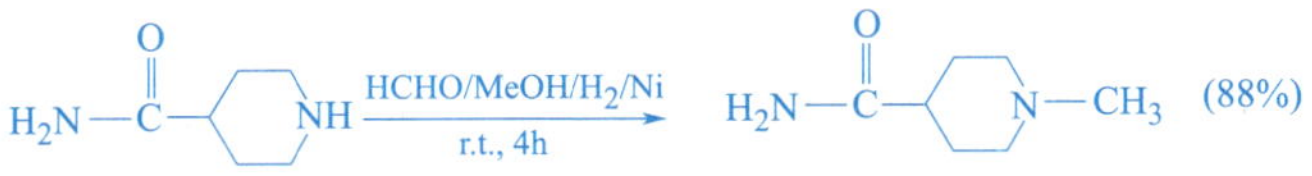

由于甲醛的活性大、位阻小，它可以对许多胺（伯胺、仲胺）进行还原甲基化，此方法避免了使用毒性大的硫酸二甲酯与贵重的碘甲烷，所以，甲醛是常用的*N*-甲基化试剂，常以甲醛水溶液的形式使用，在制药工业中得到广泛应用。

3. 反应溶剂及其他

此反应常用水、醇类作溶剂，反应条件温和。反应的优点是没有季铵盐生成；缺点是使用氢气，易燃、易爆，且需加压，需加强安全操作。

六、 自主能力训练项目 相转移催化法合成 *dl*-扁桃酸

训练素材见本书第三部分“典型案例及项目化教学素材”相关内容。

任务 4 合成对硝基-α-乙酰氨基苯乙酮（氯霉素中间体 C4）——酰化技术

一、 布置任务

（1）制订方案 制定合成对硝基-α-乙酰氨基苯乙酮（氯霉素中间体 C4）的实训室制备方案。对可能的方案进行对比、分析、完善，确定优化方案。

（2）讲解方案 讲解小试方案的依据，以及其与工业生产的异同点，说明原因。

（3）实训操作 按照修改完善的方案，在实训室合成氯霉素中间体 C4。

二、 必备知识

（一） 酰化技术相关概念

酰化反应是指有机物分子中与氧、氮、碳、硫等原子相连的氢被酰基取代的反应。酰基是指从含氧的有机酸、无机酸或磺酸等分子中脱去羟基后所剩余的基团。酰化反应可用下列通式表示：

$$\mathrm{R{-}\overset{\overset{\displaystyle O}{\|}}{C}{-}Z} + \mathrm{SH} \longrightarrow \mathrm{R{-}\overset{\overset{\displaystyle O}{\|}}{C}{-}S} + \mathrm{H^{\oplus}} + \mathrm{Z^{\ominus}}$$

式中，RCOZ 为酰化剂；SH 为被酰化物，包括醇、酚、胺类、芳烃等。通过酰化反应可得到羧酸酯、酰胺、酮或醛等类化合物。常用酰化剂有羧酸、羧酸酯、酸酐、酰氯等。常用酰化试剂的酰化能力强弱顺序一般为：

酰氯＞酸酐＞羧酸酯＞羧酸＞酰胺′

除了作用物与试剂本身的活性外，催化剂、溶剂及反应条件等对酰化反应也存在不同程度的影响，需要认真理解和掌握。酰化反应是一类非常重要的单元反应。通过酰化反应可以形成酯、酰胺、芳酮等，这些基团常常是一些药物必要官能团，有时也可作为合成药物的原料继续参与新的化学反应，以实现最终的转化。

（二） N-酰化技术

N-酰化是制备酰胺类化合物的重要方法。被酰化的可以是脂肪胺、芳香胺，可以是伯胺、仲胺。用羧酸或其衍生物为酰化试剂进行酰化反应时，首先是胺分子中氮原子对酰化试剂的羰基碳原子进行亲核加成，然后脱去离去基团得酰胺。由于酰基是吸电子取代基，它使酰胺分子中氮原子的亲核性降低，不容易再与酰化试剂作用，即不容易生成 *N*,*N*-二酰化物，所以，在一般情况下容易制得较纯的酰胺，这一点与 N-烷基化反应不同。

胺类被酰化的活性与其亲核性及空间位阻均有关，一般活性规律是：伯胺＞仲胺，位阻小的胺＞位阻大的胺，脂肪胺＞芳香胺。即氨基氮原子上电子云密度越高，碱性越强，空间位阻越小，反应活性越大。对于芳胺，由于氨基氮原子与芳环存在 p-π 共轭，降低了氮原子的亲核性，所以，较脂肪胺难酰化，若芳环上含给电子基，则碱性增加，反应活性增加；反之，芳环上含吸电子基，碱性减弱，反应活性降低。活泼的胺，可以采用弱的酰化试剂；对于不活泼的胺，则需用活性高的酰化试剂。

（1）羧酸酰化剂　羧酸是弱的酰化试剂，适用于酰化活性较强的胺类。用羧酸的 N-酰化是一个可逆过程，首先生成铵盐，然后脱水生成酰胺，其过程如下：

$$RCOOH + R'NH_2 \rightleftharpoons RCOO^{\ominus}H_3\overset{\oplus}{N}R' \overset{\triangle}{\rightleftharpoons} RCONHR' + H_2O$$

与所有的可逆反应类似，为了加快反应促使平衡向生成物的方向移动，则需要加入催化剂，并不断蒸出生成的水。

对于活性较强的胺类，为了加速反应，可加入少量的强酸作催化剂。质子酸有可能与氨基形成铵盐，应适当控制反应介质的酸碱度。对于活性弱的胺类、热敏性的酸或胺类，如果直接用羧酸酰化困难，则可加入缩合剂以提高反应活性。如加入碳二亚胺类缩合剂，其作用是首先与羧酸生成活性中间体，进一步与胺作用得酰胺。常用的此类缩合剂有 DCC（Dicyclohexyl Carbodiimide，二环己基碳二亚胺）、DIC（Diisopropyl Carbodiimide，二异丙基碳二亚胺）等。DCC 是一个良好的脱水剂，以 DCC 作脱水剂用羧酸直接酰化，条件温和，收率高，在复杂结构的酰胺、半合成抗生素及多肽的合成中有较多的应用。如：

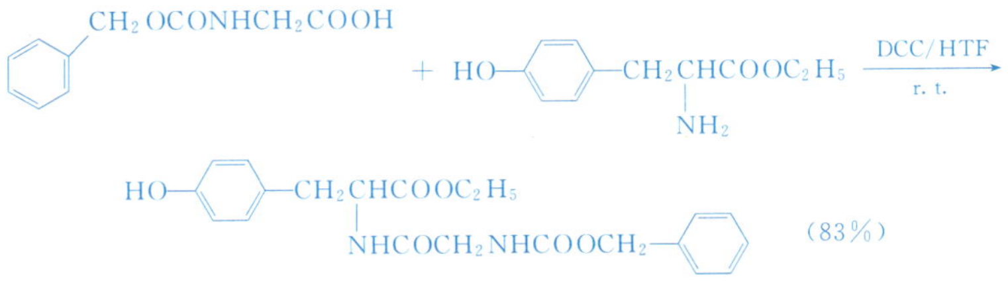

在半合成 β-内酰胺类抗生素中，常用 DCC 为缩合剂，合成内酰胺小环；也可用于侧链酸和母核（如 6-APA 或 7-ACA）反应，在母环的氨基上引入侧链，从而得到一系列的 β-内酰胺类抗生素。

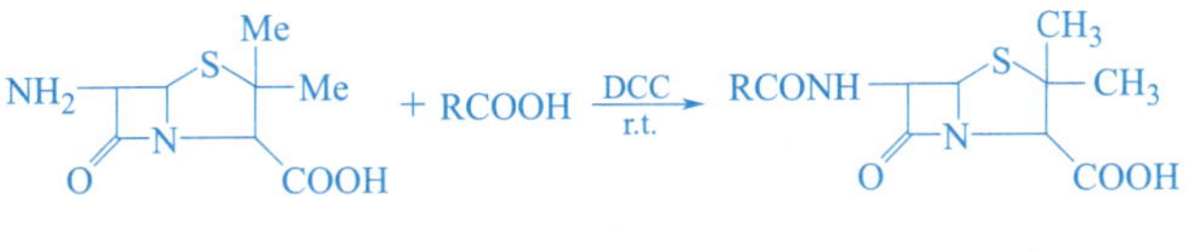

(6-APA)

（2）酸酐酰化剂　酸酐是活性较强的酰化剂，可用于各种结构的胺的酰化。其反应不可逆，反应式如下：

$$(RCO)_2O + R'R''NH\ (ArNH_2) \xrightarrow{\text{酸或碱}} RCONR'R''(RCONHAr) + RCOOH$$

由于反应不可逆，因此酸酐用量不必过多，一般略高于理论量的 5%～10% 即可。最常用的酸酐是乙酸酐，由于其酰化活性较高，通常在 20～90℃ 即可顺利进行反应。

如果被酰化的胺和酰化产物熔点不太高，在乙酰化时可不另加溶剂；如果被酰化的胺和酰化产物熔点较高，就需要另外加苯、甲苯、二甲苯或氯仿等非水溶性惰性有机溶剂；如果被酰化的胺和酰化产物易溶于水，而乙酰化的速率比乙酸酐的水解速率快得多，则乙酰化反应可以在水介质中进行。例如：

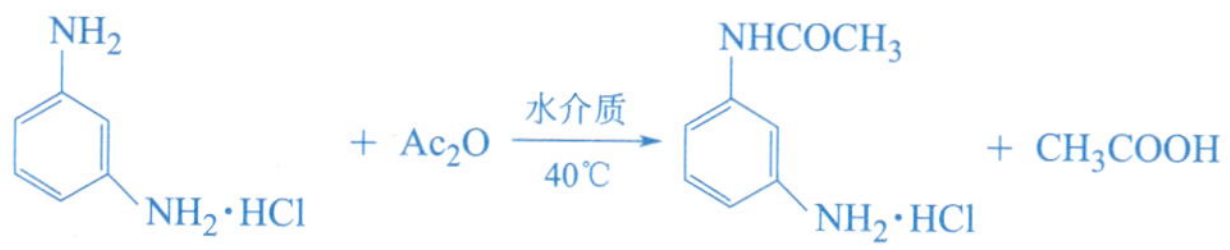

对于二元胺类，如果只酰化其中一个氨基时，可以先用等摩尔比的盐酸，使其中的一个氨基成为盐酸盐，加以保护，然后按一般方法对另一氨基进行酰化。

用酸酐为酰化试剂可用酸或碱催化，由于反应过程中有酸生成，故可自动催化。某些难于酰化的氨基化合物可加入硫酸、磷酸、高氯酸以加速反应。

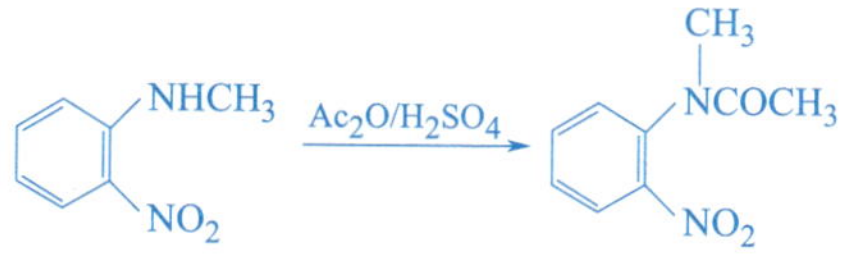

酸酐的酰化能力较强，但价格比羧酸贵，所以脂肪族酸酐主要用于较难酰化的胺类。环状的酸酐为酰化剂时，在低温下常生成单酰化物，高温则可得双酰化物，从而制得二酰亚胺类化合物。

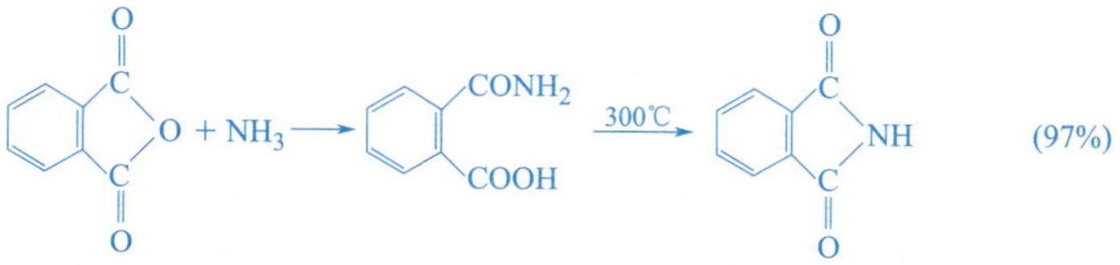

(3) 酰氯酰化剂　酰氯性质活泼，很容易与胺反应生成酰胺。其反应不可逆，反应式如下：

$$RCOCl + R'NH_2(ArNH_2) \longrightarrow RCONHR'(RCONHAr) + HCl$$

反应中有氯化氢生成，为了防止其与胺反应成铵盐，常加入碱性试剂以中和生成的氯化氢。中和生成的氯化氢可采用三种形式：使用过量的胺反应；加入吡啶、三乙胺以及强碱性季铵类化合物等有机碱；加入氢氧化钠、碳酸钠、乙酸钠等无机碱。加入的有机碱吡啶、三乙胺不仅中和氯化氢，而且可以催化反应。

反应采用的溶剂常常根据所用的酰化试剂而定。对于高级的脂肪酰氯，由于其亲水性差，而且容易分解，应在无水有机溶剂如氯仿、乙酸、苯、甲苯、乙醚、二氯乙烷以及吡啶等中进行。吡啶既可做溶剂，又可中和氯化氢，还能促进反应，但由于其毒性大，在工业上应尽量避免使用。

乙酰氯等低级的脂肪酰氯反应速率快，反应可以在水中进行。为了减少酰氯水解的副反应，常在滴加酰氯的同时，不断滴加氢氧化钠溶液、碳酸钠溶液或固体碳酸钠，始终控制反应体系的 pH 值在 7～8。

芳酰氯的活性比低级的脂肪酰氯稍差，反应温度需要高一些，但一般不易水解，可以在强碱性水介质中进行反应，采取滴加酰氯的方法。反应完毕，用碳酸氢钠溶液洗涤，干燥即可。

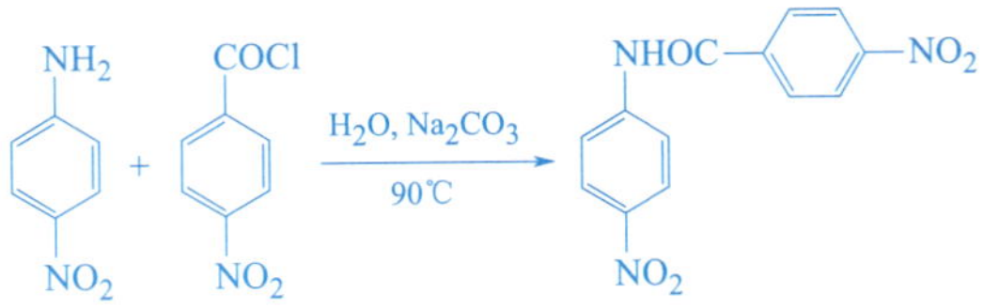

酰氯是最强的酰化试剂，适用于活性低的氨基的酰化。由于酰氯的活性高，一般在常温、低温下即可反应，所以多用于位阻大的胺以及热敏性物质的酰化，其应用非常广泛。尤其在半合成β-内酰胺类抗生素中应用尤为广泛。

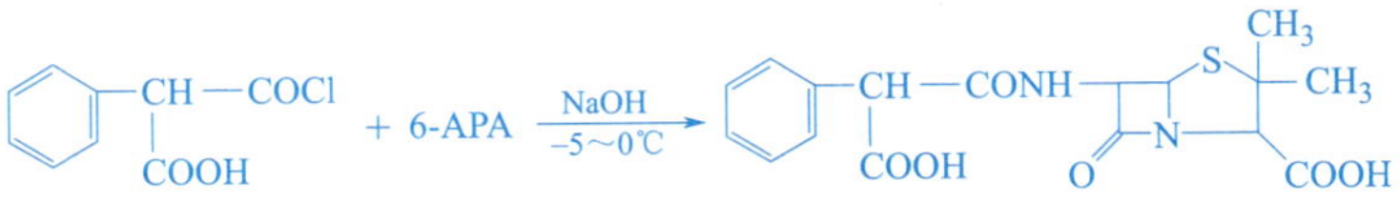

(羧苄西林)

三、实用案例

实例 对硝基-α-乙酰氨基苯乙酮的生产(氯霉素中间体C4)

1. 生产过程分析

产物氯霉素中间体 C4 由对硝基-α-氨基苯乙酮盐酸盐（氯霉素中间体 C3）与酰化试剂反应，在氮原子上引入酰基。由于反应物中有硝基的存在，使氨基的反应活性降低，生产上一般采用较强的酰化剂乙酸酐。为使氨基乙酰化，应用乙酸钠中和盐酸盐，使氨基化合物游离出来。由于游离的对硝基-α-氨基苯乙酮很容易发生分子间的脱水缩合，所以应在其未来得及发生双分子缩合之前，就立即被乙酸酐酰化，生成对硝基-α-乙酰氨基苯乙酮。因此，乙酸酐和乙酸钠的加料顺序不能颠倒（先加乙酸酐，后加乙酸钠）。本反应应在低温下的水介质中进行，因为醋酐在低温下分解较慢。其工艺流程方框图如图 2-38 所示。

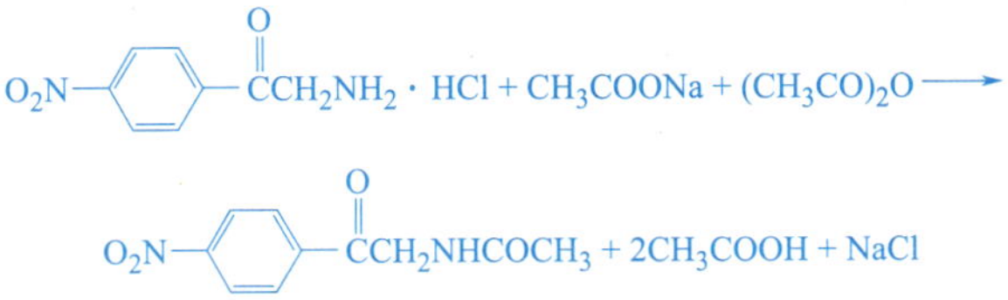

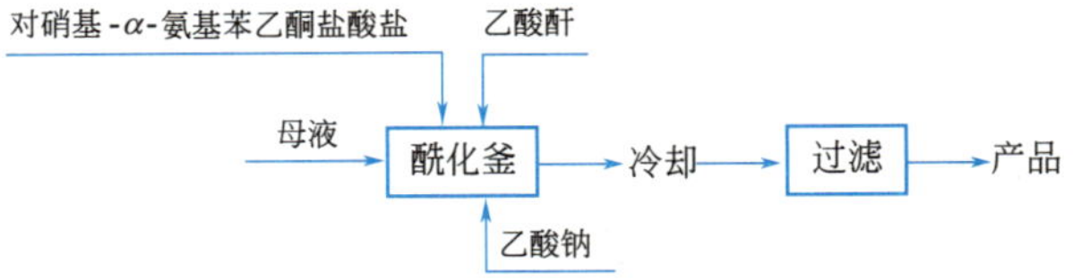

图 2-38 对硝基-α-乙酰氨基苯乙酮的生产流程

2. 操作过程

向乙酰化反应罐中加入母液，冷却至 0～3℃，加入上步水解物，开动搅拌，将结晶打成浆状，加入乙酸酐，搅拌均匀后，先慢后快地加入 38%～40%乙酸钠溶液。这时温度逐渐上升，加完乙酸钠时温度不要超过 22℃。于 18～20℃反应 1h，测定反应终点。终点到达后，将反应液冷却至 10～13℃即析出晶体，过滤，先用常水洗涤，再以 1%～1.5%碳酸氢钠溶液洗结晶液至 pH 7，甩干称重交缩合岗位。滤液回收乙酸钠。

终点测定：取少量反应液，过滤，往滤液中加入碳酸氢钠溶液中和至碱性，在 40℃左右加热后放置 15min，滤液澄清不显红色示终点到达，若滤液显红色或混浊，应适当补加乙酸酐和乙酸钠溶液，继续反应。

3. 反应条件及控制

（1）pH 值　根据实际经验，反应物的 pH 控制在 3.5～4.5 最好。pH 过低，在酸的影响下反应物会进一步环合，pH 过高，不仅游离的氨基酮会发生双分子缩合，而且乙酰化物也会发生双分子缩合。

（2）加料次序和加乙酸钠的速率　应先加乙酸酐后加乙酸钠，次序不能颠倒，并严格控制加乙酸钠的速率。这样，在游离出来的氨基酮还未来得及发生双分子缩合之前，就立即被乙酸酐酰化生成对硝基-*α*-乙酰氨基苯乙酮。

四、 项目展示及评价

1. 项目成果展示

（1）制订的“合成对硝基-*α*-乙酰氨基苯乙酮”（氯霉素中间体 C4）方案。

（2）合成的氯霉素中间体 C4 产品。

氯霉素中间体 C4——对硝基-*α*-乙酰氨基苯乙酮为淡黄色针状结晶，熔点 161～163℃（见图 2-39）。

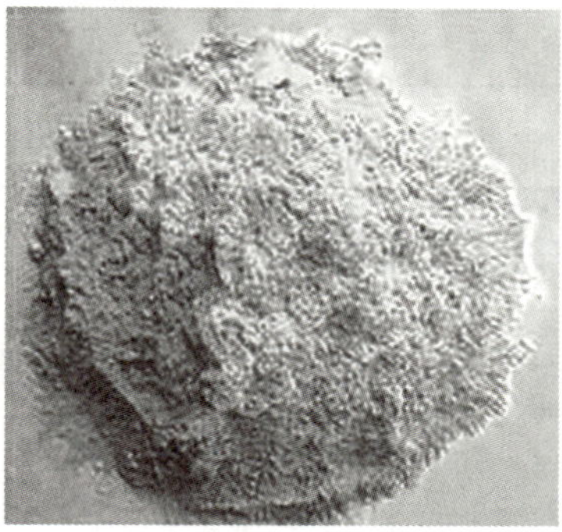

图 2-39　氯霉素中间体 C4

2. 项目评价依据

（1）制备方法、原料选择是否正确，用量与配比是否合理。

（2）选择的反应器、设计的实验装置的正确程度。

（3）操作步骤的合理、准确、规范程度。

（4）采取的安全、环保措施是否得当。

（5）方案讲解流畅程度，理解能力，语言表达能力。

（6）产品总体质量。

（7）对工业生产方法及操作控制点的理解程度，讲解的熟练程度与准确性。

3. 考核方案

考核依据本书第一部分“考核与评价方式”进行，本任务的具体评价内容如下。

（1）教师评价表　包括项目准备过程的“项目材料评价表”和项目实施过程的“项目实施过程评价表”。

① 项目材料评价表

	考核内容	权重/%	成绩	存在问题	签名
项目材料收集	查阅合成氯霉素中间体 C4 相关材料情况	10			
	讲解氯霉素中间体 C4 制订方案的依据、方案可行性分析	20			
	材料搜集完整性、全面性	15			
	拓展知识（以羧酸、羧酸酯、酸酐、酰氯为酰化试剂进行 *O*-酰化、*N*-酰化、*C*-酰化）的掌握程度	10			
	讨论、调整、确定并总结方案	15			

续表

	考核内容	权重/%	成绩	存在问题	签名
职业能力及素养	查阅文献能力	5			
	归纳总结所查阅资料能力	5			
	制订、实施工作计划的能力	5			
	讲解方案的语言表达能力	5			
	方案制订过程中的再学习、创新能力	5			
	团结协作、沟通能力	5			
	总分				

② 项目实施过程评价表

	考核内容	权重/%	成绩	存在问题	签名
项目实施过程	仪器选择及安装	5			
	选择酰化试剂(乙酸酐)	5			
	配制乙酸钠溶液(38%～40%)	5			
	物料称取、加料顺序(先加乙酸酐,后加乙酸钠溶液,不能颠倒)	5			
	控制滴加温度(不超过 22℃)	5			
	反应温度、时间、pH 控制(18～20℃,1h,pH 3.5～4.5)	5			
	反应终点的检验方法(取少量反应液,过滤,往滤液中加入碳酸氢钠溶液中和至碱性,在 40℃左右加热后放置 15min,滤液澄清不显红色示终点到达,若滤液显红色或混浊,应适当补加乙酸酐和乙酸钠溶液,继续反应)	5			
	冷却,析晶(冷至 10～13℃)	5			
	过滤,洗涤(先用常水,后用碳酸氢钠溶液至 pH=7),干燥	5			
	实验现象、原始数据记录情况	5			
	产品质量,包括外观、收率等	5			
	实训报告完成情况(书写内容、文字、上交时间)	10			
职业能力及素养	动手能力、团结协作能力	5			
	现象观察、总结能力	5			
	分析问题、解决问题能力	5			
	突发情况、异常问题应对能力	5			
	安全及环保意识(母液循环套用,溶剂回收)	5			
	仪器清洁、保管	5			
	纪律、出勤、态度、卫生	5			
	总分				

(2) 学生评价表

	考核内容	权重/%	成绩	存在问题	签名
项目材料收集	学习态度是否主动，是否能及时完成教师布置的合成氯霉素中间体 C4 任务	5			
	是否能熟练利用期刊书籍、数据库、网络查询氯霉素中间体 C4 相关资料	5			
	收集的有关学习信息和资料是否完整	5			
	能否根据学习资料对合成氯霉素中间体 C4 项目进行合理分析，对所制订的方案进行可行性分析	5			
	是否积极参与各种讨论，并能清晰地表达自己的观点	5			
	是否能够掌握所需知识技能，并进行正确的归纳总结	5			
	是否能够与团队密切合作，并采纳别人的意见建议	5			
项目实施过程	能否独立正确选择、安装实训装置	5			
	能否选择合适的酰化试剂（乙酸酐）	5			
	能否准确控制反应温度、时间及反应酸度	5			
	是否能准确检测反应终点	5			
	是否能正确选择合适的后处理方法（冷却固液分离、洗涤、干燥）	5			
	洗涤所用试剂是否准确（先用常水，后用碳酸氢钠溶液）	5			
	所得产品氯霉素中间体 C4 质量、收率是否符合标准	10			
职业能力及素质形成	能否准确观察实验现象，及时、实事求是地记录实验数据	5			
	是否能独立、按时按量完成实训报告	10			
	对试验过程中出现的问题能否主动思考，并使用现有知识进行解决，对试验方案进行适当优化和改进，并知道自身知识的不足之处	5			
	完成实训后，是否能保持实训室清洁卫生，对仪器进行清洗，药品妥善保管	5			
	总分				

（3）成绩计算　本项任务考核成绩＝教师评价成绩×50%＋学生自评成绩×20%＋小组互评成绩×30%。其中教师评价成绩＝项目材料评价成绩×30%＋项目实施过程评价成绩×70%。

五、知识拓展

（一）酯化反应技术

酯化反应难易程度取决于醇或酚的亲核能力、位阻及酰化剂的活性。一般规律是伯醇易于反应，仲醇次之，叔醇最难酯化。叔醇难于酯化的主要原因是由于立体位阻较大且在酸性条件下又易于脱去羟基而形成稳定的叔碳正离子，因此叔醇需用活性高的酰化试剂。伯醇中的苄醇、烯丙醇虽然不是叔醇，但由于易于脱羟基形成稳定的碳正离子，所以也表现出与叔醇相类似的性质。酚羟基由于受芳环的影响使羟基氧原子的亲核性降低，其酯化比醇难。

1. 羧酸法

用羧酸和醇合成酯类是典型的酯化反应，此法又称为直接酯化法，由于所用原料醇和羧酸均易获得，所以是合成酯类的重要方法。由于羧酸是较弱的酰化试剂，其对醇进行酰化为可逆平衡反应，反应式如下：

$$RCOOH + R'OH \rightleftharpoons RCOOR' + H_2O$$

对于可逆反应，要想加速反应，提高收率，得到理想的目标产物，需从以下两个方面加以考虑：一是尽量提高反应物的活性，设法提高平衡常数；二是设法打破平衡，使反应向生成物的方向移动。

反应物结构对反应的影响，主要取决于电性因素与位阻因素两个方面。酯化反应的实质是被酰化物（醇或酚）对酰化试剂（羧酸）进行的亲核反应。对于醇或酚，其羟基的亲核性越强、位阻越小，反应越容易；反之，则反应困难。伯醇由于其位阻小、亲核性强而最易于反应，仲醇次之，而叔醇则由于立体位阻较大且在酸性介质又易于脱去羟基而形成叔碳正离子而难于反应。苄醇和烯丙醇虽然也是伯醇，但受芳环及双键的影响，其酯化也较难。酚羟基氧原子上的孤对电子与芳环存在 p-π 共轭，减弱了氧原子的亲核性，其酯化比醇难。

对于羧酸（RCOOH），其羰基碳原子的亲电性越强、位阻越小，反应越容易；反之，则反应困难。甲酸及其他直链脂肪族羧酸由于位阻小、亲电性强而较易反应，具有侧链的羧酸次之，侧链越多，反应就越困难。对于芳香族羧酸，由于空间位阻的影响更为突出，所以，一般比脂肪族羧酸活性小。但芳环上的取代基对反应也有影响，当羧基的邻位连有给电子基时反应活性降低。当羧基的对位有吸电子基时反应活性相对增大。以苯甲酸为例，当邻位有甲基取代时，反应活性降低，当两个邻位都有甲基取代时，则难以酯化，而当对位连有硝基时活性提高，如可以用对硝基苯甲酸直接酯化制备盐酸普鲁卡因中间体。

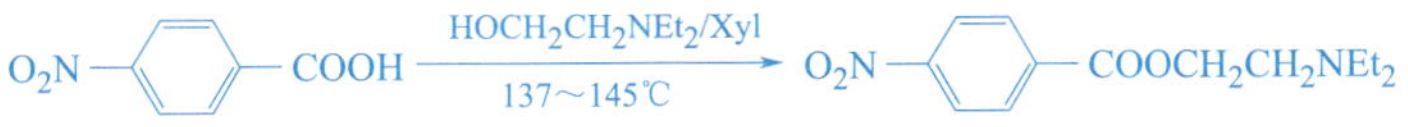

（盐酸普鲁卡因中间体）

酯化反应是一可逆平衡反应，要想提高产物的收率，必须设法打破平衡，使反应向生成酯的方向移动。打破平衡的方法可采取增大反应物（醇或酸）的配比，同时不断将反应生成的水或酯从反应系统中除去。若反应生成的酯的沸点比醇、酸、水低时，可将生成的酯蒸馏得到。但在药物合成中，所得到的酯往往分子量大、沸点高，所以，较多采用将水除去的方法。除去水可用以下几种方法。

① 加脱水剂。加入脱水剂如浓硫酸、无水氯化钙、无水硫酸铜、无水硫酸铝等，这也是最简单的方法。

② 蒸馏除水。当反应物及生成的酯的沸点均较水的沸点高时，可采用直接加热或导入热的惰性气体或用减压蒸馏等方法将水除去。

③ 共沸脱水。利用某些溶剂能与水形成具有较低共沸点的二元或三元共沸混合物的原理，通过蒸馏把水除去。此法具有产品纯度好、收率高，不用回收催化剂等优点，在酯化反应中被广泛采用。对溶剂的要求是：a. 共沸点应低于 100℃；b. 共沸物中含水量尽可能高一些；c. 溶剂和水的溶解度应尽可能小，以便共沸物冷凝后可以分成水层和有机层两相。常用的有机溶剂有苯、甲苯、二甲苯等。如局麻药盐酸普鲁卡因中间体及镇痛药盐酸哌替啶等的合成。

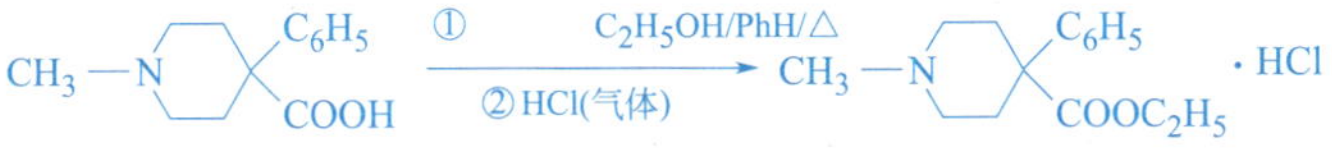

（盐酸哌替啶）

酯化反应常用的催化剂有以下几种。

（1）质子酸　质子酸是酯化反应中经常采用的催化剂，所用的质子酸催化剂主要有浓硫酸、四氟硼酸、氯化氢气体、磷酸等无机酸及苯磺酸、对甲苯磺酸等有机酸。质子酸中，氯化氢的催化作用最强，但由于其腐蚀性强，且反应物分子中有不饱和键、醚键等时，易发生加成、醚键断裂等副反应，使得其使用受到限制；磷酸的活性弱，使用较少；浓硫酸由于具有较好的催化活性及吸水性，因而其应用最为广泛。

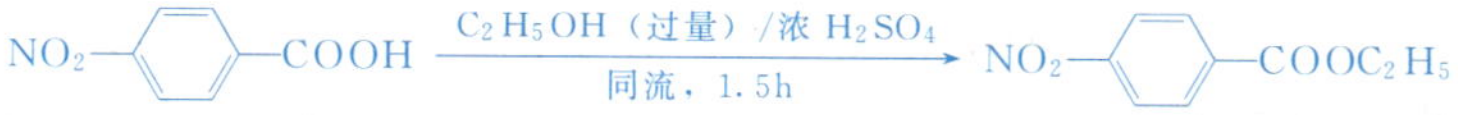

某些对无机酸敏感的醇，可采用苯磺酸、对甲苯磺酸等有机酸作为催化剂。如下列反应中，醇分子中含有对酸敏感的化学键与官能团，所以可选用苯磺酸、对甲苯磺酸作为催化剂。在工业上，此类催化剂可减少对设备的腐蚀，且本身在有机介质中溶解度大，作用温和、不易发生磺化副反应。

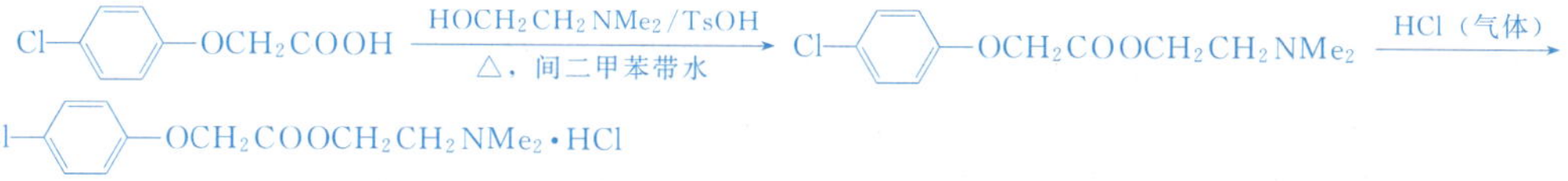

质子酸催化的最大优点是简单，但对于位阻大的酸及叔醇易脱水。

（2）强酸型离子交换树脂　由于强酸型离子交换树脂能离解出 H^+，所以可作为酯化反应的催化剂。采用离子交换树脂为催化剂的优点主要有：反应速率快，反应条件温和，选择性好，收率高；产物后处理简单，无需中和及水洗；树脂可循环使用，并可连续化生产；对设备无腐蚀，废水排放少等。由于上述优点，强酸型离子交换树脂已广泛用于酯化反应。

如乙酸甲酯的制备，在同样配比条件下，用对甲苯磺酸为催化剂反应 14h，收率为 82%，而在离子交换树脂及硫酸钙干燥剂存在下，反应仅 10min，收率即可达 94%。乙酸苄酯的制备，由原来的硫酸催化改为离子交换树脂催化后，收率等各方面也得到了很大改善。

$$CH_3COOH+CH_3OH\xrightarrow[10min]{R-SO_3H/CaSO_4}CH_3COOCH_3\quad(94\%)$$

常用的离子交换树脂为磺酸型（$R-SO_3H$）大孔（如 D72、D61 型）树脂。离子交换树脂目前已商品化，可由商品牌号查得该树脂的性质及组成。用离子交换树脂催化的反应工艺比较简单，可在反应中加入固体离子交换树脂，也可将反应液通过装有该催化剂的交换柱进行酯化反应。

有关离子交换树脂催化反应的具体操作见本任务的“自主能力训练项目”。

（3）脱水剂　DCC 为脱水剂，在过量酸作用下首先与羧酸作用产生具有较大酰化活性的中间体与酸酐，中间体及酸酐与醇作用生成酯。使用 DCC 脱水剂的酰化反应操作工艺也比较简便，反应副产物二环己基脲以固体状态析出，经过滤即可除去，回收后用化学法处理，从分子中脱水而生成 DCC，可循环使用。

这些试剂多用于酸、醇的价格较高，或具有敏感官能团的某些结构复杂的酯及酰胺等化合物的合成上，在半合成抗生素及多肽类化合物的合成中也有广泛的应用。

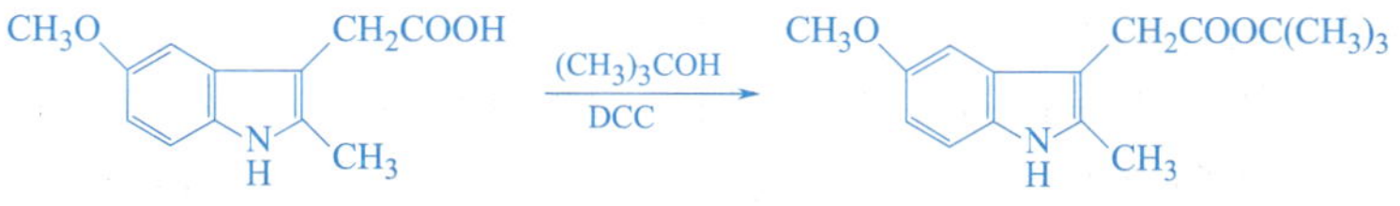

(吲哚美辛钠中间体)

2. 酯交换法

羧酸酯可与醇、羧酸或酯分子中的烷氧基或酰基进行交换，实现由一种酯向另一种酯的转化，也是合成酯类的重要方法。当用酸对醇进行直接酯化不易取得良好效果时，常常要用酯交换法。

酯交换反应是一可逆的平衡反应，为使反应向生成酯的方向移动，一般常用过量的醇，并将反应生成的醇不断蒸出。由于反应过程中存在着两个烷氧基（R′O—、R″O—）之间亲核力的竞争，所以生成的醇 R′OH 应易于蒸馏除去，以打破平衡；参加反应的醇 R″OH 应具有较高的沸点，以便留在反应体系中，即以沸点较高的醇置换出酯分子中沸点较低的醇。如下反应：

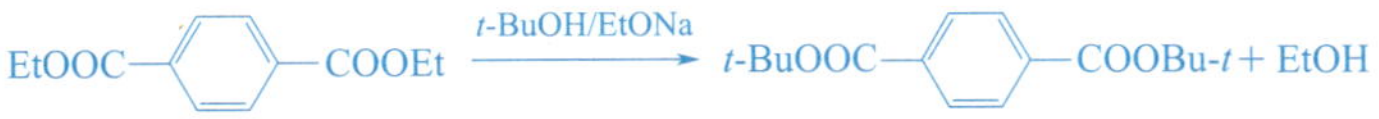

酯的醇解反应可以用酸或碱来催化，常用的酸催化剂有硫酸、对甲苯磺酸、等质子酸，或 Lewis 酸；碱性催化剂常用醇钠或其他的醇盐，有时也可用胺类。采用何种催化剂，主要取决于醇的性质。若参加反应的醇含有对酸敏感的官能团（如含碱性基团的醇、叔醇等），则应采用碱性催化剂。例如，局部麻醉药丁卡因（Tetracaine，2-11）的合成，因反应的醇和酸中含有氨基，需采用过量的二乙氨基乙醇与正丁氨基苯甲酸乙酯反应，在乙醇钠的催化下进行酯交换反应，连续蒸出交换出来的醇即可得产物。

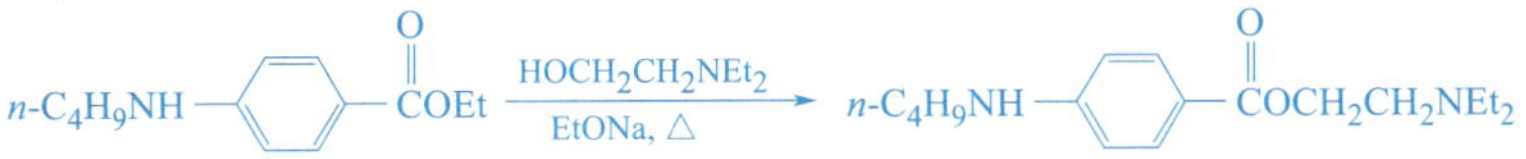

(2-11)

酯交换反应需要在无水条件下进行，否则，反应生成的酯会发生水解，影响反应的正常进行。还需要特别注意的是，由其他醇生成的酯类产品不宜在乙醇中进行重结晶，同样道理，由其他酸生成的酯类产品不宜在乙酸中进行重结晶或其他反应。

3. 酸酐法

酸酐是强酰化剂，可用于各种结构的醇和酚的酰化，包括一般酯化法难于反应的酚类化合物及空间位阻较大的叔醇。其反应不可逆，反应式如下：

$$(RCO)_2O + R'OH(ArOH) \xrightarrow{\text{酸或碱}} RCOOR'(RCOOAr) + RCOOH$$

酸酐为酰化剂时，可用酸或碱催化以加速反应。常用的酸性催化剂有硫酸、氯化锌、三氟化硼、二氯化钴、三氯化铈、对甲苯磺酸等；常用的碱性催化剂有吡啶、三乙胺、喹啉等胺类，以及无水乙酸钠。

酸催化的活性一般大于碱催化。在具体反应中，选用哪种催化剂，要根据羟基的亲核性、位阻的大小及反应条件等来决定。

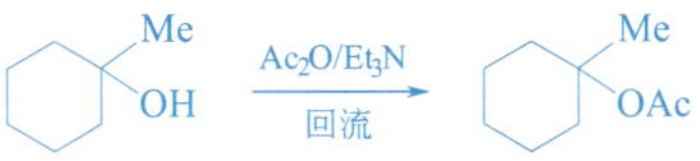

(86%)

用酸酐作酰化剂时，如果反应进行得比较平稳，可不用溶剂，或用与酸酐对应的羧酸为溶剂。若反应过于激烈，不易控制，可考虑加入一些惰性溶剂。常用的溶剂有苯、甲苯、硝基苯、石油醚等。由于酸酐遇水分解，使其酰化活性大大降低，生成的酯也会因水的存在而分解，所以该反应应严格控制反应体系中的水分。

酸酐作为酰化试剂，由于其活性高，常用于反应困难、位阻大的醇以及酚羟基的酰化。

4. 酰氯法

酰氯是一类活泼的酰化试剂，与各种醇、酚均可反应制得相应的酯。其反应为不可逆，反应式如下：

$$RCOCl+R'OH(ArOH) \longrightarrow RCOOR'(RCOOAr)+HCl$$

由于反应中有氯化氢放出，为了防止对氯化氢敏感的官能团（如叔醇、烯烃等）发生副反应，所以反应过程中常加入碱性试剂以中和生成的氯化氢。常用的碱性试剂有氨气、液氨、吡啶、三乙胺、*N*,*N*-二甲基苯胺等有机碱，或碳酸钠、氢氧化钠等无机碱。吡啶等有机碱不仅有中和氯化氢的作用，而且对反应有催化作用。如：

$$CH_2(COCl)_2+2(CH_3)_3COH \xrightarrow[30℃,4h]{C_6H_5N(CH_3)_2} CH_2[COOC(CH_3)_3]_2 \quad (84\%)$$

由于酰氯活性高，所以反应常在较低的温度下进行。酰氯不稳定，为了防止酰氯分解，一般采用滴加碱或滴加酰氯的操作方式。如解热镇痛药扑炎痛（Beorglate，2-12）的合成，采用先使对氨基苯酚与20%的氢氧化钠反应得酚钠，再滴加酰氯的方法。

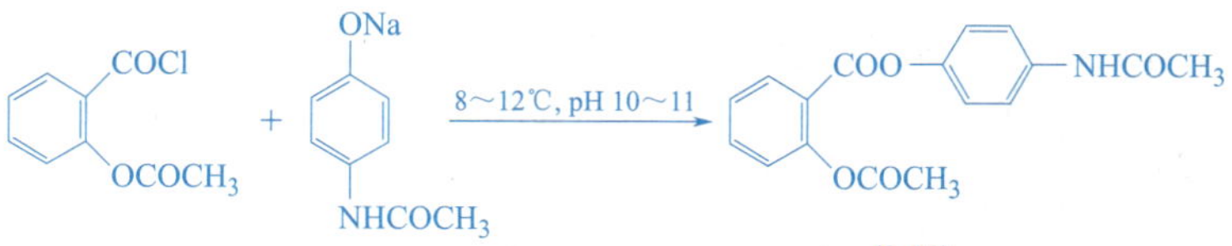

(2-12)

酰氯的活性大，常用于位阻大的醇或酚类的酰化。酰氯的性质虽然不如酸酐稳定，但其制备较容易（酰氯均由相应的羧酸进行卤置换而得），当某些酸酐难于制备不能采用酸酐法时，则可用酰氯，即应用酰氯可引入更多结构的酰基，应用非常广泛。

（二）芳烃的C-酰化

1. 原理

在三氯化铝或其他Lewis酸（或质子酸）催化下，酰化剂与芳烃发生芳环上的亲电取代，生成芳酮的反应，也简称F-C酰化反应、傅-克酰化反应。反应首先是催化剂与酰化剂作用，生成酰基碳正离子活性中间体，之后，酰基碳正离子进攻芳环上电子云密度较大的位置，取代该位置上的氢，生成芳酮。反应过程中，生成的酰基碳正离子的形式比较复杂，但可以简单表示如下（以酸酐酰化剂为例）：

$$(RCO)_2O + AlCl_3 \rightleftharpoons RCOCl + RCOOAlCl_2$$

$$RCOCl + AlCl_3 \rightleftharpoons R-\underset{\oplus}{\overset{O}{\overset{\|}{C}}}\cdot AlCl_4^{\ominus} \rightleftharpoons R-\overset{O}{\overset{\|}{C}}{}^{\oplus} + AlCl_4^{\ominus}$$

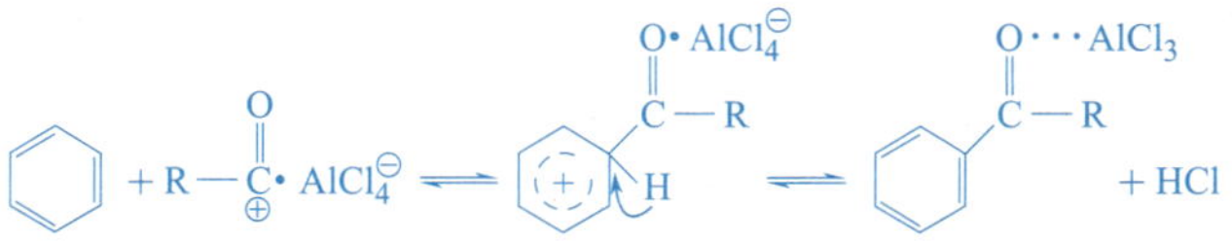

从上述过程可以看出，反应后生成的酮和$AlCl_3$以配合物的形式存在，而以配合物存在的$AlCl_3$不再起催化作用，所以$AlCl_3$的用量必须超过反应物的摩尔数。若用酸酐为酰化剂常用反应物摩尔数2倍以上的$AlCl_3$催化；若用酰氯为酰化剂常用反应物摩尔数1倍以上的$AlCl_3$催化（超过量在10%～50%）。反应结束后，产物需经稀酸处理溶解铝盐，才能得到游离的酮。

2. 主要影响因素

（1）催化剂　常用的催化剂为 $AlCl_3$、BF_3、$ZnCl_2$、$SnCl_4$ 等 Lewis 酸，以及多聚磷酸、H_2SO_4 等质子酸。一般用酰氯、酸酐为酰化剂时多选用 Lewis 酸催化，以羧酸为酰化试剂时则多选用质子酸为催化剂。Lewis 酸的活性一般大于质子酸，但各种催化剂的强弱程度常常也因具体反应条件不同而异。

Lewis 酸中以无水 $AlCl_3$ 最为常用，但对于某些易于分解的芳杂环如呋喃、噻吩、吡咯等的酰化宜选用活性较小的 BF_3 或 $SnCl_4$ 等弱催化剂。如抗生素头孢噻吩（Cefalotin）中间体的合成。

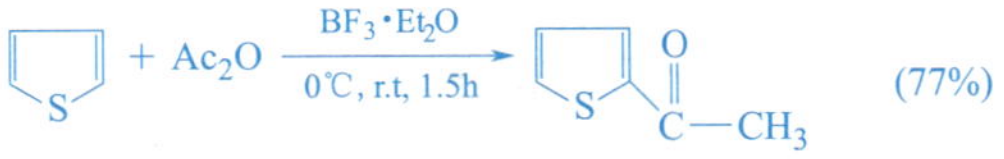

（头孢噻吩中间体）

（2）被酰化物结构　反应遵循芳环亲电取代反应的规律。当芳环上含有给电子基时，反应容易进行。因酰基的立体位阻比较大，所以酰基主要进入给电子基的对位，对位被占，才进入邻位。氨基虽然也能活化芳环，但它容易同时发生 *N*-酰化以及氨基与 Lewis 酸络合的副反应，因此在进行 *C*-酰化前应该首先对氨基进行保护。

芳环上有吸电子基时，使 *C*-酰化反应难以进行。由于酰基本身是较强的吸电子取代基，所以，当芳环上引入一个酰基后，芳环被钝化不易再引入第二个酰基发生多酰化，使得 *C*-酰化反应的收率可以很高，产品易于纯化。所以通过 F-C 反应合成芳酮比合成芳烃更为有利。

（3）溶剂　反应生成的芳酮与 $AlCl_3$ 的配合物大都是黏稠的液体或固体，所以在反应中常需加入溶剂。选择溶剂时，要注意溶剂对催化剂活性及酰基引入的位置也有影响。选择溶剂可分为以下三种情况。

① 用过量的低沸点芳烃作溶剂。例如，由邻苯二甲酸酐与苯制备邻甲酰基苯甲酸时，由于苯易回收循环利用，可用 6～7 倍（摩尔比）的苯作溶剂，利尿药氯噻酮中间体（2-13）的制备也是应用 7～8 倍（摩尔比）的氯苯作兼作溶剂。

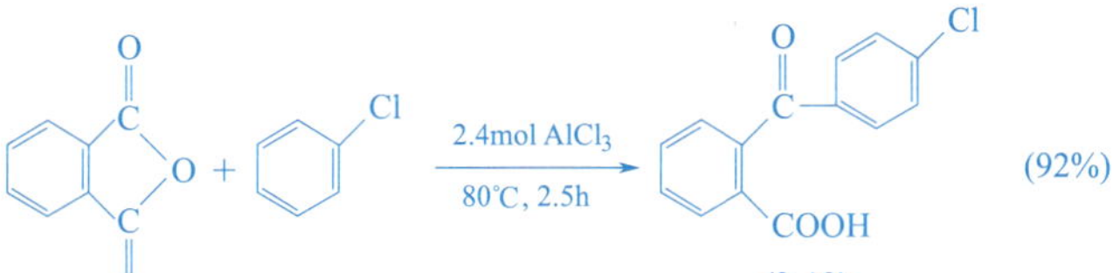

(2-13)

② 用过量的酰化剂作溶剂。如下反应中，由于叔丁基的立体位阻，只能在两个甲基之间引入一个乙酰基，因此可以用与乙酐等摩尔的冰醋酸作溶剂。

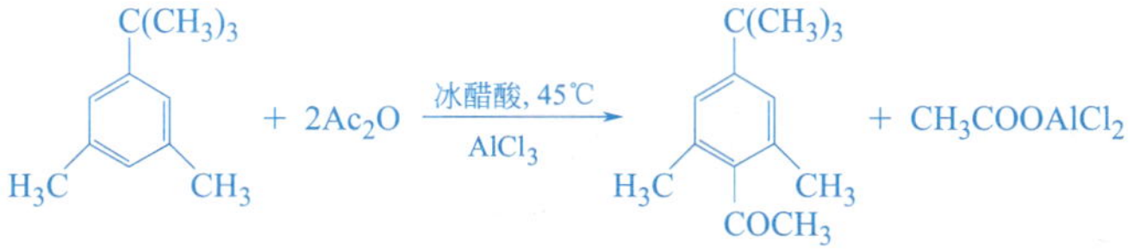

③ 另外加入适当的溶剂。如果反应组分均不是液态，就要另外加入溶剂，常用的溶剂有二硫化碳、硝基苯、石油醚、四氯乙烷、二氯乙烷等，其中硝基苯与 $AlCl_3$ 可形成复合物，反应呈均相，极性强，应用广。二硫化碳、石油醚、四氯乙烷、二氯乙烷等对 $AlCl_3$ 或

配合物的溶解度很小，反应基本是非均相的。

3. 酰化剂

以下酰化试剂得到广泛应用。

（1）酸酐酰化剂　常用的酸酐多数为二元酸酐，可制备芳酰脂肪酸，经还原后进一步环合可得芳酮衍生物。如苯与丁二酸酐反应最后可制得萘满酮。

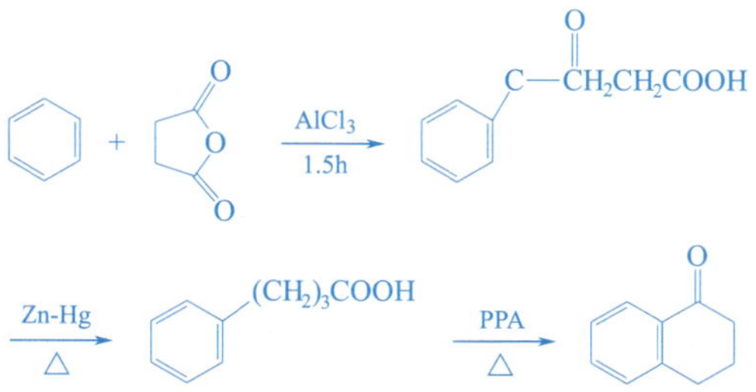

（2）酰卤酰化剂　酰卤中最常用的是酰氯，例如萘在催化剂 $AlCl_3$ 的作用下，用过量的苯甲酰氯（兼作溶剂）进行酰化，反应式如下：

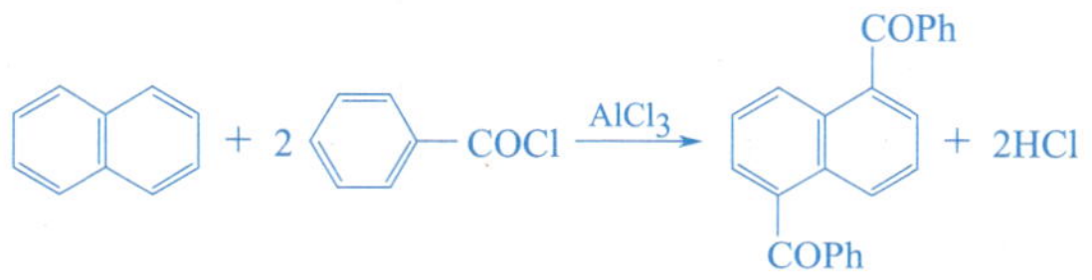

生成的芳酮与 $AlCl_3$ 的配合物需用水分解，才能分离出芳酮。水解会释放出大量的热，所以酰化产物放入水中时要特别小心，避免局部过热。

（3）羧酸酰化剂　羧酸可以直接作酰化剂，且当羧酸的烃基中有芳基取代时，可以进行分子内酰化得芳酮衍生物。这是制备稠环化合物的重要方法。其反应难易与形成环的大小有关，一般由易到难的顺序是：六元环＞五元环＞七元环。

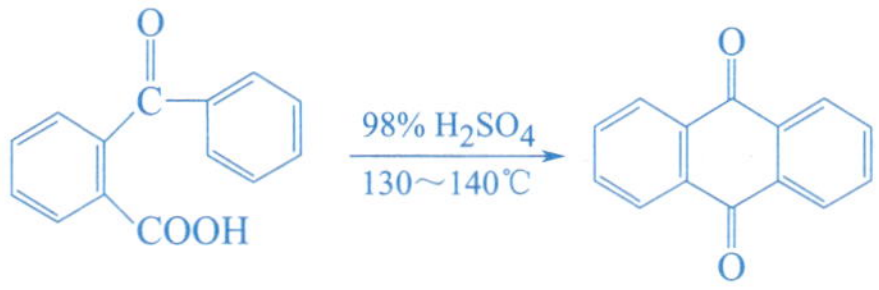

(98%)

（三）芳烃酰化反应工艺条件优化

1. 溶剂选择与使用

反应过程如采用三氯化铝作为催化剂，由于它的用量超过酸酐、酰卤的用量，因此必须解决反应液的流动性问题。溶剂的选择应该遵循以下原则。

（1）最好保持芳烃与酰卤（或酸酐）之一过量，过量部分可起溶剂作用。至于哪种过量，取决于它们的相对价格和易回收的程度。一般情况下，由于酰化反应后加水分解三氯化铝与产物的配合物，酰卤较易水解而难于回收，因此以芳烃过量为好。当然，如果芳烃价格远高于酰卤价格时例外。

（2）硝基苯、二硫化碳是酰化反应的常用溶剂。特别是硝基苯，无论对三氯化铝还是对其与产物的配合物，都有较大的溶解度。但是因硝基可与三氯化铝络合，使得催化活性降低，因而只适用于电子云密度较大芳烃的酰化过程。

（3）对于带有强给电子基的芳烃在低温下进行的酰化反应，可使用卤代烃做溶剂，但应当慎用。因为芳烃酰化反应的平行副反应产物是烷基化产物。如以 CH_2Cl_2 为溶剂时副产物为苄氯。苄氯与苯乙酮在某些气相色谱柱特别是一些填充柱中保留时间可能一致，这就给人们一种错觉，误将杂质当产物。

例如 2,4-二氯-5-氟苯乙酮的合成过程：

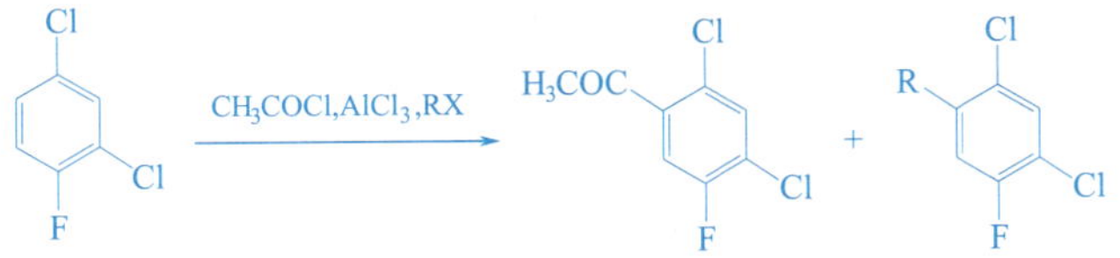

若用二氯甲烷作为溶剂，表面上看收率提高了，但事实并非如此，因为产物、异构体、2,4-二氯-5-氟氯苄在特定的气相色谱条件下于同一时间出峰，易误将副产物当产品。若在合成过程中不加溶剂，而是在反应终止后即冷却到 50℃后加入溶剂二氯甲烷，用冰水解后经气相色谱测定产物含量高，原料转化率高，可最终所得精产品不但不高反而偏低。原因是乙酰化反应虽已终止，但在 50℃条件下未反应的 2,4-二氯氟苯与二氯甲烷的烷基化反应还在进行，生成了 2,4-二氯-5-氟氯苄。而氯苄与苯乙酮在一定的气相色谱条件下保留时间相同，故而人们误以为转化率提高，收率提高了。但是实际上，上述做法仅仅是将未反应的原料转化成了副产物氯苄而已。这不但未增加产物，而且还浪费了原料，同时这些副产物还于高温下结焦，新生成的焦油又对产物有溶解作用而使产物回收率降低。

特别提醒在解读 GC 图谱时应注意：①同一保留时间未必是同一组分；②不挥发组分（如焦油）不出峰。

2. 三氯化铝的质量与加入方式

F-C 酰化反应最常用的催化剂是三氯化铝。无水三氯化铝可与水快速分解生成氢氧化铝而使催化剂失活。一般情况下，由于试剂无水三氯化铝密封不严和长期放置，催化活性较低，还易引发一些副反应。鉴于以上情况，实验室研究过程也应采用工业新鲜的三氯化铝，以免实验失败。

3. 加料方式

实践证明，芳烃与酰卤高浓度均有利于酰化反应。但是由于三氯化铝与酰卤的溶解、络合放热，芳烃与酰卤的一次性加入难于控制，因而一般酰卤采取滴加方式以使热量缓慢放出。

4. 反应温度和时间

具体的酰化反应温度控制范围很小，高温对连串副反应有利，低温则反应时间延长，也对连串副反应有利。最佳的温度与时间需要实验来确定。由于副反应主要是连串副反应，控制一定的反应时间可控制一定的转化率，以此来平衡转化率与选择性的矛盾至关重要。

5. 反应终止与配合物的分解

反应时间是重要因素，适时终止反应十分重要。终止反应的措施是降低温度，而温度降低是有限度的，因为过低的温度会使配合物凝固。

已冷却的反应物需加水分解配合物，最常见的方法是将配合物液体倒入冷水中。而这种方法不是最好的，因为水解反应大量放热，会使水温升高，水解会冒出大量白烟，含有 HCl、水、原料、产品的白烟必须经吸收过程回收处理。而将配合物通过导流管慢慢加入碎冰的中层，是最好的水解方式。一方面由于冰的大量溶解，使水温降低，减少了水解副反应；另一方面，低温水解无白烟生成，微量的白烟可被上层冰冷却吸收。

6. 产物分离方法与存在问题

配合物水解后即可生成芳酮，若为乙酰化反应，则生成苯乙酮即苯基甲基酮。甲基酮化学性质不稳定，在强碱性条件下室温下即可自身缩合，因此分离出的甲基酮粗品一般不宜用强碱水溶液洗涤，必要时可用弱碱，如用碳酸钠水溶液洗涤。

中性或显弱酸性的粗品有多种提纯方式，但较低沸点的芳酮尽可能用水蒸气蒸馏的方法回收，这样可避免焦油对芳酮的溶解损失而获得较高收率。而在实际合成过程中，往往有时选择的分离方法不当，其存在的问题主要有以下几点。

① 对冰解与水解的差距认识不足，利弊平衡有误。从产物的稳定性、产品的回收率、操作周期、能源消耗、环境保护等诸多方面看，冰解过程有利。

② 对碱性条件下苯乙酮的不稳定性认识不足。因为酰化粗产品往往含有黑色焦油，碱洗后从外观到 GC 图谱一般看不出明显变化。这是因为焦油不出峰的缘故。然而用纯苯乙酮与碱混合时容易发现有缩合反应发生。无论缩合的量有多少都是不希望的。

③ 对于先除焦油的意义认识不足。焦油对苯乙酮的溶解损失是不容忽视的，一定要利用水蒸气蒸馏法或吸附法先行去除焦油，然后再进行产物的提纯。

六、 自主能力训练项目　离子交换树脂作为催化剂制备乙酸苄酯

训练素材见本书第三部分“典型案例及项目化教学素材”相关内容。

任务 5　合成对硝基-α-乙酰氨基-β-羟基苯丙酮（氯霉素中间体 C5）——缩合技术

一、 布置任务

（1）制订方案　制订合成氯霉素中间体 C5 的实验室制备方案。对多种方法进行对比、分析、完善，确定优化方案。

（2）讲解方案　讲解小试方案的依据，比较小试方案与工业生产的异同点。

（3）实训操作　按照修改完善的方案，在实训室合成氯霉素中间体 C5。

二、 必备知识

（一）羟醛缩合

具有活性 α-氢的醛或酮在酸或碱的催化作用下生成 β-羟基醛（或酮）的反应称为羟醛缩合。它包括醛醛缩合、酮酮缩合以及醛酮交叉缩合三种情况。

1. 羟醛缩合催化剂及反应特点

催化剂对羟醛缩合反应的影响比较大。用作催化剂的碱可以是弱碱（如 Na_3PO_4、NaOAc、Na_2CO_3、K_2CO_3、$NaHCO_3$ 等），也可以是强碱（如 NaOH、KOH、NaOEt、NaH、$NaNH_2$ 等）。NaH、$NaNH_2$ 等强碱一般用于活性差、位阻大的反应物之间的缩合，如酮酮缩合，并在非质子溶剂中进行。碱的用量和浓度对产物的质量和收率均有影响。浓度太小，反应速率慢；浓度太大或碱的用量太多，容易引起副反应。羟醛缩合反应也可用酸催化，但不及碱催化应用广泛。常用的酸有盐酸、硫酸、对甲苯磺酸、三氟化硼以及阳离子交换树脂等。

2-21微课：羟醛缩合反应

羟醛缩合反应通式表示如下：

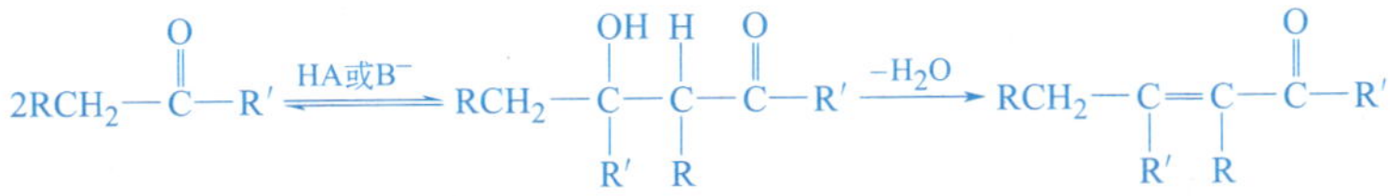

式中，R′为 H 或烃基；HA 为酸性催化剂；B^- 为碱性催化剂。

可见在酸或碱催化下，羟醛缩合反应在加成阶段都是可逆反应，如要获得高收率的加成产物，必须设法打破平衡，使平衡向右边移动。

2. 同分子醛、 酮自身缩合

以碱作催化剂为例。碱的作用是夺去醛或酮分子中的活泼氢形成碳负离子，从而提高试剂的亲核性，以利于和另一分子醛或酮的羰基进行加成。生成的加成物在碱存在下可以进行脱水反应，生成 α,β-不饱和醛或酮。反应机理表示如下：

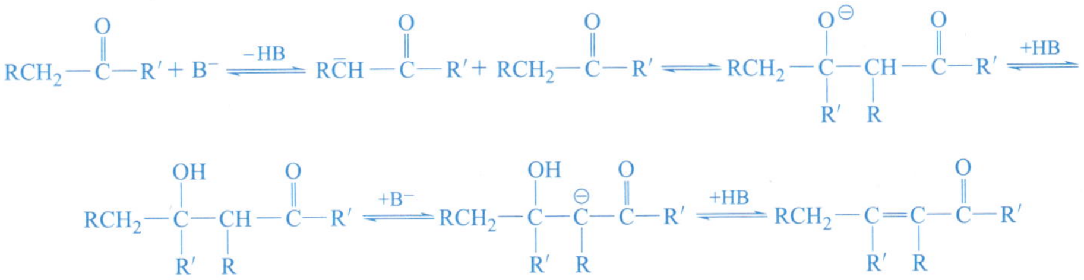

含一个 α-活泼氢的醛进行自身缩合时，得到单一的醛加成产物。含两个或三个 α-活泼氢的醛进行自身缩合时，若在稀碱溶液和较低温度下反应，易得到 β-羟基醛；温度较高或是在酸催化下，易得到 α,β-不饱和醛。含 α-活泼氢的酮分子间的自身缩合，因其反应活性低，加成过程中和产物的空间位阻大，所以其自身缩合的速率慢，平衡偏向左边，反应收率极低。

3. 异分子醛、 酮交叉缩合

（1）含 α-活泼氢的醛、酮的交错缩合　含 α-活泼氢的醛或酮发生交错缩合时，其反应机理与自身缩合机理相似。当反应物为含 α-活泼氢的两种不同的醛时，若反应活性差异小，会生成四种产物，如继续脱水，产物更复杂，所以在合成上无实用价值；如活性差异大，控制条件可以得到某一主要产物。

当反应物一种为含 α-活泼氢的醛，另一种为含 α-活泼氢的酮时，在碱作催化剂的条件下缩合，醛作为羰基组分，酮是亚甲基组分，产物主要为 β-羟基酮或其脱水产物。

由于醛比酮活泼，在反应时，醛还会发生自身缩合，得到副产物，而酮一般不会缩合，过量的酮还可以回收使用。若采取将醛慢慢滴加到含有催化剂的过量酮中的加料方式，则可以使醛的缩合副反应减少到最低程度。

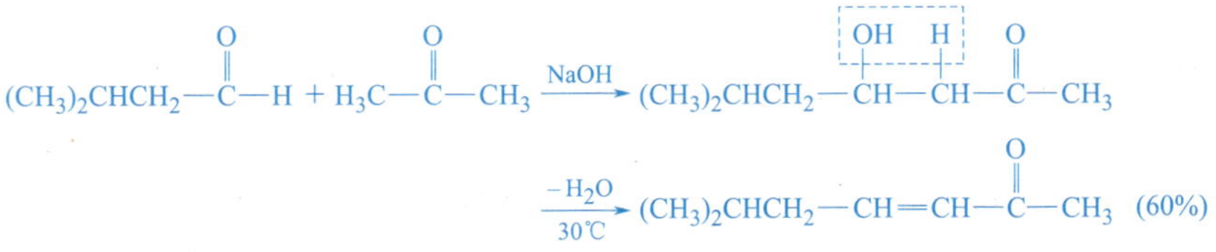

二元醛酮可发生分子内缩合反应，形成环状的 α,β-不饱和醛或酮。成环的难易次序为：六元环＞五元环＞七元环≫四元环。

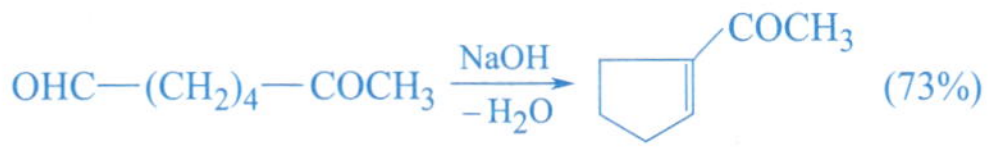

（2）甲醛与含 α-活泼氢的醛、酮缩合　甲醛在碱［NaOH、$Ca(OH)_2$、K_2CO_3、$NaHCO_3$、R_3N 等］催化下，可与含 α-活泼氢的醛、酮进行缩合，甲醛作羰基组分，另一种醛

或酮作为亚甲基组分，其结果在醛、酮的 α-碳原子上引入羟甲基。此反应称为 Tollens 缩合，也叫做羟甲基化反应。其产物是 β-羟基醛、酮或其脱水产物（α,β-不饱和醛或酮）。如：

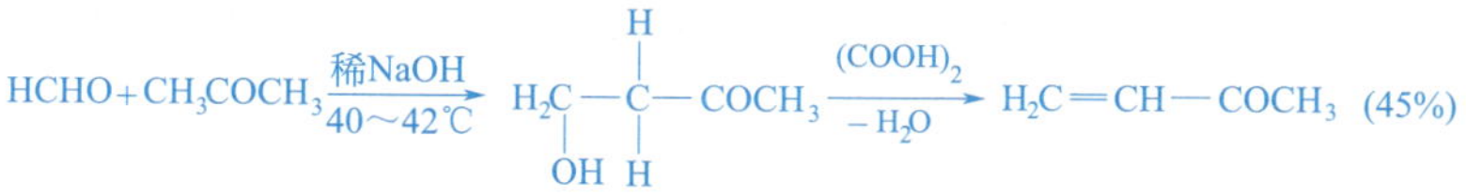

由于甲醛和不含 α-活泼氢的醛在浓碱中能发生 Cannizzaro 反应（歧化反应），因此甲醛的羟甲基化反应和交叉 Cannizzaro 反应能同时发生，这是制备多羟基化合物的有效方法。

（3）芳醛与含 α-活泼氢的醛、酮的交错缩合　芳醛与含 α-活泼氢的醛或酮在碱催化下缩合并脱去一分子水后生成 α,β-不饱和醛或酮的反应称为 Claisen-Schimidt 反应。产物一般为反式构型。

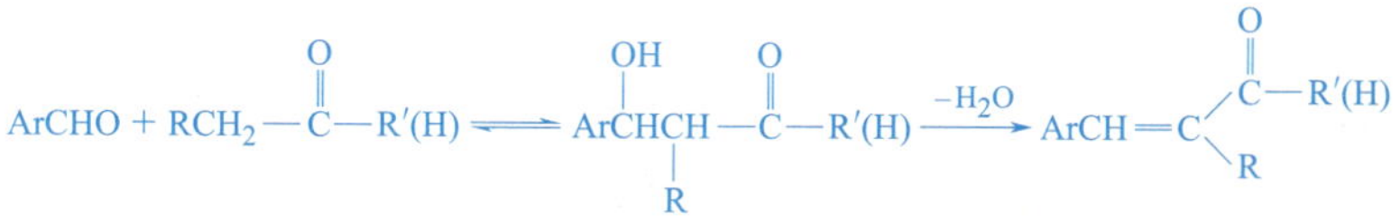

在操作中，为了避免含 α-活泼氢的醛或酮的自身缩合，常采取下列措施：先将等摩尔的芳醛与另一种醛或酮混合均匀，然后均匀地滴加到碱的水溶液中；或先将芳醛与碱的水溶液混合后，再慢慢加入另一种醛或酮，并控制在低温（0～6℃）下反应。

（二）胺甲基化反应

具有活泼氢的化合物与甲醛（或其他醛）和胺缩合，生成氨甲基衍生物的反应称 Mannich 反应，亦称 α-氨甲基化反应。反应的胺可以是伯胺、仲胺或氨。反应生成的产物通常称为 Mannich 碱或 Mannich 盐。其通式为：

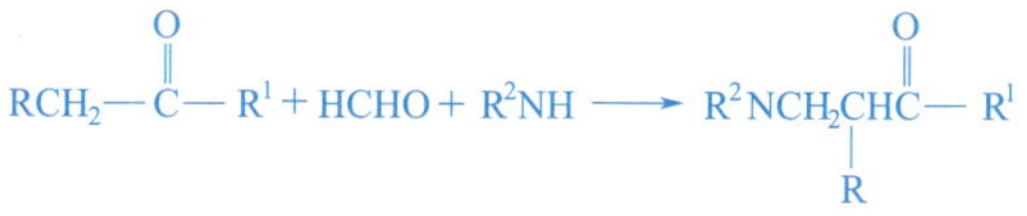

Mannich 反应在药物及其中间体合成中应用广泛。这是因为 Mannich 碱（或盐）本身除了作为药物或中间体外，还可以进行消除、氢解、置换等反应，从而获得许多一般难以合成的化合物。

1. 反应物结构

（1）活泼氢化合物的结构　含活泼氢的化合物可以是醛、酮、酸、酯、腈、硝基烷、炔、酚类以及某些杂环化合物等。其中以酮的反应应用较为广泛。

（2）胺的结构　本反应中，胺的碱性强弱、种类和用量对反应都有影响。一般使用碱性强的脂肪仲胺，当胺的碱性很强时，可利用它的盐酸盐。芳胺的碱性弱，亲核性差，收率低，所以一般不反应。

（3）醛的结构　Mannich 反应中，除主要使用甲醛或三（多）聚甲醛为试剂外，其他活性大的脂肪醛（如乙醛、丁醛、丁二醛、戊二醛等）、芳香醛（如苯甲醛、糠醛等）亦可作为试剂使用，但反应活性比甲醛小。

2. 催化剂

典型的 Mannich 反应必须有一定浓度的质子存在才有利于形成亚甲胺正离子，因此反应所用的胺（氨）常为盐酸盐。一般是在弱酸性（pH 3～7）条件下进行，必要时可加入盐酸或乙酸进行调节。酸的作用主要有三个方面：一是催化作用，反应液的 pH 值一般不小于

3，否则对反应有抑制作用；二是解聚作用，使用三聚甲醛或多聚甲醛时，在酸性条件下加热解聚生成甲醛，使反应能正常进行；三是稳定作用，在酸性条件下，生成的 Mannich 碱或盐，稳定性增加。用此法得到的产品为 Mannich 盐酸盐，必须再经碱中和后才能得到 Mannich 碱。

3. 溶剂

Mannich 反应的溶剂通常是水或乙醇，一般在回流状态下进行反应，条件温和，操作简单，收率较高。

（三）雷福尔马茨基反应（Reformatsky 反应）

醛或酮与 α-卤代酸酯和锌粉在惰性溶剂中反应，经水解后得到 β-羟基酸酯（或脱水得 α,β-不饱和酸酯）的反应叫 Reformatsky 反应。

1. 反应过程

首先 α-卤代酸酯和金属锌粉反应生成中间体有机锌试剂，然后有机锌试剂与醛或酮的羰基进行亲核加成，加成物在稀酸中水解，生成 β-羟基酸酯；再进一步在酸催化下加热脱水，得到 α,β-不饱和酸酯。具体过程如下：

$$Zn + XCH_2COOR^2 \longrightarrow XZnCH_2COOR^2$$

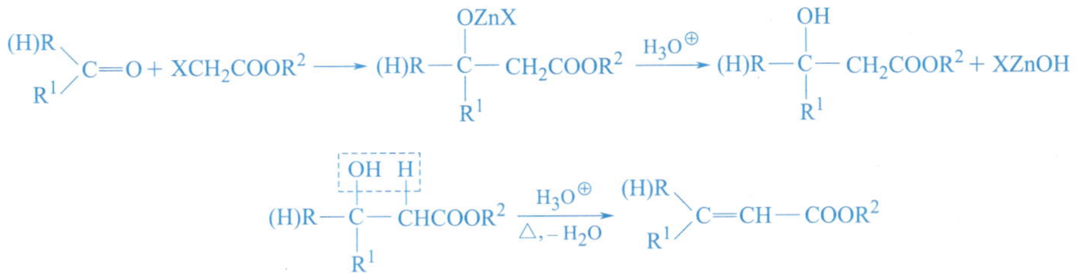

2. 影响因素及反应条件

反应物的结构对结果影响较大，主要有以下几点。

（1）α-卤代酸酯的结构　α-卤代酸酯中，α-碘代酸酯的活性最大，但稳定性差；α-氯代酸酯活性小，与锌的反应速率慢甚至不反应；α-溴代酸酯使用最多。α-卤代酸酯的活性次序为：

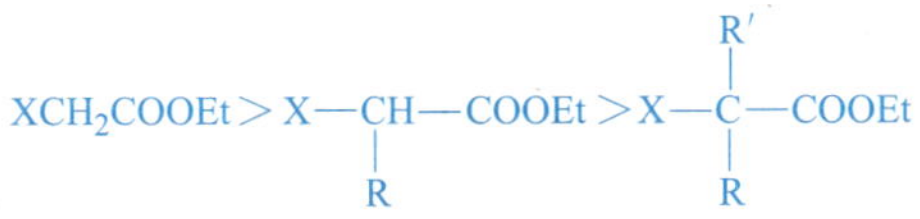

$$ICH_2COOEt > BrCH_2COOEt > ClCH_2COOEt$$

（2）羰基化合物的结构　本反应中的羰基化合物可以是各种醛、酮，但醛的活性一般要大于酮，活性大的脂肪醛在反应条件下易发生自身缩合等副反应。

3. 反应条件

（1）催化剂　本反应除常用锌试剂外，还可用金属镁、锂、铝等试剂。使用金属锌粉时必须活化。活化的方法是：用 20% 的盐酸处理，再用丙酮、乙醚洗涤，真空干燥而得。用金属镁时，常会引起卤代酸酯的自身缩合，但由于其活性比锌大，常用于一些有机锌化合物难以完成的反应（主要是位阻大的化合物）。

（2）溶剂　本反应的缩合过程需无水操作和在有机溶剂中进行。常用的有机溶剂有苯、二甲苯、乙醚、四氢呋喃、二氧六环、二甲氧基甲（乙）烷、二甲基亚砜等。

（3）温度及其他　由于本反应一般在回流条件下进行，所以适宜温度为 90～105℃。反应可一步完成，也可以分两步完成。如果先将 α-卤代酸酯与锌粉作用，形成锌试剂后再与羰基化合物反应，可以避免羰基化合物被锌粉还原的副反应，从而提高收率。例如：

$$Zn + BrCH_2COOEt \xrightarrow[\triangle]{(CH_3O)_2CH_2} BrZnCH_2COOEt \quad (100\%)$$

该反应在药物及中间体的合成上应用广泛，其主要是制备 β-羟基酸酯和 α,β-不饱和酸酯。

三、实用案例

实例一　对硝基-α-乙酰氨基-β-羟基苯丙酮的生产(氯霉素中间体C5)

1. 生产过程分析

本反应是甲醛与含 α-活泼氢的酮进行的羟甲基化反应。在碱催化剂的作用下，对硝基-α-乙酰氨基苯乙酮的羰基-α-碳上的氢原子以质子的形式脱去，生成碳负离子。后者是强的亲核试剂，它向甲醛部分带正电荷的羰基碳原子进攻，发生羟醛缩合反应，生成对硝基-α-乙酰氨基-β-羟基苯丙酮。

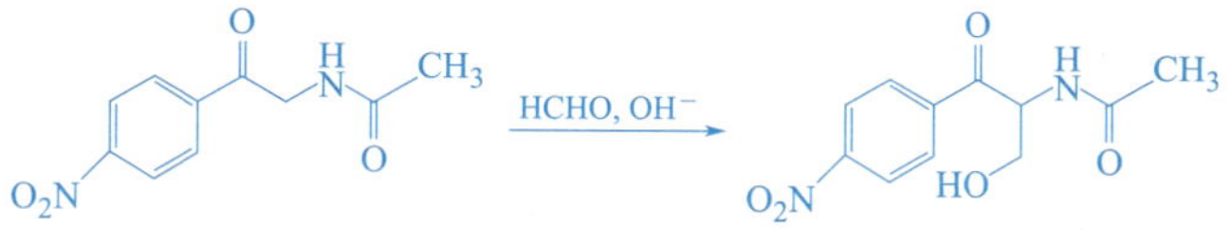

本反应的溶剂是醇-水混合溶剂，醇浓度维持在 60%～65%为好。在该反应中合成了氯霉素的第一个手性中心，在反应中没有加入任何控制因素，所以产物是外消旋混合物。其生产工艺流程方框图如图 2-40 所示。

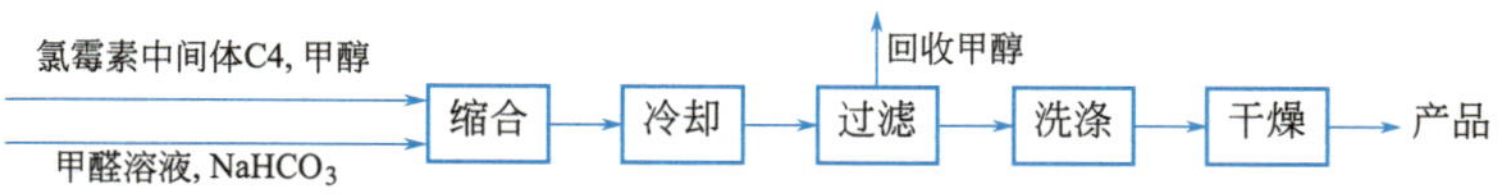

图 2-40　氯霉素中间体 C5 生产工艺流程框图

2. 操作过程

将对硝基-α-乙酰氨基苯乙酮（氯霉素中间体 C4）加水调成糊状，测 pH 为 7。将甲醇加入反应罐内，升温 28～32℃，加入甲醛溶液，随后加入对硝基-α-乙酰氨基苯乙酮及碳酸氢钠，测 pH 应为 7.5。反应放热，温度逐渐升高。此时可不断地取反应液于玻璃片上，用显微镜观察，可以看到对硝基-α-乙酰氨基苯乙酮的针状结晶不断减少，而对硝基-α-乙酰氨基-β-羟基苯丙酮的长方柱状结晶不断增多。经数次观察，确认针状结晶全部消失，即为反应终点。

反应完毕，降温至 0～5℃，离心过滤，滤液可回收甲醇，产物经洗涤，干燥至含水量 0.2%以下，可送至下一步还原反应岗位。

3. 工艺条件及控制

（1）酸碱度对反应的影响　酸碱度是羟醛缩合反应的主要影响因素。反应必须保持在弱碱性条件下进行，pH 在 7.5～8.0 为佳。pH 过低不起反应（这往往是因为上步反应后未能把反应生成的乙酸彻底除去，只要再适当补加一些碱，反应便能发生）。pH 过高则发生双缩合的副反应，即得到对羟甲基化产物。

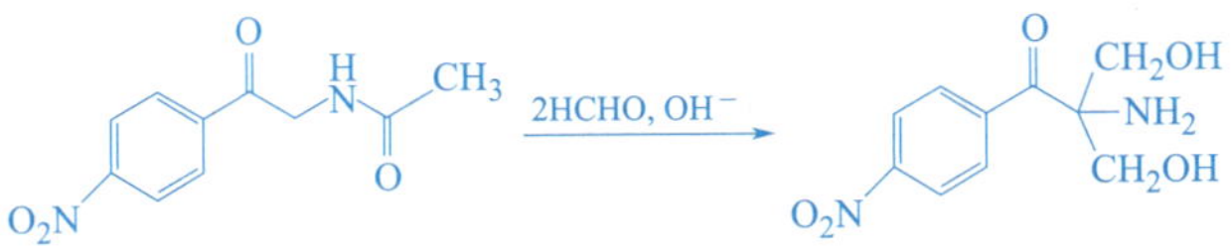

为避免上述副反应，采用弱碱即碳酸氢钠作催化剂，同时甲醛的用量控制在稍超过理论量。

（2）温度对反应的影响　反应温度要控制适当，过高则甲醛挥发，过低则甲醛聚合。聚合的甲醛须先解聚后才能参加反应，由于解聚的速率慢，因此使用的甲醛溶液不应含有聚甲醛。

4. 操作注意事项

（1）酸碱度的控制是本反应的主要因素，要严格控制在 pH 7.5～8.0 之间。调节 pH 值时要迅速、准确。

（2）反应温度自然上升，终点温度不得低于 38℃。

（3）甲醛含量直接影响反应进行。含量在 36%以上的甲醛应为无水透明液体。发现混浊现象，表示有部分聚甲醛存在，必须将其回流解聚后，方能使用。

（4）测反应终点不到时应酌情补加甲醛。

实例二　巴豆醛的合成

1. 生产过程分析

巴豆醛为有机合成中间体，用于制取丁醛、丁醇、2-乙基己醇、山梨酸、喹哪啶、顺丁烯二酸酐及吡啶系产品。巴豆醛生产过程中主要使用的是乙醛缩合法，即以乙醛为原料，在氢氧化钠的作用下，发生自身的羟醛缩合，中间体经脱水后，最终得到巴豆醛。配料比为：乙醛∶氢氧化钠∶浓硫酸∶乙酸＝140∶5∶1∶4.5。

$$CH_3CHO \xrightarrow{NaOH} CH_3\underset{}{\overset{OH}{\overset{|}{C}}}HCH_2CHO \xrightarrow{H_2SO_4} CH_3CH{=}CHCHO$$

生产工艺流程如图 2-41 所示。

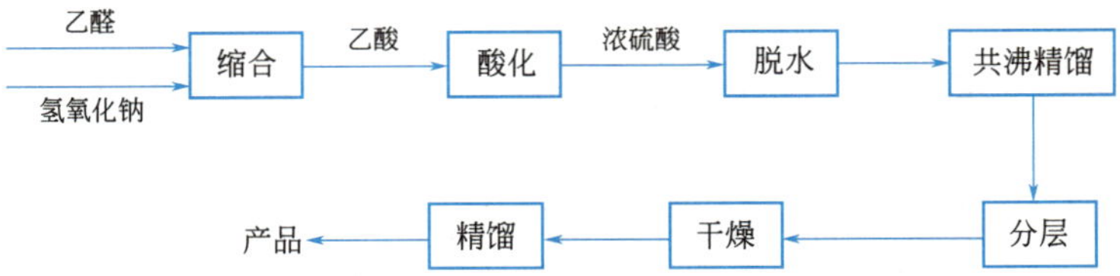

图 2-41　巴豆醛生产工艺流程框图

2. 操作方法

在搪瓷反应釜中加入乙醛，夹套中加入冷冻盐水，保持釜温在 10℃左右，滴加 30%氢氧化钠，在 10～25℃下反应 5h。缩合产物放入中和釜中，加入乙酸酸化，使 pH＝4。中和液放入搪瓷釜中加入浓硫酸，加热脱水，生成丁烯醛，即巴豆醛。粗丁烯醛进入共沸精馏塔，塔顶蒸出水和丁烯醛共沸物，收集在油水分离器中，上层即为丁烯醛，经油水分离后，上层加入无水氯化钙干燥，进入精馏塔釜精馏，以气相色谱仪跟踪分析，当馏分中巴豆醛含量达 94%时开始收集产品，最终所得产品含量在 95%以上。

3. 操作注意事项

（1）生产过程虽为吸热反应，但若温度过高时，也会使系统压力升高，甚至引起爆裂，泄漏易燃易爆的单体而造成火灾爆炸事故。

（2）巴豆醛有剧毒，生产过程中若发生泄漏易发生中毒等危险事故。

（3）巴豆醛生产过程中，要严格控制巴豆醛缩合塔中乙醛的气相溶度，使其低于爆炸极限。

四、 项目展示及评价

1. 项目成果展示

（1）制订的“合成对硝基-α-乙酰氨基-β-羟基苯丙酮（氯霉素中间体 C5）”的实训方案。

（2）合成的氯霉素中间体 C5 产品。

对硝基-α-乙酰氨基-β-羟基苯丙酮（氯霉素中间体 C5）是长方柱状白色结晶，熔点 113～115℃（见图 2-42）。

图 2-42 氯霉素中间体 C5

2. 项目评价依据

（1）制订方案的正确程度，包括原料选择、用量与配比、反应器、实验装置、操作步骤等。

（2）讲解方案的流畅、条理性。

（3）实施过程，操作的规范程度。

（4）安全、环保措施是否得当。

（5）对工业生产方法及操作控制点的理解程度。

（6）产品整体质量。

（7）项目实施过程的职业能力及素质养成。

3. 考核方案

考核依据本书第一部分“考核与评价方式”进行，本任务的具体评价内容如下。

（1）教师评价表 包括项目准备过程的“项目材料评价表”和项目实施过程的“项目实施过程评价表”。

① 项目材料评价表

	考核内容	权重/%	成绩	存在问题	签名
项目材料收集	查阅合成氯霉素中间体 C5 相关材料情况	10			
	讲解氯霉素中间体 C5 制订方案的依据、方案可行性分析	20			
	材料搜集完整性、全面性	15			
	拓展知识（包括羟醛缩合、Mannich 反应、Reformatsky 反应、Darzens 反应、Michael 反应、酯缩合等）的掌握程度	10			
	讨论、调整、确定并总结方案	15			
职业能力及素养	查阅文献能力	5			
	归纳总结所查阅资料能力	5			
	制订、实施工作计划的能力	5			
	讲解方案的语言表达能力	5			
	方案制订过程中的再学习、创新能力	5			
	团结协作、沟通能力	5			
	总分				

② 项目实施过程评价表

	考核内容	权重/%	成绩	存在问题	签名
项目实施过程	仪器选择及安装	5			
	物料处理(氯霉素中间体 C4 加水,调 pH 为 7)	5			
	物料称取、加料顺序	5			
	控制反应温度及酸度(28~32℃,pH 7.5~8)	5			
	反应终点的检测(取反应液于玻璃片上,用显微镜观察,可以看到氯霉素中间体 C4 的针状结晶不断减少,而产品的长方柱状结晶不断增多。经数次观察,确认针状结晶全部消失,即为反应终点)	5			
	降温(0~5℃)、过滤、洗涤	5			
	干燥(含水量 0.2%以下),称重,计算收率	5			
	滤液中甲醇回收(蒸馏)	5			
	实验室三废处理及环保措施	5			
	实验现象、原始数据记录情况	5			
	产品整体质量,包括外观、收率、含量	5			
	实训报告完成情况(书写内容、文字、上交时间)	10			
职业能力及素养	动手能力、团结协作能力	5			
	现象观察、总结能力	5			
	分析问题、解决问题能力	5			
	突发情况、异常问题应对能力	5			
	安全及环保意识	5			
	仪器清洁、保管	5			
	纪律、出勤、态度、卫生	5			
	总分				

(2) 学生评价表

	考核内容	权重/%	成绩	存在问题	签名
项目材料收集	学习态度是否主动,是否能及时完成教师布置的合成氯霉素中间体 C5 任务	5			
	是否能熟练利用期刊书籍、数据库、网络查询氯霉素中间体 C5 相关资料	5			
	收集的有关学习信息和资料是否完整	5			
	能否根据学习资料对合成霉素中间体 C5 项目进行合理分析,对所制订的方案进行可行性分析	10			
	是否积极参与各种讨论,并能清晰地表达自己的观点	5			
	是否能够掌握所需知识技能,并进行正确的归纳总结	5			
	是否能够与团队密切合作,并采纳别人的意见、建议	5			

续表

	考核内容	权重/%	成绩	存在问题	签名
项目实施过程	能否独立正确选择、安装实训装置	5			
	是否能对所用原料进行处理(加水成糊状,调 pH 为 7)	5			
	能否准确控制反应温度、酸度	5			
	能否正确检测反应终点(取反应液于玻璃片上,用显微镜观察,可以看到氯霉素中间体 C4 的针状结晶不断减少,而产品的长方柱状结晶不断增多。经数次观察,确认针状结晶全部消失,即为反应终点)	5			
	后处理操作(降温、过滤、洗涤、干燥)是否正确	5			
	所得产品霉素中间体 C5 质量、收率是否符合标准	5			
职业能力及素质养成	能否准确观察实验现象,及时、实事求是地记录实验数据	10			
	是否能独立、按时按量完成实训报告	10			
	对试验过程中出现的问题能否主动思考,并使用现有知识进行解决,对试验方案进行适当优化和改进,并知道自身知识的不足之处	5			
	完成实训后,是否能保持实训室清洁卫生,合理处置实训产生的废弃物,对仪器进行清洗,药品妥善保管	5			
	总分				

(3) 成绩计算　本项任务考核成绩＝教师评价成绩×50％＋学生自评成绩×20％＋小组互评成绩×30％。其中教师评价成绩＝项目材料评价成绩×30％＋项目实施过程评价成绩×70％。

五、 知识拓展

(一) 酯缩合反应

酯与含有活性亚甲基的化合物在醇钠等碱性催化剂作用下发生缩合反应，脱去一分子醇得到 β-羰基化合物的反应叫酯缩合反应。含有活性亚甲基的化合物通常有酯、酮、腈等。其中酯类与酯类的缩合应用广泛。酯与酯缩合可以分为三种类型：一种是相同酯分子间的缩合即同酯缩合；另一种是不同酯分子之间的缩合即异酯缩合；第三种是二元羧酸酯分子内进行的缩合，又称 Dieckmann 反应。

1. 同酯缩合

酯分子中 α-活泼氢的酸性比醛、酮弱，羰基碳上的正电荷也比醛、酮的小，另外酯易发生水解，所以在一般羟醛缩合条件下，酯不能发生类似的缩合。然而，在无水条件下，使用活性更强的碱（如 RONa、$NaNH_2$ 等）作催化剂，两分子的酯会发生缩合，同时消除一分子的醇。其通式为：

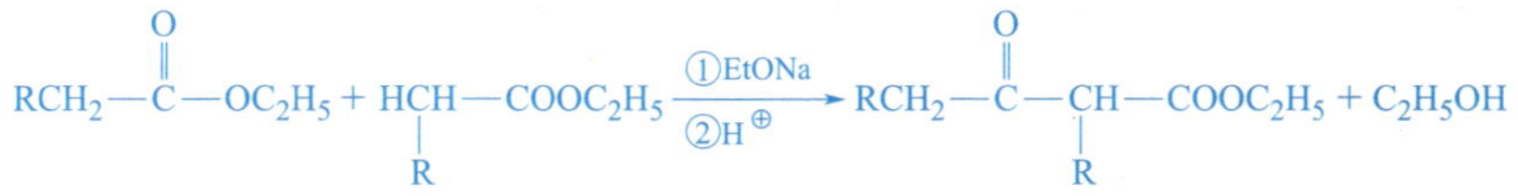

(1) 反应物的结构　参加缩合的酯必须具有 α-活泼氢。含两个或三个 α-活泼氢的酯缩合时，产物 β-酮酸酯的酸性比醇大得多，在足够量的醇钠等催化剂的作用下，几乎全部转化成稳定的 β-酮酸酯钠盐，从而使可逆反应的平衡主要向生成产物方向移动。催化剂的用量对反应有很大影响，一般情况下生成 1mol 的 β-酮酸酯需用 1mol 以上的醇钠催化。含一

个 α-活泼氢的酯，因其缩合产物不能与碱性催化剂成盐而使反应向生成物方向移动。因此需使用比醇钠更强的碱（如 $NaNH_2$、NaH 等）使反应的第一步就形成烯醇式负离子，使反应顺利进行。

如乙酸乙酯在乙醇钠作催化剂时缩合，可得较高收率的乙酰乙酸乙酯；而异丁酸乙酯用乙醇钠催化不能发生缩合，用三苯甲基钠催化缩合，收率可达 60%。

$$CH_3COOC_2H_5 \xrightarrow[\text{②33\% 乙酸水溶液}]{\text{①EtONa，78℃，8h}} CH_3COCH_2COOC_2H_5 \quad (75\%\sim76\%)$$

（2）催化剂　酯缩合反应常用强碱作催化剂。常用的强碱有醇钠、氨基钠、氢化钠和三苯甲基钠等。催化剂的用量和选择一般根据酯 α-活泼氢的酸性强弱而定。

（3）溶剂及其他　本反应在非质子溶剂中进行时比较顺利。常用的溶剂有乙醚、四氢呋喃、苯及其同系物、二甲亚砜、二甲基甲酰胺等。有些反应也可以不用溶剂。

本反应需在无水的条件下进行，这是因为催化剂遇水易分解且有氢氧化钠（又称游离碱）生成，可以与酯发生皂化反应，从而影响反应的正常进行。为此常根据醇钠中游离碱的含量，加入定量的乙酸乙酯或乙二酸二乙酯以消除游离碱，然后再进行酯缩合反应。

（4）分馏去醇　为了促使反应向生成物方向移动，提高反应的收率，常采用蒸馏或分馏的方法，以除去生成的醇。

2. 异酯缩合

异酯缩合的反应机理和主要影响因素与同酯缩合相似。如果参加反应的两种不同酯均含有 α-活泼氢且活性差异不大，则除发生异酯缩合外，还会发生同酯缩合，结果生成四种不同的产物，而主要产物的收率较低，难以纯化，无实用价值。如果两种不同酯的 α-活泼氢活性差异大，则可以尽量避免同酯缩合副反应。具体办法是先将两种酯混合均匀后，再迅速加入碱催化剂中，使其立即发生异酯缩合，这样就减少了同酯缩合的机会，提高了主反应的收率。例如：

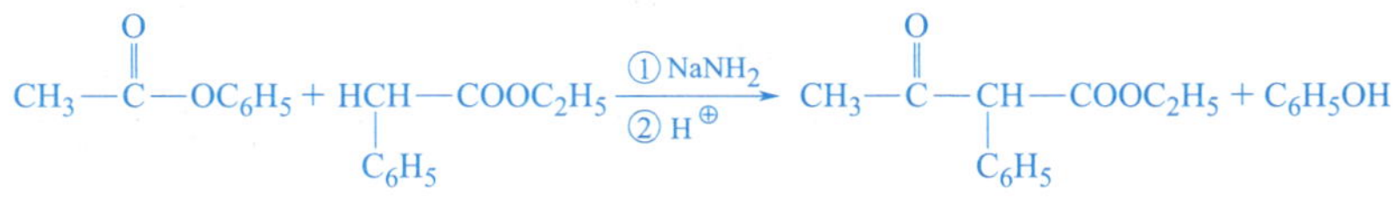

异酯缩合中应用最多的是一种含 α-活泼氢的酯与另一种不含 α-活泼氢的酯在碱催化下缩合，生成 β-酮酸酯，此时收率较高。常见的不含 α-活泼氢的酯有甲酸某酯、乙二酸二某酯、碳酸二某酯、芳香族羧酸酯等。

3. 二酯缩合

一个分子内部含有两个酯基时，在碱催化下，分子内部发生 Claisen 缩合反应，环化而生成 β-酮酸酯类缩合物的反应称为 Diekmann 反应。其通式为：

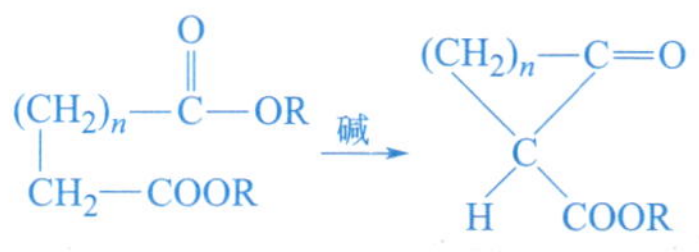

$n=3\sim5$ 时，Diekmann 反应的效果好；$n>7$ 时，则收率很低，甚至不反应。

Diekmann 反应主要用于制备五元、六元、七元 β-酮酸酯类衍生物。产物经水解和加热脱羧反应，生成五元、六元、七元环酮。如：

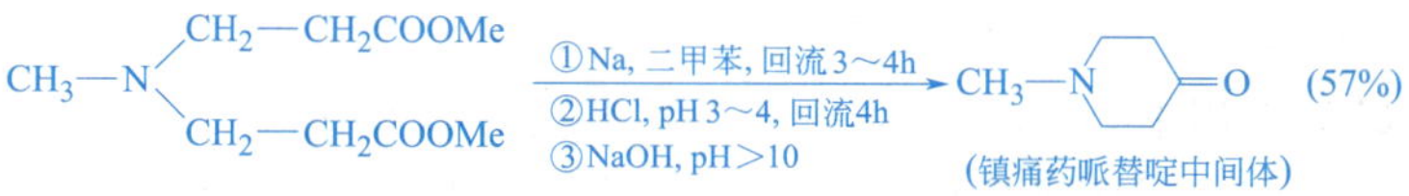

（二）其他类型缩合反应

1. 安息香缩合

芳醛由于不含 α-活泼氢，所以不能像含 α-活泼氢的醛或酮那样在酸或碱催化下缩合。但是，某些芳醛在含水乙醇中，以氰化钠或氰化钾作催化剂，加热后发生双分子缩合生成 α-羟基酮。这类反应称为安息香缩合（Benzoin condensation）。

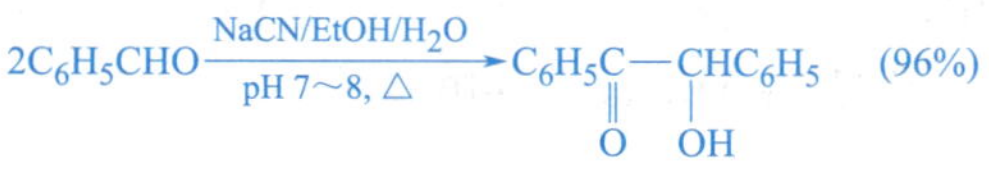

（1）反应物结构　苯甲醛容易反应，某些具有烷基、烷氧基、羟基等释电子基的芳醛，也可以发生自身缩合，生成对称的 α-羟基酮。例如：

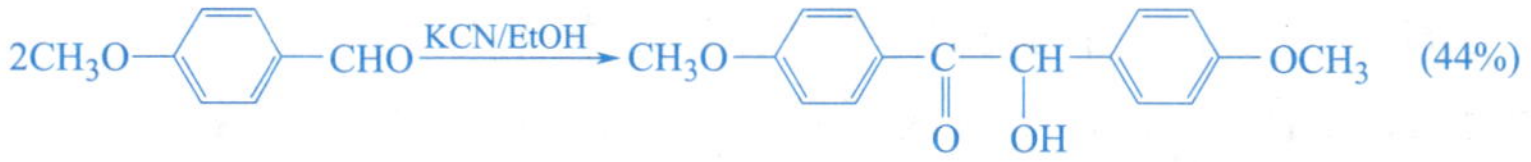

（2）催化剂　催化剂除使用碱金属氰化物外，镁、钡、汞的氰化物也可以使用。本反应也可在相转移催化剂作用下进行，例如将少量的氰化四丁基胺在室温下加入 50% 的甲醇水溶液中，即能实现苯甲醛向安息香的转化。此外，硫胺素即维生素 B_1 作为一种辅酶也可催化该反应，该法不仅无毒，而且反应条件温和、收率高，是生化反应用于药物合成中的例子。

2. α,β-环氧烷基化反应（Darzens 反应）

醛或酮与 α-卤代酸酯在强碱（如醇钠、醇钾、氨基钠等）作用下发生缩合反应生成 α,β-环氧酸酯（缩水甘油酸酯）的反应叫 Darzens（达参）反应。其通式为：

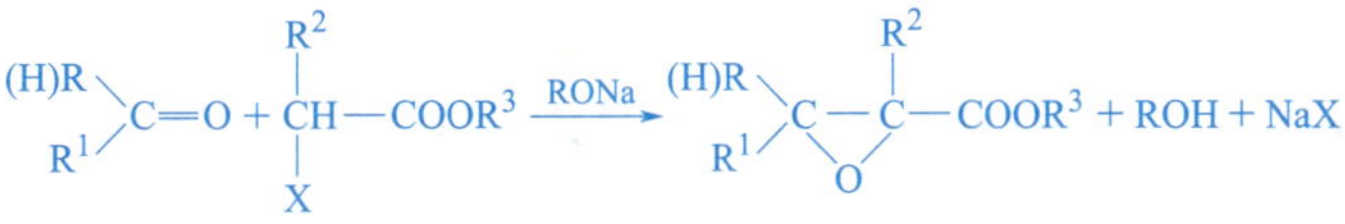

该反应的结果主要是得到 α,β-环氧酸酯。α,β-环氧酸酯是极其重要的有机合成、药物合成中间体，可经水解、脱羧，转化成比原反应物醛或酮多一个碳原子的醛或酮。

（1）反应物　反应物结构对结果影响较大，主要有以下两个方面。

① 羰基化合物结构。Darzens 反应中，脂肪醛的收率不高，其他芳香醛、脂肪酮、脂环酮以及 α,β-不饱和酮等均可顺利进行反应。例如：

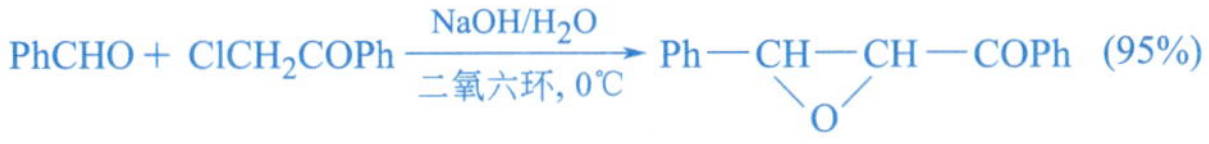

② α-卤代酸酯的结构。参加 Darzens 反应的 α-卤代酸酯除常用 α-氯代酸酯外，α-卤代酮、α-卤代腈、苄基卤化物等均能进行类似反应，生成 α,β-环氧烷基化合物。此反应中由于 α-卤代酸酯和催化剂均易水解，故需在无水条件下进行。

（2）催化剂　本反应常用的催化剂有醇钠、醇钾、氨基钠和手性相转移催化剂等。醇钠最常用，叔丁醇钾效果最好。对于活性差的反应物常用叔丁醇钾和氨基钠。

3. Michael 反应

在催化量的碱的作用下，活性亚甲基化合物转变成碳负离子，碳负离子再与 α,β-不饱和羰基化合物发生亲核加成而缩合成 β-羰烷基化合物的反应为麦克尔（Michael）反应。表示如下：

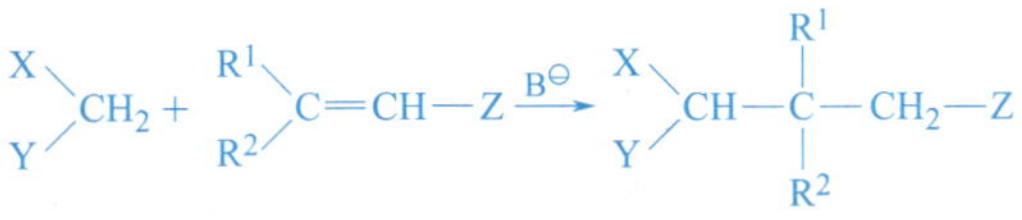

式中，X、Y、Z 均为吸电子取代基。

（1）供电体结构　亚甲基化合物称为 Michael 供电体。亚甲基上多连接吸电子基，其吸电子能力越强，活性越大。常见的 Michael 供电体有丙二酸酯类、腈乙酸酯类、β-酮酯类、乙酰丙酮类、硝基烷类、砜类等。

（2）受电体结构　α,β-不饱和羰基化合物及其衍生物称为受电体。受电体的 α 位都连有吸电子基，是一类亲电性的共轭体系。常见的 Michael 受电体有 α,β-烯醛类、α,β-烯酮类、α,β-烯腈类、α,β-烯酯类、α,β-不饱和硝基化合物、杂环类等。

（3）催化剂及其用量　Michael 加成反应中碱催化剂的种类很多，如醇钠（钾）、氢氧化钠（钾）、金属钠、氨基钠、氢化钠、哌啶、三乙胺以及季铵碱等。用强碱催化时仅用其催化量，一般为 0.1～0.3mol，过多会引起副反应。

（4）温度　Michael 加成是可逆反应，而且大多数是放热反应。所以，一般在较低温度下进行，温度升高，收率下降。如丙二酸二乙酯与 β-苯丙烯酸乙酯的反应，在 25℃时收率为 75%，100℃时收率仅为 35%。当用较弱的碱作催化剂，反应温度可适当提高。

通过 Michael 加成反应可在活性亚甲基上引入至少含三个碳原子的侧链，例如：

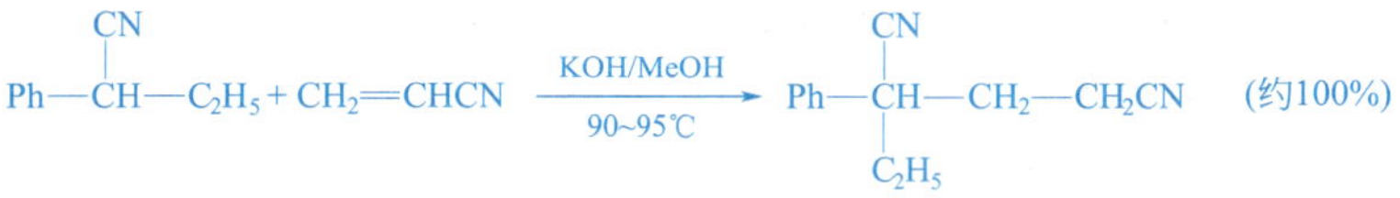

六、 自主能力训练项目　盐酸苯海索的制备

训练素材见本书第三部分“典型案例及项目化教学素材”相关内容。

任务 6　合成对硝基-苯基-2-氨基-1,3-丙二醇（氯霉素中间体 C6）——还原技术

一、 布置任务

（1）制订方案　根据教材提供的知识点，查阅相关参考文献，结合前面项目训练的经验，制订合成氯霉素中间体 C6 的实验室制备方案，并进行对比、分析、讨论，确定优化方案。

（2）讲解方案　说明方案制订依据、小试方案与工业生产的异同点，并详细说明工业生产氯霉素中间体 C6 的原理、生产过程、影响因素、操作要点。

（3）实训操作　按照制订的优化方案进行实训操作，合成氯霉素中间体 C6 产品。

二、 必备知识

（一） 还原反应基本概念

在还原剂的作用下，底物原子得到电子或电子云密度增加的反应称为还原反应。在形式上，能使有机分子中增加氢或减少氧或两者兼而有之的反应均称为还原反应。根据反应所采用的还原剂及操作方法不同，还原方法可进行以下分类。

（1） 化学还原法　使用化学还原剂的还原方法。

（2） 催化加氢法　即在催化剂作用下，有机化合物与氢发生的还原反应。

（3） 电解还原反应　有机化合物从电解槽的阴极上获得电子而完成的还原反应。

本任务合成的氯霉素中间体 C6 即用化学还原法，所用还原剂异丙醇铝为常用还原剂，下面重点介绍其应用情况。催化加氢法的应用也很广泛，在拓展知识中学习。

（二） 醇铝为还原剂

将醛、酮等羰基化合物和异丙醇铝在异丙醇中共热时，可还原得到相应的醇，同时将异丙醇氧化为丙酮。该反应具有较高的立体选择性。异丙醇铝还原羰基化合物时，首先是异丙醇铝的铝原子与羰基的氧原子以配位键结合，形成六元过渡态，然后，异丙基上的氢原子以氢负离子的形式从烷氧基转移到羰基碳原子上，得到一个新的醇-酮配合物，铝-氧键断裂，生成新的醇-铝衍生物和丙酮，蒸出丙酮有利于反应完全。经醇解后得还原产物，本步是决定反应步骤，因而反应中要求有过量的异丙醇存在。

1. 影响因素

本反应为可逆反应，因而增大还原剂用量及移出生成的丙酮，均可缩短反应时间，使反应完全。由于新制异丙醇铝是以三聚体形式与酮配位，因此酮类与醇-铝的配比应不少于 1∶3，方可得到较高的收率。

反应加入一定量的三氯化铝，使生成部分氯化异丙醇铝，可加速反应并提高收率。因为氯化异丙醇铝与羰基氧原子形成六元环的过渡态较快，使氢负离子转移较易。异丙醇铝易水解，反应要在无水条件下进行。

2. 还原范围及应用

异丙醇铝是脂肪族和芳香族醛、酮类的选择性很高的还原剂，具有反应速率快、副反应少、收率高等优点。对分子中含有的烯键、炔键、硝基、缩醛、腈基及卤素等可还原基团无影响。

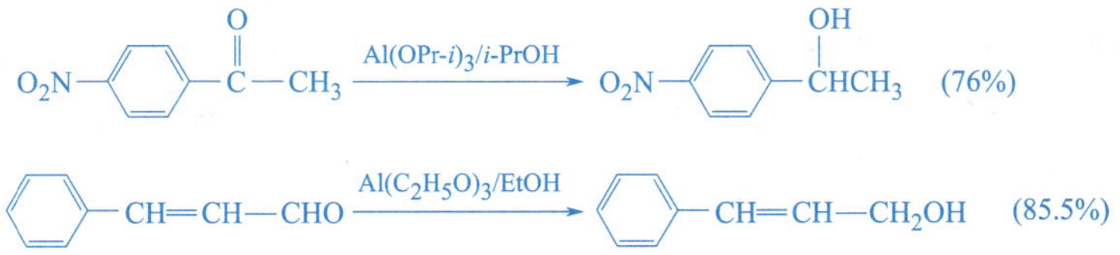

1,3-二酮、β-酮醇等易烯醇化的羰基化合物，或含有酚性羟基、羧基等酸性基团的羰基化合物，其羟基或羧基易与异丙醇铝形成铝盐，使还原反应受到抑制，因而，一般不采用本法还原。含有氨基的羰基化合物，也易与异丙醇铝形成复盐而影响还原反应进行，但可改用异丙醇钠为还原剂。

三、实用案例

实例 外消旋体对硝基-苯基-2-氨基-1,3-丙二醇(氯霉素中间体C6)的合成

1. 生产过程分析

由氯霉素中间体 C5 转变为氯霉中间体 C6 是由还原、水解反应实现的，实际操作中该过程要经过 5 步，即①异丙醇铝的制备；②缩合反应，形成六元过渡态；③还原反应，把羰基还原为仲醇基；④水解，把乙酰基除去；⑤氨基游离。反应过程如下：

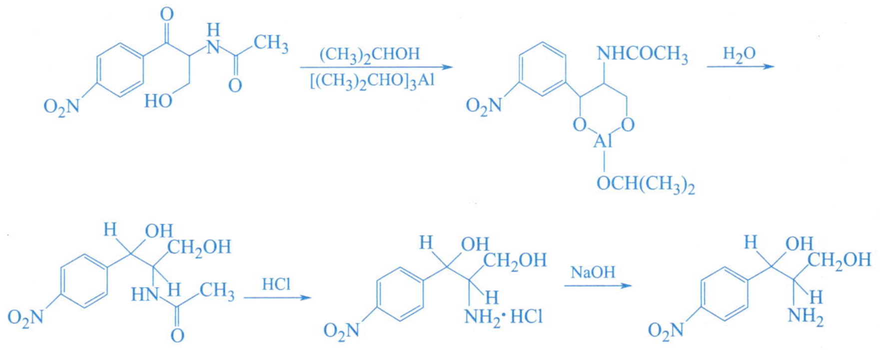

在还原反应中，将羰基还原成仲醇的方法有多种，但大多数方法立体选择性不高，有的在还原羰基的同时，分子中的硝基亦被还原。本反应采用的异丙醇铝-异丙醇还原法有较高的立体选择性，其反应产物是占优势的一对苏型立体异构体，且分子中的硝基不受影响。而用别的还原方法可能得到四种立体异构体。

在制备异丙醇铝时，加入少量氯化汞作催化剂，氯化汞与铝作用生成铝汞齐，以利于迅速开始反应，否则反应开始缓慢。由于氯化汞毒性较大，可改用三氯化铝代替氯化汞催化反应。在异丙醇铝制备过程时，由于金属铝中含有其他杂质，所以反应物呈灰色混浊液。异丙醇铝纯品可经减压蒸馏得到（冷却后为白色固体）。实践证明，含微量杂质的异丙醇铝-异丙醇溶液的还原效果反而比纯品佳，故生产上使用新鲜制备的异丙醇铝-异丙醇溶液，省去了精制的步骤。

最初采用本反应制备氯霉素时，反应完毕，加水使反应产物水解，生成氯霉素中间体 C6 及氢氧化铝，用乙酸乙酯提取产物，然后再用盐酸将乙酰基除去，但从氢氧化铝凝胶中提取产物很麻烦。后经实践，在铝盐加水分解后，再加入盐酸直接将还原产物的乙酰基脱去，使之变成产物（氯霉素中间体 C6）；同时氢氧化铝与盐酸作用，生成可溶性复合物（$HAlCl_4$）。水解后，利用氯霉素中间体 C6 的盐酸盐在冷时溶解度小的性质与可溶性无机盐分离。其生产工艺流程如图 2-43 所示。

2. 操作过程

（1）将洁净干燥的铝片加入干燥的反应罐内，再加入少许 $HgCl_2$（或无水 $AlCl_3$）及无水异丙醇，升温使反应液回流。此时放出大量热和氢气，温度可达 110℃左右。当回流稍缓和后，在保持不断回流的情况下，缓缓加入其余的异丙醇。加毕，加热回流至铝片全部溶解，不再放出氢气为止。冷却后，将制得的异丙醇铝-异丙醇溶液压至还原反应罐中。

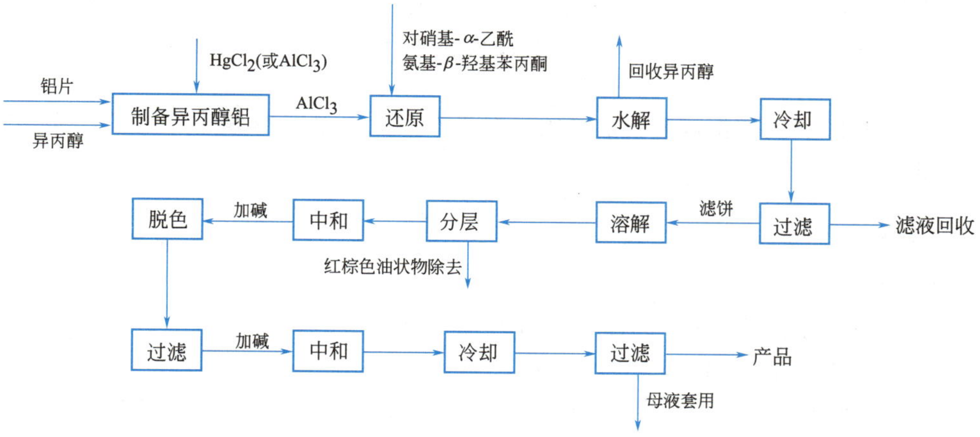

图 2-43　氯霉素中间体 C6 生产工艺流程图

（2）将异丙醇铝-异丙醇溶液冷却至 35～37℃，加入无水三氯化铝，升温至 44～46℃反应 0.5h，使部分异丙醇转变为氯代异丙醇铝。然后，向异丙醇铝与氯代异丙醇铝的混合物中加入氯霉素中间体 C5，于 60～62℃反应 4h。

（3）还原反应完毕后，将反应物压至盛有水及少量盐酸的水解罐中，在搅拌下蒸出异丙醇，蒸完后，稍冷，加入上批的“亚胺物”及浓盐酸升温至 70～75℃，反应 1h 左右，在此期间，减压回收异丙醇。然后，将反应物冷却至 3℃，使氯霉素中间体 C6 的盐酸盐结晶析出。过滤，得产物。滤液含大量铝盐，可回收用于制备氢氧化铝。

（4）将氯霉素中间体 C6 的盐酸盐加母液溶解，此时有红棕色油状物浮在上层，分离除去后，加碱中和至 pH 7～7.8，使铝盐变成氢氧化铝析出。加入活性炭于 50℃脱色，过滤，滤液用碱中和至 pH 9.5～10，氯霉素中间体 C6 析出。冷至接近 0℃过滤，产物（湿品）直接送下步拆分，母液套用于溶解氯霉素中间体 C6 盐酸盐。

每批母液除部分供套用外还有剩余。向剩余的母液中加入苯甲醛，使母液中残余的氯霉素中间体 C6 与苯甲醛反应生成“亚胺物”，过滤，在下批反应物加盐酸水解前并入，可提高收率。

3. 反应条件及工艺控制要点

（1）水分对反应的影响　异丙醇铝的制备及还原反应必须在无水条件下进行，异丙醇的含水量应在 0.2%以下。实验证明，当其他条件不变，使用含水量 0.5%的异丙醇时，还原反应的收率要比含水量 0.1%的低 6%～8%，若水分再增高则不发生反应。

（2）异丙醇用量对反应的影响　异丙醇铝-异丙醇还原的实质是异丙醇分子中异丙基的负氢转移至被还原分子的羰基而生成醇。异丙醇本身被氧化变成了丙酮，反应是可逆的。所以，异丙醇应该大大过量。在本反应中，异丙醇还起溶剂作用。

（3）氯霉素中间体 C5 质量对反应的影响　通过控制氯霉素中间体 C5 的熔点、水分、外观三项指标，对反应结果进行控制。熔点低、色泽差的物料会造成还原反应的收率降低，产品质量不佳。氯霉素中间体 C5 的水分控制在 0.2%以下，若水分指标不合格会使反应速率变慢，收率降低。对不合格的氯霉素中间体 C5 要返工处理，不能直接用于还原反应。

4. 注意事项

（1）异丙醇溶液不需要精制，但必须新鲜配制，否则影响收率。

（2）三氯化铝吸水性强，放热强烈，严禁一次倒入釜内造成喷料伤人。

（3）在制备异丙醇铝和还原反应过程中，必须无水并严格控制温度。因为水能引起异丙醇铝水解，有碍还原反应进行；而温度过高使反应过分激烈，罐内产生大量氢气，易引起爆炸着火。

（4）异丙醇铝-异丙醇溶液静置前必须保持正常回流，温度不得低于80℃，静置后抽料温度不得低于70℃。

四、项目展示及评价

1. 项目成果展示

（1）制订的“合成氯霉素中间体C6”的实训方案。

（2）合成的“氯霉素中间体C6”产品。

外消旋体对硝基-苯基-2-氨基-1,3-丙二醇（氯霉素中间体C6）为白色结晶性粉末，熔点99～102℃（见图2-44）。

2. 项目评价依据

（1）制备方法、原料选择是否正确，用量与配比是否合理。

（2）加料顺序是否合适。

（3）选择的反应器、设计的实验装置的正确程度。

（4）操作步骤的合理、准确性。

（5）安全、环保措施是否得当。

（6）方案讲解流畅程度。

（7）产品整体质量。

（8）对工业生产方法及操作控制点的理解程度，讲解的熟练程度与准确性。

（9）职业能力与素质的养成。

图2-44　氯霉素中间体C6

3. 考核方案

考核依据本书第一部分“考核与评价方式”进行，本任务的具体评价内容如下。

（1）教师评价表　包括项目准备过程的“项目材料评价表”和项目实施过程的“项目实施过程评价表”。

① 项目材料评价表

	考核内容	权重/%	成绩	存在问题	签名
项目材料收集	查阅合成氯霉素中间体C6相关材料情况	10			
	讲解氯霉素中间体C6制订方案的依据、方案可行性分析	20			
	材料搜集完整性、全面性	15			
	拓展知识（催化还原、金属复氢化物、活泼金属、铁粉、硫化物等为还原剂，手性拆分）的掌握程度	10			
	讨论、调整、确定并总结方案	15			
职业能力及素养	查阅文献能力	5			
	归纳总结所查阅资料能力	5			
	制订、实施工作计划的能力	5			
	讲解方案的语言表达能力	5			
	方案制订过程中的再学习、创新能力	5			
	团结协作、沟通能力	5			
	总分				

② 项目实施过程评价表

		考核内容	权重/%	成绩	存在问题	签名
项目实施过程	制备异丙醇铝	异丙醇预处理(无水)	3			
		仪器选择及安装	3			
		物料称取、加料顺序	3			
		控制反应温度(回流)	3			
		反应终点的检测(铝片全部溶解,无氢气放出)	5			
	还原反应	制备氯代异丙醇铝	3			
		物料称取,加料	3			
		控制反应温度及时间(60～62℃,4h)	3			
	合成氯霉素中间体C6	蒸馏异丙醇	3			
		物料称取,加料	3			
		控制反应温度及时间(76～80℃,1h)	3			
		冷却,析晶	3			
		过滤,滤液中回收铝盐	3			
		粗品重结晶(50℃,活性炭脱色),过滤	3			
		滤液加碱,过滤得产品氯霉素中间体C6	3			
		母液循环套用,溶剂回收,废弃物的无害化处理	6			
		称量最终产品氯霉素中间体C6,检验质量(熔点、水分、外观),计算收率	3			
		实验现象、原始数据记录情况	6			
		实训报告完成情况(书写内容、文字、上交时间)	10			
职业能力及素养		动手能力、团结协作能力	4			
		现象观察、总结能力	4			
		分析问题、解决问题能力	4			
		突发情况、异常问题应对能力	4			
		安全及环保意识	4			
		仪器清洁、保管	4			
		纪律、出勤、态度、卫生	4			
		总分				

(2) 学生评价表

	考核内容	权重/%	成绩	存在问题	签名
项目材料收集	学习态度是否主动,是否能及时完成教师布置的合成氯霉素中间体C6任务	4			
	是否能熟练利用期刊书籍、数据库、网络查询氯霉素中间体C6相关资料	4			
	收集的有关学习信息和资料是否完整	4			
	能否根据学习资料对合氯霉素中间体成C6项目进行合理分析,对所制订的方案进行可行性分析	4			
	是否积极参与各种讨论,并能清晰地表达自己的观点	4			
	是否能够掌握所需知识技能,并进行正确的归纳总结	4			
	是否能够与团队密切合作,并采纳别人的意见建议	4			

续表

		考核内容	权重/%	成绩	存在问题	签名
项目实施过程	制备异丙醇铝	能否独立正确选择、安装实训装置	4			
		是否能对所用原料进行预处理(异丙醇无水处理)	4			
		能否正确控制反应温度及时间	4			
		能否正确检测反应终点(铝片全部溶解,无氢气放出)	4			
	还原反应	能否正确制备氯代异丙醇铝	4			
		物料称量是否准确,加料操作是否规范	4			
		能否准确控制反应温度及时间	4			
	合成氯霉素中间体C6	能否进行规范的蒸馏操作	4			
		反应温度及时间是否准确控制	4			
		是否能选择合适的后处理方法(冷却析晶,过滤,洗涤)	4			
		是否具有安全生产及环保意识(母液及溶剂的处理)	4			
		所得产品质量是否符合标准	5			
职业能力及素质形成		能否准确观察实验现象,及时、实事求是地记录实验数据	5			
		是否能独立、按时按量完成实训报告	10			
		对试验过程中出现的问题能否主动思考,并使用现有知识进行解决,对试验方案进行适当优化和改进,并知道自身知识的不足之处	4			
		完成实训后,是否能保持实训室清洁卫生,对仪器进行清洗,药品妥善保管	4			
		总分				

(3) 成绩计算　本项任务考核成绩=教师评价成绩×50%+学生自评成绩×20%+小组互评成绩×30%。其中教师评价成绩=项目材料评价成绩×30%+项目实施过程评价成绩×70%。

五、 知识拓展

(一) 其他化学还原技术

1. 金属复氢化物还原剂

复氢化物为还原剂的反应机理为负氢离子转移，其还原范围广，发展非常迅速，试剂种类不断增加。这些试剂具有反应条件温和、选择性好、副反应少及收率高的优点。该类还原剂包括氢化铝锂（$LiAlH_4$）、硼氢化钾（钠）[$K(Na)BH_4$] 等。

(1) 基本原理　金属复氢化物具有四氢铝离子（AlH_4^-）或四氢硼离子（BH_4^-）的复盐结构，复合负离子具有亲核性，可向羰基中带正电的碳原子进攻，继而发生氢负离子转移而进行还原。反应在无质子溶剂中进行，则生成配合物，反应在质子溶剂中进行，则得醇。

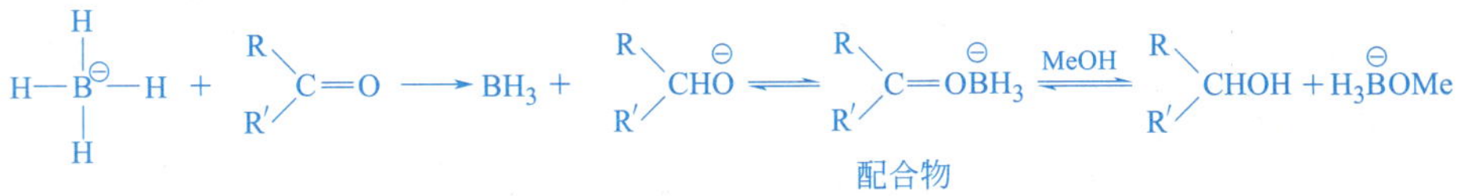

这类还原剂中，氢化铝锂的活性最大，可被还原的功能基范围也最广泛，因而选择性较差。硼氢化锂次之，硼氢化钠（钾）较小。还原能力较小的还原剂往往选择性较好。金属复氢化物一般只还原醛、酮的羰基，反应物分子中存在的硝基、氰基、亚氨基、双键、卤素等可不受影响。氢化铝锂除能还原醛、酮外，还能将羧酸及其衍生物还原为醇。

(2) 反应条件　不同的复氢金属还原剂，具有不同的反应特性，因此，在进行还原反应时，还原剂、反应条件和后处理方法的选择均是十分重要的。

① 还原剂的用量。1mol 酮用 0.25mol $LiAlH_4$ 或 KBH_4（$NaBH_4$），1mol 酯用 0.5mol $LiAlH_4$，如仅用 0.25mol 并在低温下反应或降低 $LiAlH_4$ 的还原能力，可使反应停留在醛的阶段。

② 氢化铝锂做还原剂时要在无水条件下进行。由于这类还原剂的反应活性和稳定性不同，使用时反应条件也有所不同，遇水、酸或含羟基、巯基的化合物，可分解放出氢而形成相应的铝盐。

③ 反应溶剂。氢化铝锂常用无水乙醚或无水四氢呋喃作溶剂。硼氢化钾（钠）在常温下，遇水、醇都比较稳定，不溶于乙醚及四氢呋喃，能溶于水、甲醇、乙醇而分解甚微，因而常选用醇类作为溶剂。如反应须在较高的温度下进行，则可选用异丙醇、二甲氧基乙醚等作溶剂。

④ 在反应液中，加入少量的碱，有促进反应的作用。硼氢化钠比其钾盐更具吸水性，易于潮解，故工业上多采用钾盐。硼氢化物类还原剂，不能在酸性条件下反应，对于含有羧基的化合物的还原，通常应先中和成盐后再反应。

⑤ 剩余还原剂的处理。采用硼氢化钾（钠）还原剂反应结束后，可加稀酸分解还原物并使剩余的硼氢化钾生成硼酸，便于分离。用氢化铝锂还原剂反应结束后，未反应的氢化铝锂和还原物可加入乙醇、含水乙醚或 10%氯化铵水溶液进行分解。用含水溶剂分解时，其水量应近于计算量，使生成颗粒状沉淀的偏铝酸锂便于分离。如加水过多，则偏铝酸锂进而水解成胶状的氢氧化铝，并与水和有机溶剂形成乳化层，致使分离困难，产物损失较大。

⑥ 还原剂要密闭保存，防止受潮及吸收 CO_2。$LiAlH_4$ 和 KBH_4（$NaBH_4$）在低温（室温以下）时稳定，遇高温时易分解。

2. 电解质溶液中的铁还原剂

用铁粉作还原剂，可将硝基还原为氨基，在还原过程中—CN、—X、—C═C—的存在可不受影响。由于铁粉价格低廉、工艺简单、适用范围广、副反应少、对反应设备要求低，无论国内或国外都曾长期采用该法生产苯胺。

（1）基本原理　铁屑在金属盐如 $FeCl_2$、NH_4Cl 等存在下，在水介质中使硝基还原，还原过程及中间产物比较复杂，可由以下两个基本反应完成。

$$4ArNO_2+3Fe+4H_2O\xrightarrow{Fe^{2+}}4ArNH_2+3Fe(OH)_2$$

$$4ArNO_2+6Fe+4H_2O\longrightarrow4ArNH_2+6Fe(OH)_3$$

所生成的二价铁和三价铁按下式转化 Fe_3O_4。Fe_3O_4 俗称铁泥，是黑色的磁性氧化铁。

$$Fe(OH)_2+2Fe(OH)_3\longrightarrow Fe_3O_4+4H_2O$$

$$Fe+8Fe(OH)_3\longrightarrow3Fe_3O_4+12H_2O$$

整理上述反应时得到还原反应总反应式：

$$4ArNO_2+9Fe+4H_2O\longrightarrow4ArNH_2+3Fe_3O_4$$

（2）影响因素　铁粉还原的影响因素主要有以下几个方面。

① 被还原物结构。对于不同的硝基化合物，采用铁粉还原方法时，反应条件有差异。在还原芳香族硝基化合物时，若芳环上有吸电子基存在，硝基中氮原子上电子云密度降低，亲电能力增强，使还原反应容易进行，这时还原反应的温度可较低；反之，若芳环上有给电子基存在，硝基中氮原子上电子云密度增高，亲电能力降低，使还原反应较难进行，这时还原反应的温度较高，常在加热沸腾状态下进行。铁粉还原是强烈的放热反应，如果加料太快，反应过于激烈，会导致爆沸溢料。

例如，扑热息痛中间体对氨基苯酚的制备，需在回流状态下进行，而盐酸普鲁卡因中间体对氨基苯甲酸的制备，在温和的条件下即可反应。

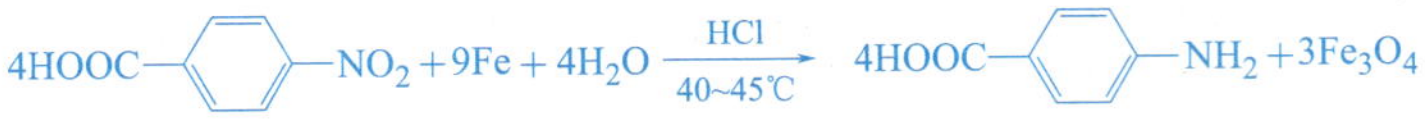

② 铁粉的质量。一般采用干净、质软的灰色铸铁粉，因为它含有较多的碳，并含有硅、锰、硫、磷等元素，在含有电解质的水溶液中能形成许多微电池，促进铁的电化学腐蚀，有利于还原反应的进行。另外，灰色铸铁粉质脆，搅拌时容易被粉碎，增加了与被还原物的接触表面。铁粉的粒度以 60～100 目为宜。

③ 铁粉的用量。理论上 1mol 硝基化合物需要 2.25mol 铁粉，实际上用量为 3～4mol，过量多少与铁粉质量和粒度大小有关。

④ 电解质。在硝基还原为氨基时，需要有电解质存在，并保持介质 pH 3.5～5，使溶液中有铁离子存在。电解质的作用是增加水溶液的导电性，加速铁的电化学腐蚀。通常是先在水中放入适量的铁粉和稀盐酸，加热一定时间进行铁的预蚀，除去铁粉表面的氧化膜，并生成亚铁离子作为电解质。

(3) 操作要点及注意事项

① 铁粉还原反应中的 HCl 仅用少量，作调节 pH 之用，一般用量为理论量的 2%。

② 反应中因铁粉较重，要有高效率的搅拌。反应时必须将铁粉翻起，并要注意使用铁粉的细度。

③ 控制好反应温度。温度太低会使反应后产生的铁泥处理困难；温度太高，除产生的氢气逃逸外，还要引起冲料。

④ 反应初期要先活化，即先加入少量 HCl，使铁反应生成 $FeCl_2$ 后，再分次逐步加入铁粉。

⑤ 反应设备的选用。小量精细化工多用搪玻璃釜，大工业生产可用衬有耐酸砖的平底钢槽和铸铁制的慢速耙式搅拌器，并直接用水蒸气加热。

⑥ 若生成物为苯胺（或其他芳胺类）应注意：向苯胺中加入 HCl 使成盐酸盐而溶解于水，利于与反应副产物铁泥（水中不溶）分离。

后处理时可加消石灰 $Ca(OH)_2$ 和 HCl，使苯胺游离出来。其中生成的 $Fe(OH)_2$ 用过滤方法除去，$CaCl_2$ 为电解质溶于水起盐析作用。

若生成铁泥和苯胺分离困难时，也可用水蒸气蒸馏法将苯胺蒸出，再分层，分离出再精制可得纯苯胺。分离后的水溶液中（母液）仍含有苯胺，要在下次反应中套用。

大多数小分子胺类（如苯胺、甲胺、乙胺等）均有毒，应避免与皮肤（特别是破损的皮肤）接触，以免引起血液破坏性中毒。

（二）催化加氢技术

1. 多相催化氢化技术特点

多相催化氢化是指在有不溶于反应介质的固体催化剂作用下，以气态氢为氢源，还原液相中作用物的反应。多相催化氢化历史悠久，在医药工业的研究和生产中应用很多。其特点如下。

(1) 还原范围广，反应活性高，速度快，能有效还原作用物中的多种不饱和基团，如表

2-18 所示。

表 2-18 不同官能团氢化难易顺序表（按由易到难排列）

还原基团	还原产物	条件选择及活性比较
酰卤	醛	易还原，宜用 Lindlar 催化剂，常用喹啉、硫脲等为抑制剂
硝基	伯胺	①芳香族硝基活性＞脂肪硝基活性；②可用镍、钯等催化剂在中性或弱酸性条件下还原
炔	烯	多采用 Lindlar 催化剂，并控制吸氢量
醛	伯醇	芳香醛活性＞脂肪醛活性；芳醛还原为苄醇时可能氢解，可采用 PtO_2 为催化剂，Fe^{2+} 为助催化剂，在温和条件下反应
烯	烷	活性：孤立双键＞共轭双键，位阻小的双键＞位阻大的双键；为顺式加成，产物中顺式异构体＞反式异构体
酮	仲醇	活性酮和位阻小的酮易氢化；在酸性和温度高的条件下，芳酯酮易氢解；采用镍催化剂
$PhCH_2—Y—R$ Y=O，N $PhCH_2—X$ X=Cl，Br	$PhCH_3$ $PhCH_3$	氢解活性：$PhCH_2—X—＞PhCH_2—O—＞PhCH_2—N$ 反应条件：苄氧基脱苄，中性；苄氨基脱苄，酸性；脱卤，碱性
腈	伯胺	在中性条件下氢化，有仲胺副产物；为避免仲胺生成，用镍催化在氨存在下氢化
含氮杂环	—	活性：季铵盐或盐类活性大于游离碱；在酸性条件、高温高压下反应
酯	醇	钯、铂通常无催化活性；用 $Cu(CrO_2)_2$ 为催化剂在高温高压下反应
酰胺	胺	内酰胺易氢化；酯酰胺难氢化，在高压下进行；不能用醇为溶剂
苯系芳烃	脂环烃	活性 $PhNH_2＞PhOH＞PhCH_3＞Ph$；苯环难氢化，常用 Ni、Rh、Ru 等为催化剂，在高压下进行

（2）选择性好　在一定条件下可优先选择还原对催化氢化活性高的基团。

（3）反应条件温和操作方便，相当一部分反应可在中性介质中，于常温常压条件下进行。

（4）经济适用　反应时不需要其他还原剂，只加少量的催化剂，使用廉价氢即可，适合于大规模连续生产，易于自动控制。

（5）后处理方便　反应完毕，滤除催化剂蒸出溶剂即可，且干净无污染。

2. 常用催化剂

多相催化氢化反应常用的催化剂主要是过渡金属（如镍、钯、铂等）、呈高度分散的活化态金属。优良的催化剂应具有活性大、选择性高、机械强度大、不易中毒、使用寿命长、制备容易、价廉等特点。这些特点与催化剂的成分和制备方法密切相关。

2-22微课：加氢催化剂

（1）镍催化剂　由于其制备方法和活性的不同可分为多种类型，主要有 Raney Ni、载体镍、还原镍和硼化镍。

Raney Ni 又称活性镍，为最常用的氢化催化剂，是具有多孔海绵状结构的金属镍微粒。在中性和弱碱性条件下，可用于炔键、烯键、硝基、氰基、羰基等的氢化。在酸性条件下活性降低，如 pH＜3 时则活性消失。

Raney Ni 的制备是将铝镍合金粉末加入一定浓度的氢氧化钠溶液中，使合金中的铝形成铝酸钠而除去，而得到比表面很大的多孔状骨架镍。

$$Ni—Al+6NaOH \longrightarrow Ni+2Na_3AlO_3+3H_2\uparrow$$

（2）钯催化剂　钯催化剂可在酸性、中性或碱性介质中使用，但在碱性介质中其催化活性稍低。使用钯催化剂进行的催化氢化可在较低温度和较低压力下进行，作用温和，具有一定的选择性，适用于多种化合物的选择性还原。在温和条件下，对炔、烯、肟、硝基及芳环侧链上的不饱和键有很高的催化活性，而对羰基、苯环、氰基等的还原几乎没有活性。钯具有很高的氢解性能，是最好的脱卤、脱苄催化剂。

钯催化剂通常制成氧化钯、钯黑和载体钯三种类型。

① 氧化钯。将氯化钯与硝酸钠混合均匀，熔融分解，制得氧化钯催化剂。

$$2PdCl_2 + 4NaNO_3 \xrightarrow{270\sim280^\circ C} 2PdO + 4NaCl + 4NO_2 + O_2\uparrow$$

② 钯黑。钯的水溶性盐类经还原而成的极细金属粉末，呈黑色，故称钯黑，常用的还原剂可以是氢气、甲醛、甲酸、硼氢化钾、肼等。

$$PdCl_2 + H_2 \longrightarrow Pd\downarrow + 2HCl$$

$$PdCl_2 \xrightarrow{2HCl} H_2PdCl_4 \xrightarrow{NaOH} Na_2PdCl_4$$

$$16PdCl_2 + 4KBH_4 + 30NaOH \longrightarrow 16Pd + K_2B_4O_7 + 2KCl + 30NaCl + 23H_2O$$

③ 载体钯。载体是催化剂的重要组成部分。载体是一些具有很大表面积、一般无催化活性的物质。载体不仅是活性成分的骨架，而且增加催化剂的强度，影响催化剂的活性和选择性。

用钯盐水溶液浸渍或吸附于载体上，再经还原剂（H_2、HCHO、KBH_4 等）处理，使其还原成金属微粒，经洗涤、干燥，可得到载体钯催化剂。使用时，不需活化处理。

（3）铂催化剂　铂催化剂是活性最强的催化剂之一。该类催化剂适合于中性或酸性反应条件，在酸性介质中活性高，反应条件温和，常用于烯键、羰基、亚胺、肟、芳香硝基及芳环的氢化或氢解，但与钯催化剂相比，不易发生双键的移位。常用的铂催化剂有氧化铂、铂黑和载体铂。

① 氧化铂。将氯铂酸铵与硝酸钠混合均匀后灼热熔融，氧化过程中有大量二氧化氮放出，经洗涤等处理后即得氧化铂催化剂。使用时，应先通入氢气使其还原为铂黑，然后再投入底物反应。

$$(NH_4)_2PtCl_6 + 4NaNO_3 \xrightarrow{500\sim1000^\circ C} PtO_2 + 4NaCl + 2NH_4Cl + 4NO_2\uparrow + O_2\uparrow$$

② 铂黑。铂的水溶性盐经还原而得到的极细金属粉末，呈黑色，故称铂黑。如在水或醋酸溶液中，常温常压下以氢气还原铂酸钠或氯铂酸，即得铂黑。用甲醛或硼氢化钠作还原剂，也能将氯铂酸还原成铂黑。

$$H_2PtCl_6 + 2H_2 \longrightarrow Pt\downarrow + 2HCl$$

$$H_2PtCl_6 + 2NaOH \longrightarrow Na_2PtCl_6$$

$$Na_2PtCl_6 + 2HCHO + 6NaOH \longrightarrow Pt\downarrow + 2HCOONa + 6NaCl + 4H_2O$$

③ 载体铂。将铂黑吸附在载体上即制成载体铂。用氯铂酸盐水溶液浸渍石棉、硅藻土、活性炭或碳酸钙等载体，再用氢气还原，生成的金属微粒吸附在载体上，再经适当处理，就可制成载体铂。载体铂表现出更高的催化活性。常用的载体铂有铂-碳、铂-石棉等。

3. 影响催化氢化反应的因素

（1）作用物的纯度　有多种物质能部分地或完全地抑制氢化过程，使催化剂失去活性。因此，进行催化氢化的作用物要有一定的纯度，以防止催化剂中毒。

在催化剂的制备或氢化反应过程中，由于少量物质吸附在催化剂表面上，对活性中心产生遮蔽或破坏作用，使催化剂的活性大大降低，甚至完全丧失，这种现象称为催化剂中毒。

如仅使其活性在某一方面受到抑制，经过适当处理后，可使催化剂恢复活性，这种现象称为催化剂的阻化。使催化剂中毒的物质称为毒剂；使催化剂阻化的物质称为抑制剂。抑制剂使催化剂某方面活性降低，使反应速率变慢，不利于氢化反应，但有时可提高反应的选择性。

作用物并不都需要蒸馏、重结晶等化学、物理手段提纯。在含有作用物的溶液中，于搅拌下把 Raney Ni 等廉价的催化剂或作为吸附剂的活性炭加到溶液中，过滤后进行氢化。这一方法可以直接用于液体作用物的氢化，简便而有效。

（2）温度　温度高反应快，但副反应也多。如：

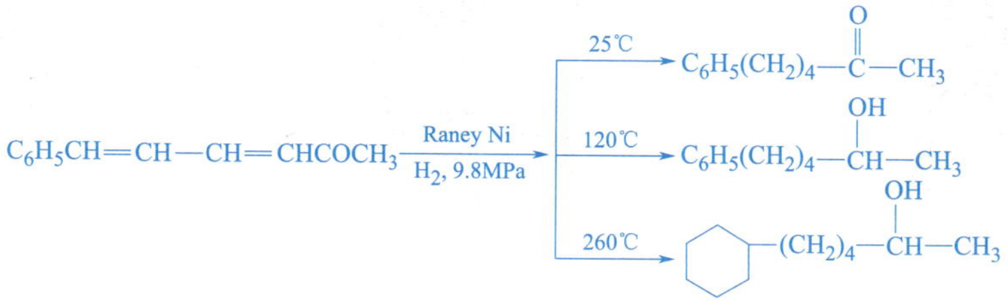

（3）压力　反应器中的氢气浓度越高，压力就越大，反应速率也越快，但选择性低。当压力＞$3kgf/cm^2$（$1kgf/cm^2=98kPa$）就会失去选择性。

（4）溶剂　溶剂的酸性、碱性、极性和沸点等对反应速率和选择性都有影响。常用的溶剂有甲醇、乙醇、醋酸、乙酸乙酯、四氢呋喃、环己烷和 DMF 等。所用溶剂的溶解度要大，否则产物要附在催化剂上，影响催化剂的表面活性。

（5）催化剂的用量　用量越多反应越快，但后处理困难。一般 Ni 用 10%～15%，Pt 和 Pd 用 10%（含量为 5%～10%），亚铬酸铜用 10%～20%。催化剂都要新鲜制备。

（6）搅拌　催化氢化为放热反应，搅拌要均匀有效，搅拌不良使反应器局部过热，影响反应效果，严重的要发生事故。

操作时特别注意：由于还原剂是氢气，若有明火、高温（570℃）或催化剂存在下，与氧的作用非常剧烈，燃烧放出很大的热量，爆炸伴有巨大的响声。含有 4%～75%氢气的空气是一种爆鸣气。除了氧之外，与氟、氯、溴等较强氧化剂接触也会发生爆鸣。在安全范围内可以大胆进行操作，同时注意排除各种危险因素，避免事故的发生。

4. 催化氢化设备

（1）组成　催化氢化装置主要由以下仪器及设备组成：①高压釜（用于中压及高压氢化）；②产生高压的设备，即装有高压液化氢气的钢瓶和压力机；③测量与调节仪器，包括直角玻璃温度计、热电偶及二次仪表、管式弹簧压力表和防爆电接点压力表；④轴气排空设备，如真空泵；⑤辅助部件，包括安全阀、连接管、釜盖架及带刻度的扳手。

（2）高压催化氢化设备　常见的高压催化加氢釜如图 2-45 所示。高压釜的容积可从 250mL 到 10000L 不等。

高压釜的组成如下。

① 釜体、釜盖采用整段不锈钢加工制成，耐压耐腐蚀。釜体和釜盖的接触部位磨成斜面，磨面非常吻合，直接拧合后即能不漏气。并采用周向均匀的高强度螺栓，连接釜体和釜盖，拧紧螺母，能保证高压釜的耐压强度。

② 高压釜的密封采用无垫片的圆弧面与锥面、球面与球面、球面与平面等线接触密封形式，依靠接触面的高精度和高光洁度，达到高压密封的目的。

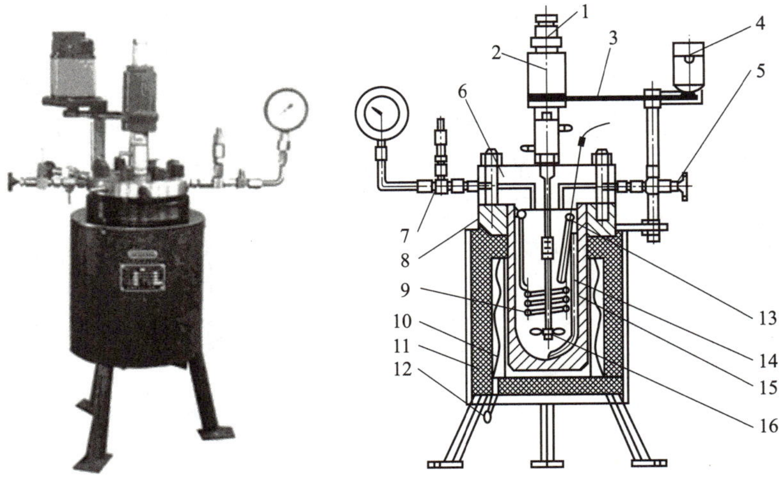

2-23微课：高压加氢反应釜的操作

图 2-45 高压催化加氢釜及其组成图

1—测速部件；2—强磁力耦合搅拌器；3—传动皮带；4—调速电机；5—高温高压针型阀；6—釜盖部件；7—压力表防爆阀；8—主体法兰；9—内冷却盘管；10—电加热炉；11—保温体；12—电加热输入；13—热电偶；14—进样/取样管；15—釜体部件；16—下搅拌组合

③ 釜体外装有桶形炉芯，上面绕有电阻丝，端头由侧面引出，接至接线端子上并与控制器相连。

④ 高压釜上配有压力表、气液取样器、热电偶及其二次仪表等部件，便于随时掌握釜内物质化学反应的情况和调节釜内物质的比例。

⑤ 釜内装有电磁力搅拌器，可进行上下往复搅拌，结构简单，密封性能好，搅拌效率高，最适宜进行气液反应。

⑥ 采用螺旋进退针型阀，密封性能好，并配有弹簧式安全阀，能保证高压釜正常工作。

⑦ 在顶端电磁铁线包下面，吸铁套筒外面装有冷却水套，可通冷水冷却电磁线圈，以能保证搅拌器持久工作。

5. 高压釜催化氢化操作规程

高压釜反应的操作规程分为安装、检查装置气密性、加氢、取样、泄氢、卸装六个过程。

（1）安装

① 检查釜内、釜外是否有易燃、易爆物品，是否有不利于空气流通的物品存在，如果有，请移走。

② 检查阀门、釜内是否干净；如果不干净，请洗净。

③ 关闭所有阀门（排气阀除外），开始投料，投料后，盖住釜盖（注意旋转螺帽时应用力均匀，保证对角线两螺丝互相旋紧，以防紧后漏气）。

④ 关闭排气阀。

（2）检查装置气密性　关闭所有阀门，盖住釜盖（注意旋转螺帽时应用力均匀，保证对角线两螺丝互相旋紧，以防紧后漏气）；打开进气阀通入氮气到 1MPa，关闭进气阀，观察压力变化情况，确认装置是否漏气。

（3）加氢

① 检查各阀门是否关严。

② 将排气软管指向空旷且空气流通的地方。

③ 上氢气减压阀门（注意氢气压力阀的丝口是反丝的），氢气压力阀上好后，用肥皂水检查是否漏气（如漏气，请重上）。

④ 排气口用真空抽出液面上的空气。

⑤ 打开釜的进气阀，打开氮气减压阀，充氮气，使内釜压力达 0.2MPa 后，关闭氮气减压阀，关闭进气阀，保持约 2min，看压力表压力是否下降，另外俯首侧听阀门、釜盖是否漏气，如不漏，则缓慢打开排气阀，将里面的压力排泄至 0.01MPa 时，关闭排气阀。

⑥ 重复第⑤步操作一遍。

⑦ 打开进气阀，打开氢气减压阀，充入氢气至所需压力，关闭进气阀，关闭氢气减压阀，然后调试其他参数至所需状态令其反应。

（4）取样

① 每隔半小时，观察各项数据是否正常，如压力减小，则须重新补充氢气。

② 氢气钢瓶内氢气不能放完，必须保证有一定压力时（约 0.01MPa）时，就应弃用换新瓶。

③ 取样。缓慢打开排气阀，设置釜内压力改为 0.2MPa 时，关闭排气阀，缓慢打开取样阀至有反应液冒出，关闭取样阀，取样，然后清洁取样口，不能让易燃物残留。

（5）泄氢　确认反应结束后，缓慢排放氢气至尽（注意釜内稍有压力就关闭排气阀，以免氧气进入），打开进气阀，冲入氮气至 0.2MPa，关闭进气阀，然后缓慢打开排气阀，放出里面的混合气体，将尽时重新输入氮气，如此换气 3 次后，用真空泵抽出液面上的气体，打开排气阀、取样阀，开始从底阀放料（注意，由于里面有遇氧易自燃的物质如 Pd/C、Raney Ni，因此杜绝洒落在容器外），如有洒漏，请立即用湿毛巾将其蘸出，放入有水的桶内，后用少量稀酸将其破坏掉，放料完毕立即关闭底阀门。

（6）卸装　放完料的釜，应立即清洗，清洗前应按以下步骤进行。

① 将反应溶剂从排气阀充入釜内，清洗掉大部分残留物后，注入约半釜体积的水，搅拌 10min，此时方可打开釜盖，对釜内壁进行清洗。

② 清洗时，必须清洗釜盖、取样阀，同时在釜内有水的情况下，稍充一下氮气。

③ 暂时不用的反应釜，最好将反应釜内加入 70%体积干净的无水乙醇浸泡，可以不拧紧螺丝。

6. 高压催化氢化安全注意事项

（1）对于初次进行高压釜操作人员进行操作时，必须至少一名已经熟练掌握高压反应釜操作的人员在场。

（2）在场操作的人员必须戴手套，穿无铁钉的鞋。

（3）不要携带手机、打火机、MP3 等易引起爆炸、自燃的物品进入氢化工作区域。

（4）在氢解釜附近，操作人员拿工具、零件时应轻拿轻放，不得发生刚性撞击产生火花。

（5）卸压时高压反应的尾气，最好用胶管通向室外或通风橱内。

（6）新制备的钯炭、铂炭及 Raney Ni 等催化剂溶有大量的氢，与空气接触会着火，有时还会引起爆炸。上述高活性的催化剂在醇蒸气中，也会发生燃烧和（或）爆炸，使用时需小心。

（7）Raney Ni 在制备时因操作不同、所得催化剂的活性差异亦显著，特别是高活性的 Raney Ni，有时会使反应温度和压力突然剧增，即使立刻放弃减压，也已经来不及了。

（8）在氢化反应中催化剂使用量过大，有时会使反应失去控制，造成事故。

六、 自主能力训练项目 扑热息痛的制备与定性鉴别

训练素材见本书第三部分“典型案例及项目化教学素材”相关内容。

任务 7 合成氯霉素原料药 C——手性药物制备技术

一、 布置任务

（1）制订方案 制订合成氯霉素原料药 C（最终产品）的实验室制备方案，进行对比、分析、完善，确定优化方案。

（2）讲解方案 讲解小试方案的依据，以及其与工业生产的异同点。

（3）实训操作 按照修改完善的方案，在实训室合成氯霉素原料药 C。

二、 必备知识

2-24微课：手性与手性药物

（一） 直接结晶拆分法制备手性药物

直接结晶法是将外消旋体直接从溶液中结晶析出。按照采用的方式，可分成两类。

1. 自发结晶拆分

外消旋体在结晶的过程中，自发形成聚集体而等量析出。这种方法的先决条件是外消旋体必须能形成聚集体。但在实际情况中，大概只有 5%～10%外消旋体能形成聚集体。为了增加生成聚集体的可能性，可将非聚集体的化合物通过成盐的方式转变成具有聚集体性质的固体。此种方法要求所生成的结晶必须要有一定的形状，否则无法分离，局限性较大，工业上较少应用。

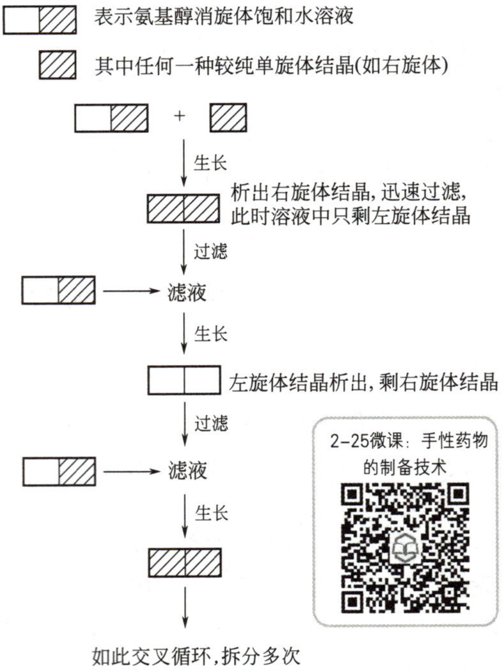

图 2-46 诱导结晶法拆分氯霉素中间体

2-25微课：手性药物的制备技术

2. 优先结晶拆分

优先结晶拆分是在饱和或过饱和的外消旋体溶液中加入其中一种对映体的晶种，使该种对映异构体稍微过量而造成不对称环境，打破原来的平衡状态，与该晶种相同的对映体从溶液中优先结晶析出。

优先结晶法是一种高效、简单、快捷的拆分方法，晶种的加入造成两个对映异构体具有不同的结晶速率，这是动态过程控制的关键。延长结晶时间可提高产品收率，但产品的光学纯度有所下降。得到的晶体可通过反复重结晶进行纯化。

应用直接结晶法拆分的外消旋体必须是外消旋混合物，而不是外消旋化合物，外消旋混合物是由等量对映异构体组成的低共熔混合物，即外消旋混合物的熔点低于任一对映异构体，

而且外消旋混合物的溶解度要较任何一个异构体的大。这样，在一个异构体结晶析出时，外消旋体及一定量的另一个异构体仍留在母液中，即达到拆分目的。

在实际应用中，尤其是工业生产过程中，可以利用优先结晶方法的特点进行循环往复的结晶分离。该方法又称为“交叉诱导结晶拆分法”。例如氯霉素的中间体 D-苏型-1-对硝基-2-氨基-1,3-丙二醇的拆分。其生产过程如图 2-46 所示。

影响优先结晶拆分的因素主要有以下几方面。

① 外消旋体的盐（盐酸盐、硫酸盐等）比形成共价外消旋体更容易通过优先结晶法拆分。

② 溶解度比（α_x=SR/SA，SR、SA 分别是外消旋体和一种对映异构体的溶解度）小于 2 时，比大于 2 更有利于优先结晶法拆分。

③ 适当的搅拌速度对促进晶体的生长有利，搅拌速度过快会使不期望的对映异构体自发的成核结晶析出，降低了产品的光学纯度。

④ 要求所使用的颗粒大小和组成必须均一。

⑤ 要尽可能减少溶液中的其他粒子和颗粒，避免其成为晶核影响结晶质量。

“逆向结晶拆分”和“外消旋体的不对称转化和结晶拆分”在此不再介绍。

（二）羧酸酯作为酰化剂进行 N-酰化方法

羧酸酯是弱的 *N*-酰化试剂，一般情况下，只有当羧酸酯比相应的羧酸、酸酐或酰氯容易获得，或者使用方便时，才用羧酸酯作 *N*-酰化试剂，但近年来活性酯的迅速发展，使酯类酰化试剂的应用范围大大扩展。

对于羧酸酯（RCOOR′），若酰基中 R 空间位阻大，则活性小，酰化反应速率慢，需在较高温度或一定压力下进行反应；反之，若 R 位阻小且具有吸电子取代基则活性高，易酰化。酯基中离去基团（R′O—）越稳定，则活性越高，反应容易进行。

对于胺类，其反应速率则与其碱性和空间位阻有关。胺的碱性越强，空间位阻越小，活性越高，反之，则越小。例如磺胺甲噁唑（Sulfamethoxazole）中间体（2-14）的合成，采用羧酸酯与活性高的氨气，在温和的条件下反应即可。

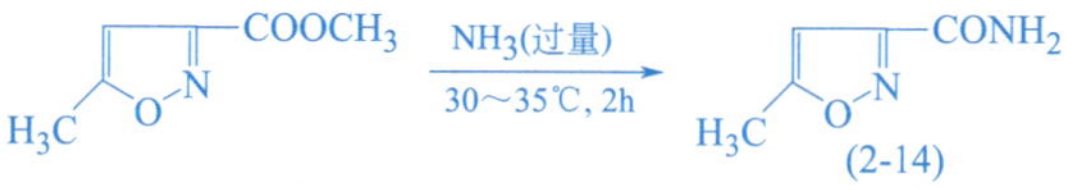

(2-14)

但羧酸二酯与二胺类化合物，如果反应后能得到稳定的六元环，则反应易发生。这方面的应用非常多，例如哌拉西林等青霉素药物中间体乙基-2,3-哌嗪二酮（2-15）、催眠药苯巴比妥（2-16）等的合成。

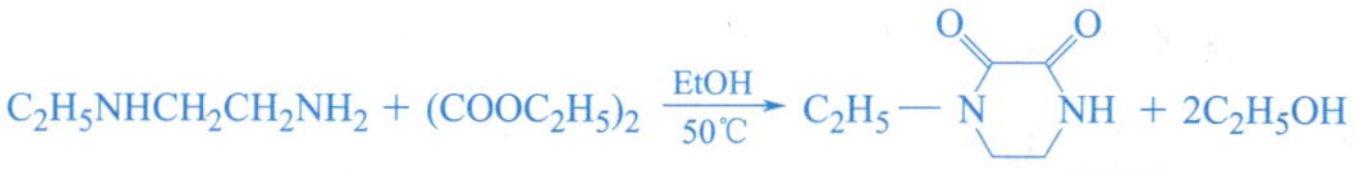

(2-15)

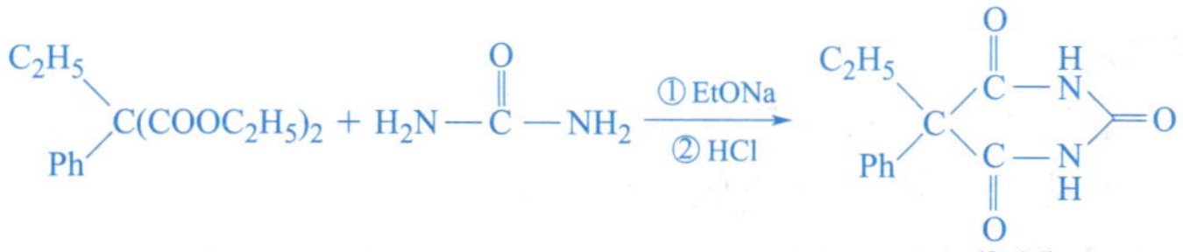

(2-16)

由于酯的活性较弱，普通的酯直接与胺反应需在较高的温度下进行，因此在反应中常用碱作为催化剂脱掉质子。常用的碱性催化剂有醇钠或更强的碱，如 $NaNH_2$、*n*-BuLi、$LiAlH_4$、NaH、Na 等，过量的反应物胺也可起催化作用。

选择哪种催化剂，与反应物活性及反应条件均有关。一般，反应物活性越高，则可选用较弱的碱催化；反之，则需用较强的碱催化。例如：

$$CH_3COCH_2COOC_2H_5 + PhCH_2NH_2 \xrightarrow[0℃]{EtONa/EtOH} CH_3COCH_2CONHCH_2Ph$$

三、 实用案例

实例 氯霉素原料药C的生产

1. 生产过程分析

首先进行氯霉素中间体 C6 的拆分。拆分常用两种方法，一是非对映异构体拆分，二是诱导结晶法拆分。这两种方法生产上均有应用，本方案使用诱导结晶拆分法。

拆分之后的 D-型异构体用于合成氯霉素原料药 C。由 D-型异构体与二氯乙酸甲酯反应，即 D-型异构体的二氯乙酰化反应。

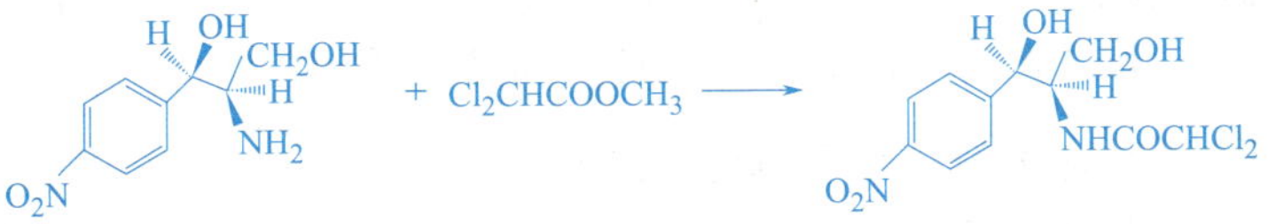

D-型异构体　　　　氯霉素原料药C

酰化反应速率与胺及酰化剂的结构有关，D-型异构体结构较大，有一定的空间位阻，而使活性受到一定影响。在二氯乙酸甲酯的结构中，由于 α-碳原子上有 2 个电负性强的氯原子存在，增强了羰基碳的正电性，提高了反应活性，使本反应能很快完成。工艺流程如图 2-47 所示。

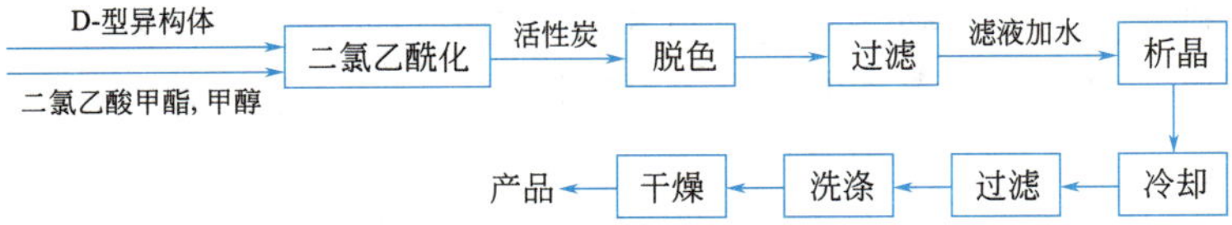

图 2-47　氯霉素生产工艺流程框图

2. 操作过程

将甲醇（含水量在 0.5%以下）置于干燥的反应罐内，加入二氯乙酸甲酯，在搅拌下加入 D-型异构体（含水在 0.3%以下），于 60～65℃反应 1h。加入活性炭脱色，过滤，在搅拌下往滤液中加入蒸馏水，使氯霉素析出。冷至 15℃过滤，洗涤干燥，便得到氯霉素成品。

3. 反应条件及控制要点

（1）水分对反应的影响　本反应应无水操作。有水存在时，二氯乙酸甲酯水解生成的二氯乙酸会与“氨基醇”成盐，影响反应的正常进行。

（2）D-型异构体质量对反应的影响　生产上控制熔点、水分含量、旋光度、铁离子外观等项指标。由于 D-苏型-1-对硝基-2-氨基-1,3-丙二醇经二氯乙酰化一步便得最终产品氯霉素，所以要严格控制各项质量标准，否则氯霉素成品质量会下降，含量降低，产品等级降格。对不合格的 D-苏型-1-对硝基-2-氨基-1,3-丙二醇不能直接投料，应先精制处理。

四、项目展示及评价

1. 项目成果展示

（1）制订的“合成的氯霉素原料药 C”的实训方案。

（2）合成的“氯霉素原料药 C”。

图 2-48　氯霉素原料药 C

氯霉素为白色或微黄色的针状、长片状结晶或结晶性粉末，味苦（见图 2-48）。熔点 149～153℃。易溶于甲醇、乙醇、丙酮或丙二醇中，微溶于水。旋光度 $[\alpha]^{25}$ −25.5°（乙酸乙酯）；$[\alpha]_D^{25}$ +18.5°～21.5°（无水乙醇）。

2. 项目评价依据

（1）合成氯霉素的方法、原料选择是否正确，用量与配比是否合理。

（2）选择的反应器、设计的实验装置的正确程度。

（3）操作步骤的合理、准确性。

（4）安全、环保措施是否得当。

（5）方案讲解流畅程度。

（6）对工业生产方法及操作控制点的理解程度，讲解的熟练程度与准确性。

（7）氯霉素原料药 C 质量、收率、纯度等整体情况评价。

3. 考核方案

考核依据本书第一部分“考核与评价方式”进行，本任务的具体评价内容如下。

（1）教师评价表　包括项目准备过程的“项目材料评价表”和项目实施过程的“项目实施过程评价表”。

① 项目材料评价表

	考核内容	权重/%	成绩	存在问题	签名
项目材料收集	查阅合成氯霉素原料药 C 相关材料情况	10			
	讲解氯霉素原料药 C 制订方案的依据、方案可行性分析	20			
	材料搜集完整性、全面性	15			
	拓展知识（手性药物拆分，以羧酸、酸酐、酰氯为酰化试剂的酰化反应）的掌握程度	10			
	讨论、调整、确定并总结方案	15			
职业能力及素养	查阅文献能力	5			
	归纳总结所查阅资料能力	5			
	制订、实施工作计划的能力	5			
	讲解方案的语言表达能力	5			
	方案制订过程中的再学习、创新能力	5			
	团结协作、沟通能力	5			
	总分				

② 项目实施过程评价表

		考核内容	权重/%	成绩	存在问题	签名
项目实施过程	氯霉素中间体C6的拆分	仪器选择及安装	3			
		确定水、消旋体及右旋体的加入比例	4			
		脱色、过滤	3			
		加入消旋体及右旋体，升温使物料溶解情况	3			
		冷却，析晶（右旋体析出），过滤，洗涤	3			
		右旋体晶体质量检验（熔点、水分含量、旋光度、铁离子、外观）	4			
		母液（左旋体）加消旋体，全溶情况	3			
		冷却，析晶（左旋体析出），过滤，洗涤，重复操作	4			
	氯霉素原料药C的合成	甲醇预处理（含水量0.5%以下），反应容器预处理（干燥）	4			
		仪器安装、检查	3			
		控制反应温度及时间（65℃左右，反应1h）	5			
		活性炭脱色，过滤	3			
		滤液加蒸馏水，析晶，冷却，过滤，洗涤，干燥	3			
		旋光度测定	4			
		产品整体情况，如外观、质量、收率等	6			
		母液中甲醇回收（蒸馏）与循环套用	4			
		实验现象、原始数据记录情况	3			
		“三废”处理、实验室卫生、清场等	5			
		实训报告完成情况（书写内容、文字、上交时间）	5			
职业能力及素养		动手能力、团结协作能力	4			
		现象观察、总结能力	4			
		分析问题、解决问题能力	4			
		突发情况、异常问题应对能力	4			
		安全及环保意识	4			
		仪器清洁、保管	4			
		纪律、出勤、态度、卫生	4			
		总分				

（2）学生评价表

	考核内容	权重/%	成绩	存在问题	签名
项目材料收集	学习是否主动，是否能及时完成教师布置的合成氯霉素原料药C任务	5			
	是否能熟练利用期刊书籍、数据库、网络查询氯霉素原料药C相关资料	5			
	收集的有关学习信息和资料是否完整	5			
	能否根据学习资料对合成氯霉素原料药C项目进行合理分析，对所制订的方案进行可行性分析	5			
	是否积极参与各种讨论，并能清晰地表达自己的观点	5			
	是否能够掌握所需知识技能，并进行正确的归纳总结	5			
	是否能够与团队密切合作，并采纳别人的意见建议	5			
项目实施过程	能否独立正确选择、安装实训装置	5			
	水、消旋体、右旋体配比是否准确	4			
	能否准确控制反应温度、时间	4			
	能否进行降温、析晶、过滤、洗涤、干燥等操作	4			
	右旋体收率及质量（熔点、水分含量、旋光度、铁离子、外观）是否符合标准	4			
	是否能对所用原料进行处理（甲醇无水处理，仪器干燥）	4			
	能否准确控制反应温度、时间	4			
	能否进行脱色、热滤操作	4			
	能否进行冷却、析晶、过滤、洗涤操作	4			
	所得最终产品质量是否符合标准（熔点、旋光度、晶型、铁离子等）	4			
职业能力及素质形成	能否准确观察实验现象，及时、实事求是地记录实验数据	5			
	是否能独立、按时按量完成实训报告	12			
	对试验过程中出现的问题能否主动思考，并使用现有知识进行解决，对试验方案进行适当优化和改进，并知道自身知识的不足之处	4			
	完成实训后，是否能保持实训室清洁卫生，对仪器进行清洗，药品妥善保管	3			
	总分				

（3）成绩计算　本项任务考核成绩＝教师评价成绩×50%＋学生自评成绩×20%＋小组互评成绩×30%。其中教师评价成绩＝项目材料评价成绩×30%＋项目实施过程评价成绩×70%。

五、项目总体评价

从以下几方面对学生项目完成过程进行评价。

1. 各步项目材料收集情况评价

	文献查阅能力	自主学习能力	团结协作能力	方案制订合理性	改进措施
任务1					
任务2					
任务3					
任务4					
任务5					
任务6					
任务7					

2. 各步合成过程条件控制及工艺改进

	工艺条件						“三废”处理方法(环保措施)	工艺改进情况
	配料比	温度	压力	反应时间	溶剂	催化剂		
任务 1								
任务 2								
任务 3								
任务 4								
任务 5								
任务 6								
任务 7								

3. 各步产品的质量、收率及总收率

	产品质量				质量/g	收率 Y/%
	颜色	状态	熔点/℃	其他指标		
任务 1						
任务 2						
任务 3						
任务 4						
任务 5						
任务 6						
任务 7						

素养案例

勤于思考，勇于创新——克服药品生产中的“放大效应”

许多品种，从实验室到工业化规模生产的过程中往往会出现“放大效应”，严重的放大效应可能导致实验室工艺无法在规模生产实现。中试就是发现和解决这些问题的关键步骤，在中试过程中发现问题，通过工艺方法、设备选型或流程重建给予解决，可为后续大规模生产的工程设计提供依据。

例如：某制药企业在开发头孢羟氨苄的小试工艺中，需要向水相溶液中加入溶剂 DMF，以制备中间产物——“DMF 溶剂化物”。DMF 加入水中时会放出溶解热，但由于在实验室的投料量小（20 克），加入 DMF 溶剂的过程升温不明显；实验室投料量放大到 100 克时，仍然很容易把温度控制在 30℃以内。进入中试验证时，投料量增加到 50 千克，由于放大效应，设备传热效率下降，加料时出现了迅速升温，温度快速升到 50℃以上。技术人员立即中止加料，以便控制温度，待温度降低后再次缓慢滴加物料。

经仔细分析总结后，试验人员在后续批次中采取了“预冷”的方法，先将物料降温到 5℃以下，再控制速度进行“流加”，温度平稳控制在 30℃以内，并保证了本工序的操作工时，效果良好。预冷物料的方法应用到工业化生产的设计中，投料规模在 500 千克的大生产线，仍然可以稳定操作。这是在中试过程中发现小试无法发现的异常，并成功解决、指导大规模生产的应用案例。

第三部分

典型案例及项目化教学素材

一、 典型案例分析

案例一 合成3-*N,N'*-二乙基-4-甲氧基乙酰苯胺工艺改进

本产品由3-氨基-4-甲氧基乙酰苯胺与溴乙烷进行N-烷基化反应得到，反应式如下：

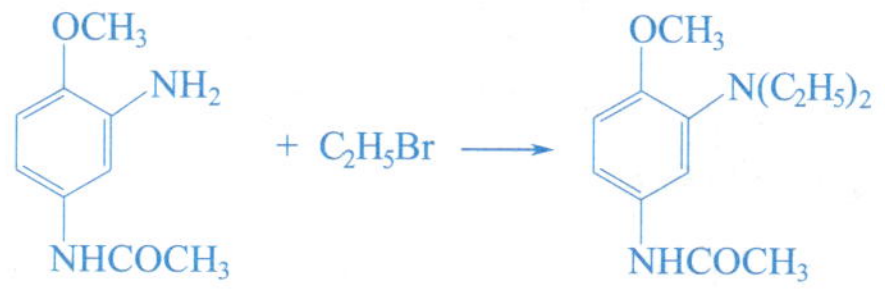

原来的合成工艺是：以乙醇或者甲醇作为溶剂，以MgO为缚酸剂。在反应釜里加入原料后，升温到80℃左右，反应4～5h，过滤除去固体（没反应完的MgO和生成的$MgBr_2$），蒸馏回收大部分溶剂，最后加水析出产品，过滤，烘干，得产品，收率为90%～92%。

1. 问题提出

分析原工艺可考虑的问题有以下几点。

（1）本工艺为什么要以乙醇或甲醇作为溶剂？不用水作反应溶剂？根据所学知识，你认为应该选择用甲醇还是乙醇，各有什么优缺点？

（2）这里MgO起什么作用？是否可用其他物质代替？

（3）水析的原理是什么？在水析的过程中要注意什么问题？如何操作较合理？还可以采用什么方法分离出产品？

（4）本工艺过程中有哪些可能的副反应？工艺设计是如何克服的？

（5）产品质量中最可能存在的问题有哪些？如何保证产品质量？

（6）反应的投料中原料配比应当是多少较合适？为什么？

本工艺存在的突出问题：一是用溶剂，带来生产安全与成本问题；二是产品质量问题，灰分（即高温焙烧后残渣的含量，通常是无机物）含量较高。为此要设计一个新的工艺改进这些缺点。

2. 工艺分析

（1）酰胺基在碱性、酸性条件下都易水解，且温度越高越易水解；溴乙烷在碱性条件下也易水解。反应式如下：

$$—NHCOCH_3 + H_2O \longrightarrow —NH_2 + CH_3COOH$$

$$C_2H_5Br + OH^- \longrightarrow C_2H_5OH + Br^-$$

因此，减少水的存在有利于减少上述副反应而提高收率。另外，原料和产物都不溶于

水，而溶于乙醇，若用水做反应介质，会导致“包囊”现象（即固体原料外层起反应后生成固体产品，从而把一些原料包住使反应不能继续进行，反应不能完成的现象）影响反应。而用醇就不会产生这种现象，使反应顺利进行。

甲醇和乙醇从溶解性能来说对此反应相差不大，但从其他方面来说就有较大差别，包括价格、安全性、能耗等。乙醇价格较高，但安全性相对较好，回收能耗较高。由于成本相差较大，一般用甲醇较多。

（2）MgO 起到缚酸剂的作用，这是因为在溴乙烷胺解的过程中产生酸 HBr，若不中和掉，一方面会使酰胺分解，另一方面会与氨基形成铵盐使胺解活性下降，反应不能进行。凡是碱都可以起到缚酸剂的作用，但要考虑到两点：一是碱性要合适，不能过强，使酰胺键分解；二是在酸中有一定的溶解性，使反应顺利进行。

（3）水析的原理是：产品溶于醇而不溶于水，在产品的醇溶液中加水后产品的溶解性变小而析出分离。在水析过程中要注意加料的顺序与速度，否则容易产生包囊现象或使晶型变差，使产品质量及吸收率下降（为什么？另外考虑，应当是产品的醇溶液加到水中还是水加到醇溶液中?）。本产品还可以采用结晶工艺得到，但产品质量较差，因为 MgO、$MgBr_2$ 在醇中都有一定的溶解性，在结晶过程中也会析出，导致产品的灰分含量很高，因此一般采用水析法，但同时导致了大量废水的产生。

（4）本工艺过程中可能产生的副反应有酰胺基水解、溴乙烷水解，工艺中采用避免水的存在及使用酸碱性合适的缚酸剂以减少副反应。

（5）产品质量可能存在的问题：一是烷基化不彻底，含有一烷基化产物或原料；二是酰胺基水解系列副产物，即酰胺基水解生成的胺，胺再乙基化等的产物；灰分（因为 MgO 微溶于水，水析时醇溶解的 MgO 析出混到产品中）。

（6）反应中投料比为：3-氨基-4-甲氧基乙酰苯胺：溴乙烷＝1：(2.05～2.4)(mol)，MgO 比溴乙烷的 1/2 多 5%左右。原因有以下几点。

① 原料中 3-氨基-4-甲氧基乙酰苯胺价格最高，尽可能多地转化，产品成本才可能低。

② 溴乙烷、MgO 易与产品分离，而 3-氨基-4-甲氧基乙酰苯胺及一烷基化产物难以与产物分离，但是从产品质量考虑必须要转化完全，因此溴乙烷要过量，但过量太多没必要。

③ 虽然用溶剂，但不可避免地会有一定量的水存在，因此溴乙烷会部分水解，会消耗一部分。

④ 若 MgO 质量稍有问题则会导致体系酸性，副反应会大大增加；而且工业溴乙烷往往含有少量水，为保证体系稳定，MgO 要稍微过量，但过量太多会使产品灰分大大增加，反而影响产品质量。溶剂量要合适，过少反应不好，过多能耗大、溶剂损失大。

3. 工艺改进

根据前面的分析，如何设计工艺以水作为反应介质完成反应？其中主要的问题是要避免水解、包囊等对反应不利的现象。同时原料 3-氨基-4-甲氧基乙酰苯胺和溴乙烷都不溶于水，如何能使反应很好地进行？首先要了解一些基础知识。

（1）在此反应体系中副反应主要是水解，有三种：原料 3-氨基-4-甲氧基乙酰苯胺的水解、产品的水解、溴乙烷的水解，经试验表明，在 80℃以下在 pH 5～9 之间上述几种物质水解都较慢，因此只要反应在此条件下进行就有可能控制好副反应。

（2）原料 3-氨基-4-甲氧基乙酰苯胺、产品、溴乙烷都不溶于水，但产品在 pH 5～6 可形成铵盐，溶解性很好，而 3-氨基-4-甲氧基乙酰苯胺及产品形成的铵盐溶于水，它们可起到相转移催化剂的作用，使溴乙烷在水中很好地分散。

（3）在碱性条件下反应比较快，在酸性条件下比较慢。

根据上述分析可知，问题的关键是如何控制反应体系的 pH 值，使反应前期 pH 可高达 8～9，后期为 5～5.5，这样就可解决上述可能存在的问题。如何设计反应体系使整个反应过程的 pH 如此变化呢？可以考虑用缓冲溶液，比如用乙酸钠。由于工业溴乙烷原来有一定的酸性，在体系中加入乙酸钠后自然就会形成缓冲溶液。乙酸钠加多少可以控制体系的 pH 在 5～8 之间呢？可以根据化学平衡的原理计算。

假设 $2m^3$ 反应釜投水 $1m^3$，原料 3-氨基-4-甲氧基乙酰苯胺 360kg（2kmol），加溴乙烷要稍过量，为 4.3kmol，应当加多少乙酸钠（NaAc）？根据 pH 计算公式得出加 NaAc 3.6kmol。

实际反应过程是：在投料完成后体系是混浊的，升到反应温度保持一定时间后体系慢慢变为澄清溶液，此时反应基本完成，在保温 1～2h，取样 HPLC 分析合格后，再降到一定温度，然后滴加碱进行中和，析出、离心、烘干，就得到产品。要注意，若有较多溴乙烷，往往有结块现象，使产品质量下降。

此工艺相对于醇溶剂法工艺的好处有以下几点。

① 同样的反应釜投料量增加，生产能力提高近 50%。

② 收率从 92%左右提高到 95%～96%。

③ 原来要用不锈钢压力釜保压反应，还带来设备的腐蚀问题（卤素离子对不锈钢腐蚀比较严重），现在只需要搪瓷锅即可。

④ 原来是非均相反应，设备体积不能太大，一般不能超过 $2m^3$，现在变成准均相反应（中后期是均相），设备可增大到 $5m^3$ 以上，生产能力大大提高。

⑤ 不用溶剂，安全生产成本很低。

大家考虑：还有什么地方可以改进？如何改进？优缺点如何？

从上述案例可看到，开发一个产品的合成工艺不单单是一个单元反应的机理问题，也不单单是合成的问题，还要用到许多基本的化学动力学、热力学、化学平衡等原理，是化学知识的综合应用。

案例二 对甲氧基苄氯生产操作规程(SOP)

×××公司技术标准和管理文件 101 车间 对甲氧基苄氯生产岗位操作规程 SMP-0200600-10	起草：　　日期： 审核：　　日期： 批准：　　日期： 执行日期：　　签名：
变更记载： 修订号　批准日期　执行日期 00	变更原因及目的： 新文件

本车间是以对甲氧基苄醇和 36%盐酸为原料，经反应、萃取、精制等过程生产对甲氧基苄氯的合成车间。对甲氧基苄氯是医药、香料等的中间体。

（一）车间防火防爆等级

甲类。

（二）车间安全生产的特点及事故预防措施

1. 安全生产特点

（1）氯化工序的操作温度不得超过 25℃。

（2）注意装置的排风换气，保证换气扇正常使用以防止高浓度甲苯、盐酸对人体的伤害。

（3）电器设备清扫时注意周围环境接地完好情况、绝缘情况以防止触电伤人。

2. 事故预防安全措施

（1）氯化反应在密闭设备（反应釜）内进行。

（2）员工会使用车间的各种消防设施和防护用具并保证消防设施的完好。

（3）在整个生产车间生产时禁止开手机。

（4）进入釜内清理或作业时必须进行气体置换，分析合格后方可进入。

（5）各种检修必须做到票、证齐全，安全措施得当并按检修方案作业。

（6）封闭厂房的通排风设备完好并按规定进行排风。

（7）操作工必须严格执行岗位责任制、岗位操作法、安全技术规程、安全防火制度。

（8）操作人员必须集中精力操作，不准串岗、聚岗和睡岗，不准在班上干与工作无关的事。

（9）车间工作人员有权制止未经允许的人员进入车间生产区。

（10）全体员工应按时参加班组安全活动。

（11）所有设备安全设施和用具保持完整好用、清洁卫生，不得乱动。

（12）设备传动部分应设防护罩，没有防护罩的不准使用。

（13）设备管线不准有跑、冒、滴、漏现象，发现问题及时处理；所有的容器孔盖板应盖好。

（14）当发生事故时及时处理并向有关部门报告。

（15）厂房内外的工作地面要平整，无杂物并要有足够的照明。

（16）当发现设备有故障时应停止使用并及时检查处理。

（17）必须牢记：①主要物料管线、蒸汽、工业水的主要阀门的位置；②主要运转设备电器开关的位置；③疏散通道的位置；④灭火设备的位置；⑤室内外消火栓的位置。

（三）岗位安全责任制

（1）在车间主任的领导下，组织执行厂、车间有关安全生产的规章制度和决定，对本班的安全生产负责。

（2）认真学习工艺规程、操作法，熟悉工艺流程，提高事故处理技能，掌握各岗位的生产操作。

（3）做到班前讲安全，班中检查安全，班后总结安全，经常深入地对岗位进行检查，发现隐患及时处理，不能处理的立即向上级报告。

（4）负责专人维护保管灭火器材、防护用具，做到完整好用，并保持清洁卫生。

（5）严格遵守各项规章制度，教育职工遵守劳动纪律、工艺纪律、厂规厂法。认真巡检，精心操作并按规定着装，不违章作业，有权拒绝违章作业，对他人的违章作业要及时劝阻和制止。

（6）督促、帮助本班人员合理使用劳动保护用品和防护器具。

（7）在装置前禁止他人使用手机。

（8）在自己本职范围内做到安全生产。

（9）生产发生事故时要及时报告值班长，妥善地处理并根据泄漏化学品的性质和严重程度负责组织切断化学物料泄漏源，采取有效措施防止事故扩大。组织疏散人员，通知相关单位采取紧急措施。救护伤员，将伤员送到安全检查地带，并做好人员疏散工作。同时要维护好现场。并且要认真协助车间及有关部门本着“四不放过”的原则进行事故调查工作。

（10）若值班长休假不在，在完成本职工作的同时，需代替值班长行使安全防火责任。

（四）车间原料、成品的规格及要求

1. 原料规格及要求

（1）对甲氧基苄醇　又名大茴香醇。室温下为无色或淡黄色固体，低于室温为无色至淡黄色液体。密度 $1.1129g/cm^3$，熔点 23.8℃，沸点 259℃，闪点 137℃。折射率 1.5430～1.5450，不溶于水，微溶于丙二醇、甘油。以 1∶13 溶于 30%乙醇，以 1∶1 溶于 50%乙醇。露置空气中易被氧化。

（2）甲苯　常温常压下是一种无色透明液体，熔点 −95℃，沸点 111℃，密度 $0.866g/cm^3$。几乎不溶于水，但可以和二硫化碳、乙醇、乙醚以任意比例混溶，在氯仿、丙酮和大多数其他常用有机溶剂中也有很好的溶解性，闪点为 4℃，燃点为 535℃。

（3）浓盐酸　工业级别：36%～38%。无色或微黄色易挥发性液体，有刺鼻的气味。熔点 −114.8℃（纯 HCl），沸点 108.6℃（20%恒沸溶液），饱和蒸气压 30.66kPa（21℃）。与水混溶，溶于碱液。禁配物为碱类、胺类、碱金属、易燃或可燃物。

2. 成品规格及要求

对甲氧基苄氯为无色透明液体，有刺激性味道，分子量 156.61，相对密度 1.1002，不溶于水，易溶于乙醇、乙醚、氯仿等有机溶剂，能随水蒸气挥发。

出厂要求：经气相色谱检测，含量≥98.5%，游离酸≤0.5%，游离氯≤0.01%，水分≤0.05%。

（五）生产原理及工艺流程

1. 生产原理及工艺技术参数

（1）生产原理　对甲氧基苄氯由对甲氧基苄醇进行羟基的氯置换而得。由于对甲氧基苄醇活性高，所以，直接用浓盐酸即可。反应式如下：

（2）原料配比（质量比）　生产对甲氧基苄氯所需原料配比见表 3-1。

表 3-1　生产对甲氧基苄氯所需原料配比

名称	投料量	规格
甲苯	400L	工业级
大茴香醇	300kg	工业级
36%盐酸	430kg	工业级
氯化钠	100kg	工业级
碳酸氢钠	15kg	工业级
无水硫酸镁	50kg	工业级

2. 生产工艺流程

生产对甲氧基苄氯工艺流程方框图如图 3-1 所示。

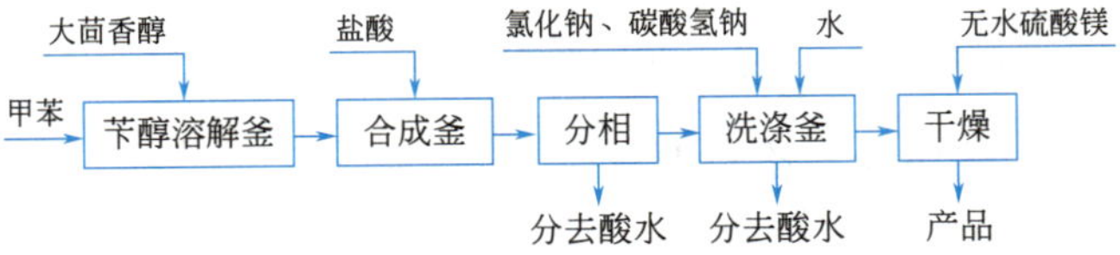

图 3-1 生产对甲氧基苄氯工艺流程方框图

（六）操作过程及要点

1. 釜体检查

（1）每次投料前都应该对釜体进行仔细检查，观察人孔及各个釜口是否有掉瓷的地方，如果出现掉瓷应及时通知车间主任。

（2）确认反应釜的釜底阀及分支阀门处于关闭状态，防止跑料或倒错料。

生产对甲氧基苄氯不同工段的工艺流程示意图如图 3-2～图 3-4 所示。

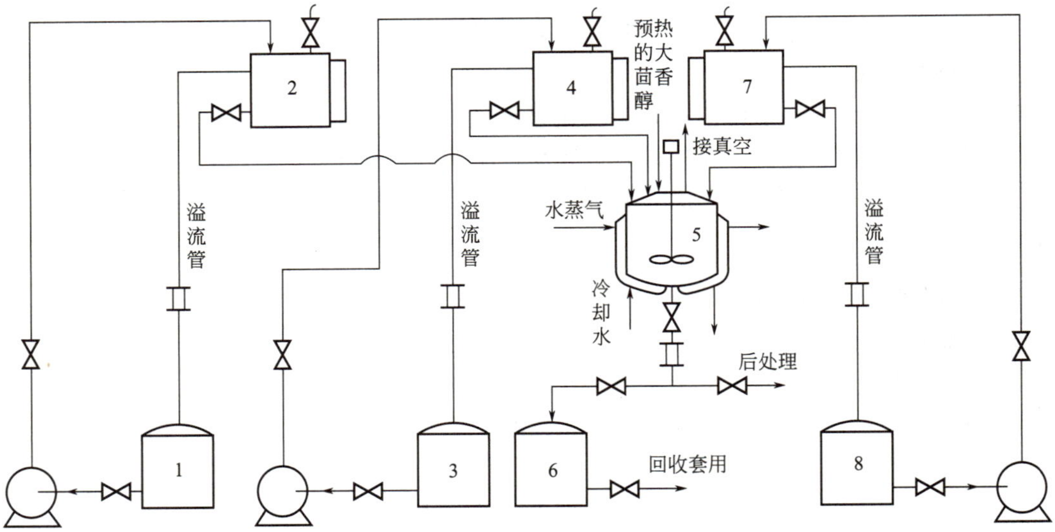

图 3-2 对甲氧基苄氯生产合成工段工艺流程示意图

1—甲苯储罐；2—甲苯计量罐；3—回收甲苯储罐；4—甲苯计量罐；5—氯化釜；6—稀酸回收罐；7—盐酸计量罐；8—盐酸储罐

2. 对甲氧基苄醇制备

（1）提前在热水箱内放入两桶大茴香醇，有半桶料的先将半桶料放入热水箱，每次先用半桶，每次只准剩余一个半桶物料，及时封口防止进水。开启热水箱边上蒸汽阀门，将热水箱内温度升至 50℃左右，并保持此温度范围，使桶内大茴香醇全部融化为液体，待用(冬天保温时间长些，春秋时短一些，若环境温度超过 25℃，视桶内大茴香醇融化情况决定是否用热水箱升温)。

注：在使用提升机提升重物时，应注意电线不要拖得太长，防止电线被碾断或被重物砸断，注意人身安全。

（2）检查回收甲苯储罐到甲苯高位槽管道完好，高位槽上的底阀及放料阀处于关闭状

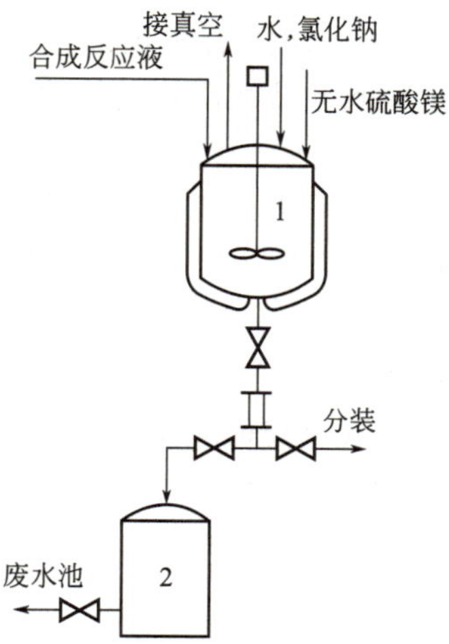

图 3-3 对甲氧基苄氯生产洗涤工段工艺流程示意图
1—洗涤釜；2—废水罐

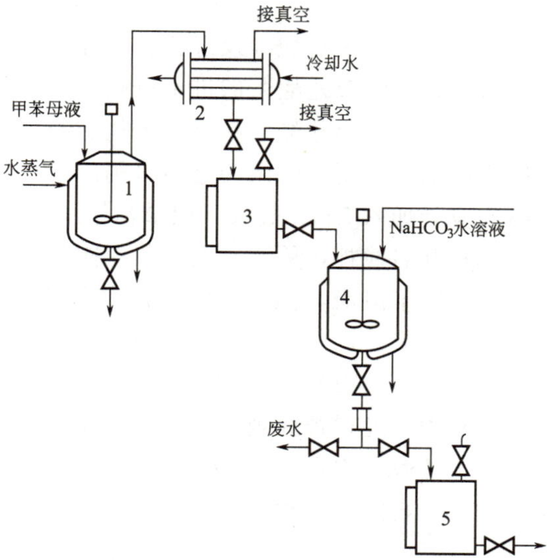

图 3-4 甲苯回收工段工艺流程示意图
1—甲苯蒸馏釜；2—回流冷凝器；3—甲苯接收罐；
4—水洗釜；5—甲苯接收罐

态，打开从回收甲苯储罐到甲苯高位槽上的所有阀门，开回收甲苯上料泵上料，观察高位槽液位计，同时计算本次操作甲苯需用量，到达此次需要量左右关上料泵，关闭管道上阀门，等 0.5h 或更长时间后，待回收甲苯中的残存水相沉入底部，开高位槽底阀并通过视筒观察，将水相排入小桶内（可多放一点，放出液体倒入甲苯水洗釜，重新洗涤），关闭底阀。使用新甲苯则开甲苯泵及打开管道上的阀门，打入足够量的甲苯，静置后同样分层后使用。准备好一干净临时塑料管、两个专门盛甲苯的大桶，检查桶内洁净无物，将临时塑料管一头插在高位槽底阀上，一头插入桶内，开启底阀，放 400L 甲苯于甲苯物料桶中，待用。放完时，先拔下临时塑料管插底阀的一头，高高举起将管内残液倒入甲苯桶中，然后再拔出插在甲苯桶中的一头，将临时塑料管盘好，放到指定位置。两桶甲苯用平台上的液压车拉到苄醇釜旁边待用。

（3）检查苄醇釜釜内洁净完好，釜底阀处于关闭状态，关闭釜上的放空、进料阀门，打开真空阀门。

（4）将苄醇釜上的临时吸管插入甲苯桶内（不要插到桶底），缓慢开启吸料阀，待有甲苯液进入后再调大开启度，以防液击伤人。剩余 1/5～1/4 时应缓慢关闭吸料阀，检查桶底是否有铁锈等机械杂质，若有应做好标志，记入交接班记录，并报告主任。若没有，将吸管插入桶底部，抽干。

（5）抽入甲苯合计 400L，保持釜内温度 30℃左右，视季节将甲苯升温（冬季升温至 35～40℃）。

（6）抽入大茴香醇 300kg（方法同上），关闭真空阀门，打开放空阀门，将抽料管盘好放到指定位置，甲苯空桶放在指定位置，做好记录。混合液搅拌 30min 待用。温度控制在 30℃左右，温度低使用蒸汽升温，温度高使用循环水降温。

3. 对甲氧基苄氯合成

（1）检查苄氯反应釜洁净，搪瓷完好，釜底阀处于关闭状态，关闭釜上其他阀门，打开放空阀门。

（2）检查罐区盐酸罐及泵状态良好，开启罐区盐酸罐出料阀（只要正常生产，此阀处于常开状态，只调节盐酸泵的进出口阀门），打开盐酸泵进出口阀门及通往车间盐酸高位槽上的所有阀门，开启盐酸上料泵，于盐酸高位槽中上料约 364L（罐上有标定液位），完成后，关闭盐酸泵，关闭盐酸泵的进出口阀门。打开釜上盐酸进料阀和盐酸高位槽上的放料阀，往苄氯反应釜加入 364L 盐酸（记录初始及完成后液位）。

（3）开启搅拌，关闭釜上的其他阀门，打开真空阀门，打开玻璃角阀，开苄醇釜釜底阀抽入苄醇甲苯溶液，抽完后先关闭苄醇釜底阀，再关闭苄氯釜真空阀门，打开放空，25～30℃保温反应 3h。

（4）反应结束后，停止搅拌，静置 20min，打开釜底阀门，打开分层阀，将稀酸分入稀酸储存罐中，通过视筒观察，待中间相出现后，关闭分层阀（检查稀酸储罐的可储存量，是否在规定的范围内即 360L 左右，如果在将稀酸排到指定的储罐，如果出现问题应及时通知车间主任，再进行处理）。

4. 苄氯洗涤

（1）检查苄氯洗涤釜釜底阀处于关闭状态，关闭釜上其他阀门，打开放空。

（2）提前在洗涤釜加入一次水 300L，打开人孔投入 100kg 氯化钠，盖好人孔，开搅拌，溶解 1h 以上待用。

（3）苄氯分完稀酸后，关闭洗涤釜上的放空阀门，打开真空阀门，开启倒料阀门，将苄氯倒入洗涤釜，关闭倒料阀及苄氯釜的釜底阀门，关闭真空阀门，打开放空阀门，搅拌 5min，停止搅拌，静置 20min 分层，下层水相分入废水罐，关釜底阀。分层前检查废水罐下面阀门处于关闭状态，分层完成后，检查废水罐内无甲苯相，再开下面排水阀将水排入废水池（U 形弯处下方的阀门处于常关闭状态），关闭排水阀，若有甲苯相，则分析确定其成分，开反应釜真空抽回重新分层、洗涤。

（4）提前在反应釜内加入 15kg 碳酸氢钠（小苏打），加入纯净水 200L，人工搅拌溶解待用。

（5）打开真空阀门，开启搅拌，抽入小苏打水溶液，再搅拌 2min，静置 30min 分层，下层水相分入废水罐，通过视筒观察中间相出现时，多次点动搅拌将水分净，关闭釜上所有阀门，开放空。

（6）开启搅拌，打开人孔投入无水硫酸镁 50kg，盖好人孔，搅拌 1h，分装。

5. 甲苯回收

打开甲苯蒸馏釜真空阀门，打开蒸馏釜和母液釜釜底阀及管道上的阀门，将洗好的甲苯母液通过釜底阀倒入蒸馏釜，完毕后先关蒸馏釜釜底阀，再关母液釜釜底阀，蒸馏釜开始搅拌，开回收甲苯接收罐上阀门，开片冷夹套冷却水进出口阀门，打开蒸汽阀门升温蒸馏，注意开始升温不要太快，以防蒸馏釜内液体暴沸，有馏分流出后，通过接收罐上的视筒观察流速大小，调节蒸汽阀门的大小，并观察回收甲苯的颜色是否正常，待蒸至接收罐满时，通过液位计旁的刻度计量甲苯回收数量。检查水洗釜釜底阀处于关闭状态，关闭釜上放空阀，开真空，打开水洗釜进料阀门及接收罐放料阀，将回收甲苯抽入水洗釜。每满一罐重复上述操作。整个蒸馏过程蒸汽压不大于 $2kgf/cm^2$，当釜温升至 140℃时，停蒸汽，减压采出至无馏分流出。蒸出甲苯全部倒入水洗釜后，先用 15kg 小苏打加 500L 纯水洗一次，搅拌 1h，静置 30min，分层。分层过程中，注意水相略显淡红色，分至甲苯相后变成透明色。去离子水洗一次，搅拌 0.5h，静置 0.5h 分层，这次分层过程中，水相为透明的，到甲苯相后略显混浊，分到中间相后，点动搅拌将水分净。分层时测 pH 值不低于 7 为合格（检测时 pH 试纸测甲苯相不变色，测水相时 pH 试纸不发红），不合格再重复洗一回。洗好后放置待用。釜残液每蒸馏 7～8 次放一次，放釜残液时温度要在 90℃左右，温度太低不容易放下来，温度太高味大也易伤人，釜残液装桶运走。

案例三 β-萘甲醚生产操作规程

×××公司技术标准和管理文件 102 车间 β-萘甲醚生产岗位操作规程 SMP—0200600—10	起草：　　　　日期： 审核：　　　　日期： 批准：　　　　日期： 执行日期：　　　　　　　签名：
变更记载： 修订号　　批准日期　　执行日期 00	变更原因及目的： 新文件

本车间是以 β-萘酚和甲醇为原料，经醚化反应精制生产 β-萘甲醚的合成车间。β-萘甲醚为白色鳞片状结晶，具有橙花味（故又名橙花醚），熔点 73～74℃，沸点 274℃，可做香料，也是合成药物炔诺孕酮和米非司酮等的中间体。

（一）车间防火防爆等级

甲类。

（二）安全生产特点及事故预防措施

（1）醚化工序的操作温度为甲醇回流温度。

（2）注意装置的排风换气，保证换气扇正常使用，防止高浓度 β-萘酚和甲醇对人体的伤害。

（3）电器设备清扫时注意周围环境接地完好情况、绝缘情况以防止触电伤人。

（三）事故预防安全措施、岗位安全责任制

参见“对甲氧基苄氯生产操作规程”相关内容。

（四）车间原料、成品的规格及要求

1. 原料规格及要求

（1）β-萘酚　分子量 144.17，白色有光泽的碎薄片或白色粉末，熔点 123～124℃，沸点 285～286℃，密度 1.28g/cm³，闪点 161℃。不溶于水，易溶于乙醇、乙醚、氯仿、甘油及碱溶液。主要用于制吐氏酸、J 酸、2，3-酸，以及有机颜料及杀菌剂等。

（2）甲醇　无色、透明、易燃、易挥发的有毒液体，略有乙醇气味。分子量 32.04，相对密度 0.792（20/4℃），熔点－97.8℃，沸点 64.5℃，闪点 12.22℃，自燃点 463.89℃，蒸汽相对密度 1.11，蒸汽压 13.33kPa（100mmHg，21.2℃），蒸气与空气混合物爆炸极限 6%～36.5%（体积比），能与水、乙醇、乙醚、苯、酮、卤代烃和许多其他有机溶剂相混溶，遇明火、热火或氧化剂易燃烧。

2. 成品规格及要求

β-萘甲醚为香料中间体，熔点 72℃，沸点 272℃，外观为白色固体，含量≥99%，水分≤0.5%。

（五）生产原理及工艺流程

1. 生产原理

用醇类作为烷基化试剂与醇或酚反应是制备混合醚的常用方法，可分为液相法和气相法两种。液相法常用的催化剂有硫酸、磷酸、对甲苯磺酸等。硫酸首先与醇生成硫酸氢烷基酯，后者与醇或酚发生 S_N2 反应生成醚。成醚后常需要用碱洗以脱去酸得到醚。

气相烷基化是将醇蒸气通过固体催化剂在高温下脱水，是工业上制备低级醚的主要方法。本产品用液相法，反应式如下：

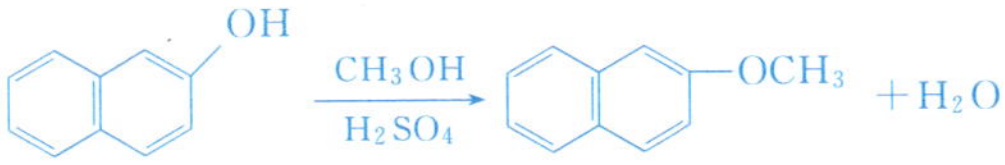

2. 原料配比（质量比）

生产 β-萘甲醚所需原料配比见表 3-2。

表 3-2 生产 β-萘甲醚所需原料配比

名称	投料量	规格
β-萘酚	700kg	工业级
甲醇	400L	工业级
浓硫酸	250kg	98%
氢氧化钠	适量	工业级

3. 生产工艺流程方框图

β-萘甲醚生产工艺流程方框图如图 3-5 所示。

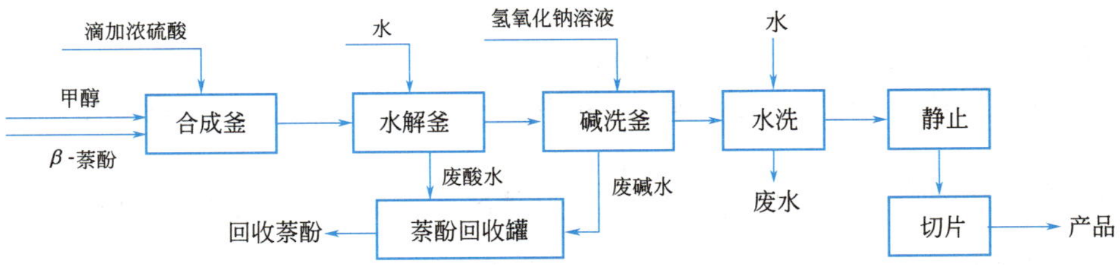

图 3-5 β-萘甲醚生产工艺流程方框图

（六）操作过程及要点

1. 釜体检查

（1）每次投料前都应该对釜体进行仔细检查，观察人孔及各个釜口是否有掉瓷的地方，如果出现掉瓷应急时通知车间主任。

（2）确认反应釜的釜底阀及分支阀门处于关闭状态，防止跑料或倒错料。

2. 准备工作

检查甲醇储罐到甲醇高位槽管道是否完好，高位槽上的底阀及放料阀处于关闭状态，打开从甲醇储罐到甲醇高位槽上所有阀门，打开甲醇上料泵上料，观察高位槽液位计，同时计算本次操作甲醇需用量，到达此次需要量时关闭上料泵，关闭管道上阀门，备用。

检查浓硫酸储罐到浓硫酸高位槽管道是否完好，高位槽上的底阀及放料阀处于关闭状态。打开从浓硫酸储罐到浓硫酸高位槽上所有阀门，打开浓硫酸上料泵上料，观察高位槽液位计，同时计算本次操作浓硫酸需用量，到达此次需要量时关闭上料泵，关闭管道上阀门，备用。

β-萘甲醚合成及水解工艺流程示意图和β-萘酚回收工段工艺流程示意图如图3-6、图3-7所示。

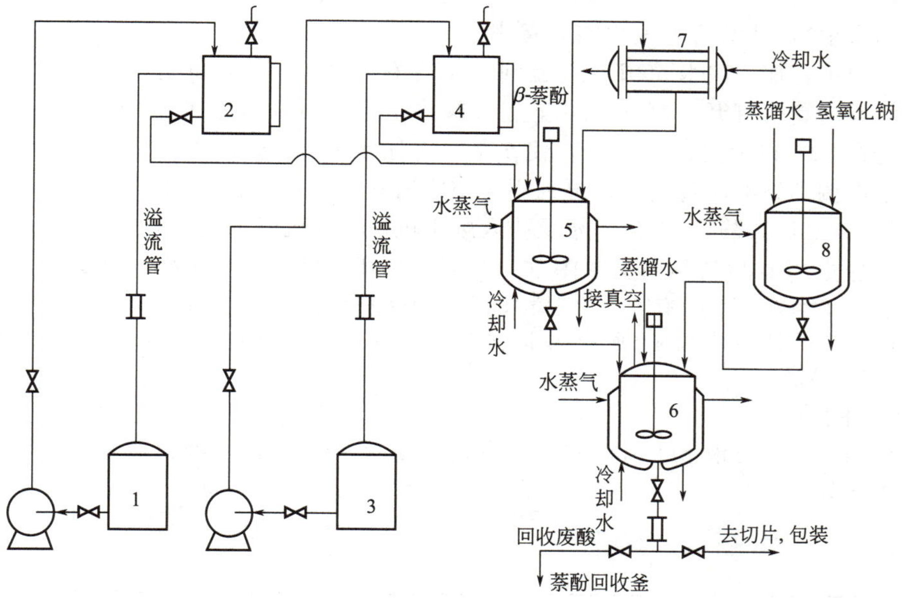

图3-6 β-萘甲醚合成及水解工艺流程示意图

1—甲醇储罐；2—甲醇计量罐；3—浓硫酸储罐；4—浓硫酸计量罐；5—醚化釜；6—水解釜；7—回流冷凝器；8—配碱釜

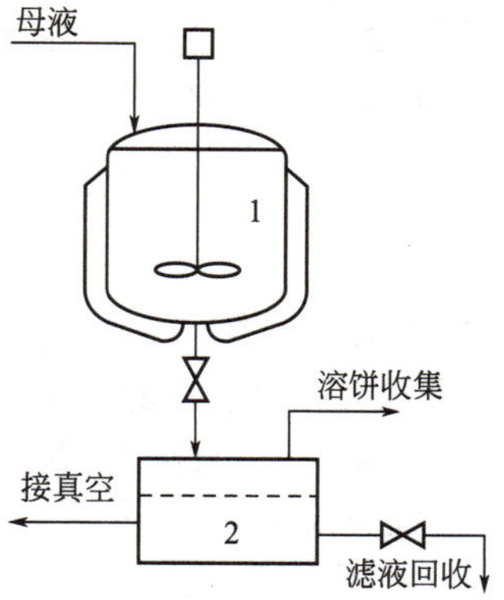

图3-7 β-萘酚回收工段工艺流程示意图

1—萘酚回收釜；2—抽滤器

3. β-萘甲醚的合成

检查醚化釜内洁净完好，釜底阀处于关闭状态，打开反应釜的放空阀门。将400L甲醇加到干燥的醚化釜中，室温下，打开搅拌，把700kg β-萘酚投入醚化釜，控制温度25～40℃，打开硫酸的进料阀门，将250kg浓硫酸以适当的速度加入醚化釜（根据温度的变化，开关硫酸的进料阀门），滴加1～1.5h，加完浓硫酸，关闭进料阀门，关闭放空阀门，打开升气阀门，打开冷凝器循环水开关，蒸汽升温，釜内温度控制在88～92℃，回流6h，取样中控，检验结果β-萘酚的量<0.5%，如果未反应完全，延长时间，直至达到操作要求。

事先在水解釜内加入500L一次水，升温到70℃左右，打开搅拌，然后，缓慢将醚化釜的料放入水解釜中，升温到70℃以上，搅拌0.5h后，静置1h后，分出水层，将部分酸水打到萘酚回收釜中，待处理。

在配碱釜中配碱，加一次水 500L 及以适量氢氧化钠，（根据中控原料 β-萘酚的量计算氢氧化钠的重量），升温到 70℃左右，备用。

在碱洗釜中，加一次水 500L，升温到 70℃左右，打开搅拌，备用。

将水解釜的真空打开，打开配碱釜釜底阀将上述的碱抽入水解釜中，调 pH 大于 11，升温并维持在 70℃以上搅拌约 0.5h，使 β-萘酚充分形成钠盐后，静置，取样中控，合格后，分层，将水层倒到萘酚回收釜中，再利用真空将有机层倒到上述配碱釜中，并升温到 70℃以上，搅拌 0.5h 后，静置 1h 后，水层排入废水坑，将有机层水洗至 pH 5～6。

有机层静止 2h，保持釜内温度在 50～70℃，用切片机（通冷却水）切成片状，待用。

注：β-萘甲醚轻且飘，少量即有气味，不易散发，切片时应在密闭的小房间内操作。因为 β-萘甲醚静置冷却时容易结成大块，无法出料。切片机内部通入冷却水，通过旋转，将产品冷却析出，再用刮刀将析出的固体从切片机上刮下，即得到产品。

4. β-萘酚的回收

将萘酚回收釜的母液 pH 值控制在 3 以内，搅拌 1h，过滤，滤饼收集，废液排入指定的回收罐进行处理。

案例四 乙酸丁酯生产操作规程

×××三阳化工医药公司技术标准和管理文件	起草：	日期：
101 车间	审核：	日期：
乙酸丁酯生产岗位操作规程	批准：	日期：
SMP-0200600-10	执行日期：	签名：

乙酸与正丁醇在浓硫酸的催化下，发生酯化反应，生成乙酸丁酯。反应经酯化、精馏最终得到产物乙酸丁酯。乙酸丁酯是常用的医药中间体及溶剂。

（一）车间防火防爆等级

甲级。

（二）岗位任务职责及安全生产职责

乙酸丁酯生产岗位的主要任务是用乙酸和正丁醇在浓硫酸的存在下生产乙酸丁酯。由于一次酯化转化率低，生成的酯再送入酯化塔进行酯化，酯化塔的产品再经过提浓塔，最后经精制塔精馏得最终产品。各分岗位的任务及职责如下。

1. 备料岗位的任务和职责

（1）岗位任务　备料岗位是对全厂溶剂进行控制的主要岗位，负责溶剂日常用量的调度，从罐车进行领料、送检等工作，并配合酯化岗位进行酯化工作。

（2）岗位职责

① 严格执行操作规程。

② 根据溶剂消耗情况及时进行备料工作。

③ 负责原材料的质量。

④ 加强动、静设备运行状态的监护。

⑤ 定时进行现场巡检。

⑥ 加强安全学习，提高安全意识，保证本岗位安全平稳运行。

2. 酯化岗位的任务和职责

（1）岗位任务　酯化岗位是乙酸丁酯生产的主要岗位，负责酯化罐、酯化塔的投料、计量、反应过程控制、设备的日常巡检、排污处理及能

3-1动画：乙酸乙酯生产工艺

量的合理回收与利用等。

（2）岗位职责

① 严格执行操作规程。

② 全面负责酯化工序各工艺参数的调节，根据生产变化调整操作参数。主要负责酯化罐、酯化塔的开停车。

③ 保障酯化工序操作平稳，控制好原料配比、酯化温度、回流量，塔底、塔顶温度，出料温度等主要控制指标。

④ 加强动、静设备运行状态的监护。

⑤ 负责主控室地面、门窗及现场、机泵的清洁卫生。

⑥ 加强安全学习，提高安全意识，保证本岗位安全平稳运行。

3. 精制岗位的任务和职责

（1）岗位任务　精制岗位是采用二塔精馏工艺，在提浓塔脱除酯化液中的水分、丁醇等组分后，在精制塔中，进行回流精制，最后采出合格的乙酸丁酯。

（2）岗位职责

① 严格执行操作规程。

② 全面负责精制工序各工艺参数的调节，根据生产变化调整操作参数。

③ 负责完成精制工序的操作平稳率、成品合格率、排污合格率、产量等指标。

④ 加强动、静设备运行状态的监护。

⑤ 负责主控室地面、门窗及现场、机泵的清洁卫生。

⑥ 加强安全学习，提高安全意识，保证本岗位安全平稳运行。

（三）物料性质

1. 乙酸丁酯

无色透明液体，易燃易挥发，空气中浓度低时有芳香气味，浓时有刺激性气味，难溶于水，可与乙醇及醚混合。相对密度为 0.88，沸点为 126℃，其蒸气相对密度为 4.0，自燃点为 425℃，闪点为 22.22℃，爆炸极限为 1.7%～7.6%。遇明火及高热、强氧化剂等可引起燃烧、爆炸。应储存在单独厂房及密闭容器中，加强通风排风。

2. 乙酸

无色透明液体，有刺激性酸味。易燃，闪点 35℃，自燃点 503℃。爆炸极限 4%～17%。吸入对鼻、眼、喉和呼吸道有刺激作用；皮肤接触轻者出现红斑，重者引起化学灼伤；误服口腔和消化道可产生糜烂，重者可因休克而死亡。岗位所用含量≥99%。乙酸罐及管道需加伴热保温，置于干燥通风处。

3. 正丁醇

无色透明液体，易燃、易挥发，有酒精气味，有麻醉性，溶于乙醇及醚中，微溶于水，其蒸气与空气混合形成爆炸气体。相对密度为 0.8097，沸点为 117～118℃（117.5℃），自燃点为 365℃，闪点为 35℃（29℃），最大爆炸压力为 0.75MPa，爆炸极限为 1.4%～11.2%（体积比）。过量吸入可引起头痛、头晕、嗜睡等症状。刺激眼睛可引起角膜炎。应储存在单独厂房及密闭容器中，加强排风。

4. 硫酸

纯品是无色油状液体，工业品含有杂质呈现黄、棕等色。浓硫酸有强烈的吸水作用、腐蚀作用和氧化作用，与水接触时放出大量的热，与棉麻织物、木材、纸张等碳水化合物接触，能使之剧烈脱水而炭化。相对密度为 1.834（含量 98.3%），熔点为 10.49℃，沸点为

338℃。用作酯化反应的催化剂。置于阴凉、干燥、通风处，并专人、专库保管。搬运时轻拿轻放，防止包装及容器损坏。

（四）工艺原理

1. 酯化反应

乙酸与正丁醇发生酯化反应，以浓硫酸为催化剂生成乙酸丁酯。产物易水解，是可逆反应。

$$CH_3COOH + C_4H_9OH \rightleftharpoons CH_3COOC_4H_9 + H_2O$$

2. 精馏原理

精馏是分离均相液相混合物最常用的一种单元操作，精馏塔是实现精馏的主要设备，下部有塔底再沸器，上部有冷凝器。

塔底液在再沸器中被蒸汽加热，发生部分汽化，产生蒸汽。蒸气沿塔板逐板上升，在每一块塔板上都遇到由塔上部流下来的液体，并汽化其中的轻组分，同时本身的重组分被汽化，产生部分冷凝液，与其他液相物料一起向下走，到达塔顶的蒸汽进入冷凝器内全部冷凝成液体，该液体一部分可作为馏出液，另一部分从塔顶回流至塔内。

回流液逐板下降，在每块塔板上与上升的蒸汽相遇而部分汽化，液体最终从塔底抽出称为塔釜液。上升的蒸汽多次部分冷凝，温度逐渐下降，其中易挥发组分的浓度逐渐增加，而难挥发组分的浓度逐渐下降，塔内温度分布由底部到顶部逐渐降低，而易挥发组分的浓度由底部到顶部逐渐升高。

精馏就是利用液相的多次部分汽化和气相的多次部分冷凝的方式进行传质传热，而使液相混合物中的轻重组分得到充分分离的一种单元操作。

（五）工艺流程

乙酸丁酯生产工艺流程图如图 3-8 所示，工艺过程如下。

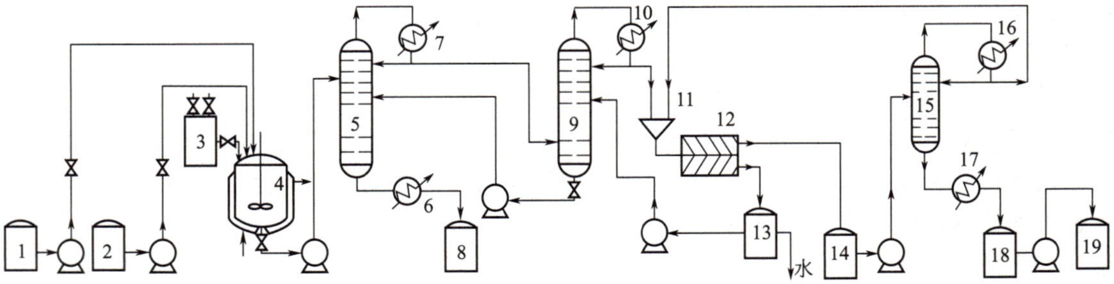

图 3-8 乙酸丁酯生产工艺流程图

1—乙酸储槽；2—丁醇储槽；3—浓硫酸储槽；4—酯化罐；5—酯化塔；
6，7，10，16，17—冷凝器；8—回收液储罐；9—提浓塔；11—喷射器；
12—分水器；13—水层中间储槽；14—酯层中间储槽；15—精制塔；18—成品中间储槽；19—成品储槽

（1）备料 按车间生产指令，对生产进行盘存，计算所需要的原料量，进行备料。

（2）酯化 原料乙酸由乙酸储槽通过泵打入酯化罐；丁醇由丁醇储槽通过泵打入酯化罐；浓硫酸用量很少，它的储槽兼作计量槽用。其位置高于酯化罐，借位差流入酯化罐。乙酸和丁醇在浓硫酸催化下，在酯化器内进行酯化反应。

生成的酯化液由泵送入酯化塔（进一步酯化反应）作为进料之一。酯化塔的另一进料是由提浓塔底残液通过提浓塔底泵打入。塔顶蒸汽在冷凝器中冷凝后经回流分布器部分送入酯化塔，另一部分回提浓塔作为进料用。酯化塔底部残液经冷却器冷却后进入回收液储槽。

(3) 精制　提浓塔顶部蒸气冷凝后部分回提浓塔，另一部分送去沉降器，进行沉降分水。上部酯层流入酯层中间储槽，打入精制塔作为进料；下层流入水层中间储槽，加热除水后送入提浓塔作为进料。

精制塔顶部蒸汽部分回流送入精制塔，另一部分冷却后进喷射器。为了保证成品乙酸丁酯不含固体杂质，将乙酸丁酯以蒸汽状态自精制塔底部取出，经精制塔底冷凝器冷凝后流入成品中间储槽。然后打入成品储槽。

（六）原、辅材料及消耗指标

1. 原料的主要技术指标

原料的主要技术指标见表 3-3。

表 3-3　原料的主要技术指标

名称	规格	指标名称	质量标准	检验依据
硫酸	工业	外观 含量	无色半透明液体 ≥92.5%	检验操作规程
正丁醇	工业	外观 色级 密度	透明液体 ≤10# 0.809～0.812g/cm³	检验操作规程
固碱	工业	外观 含量	白色片状固体 ≥96%	检验操作规程
乙酸	工业	外观 色级 含量	透明液体，无悬浮物 ≤20(铂-钴)# 乙酸：≥99.0%	检验操作规程

2. 原料消耗指标

原料消耗指标见表 3-4，能量消耗指标见表 3-5。

表 3-4　原料消耗指标（按 1500t/a 乙酸丁酯原料消耗统计）

序号	物料名称	单位	每吨产品消耗量	每小时消耗量	每年消耗量
1	乙酸	t	0.707	0.764	1073.5
2	正丁醇	t	0.593	0.1145	901.1
3	浓硫酸	t	0.030	0.0038	45.6
4	水	t	2.910	0.5623	4425.3

表 3-5　能量消耗指标（按 1500t/a 乙酸丁酯能量消耗统计）

序号	物料名称	单位	每吨产品消耗量	每小时消耗量	每年消耗量
1	冷却水	t	272	525	413300
2	蒸汽 /(1kgf/cm²，表压)	t	13.2	2.55	20100
3	电	kW/h	33.6	—	5110

（七）工艺参数及生产操作

1. 工艺参数

配料比（体积比）：	丁醇/乙酸＝1/0.6
进　料　量：	≤(8.0±1.5)m^3/塔
酯化罐温度：	80℃±5℃
酯化塔进料温度：	90℃±5℃
酯化塔塔底温度：	102℃±5℃ 回流量：(600±200)L/h
提浓塔塔顶温度：	110℃±2℃
提浓塔塔底温度：	120℃±1℃
精制塔塔顶温度：	126℃±0.5℃
精制塔塔底温度：	136℃±0.5℃

2. 生产操作过程

（1）开车准备　检查：各塔的温度计、压力表完好；比重计、量筒完好；各塔的洗塔加水加碱阀门已关闭；总蒸汽阀门已打开，疏水阀开启正常；乙酸罐底阀门已关好，打开乙酸罐排空阀。

（2）备料

① 打乙酸：打开乙酸罐领料阀，通知溶剂库打定量乙酸，领够乙酸后，关闭进料阀，用压缩空气将乙酸领料管吹净，计量并做好记录。乙酸腐蚀性强，接料时注意安全。

② 打丁醇：看准丁醇成品罐体积，打开丁醇成品罐通向酯化丁醇配料罐的进料阀门，开启成品丁醇打料泵，打完定量丁醇后关闭丁醇配料罐的进料阀门，做好体积记录。

③ 打浓硫酸：打开领料阀，通知溶剂库打定量浓硫酸，领够后，关闭进料阀，计量并做好记录。浓硫酸腐蚀性强，接料注意安全。

（3）加料　计量好丁醇、乙酸的体积、依次加入酯化塔内，如果是第一批料，必须佩戴好防酸碱手套和防护眼镜，由通向酯化塔的投料管路的浓硫酸加料口缓慢加入7.5L±2.5L浓硫酸，加完料后关闭丁醇、乙酸配料罐的出口阀门。

（4）酯化罐反应　加料完毕，打开酯化罐加热器蒸汽阀，控制压力在0.10～0.30MPa，温度在80℃±5℃，反应1h。

（5）酯化塔开车　根据酯化罐内的液位情况及酸度值、温度情况，向酯化塔进料。打开酯化塔加热器蒸汽阀，控制压力在0.10～0.30MPa，塔顶的回流转子流量计出料时，塔釜温度在102℃±5℃，根据塔顶出料情况调小加热器蒸汽阀，避免冷凝器透气冒料。

打开回流阀，全回流，反应5h。当塔顶温度达到98℃±1℃，开始向提浓塔进料。同时开回流，回流量在20～30L/h。在酯化过程中，注意保持塔的温度与蒸汽压力。

（6）提浓塔开车　打开提浓塔加热器蒸汽阀，控制压力在0.10～0.30MPa，塔顶的回流转子流量计出料时，塔釜温度在120℃±1℃，根据塔顶出料情况调小加热器蒸汽阀，避免冷凝器透气冒料。塔顶出料后，打开分水罐的分水阀门，调节分水流量计，控制分水罐内水位在600～700L，待塔顶温度到105℃，分水罐水位不再升时，关闭分水罐的分水阀，将回流转子流量计控制在1.5～2m^3/h，全回流2h。

（7）精制塔开车　打开精制塔加热器蒸汽阀，控制压力在0.10～0.30MPa，塔顶的回流转子流量计出料时，塔釜温度在136℃±0.5℃，根据塔顶出料情况调小加热器蒸汽阀，避免冷凝器透气冒料。塔顶出料后，全回流1h。取样，测酯含量、酸度、色级、密度，合格即可关闭回流阀，打开成品放料阀和去成品罐的阀门放成品。

（8）停车　当成品罐液位不再上升时，则停车。关闭加热器蒸汽阀，打开分水罐进口阀门及分水罐出口阀门、回流阀门，关闭成品放料阀和去成品罐阀门。

（9）洗塔　酯化生产每10批时，停车洗塔。关闭成品放料阀门，打开洗塔加水阀至塔釜液位1/2处停水，开启加热器蒸汽阀，待塔顶出料后根据出料情况，调节蒸汽压力，将蒸出的料接至废水罐，待顶温90℃不变时则关闭加热器蒸汽阀。打开洗塔加碱阀加碱中和塔釜残液，用pH试纸测试至中性，打开排污阀排污。

第二次洗：打开直接回流阀，关闭回流分水阀，打开加水阀、加热器蒸汽阀，当水位超过加热器时，停水，当温度达到70℃时加碱500L，继续升温至85℃，停汽泡塔1h，打开排污阀排污。

第三次洗：排污毕进行第三次加水，水位超过加热器即停止加水，加热升温至85℃，停汽打开排污阀排污。排污完毕时打开洗塔加水阀进行冲洗，由排污测得无溶剂味、水澄清，则停水停汽。塔内水放干净时，关闭排污阀。

3. 重点操作的复核制度

（1）本岗位所控制的釜温、液位、流量，必须进行复核。

（2）酯化投料前，对投料比：丁醇/乙酸＝1/0.6（体积）要进行复核。

（3）蒸汽包必须定期巡检，及时填写安全运行记录。

4. 异常情况及处理

乙酸丁酯生产过程的异常情况及处理方法见表3-6。

表3-6　异常情况及处理方法

序号	异常情况	处理方法
1	精馏塔内超压	①小蒸汽；②增大循环水供给量； ③疏通升气管；④疏通下液管； ⑤检修塔内部
2	储罐、塔、换热器等溢料	①减小进料量；②开大出料阀； ③疏通液位计；④及时回收料液
3	精馏塔液位超上限	①开大采出阀；②减小进料量
4	精馏塔液位超下限	①停止从塔里采料；②增大进料量；③对塔进行检修疏通
5	停汽	关闭各塔蒸汽阀，停止各塔开车，检查蒸汽系统
6	停循环水	停止各塔蒸汽，停止各塔开车，检查循环水系统
7	中毒事故	戴自给式防毒面具保护自己，将中毒者移至空气新鲜的地方，若呼吸停止立即进行人工呼吸，并叫医生或送医院
8	机械伤害	立即将受伤者从事故现场救出，轻伤者及时送医务室，重伤者及时进行简单救护，并立即叫救护车送医院救治
9	高处坠落事故	立即将受伤者从事故现场救出，及时进行应急抢救，打电话120叫救护车送医务室或医院抢救
10	灼伤事故	立即将受伤者从事故现场救出，及时进行创口的清洗，并叫救护车送医务室或医院抢救

5. 主要设备维护、使用与清洗

本岗位主要设备有各种塔及化工容器，其维护、使用及清洗要求见表3-7。

表 3-7 主要设备维护、使用及清洗要求

主要设备	安全使用	日常维护	清洗
塔设备	严格按各塔工艺要求进行操作，塔加热时，要侧面站立，蒸汽阀门应慢开慢关。塔运行中及时巡检，根据总蒸汽压力随时调整各塔蒸汽压力。本岗位均为常压塔，杜绝塔带压、带病工作。停车应先停加热蒸汽，再停止进料	日常检查各塔的基座和保温是否完好，若有破损及时报告有关部门进行修复。各塔加热蒸汽阀门要无泄漏。各塔换热器进出口阀和透气要畅通，换热器内无串料现象	洗塔严格执行操作法中的有关规定
化工容器（用压缩空气压料和用泵打料的各种储罐）	压缩空气压料时要缓慢开启压缩空气阀，观察罐上的压力表应等于或低于总压缩空气压力。将料压完时，关闭压缩空气阀，用余气把料压净。排气时也要缓慢，储罐不用时，排空阀应全部打开，压缩空气阀应关闭	平时对罐的维护要勤检查，静电连接及螺栓应牢固，否则及时维修。用泵打料的储罐，日常勤检查各罐的计量要准确，罐的进出口阀门要完好无内漏	醇类和酯类储罐必须在检查和清除沉淀物后再清洗，否则必须用10%碱水加蒸汽煮罐。使用时间越长，煮的时间也越长，最少2～3天

注：本案例有配套的仿真软件，见本教材提供的电子素材。

案例

创建“平安校园”，实验安全莫忽视

用于药物合成的原料一般都是有机化学品。大多数有机化学品都有一定的危险性，可能造成火灾、爆炸、中毒和环境污染等恶性事故。特别是挥发性的化学品，其蒸气的毒性、易燃易爆性更不可忽视。无机溶剂中，液氨、液氮、液态二氧化碳等属于高压液化气体，还存在窒息、冻伤、高压爆炸等危险。所以在使用化学品前必须认真学习其物料安全数据表(MSDS)，严格按照要求操作。下面是由于使用溶剂不当造成失火的典型例子。

事故经过：试验人员对所合成的产品进行后处理，即用石油醚提纯产品。反应瓶2升，石油醚1升（沸点30～60℃），电热套加热回流，冷凝水冷却，至中午11时左右突然发现通风柜内有火花闪烁，接着发生爆炸。爆炸引燃了电热套和周围的纸张，当事人立即拔下电热套插座，并使用灭火器将火扑灭。

分析事故原因，所使用的石油醚是沸点在30～60℃的低沸点溶剂，又因夏天的连续高温。经事后测量自来水温度就达33℃，石油醚未能冷却而大量挥发。当石油醚蒸汽与空气混合达到一定比例，遇火星即发生爆炸。

从该案例得到的经验教训是，因回流溶剂时冷却效果不佳致使大量溶剂挥发造成的爆炸事故已发生多起，这起事故再次给我们敲响了警钟。常规的回流实验虽然简单，但必须保证良好的冷凝效果。天气炎热时应避免大量使用溶剂，尤其是低沸点溶剂。多数着火事故是由于加热处理低沸点有机溶剂操作不当引起的！

学习感悟：初进实验室必须认真学习《实验安全注意事项》，正确使用化学品，掌握防火、防爆措施、化学中毒和化学灼伤的防范、废料处理方法等，确保实验室安全。

二、项目化教学素材

素材1 阿司匹林的合成与精制

（一）目的与要求

(1) 通过本实训，掌握酯化反应的原理，会进行酯化反应操作。

（2）会选择重结晶溶剂，并正确进行精制操作。

3-2微课：合成药物阿司匹林

（二）原理

邻羟基苯甲酸（水杨酸）在浓硫酸的催化作用下与醋酐发生酯化反应，得到乙酰水杨酸（阿司匹林），反应式如下：

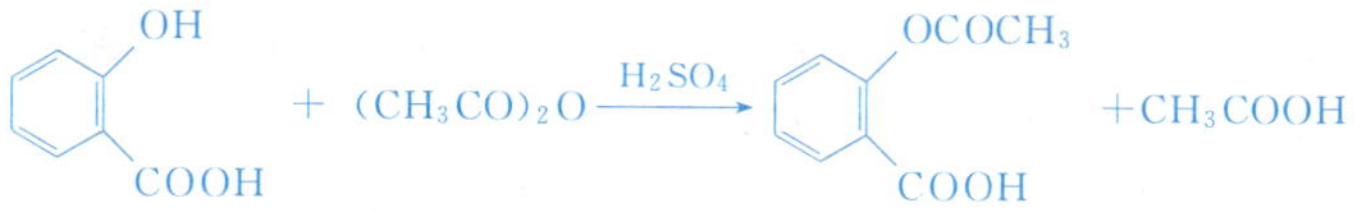

（三）主要原料用量及规格

合成阿司匹林所需主要原料见表 3-8。

表 3-8 合成阿司匹林所需主要原料

名称	分子量	熔点	用量	规格	沸点	溶解度
水杨酸	138.12	157～159℃	30g	化学纯	—	水 1∶46，沸水 1∶15，乙醇 1∶2.7，乙醚 1∶3
醋酐	102.09	—	42mL	化学纯	139℃	溶于氯仿、乙醚
浓硫酸	98.08	—	15 滴	化学纯	290℃	溶于水、乙醇
乙醇	46.07	—	30mL	化学纯	78.5℃	与水及许多有机液体互溶

（四）操作过程

1. 酯化操作

在干燥的装有搅拌器、温度计和球形冷凝器的 250mL 三口烧瓶中，依次加入水杨酸 30g、醋酐 42mL，开动搅拌，加浓硫酸 15 滴。打开冷却水，逐渐加热到 70℃，在 70～75℃反应 0.5h。取样测定，反应完成后，停止搅拌，然后将反应液倾入 300mL 冷水中，继续缓缓搅拌，直至乙酰水杨酸全部析出，抽滤，用 20mL×2 的水洗涤、压干，即得粗品。

2. 精制（重结晶）

将上步所得粗品置装有搅拌器、温度计和球形冷凝器的 250mL 三口烧瓶中，按质量体积比 1∶1 加入乙醇，微热溶解，在搅拌下按乙醇∶水为 1∶3 加入温度为 60～75℃热水，按 5%质量比加活性炭脱色，脱色 5～10min。趁热过滤，搅拌下滤液自然冷至室温，冰浴下搅拌 10min。过滤，用 15mL×2 冷水洗涤、压干，置烘箱内干燥（干燥温度不超过 60℃为宜），熔点 135～138℃，称重并计算收率。

（五）注意事项

① 本实验所用的仪器、量具必须干燥无水。

② 反应终点控制方法　取一滴反应液放在表面皿上，滴加三氯化铁试液一滴，不应呈现深紫色而应显轻微的淡紫色。

（六）探索与思考

（1）本实验所用的仪器、量具为何干燥无水？反应液可否直接接触铁器？为什么？

（2）本反应中加入少量浓硫酸的目的是什么？不加是否可以？可否用其他酸替代？

（3）本反应中可能发生哪些副反应？产生哪些副产物？

（4）阿司匹林在水、乙醇中的溶解度怎样？为什么可以选用乙醇-水为溶剂进行精制？在精制过程中，为何要使滤液温度自然下降？若下降太快会出现什么情况？

（5）本反应是什么类型的反应？其反应机理如何？

（6）为什么要加冷凝装置？

素材2 阿司匹林的生产工艺

（一）生产原理

阿司匹林又称乙酰水杨酸，是临床常用的解热镇痛药，也是我国解热镇痛药的支柱产品之一。阿司匹林为白色针状结晶，熔点135～140℃，易溶于乙醇，可溶于氯仿、乙醚，微溶于水。工业生产中由水杨酸与醋酐进行酯化反应而得。反应式见素材1。

配料比（质量比）：醋酐∶水杨酸＝1∶1.27。

（二）工艺流程图

在对上述工艺路线、原料性质、反应物系特征和生产方法进行全面分析的此基础上，确定出工艺流程的全部组成和顺序，绘出工艺流程方框图，如图3-9所示。

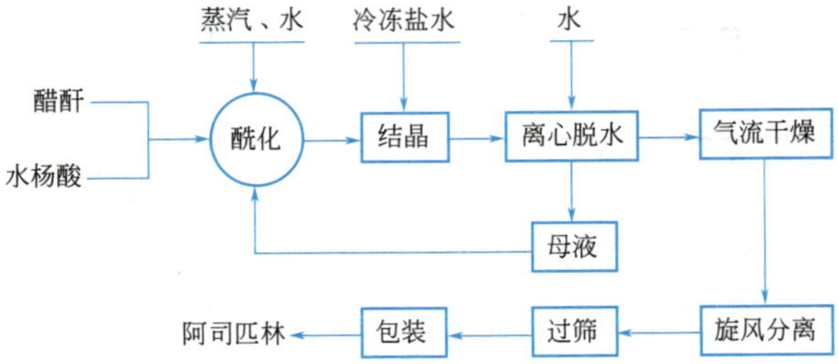

图3-9 阿司匹林生产工艺流程方框图

（三）操作过程

在装有回流冷凝器的搪瓷玻璃反应釜中，投入上批生产的母液及酸酐，在搅拌下加入水杨酸，逐渐升温至75～80℃，保温搅拌反应5h。反应结束后，缓慢冷却至析出晶体。离心过滤，收集乙酰水杨酸结晶，并尽量除去母液，收集母液供下批反应使用。晶体用冷水洗涤数次，滤干，气流干燥、过筛，得乙酰水杨酸成品。工艺流程示意图如图3-10所示。

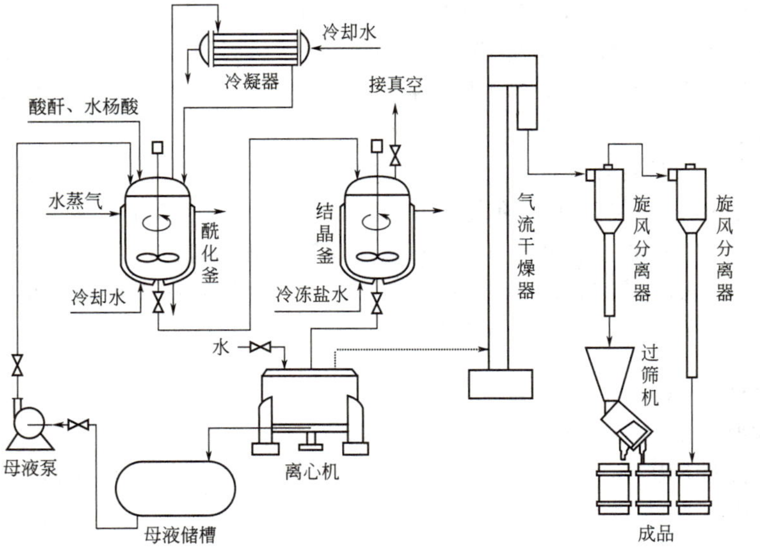

图3-10 阿司匹林生产工艺流程示意图

素材3 制备对硝基苯乙酮(氯霉素中间体C1)实训

（一）目的与要求

（1）熟悉液相催化氧化的原理和过程。

（2）会制备催化剂，会进行氧化反应操作，并处理好实训过程中的注意事项。
（3）会进行反应终点测定与判断。

（二）反应原理

由对硝基乙苯在催化剂作用下与氧气进行的游离基反应，制得对硝基苯乙酮。

（三）主要原料

合成对硝基苯乙酮所需主要原料见表 3-9。

表 3-9 合成对硝基苯乙酮所需主要原料

名称	规格	用量
对硝基乙苯	自制	40g
压缩空气	—	适量
硬脂酸钴	自制	0.01g
乙酸锰	自制	0.01g

（四）实训步骤

将对硝基乙苯加入 250mL 四口瓶中，同时加入硬脂酸钴及乙酸锰催化剂，向四口瓶中通入压缩空气。开动搅拌，加热升温，当温度达到 130℃时开始计算反应时间，维持反应温度在 130℃左右，收集反应生成的水，从分水器中分离的水量判断反应进行的程度。当反应产生的热量逐渐减少，生成水量和速率降到一定程度时停止反应。在 80～90℃下缓缓加入碳酸钠饱和水溶液，调节 pH 7.8～8 去酸，将反应液冷至室温后冷却至－3℃，结晶过滤。滤液主要是未反应的原料对硝基乙苯，回收使用。所得结晶在等量热水中熔化，于 50℃下以 15％碳酸钠溶液中和至 pH 7～7.5，冷至 5℃过滤，滤饼依次用常水、温水和乙醇洗涤，干燥后得对硝基苯乙酮结晶。滤液经酸化回收对硝基苯甲酸。

（五）注意事项

（1）钴盐的制备　将硬脂酸溶于 10 倍量乙醇中，用 10％氢氧化钠溶液中和至 pH 8.5，在搅拌下将此溶液以细流加入 40～50 倍量的水溶液（溶有较理论量过量 25％的硝酸钴）中，生成紫色的钴盐沉淀，过滤，水洗至无 NO_3^- 为止，于 60℃真空干燥，得钴盐粉末。乙酸锰催化剂是将 10％乙酸锰溶液与沉淀碳酸钙（乙酸锰与碳酸钙的质量比为 1∶9）混合均匀，干燥即得。

（2）硬脂酸钴质轻，为防止投料飞扬损失，预先将其与等量的对硝基乙苯拌和，然后加入反应瓶中。

（3）若有苯胺、酚类和铁盐等物质存在时，会使对硝基乙苯的催化氧化反应受到强烈抑制，故应防止这类物质混入。

（4）反应开始时，加热促使产生游离基，但是当反应开始后，放出大量的热，如产生的热量如果没有及时移出，可能会引起爆炸。因此，当反应激烈后必须适当降低反应温度，使反应维持在既不过分激烈而又能均匀出水的程度。

（5）反应完毕后，反应液应充分冷却，使对硝基苯乙酮尽量析出。

（六）探索与讨论

（1）此反应刚开始时为何要加热，反应开始后为何又需维持反应温度在稳定的范围内？

（2）反应完毕后，酸洗、碱洗、乙醇洗涤的目的是什么？

（3）反应中若有苯胺、酚类、铁盐存在，会对反应造成怎样的影响？

素材4 制备对硝基-α-溴代苯乙酮(氯霉素中间体C2)实训

（一）目的与要求

（1）熟悉羰基化合物 α-溴取代反应的原理和过程。

（2）会进行溴化反应操作，并处理好实训过程中的注意事项。

（3）会正确处理实验室有害气体。

（二）反应原理

对硝基苯乙酮与溴进行加成反应，然后消除一分子的溴化氢而生成所需的溴化物。

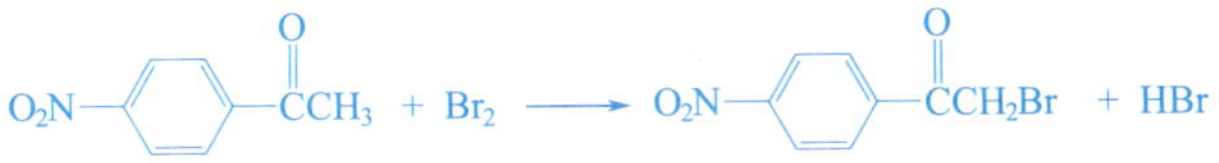

（三）主要原料

合成对硝基-α-溴代苯乙酮所需主要原料见表 3-10。

表 3-10　合成对硝基-α-溴代苯乙酮所需主要原料

名称	规格	用量
对硝基苯乙酮	自制（任务 3-1 实训产品）	10g
溴素	化学纯	9.7g(0.06mol)
氯苯	工业	75mL(95%以上)

（四）实训步骤

在装有搅拌器、温度计、冷凝管、恒压滴液漏斗的 250mL 四口瓶中，加入对硝基苯乙酮 10g、氯苯 75mL，于 25～28℃搅拌使其溶解。实训装置如图 3-11 所示。从恒压滴液漏斗

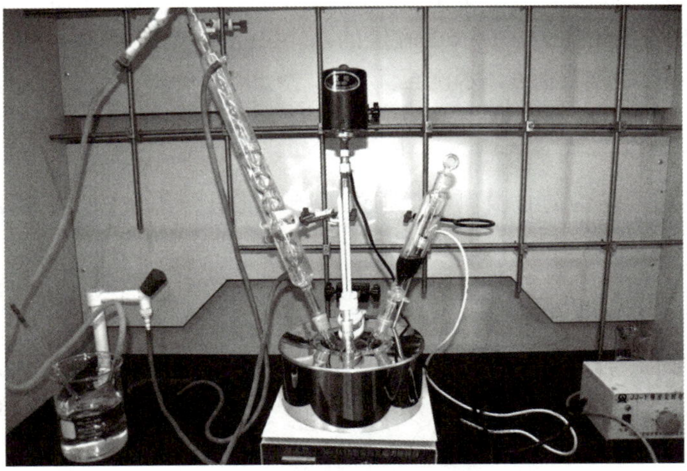

图 3-11　合成对硝基-α-溴代苯乙酮实训装置

中滴加溴素 2～3 滴，反应液即呈棕红色，10min 内褪成橙色表示反应开始进行。继续滴加溴素，1～1.5h 加完，再搅拌反应 1.5h，反应温度保持在 25～28℃。反应完毕，水泵减压抽去产生的溴化氢（约 30min），得对硝基-α-溴代苯乙酮氯苯溶液（简称溴化液），密封保存，供下步（合成氯霉素胺化阶段，任务 3-3）使用。

（五）注意事项

（1）冷凝管口上端装有气体吸收装置，吸收反应中生成的溴化氢，如图 3-12 所示。图 3-12（a）可作为少量气体的吸收装置，漏斗略微倾斜，一半在水中，一半露在水面。这样既能防止气体逸出，又可防止水被倒吸至反应瓶中。图 3-12（b）的玻璃管略微离水面，以防倒吸。有时为了使氯化氢气体吸收完全，可在水中加些 NaOH。若反应过程有大量气体生成或气体逸出很快时，可使用图 3-12（c）装置，水（可用冷凝管流出的水）自上端流入抽滤瓶中，在侧管处逸出，粗的玻璃管恰好插入水面，被水封住，以防止气体逸出。

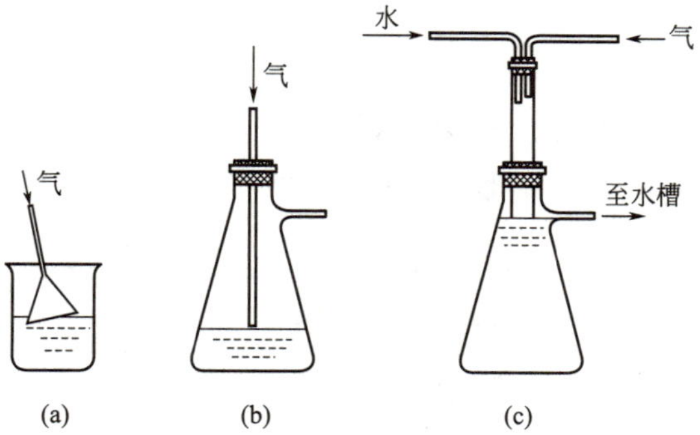

图 3-12 有害气体吸收装置

（2）所用仪器应干燥，试剂需做无水处理。少量水分将使诱导期延长，较多水分甚至导致反应不能发生。

（3）若滴加溴后较长时间不反应，可适当提高温度，但不能超过 50℃，当反应开始后要立即降低到规定温度。

（4）滴加溴素的速度不宜太快，滴加太快及反应温度过高，不仅使溴素积聚易逸出，而且还导致二溴化合物的生成。

（5）溴化氢应尽可能除去，以免消耗下步原料六亚甲基四胺。

（六）探索与思考

（1）溴化反应开始时有一段诱导期，试用溴化反应机理说明原因。操作上如何缩短诱导期？

（2）反应生成的溴化氢为何要除去？如果没有完全除去，会产生什么影响？

素材5 制备对硝基-α-氨基苯乙酮盐酸盐(氯霉素中间体C3)实训

（一）目的与要求

（1）熟悉利用 Dele′pine 反应制备伯胺的原理和过程。

（2）会按照步骤正确控制反应条件，并处理好实训过程中可能出现的异常情况。

（3）会进行反应终点测定与判断。

（二）反应原理

对硝基-α-溴代苯乙酮经 Dele′pine 反应得到对硝基-α-氨基苯乙酮盐酸盐。第一步，对硝基-α-溴代苯乙酮与六亚甲基四胺进行成盐反应生成对硝基-α-溴代苯乙酮六亚甲基四胺盐，此反应可定量进行。第二步，在乙醇中与浓盐酸反应，得产物氯霉素中间体 C3。

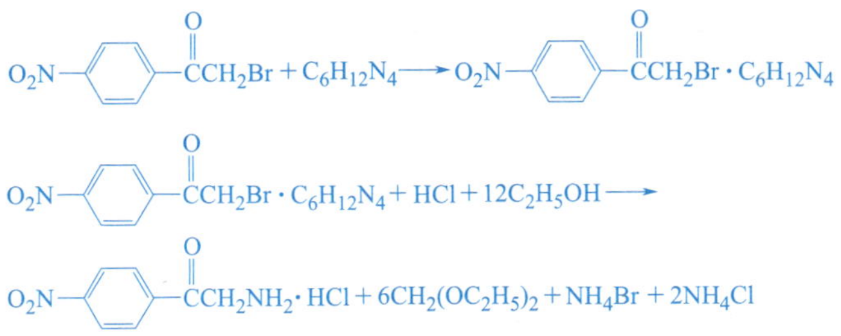

（三）主要原料

合成氯霉素中间体C3所需主要原料见表3-11。

表3-11 合成氯霉素中间体C3所需主要原料

名称	规格	用量
溴化液	自制（氯霉素中间体C2）	上步全部产品
六亚甲基四胺	化学纯	8.5g(0.06mol)
浓盐酸	工业	17.2mL
乙醇	化学纯	37.7mL
精盐	工业	3g

（四）实训步骤

1. 对硝基-α-溴代苯乙酮六亚甲基四胺盐的制备

在装有搅拌器、温度计的250mL三口烧瓶中，依次加入溴化液和氯苯20mL，冷至15℃以下，在搅拌下加入六亚甲基四胺（乌洛托品）的粉末，温度控制在28℃以下，加毕，加热至35～36℃，保温反应1h，测定终点。如反应已到终点，继续在35～36℃下反应20min，即得对硝基-α-溴代苯乙酮六亚甲基四胺盐（简称成盐物，氯霉素中间体C3），然后冷至16～18℃供下步反应。

2. 对硝基-α-氨基苯乙酮盐酸盐的制备

在上步制备的成盐物氯苯溶液中加入精盐3g和浓盐酸17.2mL，冷至6～12℃搅拌3～5min，使成盐物呈现颗粒状，待氯苯溶液澄清分层，分出氯苯。立即加入乙醇37.7mL，搅拌加热，0.5h后升温到32～35℃，保温反应5h。冷至5℃以下后过滤，滤饼转移到烧杯中加水19mL，在32～36℃下搅拌30min，再冷至−2℃，过滤，用冷到2～3℃的6mL乙醇洗涤，抽干，得到对硝基-α-氨基苯乙酮盐酸盐。熔点250℃。

（五）注意事项

（1）此反应需无水条件，所用仪器及原料需经干燥，若有水分带入，易导致产物分解生成胶状物。

（2）对硝基-α-溴代苯乙酮六亚甲基四铵盐在空气中及干燥时极易分解，因此制成的复盐应立即进行下步反应，不宜超过12h。

（3）反应终点测定：取反应液适量，过滤（若未反应完，滤液中有对硝基-α-溴代苯乙酮），往1份滤液中加入2份六亚甲基四胺（乌托品）氯仿饱和溶液，混合加热至50℃，再降至常温，放置3～5min。若溶液呈透明状，表示到达终点；若溶液混浊，则未到终点，应适当补加乌托品。

（4）加入精盐在于减少氨基酮盐酸盐的溶解度。

（5）成盐物水解要保持足够的酸度，所以盐酸摩尔比应在 3 以上。用量不足不仅导致生成醛等副反应，而且对硝基-α-氨基苯乙酮游离碱本身不稳定，可发生双缩合反应，然后在空气中氧化成紫红色吡嗪化合物。因此，为保持水解液有足够酸度，应先加盐酸后加乙醇，以避免生成醛等副反应。

（6）温度过高也易发生副反应，增加醛等副产物的生成。

（六）探索与思考

（1）此反应要求无水，如有水分存在，会对反应产生怎样的影响？

（2）成盐反应终点如何控制？根据是什么？

（3）本反应水解时为什么一定要先加盐酸后加乙醇，如果次序颠倒，结果会怎样？

（4）对硝基-α-氨基苯乙酮盐酸盐是强酸弱碱生成的盐，反应需保持足够的酸度，如酸度不足对反应有何影响？

素材6 合成氯霉素原料药C

（一）目的与要求

（1）熟悉氯霉素合成的各步反应过程。

（2）会各反应过程的操作技术，并处理好实训过程中的注意事项。

（3）会进行反应终点测定与判断。

（二）合成各步中间体及终产品

1. 对硝基-α-乙酰氨基苯乙酮的制备（氯霉素中间体 C4， 酰化）

（1）反应原理　本反应是以乙酸酐为酰化剂的乙酰化反应。

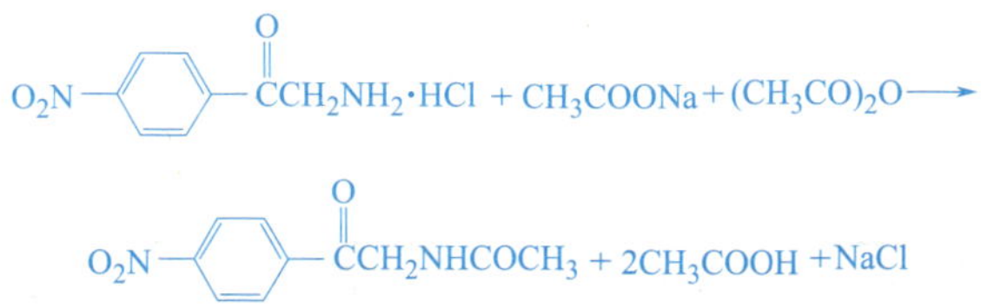

（2）主要原料　合成氯霉素中间体 C4 所需主要原料见表 3-12。

表 3-12　合成氯霉素中间体 C4 所需主要原料

名称	规格	用量
对硝基-α-氨基苯乙酮盐酸盐	自制(氯霉素中间体 C3)	—
乙酸酐	化学纯	17.2mL
乙酸钠溶液	工业	29mL(40%)(质量分数)
碳酸氢钠溶液	工业	5mL(10%)(质量浓度)

（3）实训步骤　在装有搅拌器、回流冷凝管、温度计和恒压滴液漏斗的 250mL 四口瓶中，加入上步制得的水解物（氯霉素中间体 C3）及水 20mL，搅拌均匀后冷至 0～5℃。在搅拌下加入乙酸酐 9mL，另取 40%乙酸钠溶液 20mL 由滴液漏斗内滴入反应液中，滴加时反应温度不超过 15℃。滴毕，升温到 14～15℃，搅拌 1h（反应液始终保持在 pH 3.5～4.5），再补加乙酸酐，搅拌 10min，测定终点。如反应已完全，立即过滤。滤饼用冰水搅成糊状，过滤，用饱和碳酸钠溶液中和至 pH 7.2～7.5，抽滤，再用冰水洗涤至中性，抽干，

得到淡黄色结晶（简称乙酰化物，氯霉素中间体 C4），熔点161～163℃。

（4）注意事项

① 该反应需在酸性条件下（pH 3.4～4.5）进行，因此必须先加乙酸酐后加乙酸钠溶液，不能颠倒。

② 反应终点测定。取少量反应液，过滤，往滤液中加入碳酸氢钠溶液中和至碱性，在40℃左右加热后放置 15min，滤液澄清不显红色示终点到达，若滤液显红色或混浊，应适当补加乙酸酐和乙酸钠溶液，继续反应。

③ 乙酰化物遇光易变成红色，应避光保存。

（5）探索与思考

① 乙酰化反应为什么要先加乙酸酐后加乙酸钠溶液，不能颠倒?

② 乙酰化反应终点怎样控制？根据是什么?

2. 对硝基-α-乙酰氨基-β-羟基苯丙酮的制备（氯霉素中间体 C5，缩合）

（1）反应原理　在碱催化剂的作用下，对硝基-α-乙酰氨基苯乙酮与甲醛发生羟醛缩合反应，生成对硝基-α-乙酰氨基-β-羟基苯丙酮。

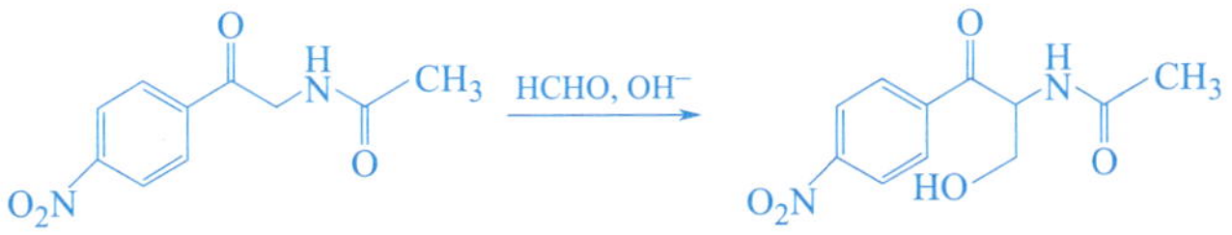

（2）主要原料　合成氯霉素中间体 C5 所需主要原料见表 3-13。

表 3-13　合成氯霉素中间体 C5 所需主要原料

名称	规格	用量
乙酰化物	自制(氯霉素中间体 C4)	—
甲醛(36%以上)	化学纯	4.3mL
乙醇	工业	15mL
碳酸氢钠饱和溶液	工业	适量

（3）实训步骤　在装有搅拌器、回流冷凝管、温度计的 250mL 三口烧瓶中，投入乙酰化物及乙醇 15mL、甲醛 4.3mL，搅拌均匀后用少量碳酸氢钠饱和溶液调节到 pH 7.2～7.5。搅拌下缓慢升温，大约 40min 后，达到 32～35℃，再继续升温至 36～37℃，直到反应完全。迅速冷却至 0℃，过滤，用 25mL 冰水多次洗涤，抽滤，干燥得到对硝基-α-乙酰氨基-β-羟基苯丙酮（氯霉素中间体 C5）。

（4）注意事项

① 本反应碱性催化的 pH 不宜太高，pH 7.2～7.5 较适宜。pH 过低，反应不易进行，pH 大于 7.8 时有可能与两分子甲醛形成双缩合物。甲醛的用量对反应也有一定影响，如甲醛过量太多，亦有利于双缩合物的形成；用量过少，可导致一分子甲醛与两分子乙酰化物缩合。为了减少上述副反应，甲醛用量控制在过量 40%左右为宜。

② 反应温度过高，也有双缩合物生成，甚至导致产物脱水形成烯烃。

③ 反应终点测定：用玻璃棒蘸取少许反应液于载玻片上，加水 1 滴稀释后置显微镜下观察，如仅有羟甲基化合物的方晶而找不到乙酰化物的针晶，即为反应终点（约需 3h）。

（5）探索与思考

① 影响羟甲基化反应的因素有哪些？如何控制?

② 羟甲基化反应为何选用碳酸氢钠作为碱催化剂？能否用氢氧化钠，为什么？

③ 此反应终点如何控制？

3. 对硝基-苯基-2-氨基-1，3-丙二醇的制备（氯霉素中间体 C6）

（1）反应原理　由氯霉素中间体 C5 转变为 C6，要经过 5 步反应：①异丙醇铝的制备；②缩合反应，形成六元过渡态；③还原反应，把羰基还原为仲醇基；④水解，把乙酰基除去；⑤氨基游离。

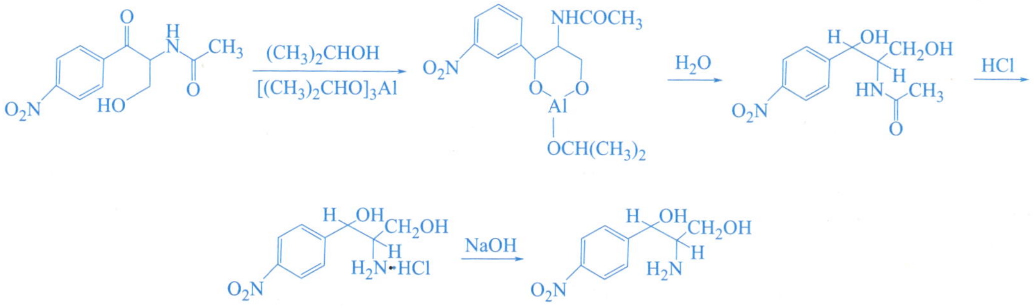

（2）主要原料　合成氯霉素中间体 C6 所需主要原料见表 3-14。

表 3-14　合成氯霉素中间体 C6 所需主要原料

名称	规格	用量
无水异丙醇	化学纯	63mL
铝	化学纯	2.7g
无水三氯化铝	化学纯	0.3g+1.35g
缩合物	自制（氯霉素中间体 C5）	—
浓盐酸	工业	70mL
20%盐酸	自制	8mL
15%氢氧化钠	自制	若干

（3）实训步骤

① 异丙醇铝的制备。在装有搅拌器、回流冷凝器、温度计的三口烧瓶中一次投入剪碎的铝片 2.7g、无水异丙醇 63mL 和无水三氯化铝 0.3g。在油浴上回流加热至铝片全部溶解，冷却到室温供下步反应用。

② 氯霉素中间体 C6 的制备。在上步制备的异丙醇铝的三口烧瓶中加入无水三氯化铝 1.35g，加热到 44～46℃搅拌 30min。然后降温到 30℃，加入缩合物 10g。缓慢加热，约 30min 内升温到 58～60℃，继续反应 4h。冷却到 10℃以下，滴加浓盐酸 70mL。滴毕，加热到70～75℃，水解 2h（最后 0.5h 加入活性炭脱色），趁热过滤，滤液冷至 5℃以下，放置 1h。过滤析出的固体，用少量 20%盐酸（冷至 5℃以下）8mL 洗涤。然后将固体溶于 12mL 水中，加热到 45℃，滴加 15%氢氧化钠溶液到 pH 6.5～7.6，过滤，滤液再用 15%氢氧化钠调节到 pH 8.4～9.3，冷却至 5℃以下放置 1h。抽滤，用少量水洗涤，干燥，得氯霉素中间体 C6，收率约 60%。

（4）注意事项

① 制备异丙醇铝的仪器、试剂均应干燥无水。

② 制备异丙醇铝时，回流开始要密切注意反应情况，如反应太剧烈，需撤去油浴，必要时采取适当降温措施。

③ 如果无水异丙醇、无水三氯化铝质量好，铝片剪得较细，反应很快进行，需 1～2h，即可完成。

④ 滴加浓盐酸时温度迅速上升，注意控制反应温度不超过 50℃。滴加浓盐酸的目的是促使乙酰化物水解，脱乙酰基，生成 C6 盐酸盐，反应液中盐酸浓度大致在 20%以上，此时氢氧化铝形成了可溶性的 $AlCl_3$-HCl 复合物，而 C6 盐酸盐在 50℃以上溶解度较小，过滤除去铝盐。

⑤ 用 20%盐酸洗涤的目的是除去附着在沉淀上的铝盐。

⑥ 用 15%氢氧化钠溶液调节反应液到 pH 6.5～7.6，可以使残留的铝盐转变成氢氧化铝絮状沉淀除去。

（5）探索与思考

① 制备异丙醇铝的关键有哪些？

② 此还原反应中加入少量三氯化铝有何作用？

③ 还原产物对硝基-苯基-2-乙酰氨基-1,3-丙二醇水解脱乙酰基，为什么用盐酸而不用氢氧化钠水解？水解后产物为什么用 20%盐酸洗涤？

4. D-型异构体的制备

（1）反应原理　将上步所得产品（氯霉素中间体 C6）采用诱导结晶的拆分方法，得到氯霉素的重要光学纯中间体 D-苏型-1-对硝基-2-氨基-1,3-丙二醇，简称“D-型异构体”。

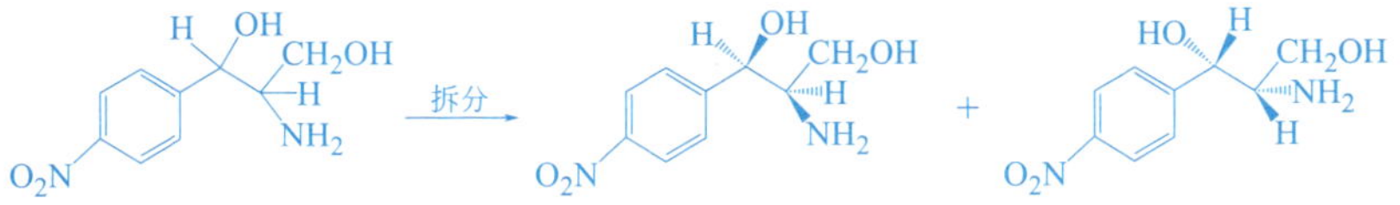

（2）实训药品　制备“D-型异构体”所需药品见表 3-15。

表 3-15　制备“D-型异构体”所需药品

名称	规格	用量
DL-氨基物	自制（氯霉素中间体 C6）	9.5g
L-氨基物	工业纯	2.1g
DL-氨基物盐酸盐	自制	16.5g
蒸馏水	自制	78mL

（3）实训步骤

① 拆分。在装有搅拌器、温度计的 250mL 的三口烧瓶中投入 5.3g DL-氨基物、2.1 gL-氨基物、16.5g DL-氨基物盐酸盐和 78mL 蒸馏水。搅拌水浴加热，保持温度在 61～63℃约 20min，使固体全部溶解。然后缓慢冷却至 45℃，开始析出晶体。再在 70min 内缓慢冷却至 29～30℃，迅速过滤。用 3mL 新蒸馏水（70℃）洗涤，抽干，红外灯烘干，得 4.2g 微黄色结晶（粗 L-氨基物）。熔点 157～159℃。

滤液中再加入 4.2g DL-氨基物，按上法重复操作，得 4.2g 粗 D-氨基物，即“D-型异构体”。

② 精制。在 100mL 的烧瓶中加入 D-氨基物或 L-氨基物 4.5g、稀盐酸 25mL。加热到 30～35℃使溶解，加活性炭脱色，趁热抽滤。滤液用 15%氢氧化钠溶液调至 pH 9.3，析出结晶，再在 30～35℃保温 10min，抽滤，用蒸馏水洗至中性，抽干，红外灯烘干，得白色结晶，即“D-型异构体”，熔点 160～162℃。

③ 旋光测定。取本品 2.4g 精密称定，置 100mL 容量瓶中加入 1mol/L 盐酸（不需标定），至刻度，照旋光度测定法测定，应为（+）/（−）1.36°～（+）/（−）1.40°。

根据旋光度计算含量：

$$含量=\frac{100\times\alpha}{2\times2.4\times29.5}\times100\%$$

式中，α 为旋光度；29.5 为换算系数；2 为管长为 2dm；2.4 为样品的百分浓度。

（4）注意事项

① DL-氨基物盐酸盐的制备：在 250mL 的烧瓶中放置 DL-氨基物 30g，搅拌下加入 20%盐酸 39mL（浓盐酸 22mL，水 17mL）。加毕，置水浴中加热完全溶解，放置自然冷却，当有固体析出时不断缓慢搅拌，以免结块。最后冷至 5℃，1h 后过滤，滤饼用 95%乙醇洗涤，干燥，即得 DL-氨基物盐酸盐。

② 固体必须全部溶解，否则结晶提前析出。

③ 严格控制降温速度，仔细观察初析点和全析点，正常情况下初析点为 45～47℃。

（5）思考题

① 外消旋体拆分方法有哪些？本拆分方法属哪一种？原理是什么？

② 用旋光仪测定产物旋光度的原理及方法是什么？

5. 氯霉素的制备

（1）反应原理　将上步所得的 D-型异构体，进行二氯乙酰化，最终制得光学纯的最终产物——氯霉素。

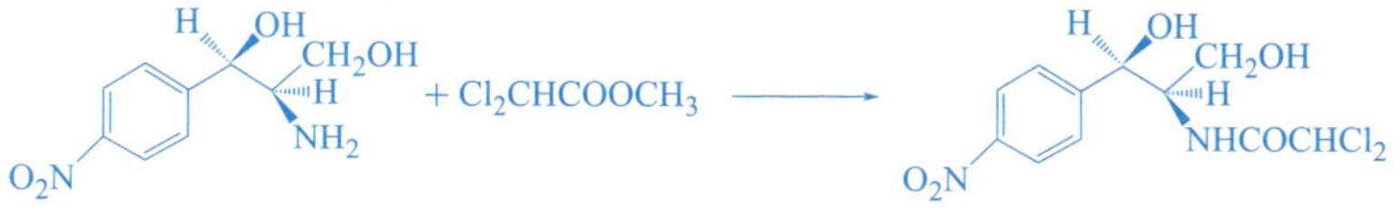

（2）实训药品　制备氯霉素所需药品见表 3-16。

表 3-16　制备氯霉素所需药品

名称	规格	用量
D-氨基物	自制(即 D-型异构体)	13.5g
二氯乙酸甲酯	化学纯	12mL
甲醇	工业	30mL

（3）实训步骤　在装有搅拌器、回流冷凝器、温度计的 250mL 三口烧瓶中，放入 D-型异构体 13.5g、甲醇 30mL 和二氯乙酸甲酯 12mL。在 60～65℃搅拌反应 1h。随后加入活性炭 0.6g，保温脱色 30min，趁热过滤，向滤液中滴加蒸馏水（按每分钟约 1mL 的速度滴加），至有少量结晶析出时停止加水，稍停片刻，继续加入剩余的水（共 100mL）。冷至室温，放置 30min，抽滤，滤饼用 12mL 蒸馏水洗涤，抽干，于 105℃干燥，即得氯霉素，熔点149～153℃。

（4）注意事项

① 反应必须在无水条件下进行。有水存在时，二氯乙酸甲酯水解成二氯乙酸，与氨基物成盐，影响反应进行。

② 二氯乙酰化除用二氯乙酸甲酯作为酰化剂外，二氯乙酸酐、二氯乙酰胺、二氯乙酰氯均可作为酰化剂，但用二氯乙酸甲酯的成本低，酯化收率高。

③ 二氯乙酸甲酯的质量直接影响产品的质量，如有一氯乙酸甲酯或三氯乙酸甲酯存在，同样能与氨基物发生酰化反应，形成的副产物带入产品，致使熔点偏低。

④ 二氯乙酸甲酯的用量略多于理论量，以弥补因少量水分水解的损失，保证反应安全。

(5) 探索与思考

① 二氯乙酰化反应除用二氯乙酸甲酯外，还可使用哪些试剂，生产上为何采用二氯乙酸甲酯？

② 二氯乙酸甲酯的质量和用量对产物有何影响？

三、自主项目素材

自主项目1 苯妥英钠的制备与定性鉴别

（一）目的与要求

(1) 熟悉安息香缩合，以及用维生素 B_1 为催化剂的操作特点。

(2) 掌握硝酸氧化剂的使用方法、乙内酰脲环合反应操作方法。

(3) 通过苯妥英钠的合成，巩固和掌握已学的分离、精制技术。

（二）原理

苯妥英钠（pH enytoin Sodium）化学名为 5,5-二苯基乙内酰脲钠，又名大伦丁钠，为抗癫痫药。苯妥英钠通常以苯甲醛为原料，经安息香缩合，生成二苯乙醇酮，随后氧化为二苯乙二酮，再在碱性醇液中与脲缩合、重排制得。安息香缩合通常以 NaCN 为催化剂，但由于其毒性大，使用不方便，本实验用维生素 B_1 作为辅酶催化剂，条件温和、毒性小、收率高。反应式如下：

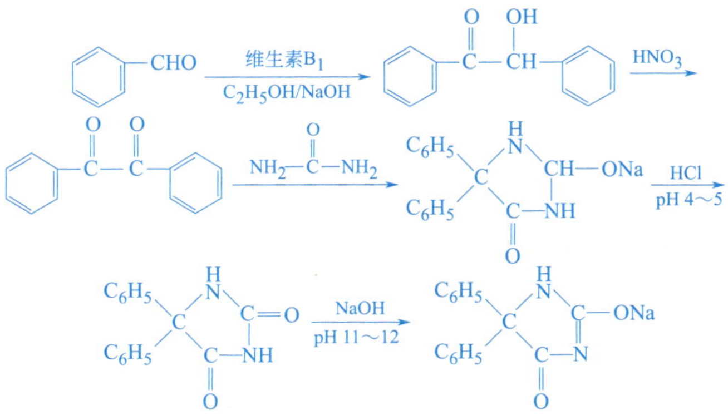

（三）主要药品

制备苯妥英钠所需主要药品见表 3-17。

表 3-17 制备苯妥英钠所需主要药品

步骤	名称	规格	用量
缩合	苯甲醛	新蒸馏	20mL
	维生素 B_1 盐酸盐	工业	5.4g
	95%乙醇	化学纯	40mL
	2mol/L 氢氧化钠水溶液	自配	15mL
氧化	二苯乙醇酮	自制	12g
	浓硝酸	化学纯	28mL
重排与环合	二苯乙二酮	自制	8g
	脲	化学纯	2.8g
	50%乙醇	自制	40mL
	氢氧化钠	化学纯	适量

（四）操作步骤及方法

1. 安息香缩合——二苯乙醇酮的制备

制备二苯乙醇酮有两种方法，其中B法更简单，易于操作。两种方法如下。

A法：在装有冷凝管、搅拌器的250mL三口烧瓶中，加入3.5g维生素B_1盐酸盐、10mL水、30mL 95%的乙醇，冰浴冷却下搅拌数分钟后，加入预先冷却的2mol/L氢氧化钠水溶液10mL，再加入20mL新鲜的苯甲醛（无沉淀的苯甲醛），搅拌下水浴加热，于78～80℃下反应90min。将反应液冷却至室温，然后于冰浴中待结晶出现完全，如果产物呈油状而不易结晶时，再重新加热一次，慢慢地冷却。减压抽滤，结晶产物用50mL冷却水洗涤2次，称重粗品，烘干。熔点132～134℃。如熔点低可用95%乙醇重结晶。

B法：于锥形瓶中加入维生素B_1盐酸盐5.4g、水20mL、95%乙醇40mL，不时摇动，待维生素B_1盐酸盐溶解，加入2mol/L NaOH 15mL，充分摇动，加入新蒸馏的苯甲醛15mL，放置3～5天。抽滤得淡黄色结晶，用冷水洗，得二苯乙醇酮粗品。

2. 氧化

二苯乙二酮的制备有两种方法，其中A法更简单，易于操作。两种方法如下。

A法：将12g上步制得的二苯乙醇酮、28mL硝酸置于250mL三口烧瓶中，装上回流冷凝器。回流冷凝器上口接有害气体吸收装置，反应中产生的NO_2气体可用导气管导入NaOH溶液中吸收。加热回流，待反应液上下两层基本澄清后（大约2h，也可用pH试纸检验有无NO_2气体放出），搅拌下趁热倒入40mL温水中，冷却。抽滤，用水洗至pH 3～4，干燥得二苯乙二酮，熔点89～92℃（纯二苯乙二酮熔点95℃）。

B法：在装有搅拌器、温度计、球形冷凝器的250mL三口烧瓶，投入二苯乙醇酮12g、稀硝酸（HNO_3∶H_2O=1∶6）30mL。开搅拌，用油浴加热，逐渐升温至110～120℃，反应2h（反应中产生的NO_2气体的处理方法见A法）。反应完毕，在搅拌下，将反应液倾入40mL热水中，搅拌至结晶全部析出。抽滤，结晶用少量水洗，干燥，得粗品。

3. 重排、环合

在装有搅拌器、温度计、球形冷凝器的250mL三口烧瓶中，加入8g二苯乙二酮、40mL 50%乙醇、2.8g脲以及24mL 20%氢氧化钠。开动搅拌，加热回流30min。反应完毕，反应液倾入240mL沸水中，加入活性炭，煮沸10min，趁热抽滤。滤液用10%盐酸调至pH 6，放置析出结晶，抽滤，结晶用少量水洗，得苯妥英粗品。

4. 精制

将粗品混悬于4倍（质量）水中，水浴上加热至40℃，搅拌下滴加20% NaOH至全溶。加活性炭少许，加热5min，趁热抽滤，滤液加氯化钠至饱和。放冷，析出结晶，抽滤，少量冰水洗涤，干燥得苯妥英钠，称重，计算收率，做鉴别试验。

5. 鉴别

性状：本品为白色粉末；无臭，味苦；微有引湿性；在空气中逐渐吸收二氧化碳，分解成苯妥英。

鉴别方法：取本品约0.1g，加水2mL溶解后，加氯化汞试液数滴，即发生白色沉淀，在氨试液中不溶。

（五）探索与讨论

（1）安息香缩合反应中，为什么强调用新鲜的苯甲醛？

(2) 安息香缩合反应的反应液，为什么自始至终要保持微碱性？

(3) 制得苯妥英钠后，要尽快做鉴别试验；若暴露在空气中放置长时间后再鉴别，会失败，为什么？

自主项目 2 合成氯代环己烷

(一) 目的与要求

(1) 熟悉卤代烃制备方法，了解通过卤素置换羟基制备卤代烃的反应原理。

(2) 能够熟练进行搅拌、萃取、分馏等基本操作。

(3) 会使用吸收装置对反应过程中产生的有害气体进行吸收。

(二) 原理

卤代烃是一类重要的有机合成中间体。通过卤代烃的取代反应，能制得多种有用的化合物，如腈、胺、醚等。在无水乙醚中，卤代烃和镁作用生成 Grignard 试剂，它与羰基化合物醛、酮及二氧化碳等作用，可制备各种醇和羧酸。氯代环己烷是治疗震颤麻痹药物盐酸苯海索的中间体。

制备卤代烃通常以结构上相对应的醇为原料，通过卤置换反应而得。氯代烃可由醇与氯化亚砜或浓盐酸在氯化锌存在下制得。

(三) 主要药品

合成氯代环己烷所需主要药品见表 3-18。

表 3-18 合成氯代环己烷所需主要药品

名称	规格	用量
环己醇	化学纯	30g(32.5mL,0.3mol)
浓盐酸	化学纯	85.3mL(1mol)
饱和食盐水	自配	10mL
饱和碳酸氢钠溶液	自配	10mL

(四) 步骤及方法

在 250mL 三口烧瓶上分别装球形冷凝器、温度计。将称量好的环己醇和浓盐酸放置于三口烧瓶中，混匀。油浴加热，保持反应液平稳地回流 3～4h。反应后，放置冷却，将反应液倒入分液漏斗中，分取上层油层，依次用饱和食盐水 10mL、饱和碳酸氢钠水溶液 10mL 洗涤。经无水氯化钙干燥后进行分馏，收集 138℃以上的馏分。纯氯代环己烷的沸点为 142℃。

(五) 附注

(1) 反应中有氯化氢气体逸出，需在球形冷凝器顶端连接气体吸收装置（见图 3-12)。

(2) 为加速反应，也可加入无水 $ZnCl_2$ 或无水 $CaCl_2$ 催化。

(3) 回流不能太剧烈，以防氯化氢逸出太多。开始回流温度在 85℃左右为宜，最后温度不超过 108℃。

(4) 洗涤时不要剧烈震荡，以防乳化。用饱和碳酸氢钠洗涤至 pH 7～8。

(六) 思考与讨论

(1) 叙述以醇与氢卤酸或氢卤酸盐反应，制备卤代烷的反应原理，可能产生的副反应。

（2）为什么回流温度开始要控制在微沸状态？如回流剧烈对反应有何影响？

（3）讨论：本反应收率如何？若想进一步提高收率，应采取哪些方法？

自主项目3 相转移催化法制备*dl*-扁桃酸

dl-扁桃酸又名苦杏仁酸、苯乙醇酸、α-羟基苯乙酸等，是重要的化工原料，在医药工业中主要用于合成血管扩张药环扁桃酸酯、滴眼药羟苄唑等。以往多由苯甲醛与氰化钠加成得腈醇再水解制得。该法路线长，操作不便，劳动保护要求高。采用相转移二氯卡宾法一步反应即可制得，既避免了使用剧毒的氰化物，又简化了操作，收率亦较高。

（一）目的与要求

（1）了解相转移催化反应的原理以及在药物合成中的应用。

（2）会制备季铵盐相转移催化剂及后处理。

（3）能够利用相转移二氯卡宾法制备扁桃酸。

（二）原理

本实验采用季铵盐（TEBA）为相转移催化剂。其原理是，在50%的水溶液中加入少量的相转移催化剂和氯仿，季铵盐在碱液中形成季铵碱而转入氯仿层，继而季铵碱夺去氯仿中的一个质子而形成离子对（$R_4N^+ \cdot CCl_3^-$），然后发生α-消除生成二氯卡宾（$:CCl_2$），二氯卡宾是非常活泼的中间体，能与多种官能团发生反应生成各类化合物，其中与苯甲醛加成生成环氧中间体，再经重排、水解得到*dl*-扁桃酸。

反应式如下：

$$\underset{\text{水相}}{R_4N^+Cl^-} + \underset{\text{水相}}{NaOH} \rightleftharpoons \underset{\text{油相}}{R_4N^+OH^-} + \underset{\text{水相}}{NaCl}$$

$$\underset{\text{油相}}{R_4N^+OH^-} + \underset{\text{油相}}{CHCl_3} \rightleftharpoons \underset{\text{油相}}{R_4N^+CCl_3^-} \rightleftharpoons \underset{\text{油相}}{:CCl_2} + \underset{\text{水相}}{R_4N^+Cl^-}$$

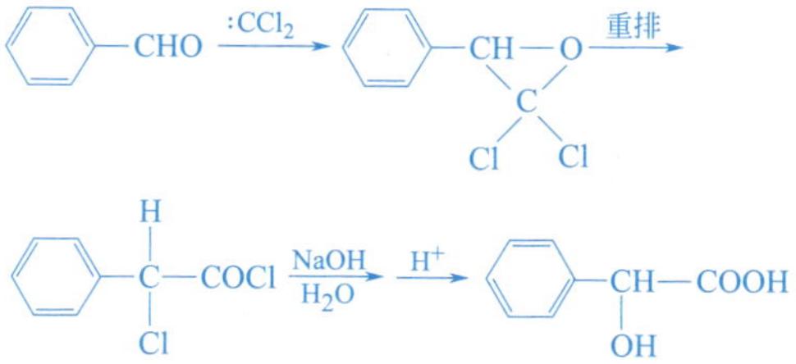

本品为白色斜方片状结晶，熔点为119℃，相对密度1.30，易溶于水、乙醇、乙醚、异丙醇等，长期露光则分解变色。

（三）主要药品

合成*dl*-扁桃酸所需主要药品见表3-19。

表3-19 合成*dl*-扁桃酸所需主要药品

类别	名称	规格	用量
相转移催化剂的制备	三乙胺	化学纯	41g(0.4mol)
	氯化苄	化学纯	51g(0.4mol)
	甲苯	化学纯	少量
	丙酮	化学纯	40mL

续表

类别	名称	规格	用量
dl-扁桃酸的制备	三乙基苄基铵盐	自制	2.4g
	氯仿	化学纯	32mL
	苯甲醛	新蒸	21.2g
	乙醚	化学纯	80mL
	氢氧化钠	50%，自配	50mL
	硫酸	50%，自配	少量

（四）实训步骤及方法

1. 相转移催化剂——三乙基苄基铵盐（TEBA）的制备[①]

在带有搅拌器、温度计、球形回流冷凝器的 250mL 三口烧瓶中依次加入 40mL 丙酮（溶剂）、41g（0.4mol）三乙胺、51g（0.4mol）氯化苄，加热至回流，反应 2h，反应液逐渐由无色透明变为浅黄色黏稠液，停止反应。

以上产物液自然冷却至室温，有部分针状晶体析出，同时黏度增加。将其倒入干净的 250mL 烧杯中，放入冰箱保持 10℃以下[②]，过夜，抽滤。滤饼用甲苯洗涤两次，抽干，干燥，得白色粉末。称重，测熔点（合格产品熔点 180～191℃）。

2. *dl*-扁桃酸的制备

在装带有搅拌器、温度计、球形回流冷凝器、滴液漏斗的 250mL 三口烧瓶中，加入 21.2g 苯甲醛[③]，2.4g 三乙基苄基铵盐（TEBA）、32mL 氯仿。开动搅拌器，水浴缓慢加热，待温度升到 56℃时，缓慢地滴入 50% NaOH 溶液 50mL，控制滴加速度[④]，维持反应温度在（56±2）℃，约 2h 滴完，滴毕，再在此温度下继续搅拌 1h。

产物混合液冷却至室温后，停止搅拌，倒入 200mL 水中，用乙醚提取 2～3 次[⑤]，每次用 20mL。水层用 50%硫酸酸化至 pH 2～3，再用乙醚提取 2～3 次（根据具体情况产物提完为止），每次 20mL。合并提取液，用无水硫酸钠干燥。

常压蒸馏蒸去乙醚，冷却，得粗品。

精制：将粗品用甲苯重结晶，抽滤，干燥，得白色斜方片状结晶，称重，测熔点。

（五）附注

① 制备 TEBA 也可用下述方法。

A 法：将 1mol 三乙胺与 1mol 氯化苄加入丙酮中，回流，即得 TEBA 沉淀，几乎定量收率。

B 法：将 12.64mL 三乙胺与 10mL 氯化苄加入 6.66mL 的二甲基甲酰胺（DMF）和 2mL 乙酸乙酯中，加热至 104℃，反应 1h，冷却至 80℃，加 8g 苯，冷却得沉淀，抽滤，滤饼用苯洗涤两次，干燥，测熔点：185～187℃。

② 可以通过常压蒸馏蒸去丙酮，冷却，得白色针状结晶，再用苯或乙醚洗涤，干燥即可。

③ 苯甲醛化学性质活泼，易被氧化而使纯度降低，使用前需纯化处理，处理方法通常有以下两种。

方法一：若苯甲醛的级别差（如工业品），用 10mL 10% Na_2CO_3 溶液洗涤 30mL 苯甲醛两次，弃去水层，再用 5g 无水硫酸钠干燥，通过简单蒸馏，收集 178～180℃的馏分。

方法二：级别稍好的苯甲醛，直接蒸馏收集178～180℃的馏分。

④ 滴加50% NaOH溶液的速度不宜过快，每分钟4～5滴，否则，苯甲醛在浓的强碱条件下易发生歧化反应，使产品收率降低。

⑤ 乙醚是易燃低沸点溶剂，使用时务必注意周围应无火源。

（六）探索与思考

（1）常用的相转移催化剂有哪些？其结构有什么特点？在科研与工业生产中，采用相转移催化技术有哪些优点？此技术还可用在哪些类型的反应中？

（2）本实验可能的副反应有哪些？操作上应如何避免？

（3）反应完毕后，二次用乙醚提取，酸化前、后各提取什么？乙醚是易燃低沸点溶剂，使用时应该注意哪些事项？本实验可用乙酸乙酯代替乙醚进行提取，试比较各自的优缺点。

自主项目4 离子交换树脂作为催化剂制备乙酸苄酯

（一）目的与要求

（1）了解固体酸、碱催化反应在有机合成上的应用及其优点。

（2）会固定床催化连续酯化反应的操作。

（3）会强酸性阳离子交换树脂的预处理及再生技术。

（4）会使用阿贝折光仪和薄层色谱检测产品。

（二）原理

苄醇与乙酸作用生成乙酸苄酯，原来是用少量硫酸作为催化剂。

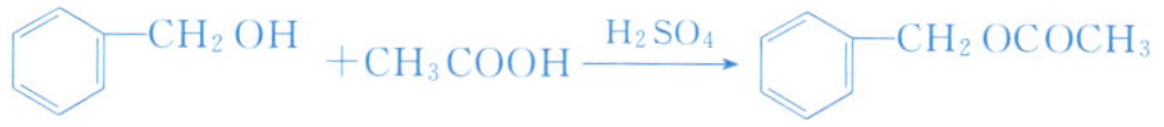

本工艺采用大孔型强酸性离子交换树脂代替硫酸作为催化剂进行连续酯化反应。应用离子交换树脂作为催化剂，有以下几个明显的优点。

① 后处理简单。反应结束后只要简单过滤一下，就可得到不含催化剂的产物。

② 过滤后得到的催化剂，可回收利用。

③ 操作简便。有时只需将反应物通过离子交换树脂即可进行连续反应。

④ 反应选择性高，副反应少。

⑤ 腐蚀性相应较少，不需要特殊的防腐设备。

⑥ 不产生“三废”。

（三）主要药品及仪器、设备

1. 主要药品

制备乙酸苄酯所需主要药品见表3-20。

表3-20 制备乙酸苄酯所需主要药品

序号	名称	型号与规格	单位	数量	备注
1	Na型大孔强酸型树脂	工业	g	40	
2	冰醋酸	分析纯	mL	11.5	

续表

序号	名称	型号与规格	单位	数量	备注
3	苄醇	分析纯	mL	13.5	
4	盐酸	1mol/L，自配	mL	500	公用
5	氢氧化钠	1mol/L，自配	mL	500	公用
6	碳酸钠	40%，自配	mL	500	公用
7	NaCl	1mol/L，自配	mL	500	
8	无水硫酸镁	化学纯	g	5	
9	乙醚	化学纯	mL	500	
10	硝酸银	0.1mol/L	mL	50	公用
11	碘	化学纯	粒	50	公用
12	酚酞指示剂	1%	mL	10	公用
13	乙酸苄酯标准品		mL	10	公用
14	NaCl	饱和溶液，自配	mL	500	公用

2. 主要仪器、设备

制备乙酸苄酯所需主要仪器、设备见表 3-21。

表 3-21 制备乙酸苄酯所需主要仪器、设备

序号	名称	型号与规格	单位	数量	备注
1	离子交换柱	25cm×1.5cm	支	1	树脂预处理用
2	离子交换柱（带加热装置）	250mL	个	1	酯化反应用
3	调压器	1000～2000W	个	1	
4	蒸馏装置		套	1	公用
5	阿贝折光仪		台	1	公用
6	薄层色谱板	2cm×10cm	个	2	
7	色谱缸		个	1	

（四）实训步骤及方法

1. 树脂的预处理

将 Na 型大孔型树脂（湿重约 40g）放在烧杯中，用清水洗涤 2～3 次，以除去混杂在树脂中的垃圾等机械杂质。然后将此树脂置于交换柱中（不绕电热丝），湿法上柱，先用 1mol/L 的盐酸过柱，然后用蒸馏水过柱至中性，再用 1mol/L 的 NaOH 过柱，再用蒸馏水过柱至中性，再用 1mol/L 的盐酸过柱。

每次用酸（或碱）100mL，最后用 1mol/L 盐酸 200mL 以每分钟 4～5mL 的恒速过树脂，然后再用去离子水洗涤直至溢出液中无盐酸为止（用 $AgNO_3$ 溶液检测无白色沉淀为止），过滤抽干。然后烘干已经处理的树脂，烘干的温度应逐渐升高，最高不能超过 110℃，在 110℃烘箱中烘 1.5～2h 取出装柱。

2. 树脂总交换容量的测定

总交换容量是离子交换树脂的一项重要指标，需要测定。测定强酸性树脂的方法是将Na型树脂转换成H型树脂，再用NaCl溶液将树脂上的H^+用Na^+交换下来；再用NaOH标准溶液进行滴定。最后根据NaOH标准溶液的用量，即可计算出树脂的总交换容量。具体操作方法如下。

准确称取烘干树脂0.5g左右，放入250mL锥形瓶中，加入1mol/L NaCl溶液100mL摇匀，放置1.5h，然后加入1%酚酞指示剂三滴，以1mol/L NaOH标准溶液滴定至微红色15s不褪色为终点，再按下式计算树脂总交换容量：

$$总交换容量（mmol/gH型干树脂）=MV/m$$

式中，M为NaOH摩尔浓度，mol/L；V为NaOH用量，mL，L；m为树脂样品总质量，g。

3. 酯化反应

在直径1.5cm、绕有电热丝的玻璃柱中加入处理过的树脂9g①，柱管垂直放置，由于树脂的吸附，故需要补加反应液。具体做法是：由湿法上柱后流出的反应液记录其体积V_1（mL），并计算需要补加的反应液体积V，$V=25-V_1$（mL），按苄醇和冰醋酸②的配比，分别计算需补加的苄醇和冰醋酸的量。将补加的反应液与流出的反应液混合（应为25mL）置于125mL滴液漏斗中，调节变压器（一般不超过50V），使反应温度控制在65～75℃（过高的温度会影响树脂的机械强度，而且反应液又会因醋酸的蒸发，在树脂层中产生气泡而影响催化效果；温度低，则反应率下降），以顺流形式通过树脂层③，调节开关控制流出的速度为每分钟2mL左右，同时调节料液滴加速度，使之与产物流出速度相平衡。收集流出液，用40%碳酸钠溶液小心中和至pH≈8。于分液漏斗中，用乙醚萃取产品，每次15mL，共3次。合并萃取液，用少量的10mL饱和NaCl溶液洗2次，分去水层后的产物用无水硫酸镁（3～5g）干燥，常压蒸去乙醚，即得产品。产品可用阿贝折光仪和薄层色谱进行检测（与标准品对照）。

乙酸苄酯 $n_D^{20}=1.5022$

薄层色谱方法：取色谱用硅胶G 7g加入研钵中，用0.5%羧甲基纤维钠适量调成糊状，然后制板，用苯作展开剂，碘蒸气显色。

（五）附注

① 树脂应先浸泡在由苄醇13.5mL、冰醋酸11.5mL（1∶1.5摩尔比）组成的反应液中，然后用湿法上柱。

② 以醋酐代替冰醋酸进行酯化反应，收率高，但醋酐对树脂有腐蚀性。

③ 使用过的树脂经处理后，可再用作催化反应，效果不变。树脂再生方法为：反应后的树脂倒入烧杯中，搅拌下用常水反复冲洗至中性然后装柱，用1mol/L NaOH 100mL过柱，再用蒸馏水洗至中性，再用1mol/L HCl 200mL过柱，用蒸馏水洗至无盐酸为止（用$AgNO_3$溶液测无白色沉淀为止），过滤抽干。临用前在110℃烘1.5h测定交换量。

（六）思考与讨论

（1）对进一步提高产率，有何设想？

（2）产品中和时能否用NaOH溶液？

（3）采用离子交换树脂作为催化剂的连续反应，有何特点？

自主项目 5 盐酸苯海索的制备

（一）目的与要求

（1）掌握 Grignard 试剂的制备方法与无水操作技术。

（2）掌握无水乙醚的制备及操作注意要点。

（3）会进行搅拌、重结晶等基本操作。

（二）实训原理

盐酸苯海索（Benzhenol Hydrochloride）化学名为 1-环己基-1-苯基-3-呱啶基丙醇盐酸盐。本品能阻断中枢神经系统和周围神经系统中的毒蕈碱样胆碱受体。临床上用于治疗震颤麻痹综合征，也用于斜颈、颜面痉挛等症。

盐酸苯海索大多以苯乙酮为原料与甲醛、哌啶盐酸进行 Mannich 反应，制得 β-哌啶基苯丙酮盐酸盐中间体，再与由氯代环己烷、金属镁作用制得的 Grignard 试剂反应，得到盐酸苯海索。反应式如下：

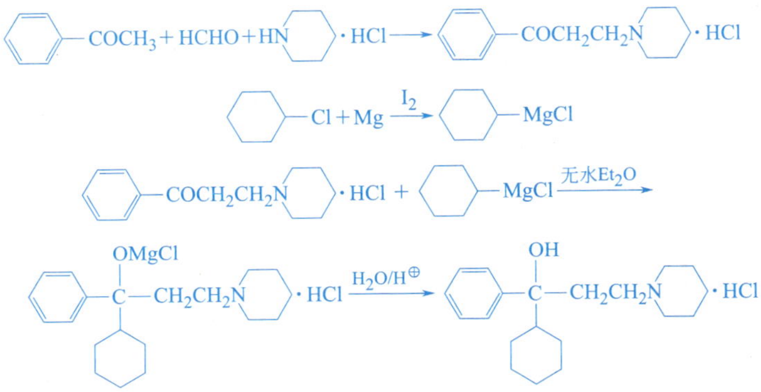

（三）实训主要药品

合成盐酸苯海索所需主要药品见表 3-22。

表 3-22 合成盐酸苯海索所需主要药品

步骤	名称	规格	用量
β-哌啶基苯丙酮盐酸盐的制备	苯乙酮	化学纯	18.1g(0.15mol)
	多聚甲醛	化学纯	7.6g(0.25mol)
	哌啶	化学纯	30g(0.35mol)
	浓盐酸	化学纯	30～40mL
	乙醇	化学纯，95%	96mL
盐酸苯海索的制备	镁屑		4.1g(0.17mol)
	氯代环己烷	自制	22.5g(0.19mol)
	β-哌啶基苯丙酮盐酸盐	自制	20g(0.08mol)
	碘		少量

（四）实训步骤及方法

1. β-哌啶基苯丙酮盐酸盐的制备

（1）哌啶盐酸盐的制备　在250mL的三口烧瓶上分别装置搅拌器、滴液漏斗及带有氯化氢气体吸收装置①的回流冷凝器。投入30g（约37.5mL）哌啶、60mL乙醇。搅拌下滴入30～40mL浓盐酸，至反应液pH约为1，然后拆除搅拌器、滴液漏斗及回流冷凝器，改成蒸馏装置，用水泵减压蒸去乙醇和水，当反应物成糊状②时停止蒸馏。冷却到室温，抽滤，乙醇洗涤，干燥，得白色结晶（熔点240℃以上）。

（2）β-哌啶基苯丙酮盐酸盐的制备（Mannich反应）　在装有搅拌器、温度计和回流冷凝器的250mL三口烧瓶中，依次加入18.1g（0.15mL）苯乙酮、36mL 95%乙醇、19.2g（0.15mol）哌啶盐酸盐、7.6g（0.25mol）多聚甲醛和0.5mL浓盐酸，搅拌加热至80～85℃，继续回流搅拌3～4h③。然后用冷水冷却，析出固体，抽滤，乙醇洗涤至中性，干燥后得白色鳞片状结晶，约2.5g（熔点190～194℃）。

2. 盐酸苯海索的制备

（1）Grignard反应　在装有搅拌器、回流冷凝器（上端装有无水氯化钙干燥管）、滴液漏斗的250mL三口烧瓶中④，依次投入4.1g镁屑⑤、30mL绝对无水乙醚、少量碘及40～60滴氯代环己烷⑥。启动搅拌，缓慢升温⑦到微沸，当碘的颜色褪去并呈乳灰色混浊，表示反应已经开始，随后慢慢滴入余下的氯代环己烷（两次总共22.5g）及20mL绝对无水乙醚的混合溶液，滴加速度以控制正常回流为准（如果反应剧烈迅速用冷水冷却）。加完后继续回流，至镁屑消失。然后用冷水冷却，搅拌下分次加入20g β-哌啶基苯丙酮盐酸盐，约15min加完，再搅拌回流2h。冷却到15℃以下，在搅拌下慢慢将反应物加到由22mL浓盐酸和66mL水配成的稀盐酸溶液⑧中，搅拌片刻，继续冷却到5℃以下，抽滤，用水洗涤到pH 5，抽干，得盐酸苯海索粗品。

（2）精制　粗品用1～1.5倍量乙醇加热溶解，活性炭脱色，趁热过滤，滤液冷却到10℃以下，抽滤。再用2倍量乙醇重结晶，冷却到5℃以下后抽滤，依次用少量乙醇、蒸馏水、乙醇、乙醚洗涤，干燥，得盐酸苯海索纯品，重约7g（熔点250℃）。

（五）附注

① 注意有害气体吸收装置的设计。

② 蒸馏至稀糊状为宜，太稀产物损失大，太稠冷却后结成硬块，不宜抽滤。

③ 反应过程中多聚甲醛逐渐溶解。反应结束时，反应液中不应有多聚甲醛颗粒存在，否则需延长反应时间，使多聚甲醛颗粒消失。

④ 所用的反应仪器及试剂必须充分干燥，仪器在烘箱中烘干后，取出稍冷，立即放入干燥器中冷却，或将仪器取出后，在开口处塞子塞紧，以防止冷却过程中玻璃壁吸附空气中的水分。

⑤ 镁条的外层常有灰黑色氧化镁覆盖，应先用砂纸擦到呈白色金属光泽，然后剪成小条。

⑥ 氯代环己烷可以用环己醇、浓盐酸制备。

⑦ 可以用温水或红外灯加热，严禁用电炉或其他明火加热。

⑧ Grignard试剂与酮的加成产物遇水即分解，放出大量的热且有$Mg(OH)_2$沉淀，故应冷却后慢慢加到稀酸中，这样可避免乙醚逃逸太多，也可使在酸性溶液中的$Mg(OH)_2$转变成可溶性$MgCl_2$，使产物易于纯化。

（六）思考与讨论

（1）写出 Grignard 反应和 Mannich 反应的过程。

（2）制备 Grignard 试剂时，加入少量碘的作用是什么？

（3）本实验的 Mannich 反应中为什么要用哌啶盐酸盐？用游离碱可否？

（4）在药物合成中 Grignard 反应和 Mannich 反应的应用广泛，请各举两例。

自主项目 6 扑热息痛的制备与定性鉴别

（一）目的与要求

（1）会铁粉还原硝基化合物的操作，并掌握其操作要点。

（2）掌握还原反应、选择性酰化的原理、影响因素以及操作方法。

（3）能够做重结晶和熔点测定等基本操作。

（4）了解扑热息痛定性鉴别原理，会进行鉴别。

（二）原理

扑热息痛（AcetaminopH en），化学名为对乙酰氨基酚、对羟基乙酰苯胺，是乙酰苯胺类解热镇痛药。其合成方法为，以对硝基苯酚为原料，在酸性介质中用铁粉还原，生成对氨基苯酚。对氨基苯酚进行选择性 *N*-酰化得产品。工业上常用乙酸为酰化剂回流反应，并蒸出少量的水，促进反应的进行；在实验室，可用醋酐为酰化剂，但为了避免 *O*-酰化的副反应发生，需控制反应的条件。反应式如下：

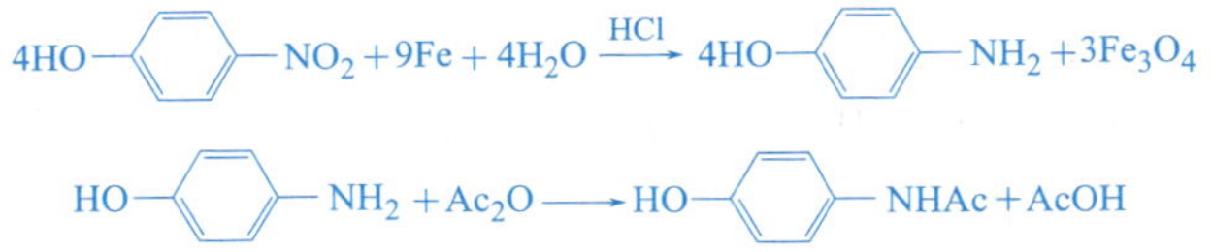

（三）主要药品

扑热息痛的制备与鉴别所需主要药品见表 3-23。

表 3-23 扑热息痛的制备与鉴别所需主要药品

步骤	药品名称	规格	用量
还原	对硝基苯酚	化学纯	83.4g
	铁粉	还原用铁粉	110g
	盐酸	30%以上	11mL
	碳酸钠	化学纯或工业	约 6g
	亚硫酸氢钠	化学纯或工业	适量
酰化	对氨基苯酚	自制	10.6g
	醋酐	化学纯，93%	12mL
	亚硫酸氢钠	化学纯	适量
定性鉴别	氯化铁试液，*β*-萘酚试液，亚硝酸钠试液		

（四）操作步骤及方法

1. 还原

在 1000mL 烧杯中放置 200mL 水，于石棉网上加热至 60℃ 以上，加入约 1/2 量的铁粉和 11mL 盐酸，继续加热搅拌，慢慢升温制备氯化亚铁约 5min。此时温度已在 95℃ 以上，撤去热源，将烧杯从石棉网上取下，立即加入大约 1/3 量的对硝基苯酚，用玻璃棒充分搅拌，反应放出大量的热，使反应液剧烈沸腾，此时温度已自行上升到 102～103℃，将温度计取出①。如果反应激烈，可能发生冲料时，应立即加入少量预先准备好的冷水，以控制反应避免冲料，但反应必须保持在沸腾状态②。继续不断搅拌，待反应缓和后，用玻璃棒蘸取反应液点在滤纸上，观察黄圈颜色的深浅，确定反应程度，等黄色退去后再继续分次加料。将剩余的对硝基苯酚分三次加入，根据反应程度，随时补加剩余的铁粉。如果黄圈没褪，不要再加对硝基苯酚；如果黄圈迟迟不褪，则应补加铁粉，而且铁粉最好留一部分在最后加入。当对硝基苯酚全部加完试验已无黄圈时③（从开始加对硝基苯酚到全部加完并使黄色退去的全部过程，以控制在 15～20min 内完成较好④）。再煮沸搅拌 5min。然后向反应液中慢慢加入粉末状的碳酸钠 6g 左右，调节 pH 6～7⑤，此时不要加得太快，防止冲料。中和完毕，加入沸水，使反应液总体积达到 1000mL 左右，并加热至沸。将 5g 亚硫酸氢钠⑥放入抽滤瓶中，趁热抽滤。冷后析出结晶，抽滤。将母液和铁泥都转移至烧杯中，加入 2～3g 亚硫酸氢钠，加热煮沸，再趁热抽滤（滤瓶中预先加入 2～3g 亚硫酸氢钠），冷却，待结晶析出完全后抽滤。合并两次所得结晶，用 1%亚硫酸氢钠液洗涤。置红外灯下快速干燥，即得对氨基苯酚粗品，约 50g。

每克粗品用水 15mL，加入适量（每 100mL 水加 1g）的亚硫酸氢钠，加热溶解。稍冷后加入适量（粗品 5%～10%）活性炭，加热脱色 5min，趁热抽滤（滤瓶中放入与脱色时等量的亚硫酸氢钠），冷却析晶，抽滤，用 1%亚硫酸氢钠溶液洗涤两次。干燥，熔点 183～184℃（分解）。

2. 酰化

在 100mL 锥形瓶中，放入 10.6g 对氨基苯酚⑦，加入 30mL 水⑧，再加入 12mL 醋酐，振摇，反应放热并成均相⑨。在预热至 80℃的水浴中加热 30min，冷却，待结晶析出完全后过滤，用水洗 2～3 次，使无酸味。干燥，得白色结晶性的扑热息痛粗品 10～12g。

每克粗品用 5mL 水加热溶解，稍冷后加入 1%～2%活性炭，煮沸 5～10min。趁热抽滤时应预先在接收器中加入少量亚硫酸氢钠。冷却析晶，抽滤，用少量 0.5%亚硫酸氢钠溶液洗两次。干燥得精品约 8g，熔点 168～170℃。

3. 定性鉴别

（1）取本品 10mg，加 1mL 蒸馏水溶解，加入 $FeCl_3$ 试剂，即显蓝紫色。

（2）取本品 0.1g，加稀盐酸 5mL，置水浴中加热 40min，放冷，取此溶液 0.5mL，滴加亚硝酸钠 5 滴，摇匀。用 3mL 水稀释，加碱性 β-萘酚试剂 2mL，振摇，即显红色。

（五）附注

① 因需充分搅拌，易碰碎温度计，只测得沸腾时温度，保持反应继续沸腾即可，不必再用温度计。

② 加水量要少，只要控制不冲料即可；如水量加多，反应液不能自行沸腾，需在石棉网上加热沸腾。

③ 黄色褪去，只能说明没有对硝基苯酚，并不说明还原已经完全，还应继续反应 5min。

④ 反应速度快，时间短，产品质量好。

⑤ 反应液偏酸或偏碱均可使对氨基苯酚成盐，增加溶解度，影响产量。

⑥ 这样可以防止对氨基苯酚的氧化。

⑦ 对氨基苯酚的质量是影响扑热息痛质量和产量的关键。用于酰化的对氨基苯酚应是白色或淡黄色颗粒状结晶，熔点 183～184℃。

⑧ 有水存在，醋酐可以选择性酰化氨基而不与酚羟基作用。酰化剂醋酐虽然较贵，但操作方便，产品质量好。若用乙酸反应时间长，操作麻烦，少量时很难控制氧化副反应，产品质量差。

⑨ 若振摇时间稍长，反应温度下降，可有少量扑热息痛结晶析出，但在 80℃水浴加热振摇后又能溶解，并不影响反应。

（六）思考与讨论

（1）对氨基苯酚遇冷易结晶，在制备过程中，需要多次过滤，在每次过滤时，为了减少产品的损失，应对漏斗如何处理？

（2）在还原过程中，为什么用黄圈颜色来判断反应进行的程度？

（3）在还原过程中，既要保持沸腾状态，又要防止反应液溢出，应如何操作？为什么需控制反应在较短的时间内完成？如果时间过长，会出现什么副反应？

（4）本实验产品的收率如何？如何进一步提高产品收率？

自主项目7 维生素C的精制

维生素 C（Vitamin C）又名 L-抗坏血酸（L-Ascorbic acid），化学名为 L（+）-苏阿糖型-2,3,4,5,6-五羟基-2-己烯酸-4-内酯。为白色或略带淡黄色结晶或结晶性粉末，熔点 190～192℃，比旋光度＋20.5°～＋21.5°（水溶液），＋48°（甲醇溶液）。化学结构式为：

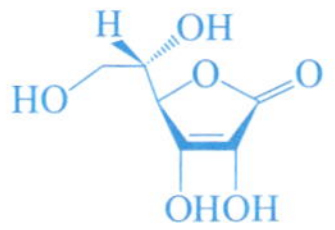

维生素 C 是人体必需的一种维生素，主要参与机体代谢，在生物氧化还原作用和细胞呼吸中起重要作用，可帮助酶将胆固醇转化为胆酸而排泄，以降低毛细血管的脆性，增加机体的抵抗力。本品在各种维生素中产量最大，在医药、食品、化学工业等都有广泛应用。

（一）目的与要求

（1）掌握粗品维生素 C 精制过程的原理和基本操作。

（2）熟悉结晶实验操作过程。

（3）会选择结晶、重结晶溶剂。

（二）原理

维生素 C 在水中溶解度较大，而且随着温度的升高，溶解度增加较多，因而可以采用冷却结晶方法得到晶体产品。维生素 C-水为简单低共熔物系，低共熔温度为－3℃，组成为 11%（质量分数），结晶终点不应低于其低共熔温度。向维生素 C 的水溶液中加入无水乙醇，维生素 C 的溶解度会下降。结晶终点温度可在－5℃左右（温度过低会有溶剂化合物析出），有利于提高维生素 C 的结晶收率。维生素 C 在水溶液中为简单的冷却结晶，在乙醇-水溶液中为盐析冷却结晶。乙醇-水的比例应适当，乙醇太多会增大母液量，增加了回收母液的负担。通常自然冷却条件下晶体产品粒度分布较宽，研究表明：加以控制的冷却过程所得产品的平均粒度大于自然冷却所得产品。为了改善晶体的粒度分布与平均粒度，利用控制冷却曲线进行结晶操作。

（三）主要试剂、仪器与设备

精制维生素C所需主要设备与仪器见表3-24。

表3-24 精制维生素C所需主要设备与仪器

仪器名称	规格	单位	数量	备注
恒温水浴锅		台	1	
电动搅拌		套	1	
抽滤装置		套	1	
真空干燥箱		台	1	
圆底烧瓶	250mL	个	1	

精制维生素C所需实验材料与试剂见表3-25。

表3-25 精制维生素C所需实验材料与试剂

试剂名称	规格	单位	数量	备注
粗维生素C	粗品	g	80	
无水乙醇	分析纯	mL	适量	
活性炭	化学纯	g	适量	

（四）实训步骤

1. 溶解、脱色和过滤

在250mL圆底烧瓶中加入80g维生素C粗品、80mL纯水，开启恒温水浴锅加热，搅拌，控制溶解温度为65～68℃，并保持在此温度使之溶解（注意时间尽可能短，可以加入少量去离子水并记录加入水的量，最终可能会有少量不溶物）。溶解后向烧瓶中加入少量活性炭，搅拌，趁热抽滤，得滤液。

2. 结晶、过滤、洗涤、干燥

将滤液倒入圆底烧瓶中，使圆底烧瓶初始温度为60℃左右，加入12mL无水乙醇，搅拌，全部溶解后，进行冷却结晶。结晶完成后，抽滤。用0℃无水乙醇浸泡、洗涤产品。于38℃左右进行真空干燥，称重，计算收率。

（五）注意事项

（1）由于维生素C结晶过程中溶液存在剩余过饱和度，到达结晶终点温度时，产品收率将低于理论值。

（2）维生素C还原性强，在空气中容易被氧化，在碱性溶液中容易被氧化。高温下会发生降解，造成产率下降。由于维生素C的强还原性，它不能与金属接触，接触过维生素C的研钵等器皿也要及时洗净。粗维生素C及产品一定放回干燥器内保存。

（3）实验表明，冷却速率是影响晶体粒度的主要因素，在实际生产中应设法控制冷却速率。在搅拌器的选择上，应在满足溶液均匀、晶体悬浮的前提下，尽量选择转速低的搅拌器。

（4）由于粗维生素C已经有部分被氧化、降解，所以脱色效果不十分明显，脱色温度不宜太高、时间不宜太长，以防止维生素C降解。

（六）探索与思考

（1）0℃无水乙醇浸泡、洗涤晶体产品的目的是什么？

（2）搅拌速率对晶体粒度有何影响？

（3）为了提高产品纯度和收率以及改善晶体粒度和粒度分布可以进行哪些改进？

第四部分

综合练习

一、 基本知识

（一） 项目一相关内容

1. 药物合成技术课程的学习内容和任务是什么？学好本课程对从事药物及其中间体合成工作有何意义？

2. 药物合成反应有哪些特点？应如何学习和掌握？

3. 简单叙述合成制药过程对原料、辅料和包装材料的基本要求。

4. 简单描述供应商审核的程序。

5. 溶剂的作用有哪些？溶剂可分为哪几类？

6. 评价固体催化剂的性能应从哪几个方面考虑？

7. 什么叫催化剂的毒剂、抑制剂？

8. 什么叫相转移催化反应？其原理是什么？采用相转移催化技术有哪些优点？

9. 萃取过程对溶剂的要求有哪些？

10. 重结晶过程对溶剂的要求有哪些？

11. 在药物合成过程中，控制反应终点的方法有哪几类？举例说明。

12. 在确定加料次序时应该考虑哪些方面？

13. 如何选择和确定化学反应的温度？

14. pH 值是药物合成过程中需要控制的非常重要的指标，为什么？

（二） 项目二相关内容

1. 反应器的分类有哪些？

2. 反应器的基本形式及特点分别是什么？

3. 什么叫间歇操作、连续操作？各有什么特点？通常各采用什么形式的反应器？

4. 对于推进式和蜗轮式搅拌器，其导流筒的安装方式有何不同？

5. 分别简述推进式和蜗轮式搅拌器的结构特点。

6. 若想提高搅拌效果，可以采用的措施有哪些？

7. 简述设备选型应遵循的原则。

（三） 项目三相关内容

1. 氧化反应的本质是什么？在选择氧化剂、氧化条件以及在选择性氧化时要特别体会。

2. 氧化反应在药物合成中有哪些应用？常由哪类原料制备什么样的物质？

3. 空气氧化的原理是什么？为什么有的药物需要避光保存？

4. 过氧化氢氧化不会产生污染物质，因此应用越来越广泛，它主要用于何种底物的氧化？使用过氧化氢时要注意哪些问题？

5. 常见的过氧酸有哪几种？使用它们应注意哪些事项？

6. 选用高锰酸钾做氧化剂时，常在什么条件下进行反应？为什么？

7. 试比较高锰酸钾做氧化剂与活性二氧化锰氧化的条件、结果等方面的不同。

8. 四醋酸铅是常用氧化剂，它可用于哪些物质的氧化？

9. 什么是欧芬脑尔（Oppenauer）氧化反应？该反应为什么要在无水条件下进行？在甾体药物的合成中，欧芬脑尔氧化反应的最大特点是什么？

10. 叙述 Collins 试剂的制备方法、主要特点及用途。

11. 何为卤化反应？按反应类型分类，卤化反应可分为哪几种？并举例说明。

12. 在药物合成中，为什么常用卤化物作为药物合成的中间体？

13. 如何在芳烃侧链卤化时避免芳环上亲电取代卤化的发生？

14. 卤素加成反应为何主要是氯和溴？

15. 酰卤制备过程中使用氯化亚砜应注意什么？与三氯化磷、五氯化磷、三氯氧磷相比有何特点？

16. 在较高温度或自由基引发剂存在下，于非极性溶剂中，Br_2 和 NBS 都可用于烯丙位和苄位的溴取代，试比较它们各自的优缺点。

17. 在羟基卤置换反应中，卤化剂（HX、$SOCl_2$、PCl_3、PCl_5）各有何特点？它们的使用范围如何？

18. 在有机物上引入氟元素有哪些方法？

19. 在有机物上引入溴元素有哪些方法？

20. 在有机物上引入碘元素有哪些方法？

21. 什么叫烷基化反应？其在药物合成中有何意义？

22. 常用的烷基化剂有哪些？进行甲基化及乙基化时，应选择哪些烷基化剂？引入较大烷基时应选用哪些烷基化剂？

23. 利用 Gabriel 反应与 Dele′pine 反应制备伯胺时，有什么相同点与不同点？

24. 什么是羟乙基化反应？在药物合成中有什么特别的意义？

25. 进行 F-C 烷基化反应时，芳香族化合物结构、卤代烃对反应有何影响？常用哪些催化剂？如何选择合适的催化剂？

26. 若在活性亚甲基上引入两个烷基，应如何选择原料和操作方法？并解释原因。

27. 进行 *O*-烷基化主要有哪些试剂？说明这些试剂的反应特点及应用情况。举例写出这些烷基化试剂烷基化反应式。

28. 进行 *N*-烷基化主要有哪些试剂？说明这些试剂的反应特点及应用情况。举例写出这些烷基化试剂烷基化反应式。

29. 何为酰化反应？常用的酰化剂有哪些？它们的酰化能力、应用范围以及在使用上有何异同？

30. 羧酸和醇的酯化反应有何特点？加速反应和提高收率都有哪些方法？总结酯化反应的其他方法，并用实例加以说明。

31. 羧酸法酯化反应常用的催化剂有哪些？各有何特点？为什么叔醇和酚不宜用羧酸作酰化剂？要酰化酚类可应用哪些方法？

32. 常用的 *C*-酰化的酰化剂是什么？这些酰化剂进行酰化反应时有什么特点？

33. 胺类化合物的酰化活性一般有什么规律？

34. 在 Friedel-Crafts（傅-克）酰化反应中，酰化剂的结构、被酰化物的结构、催化剂、溶剂这些因素对反应有何影响？与 Friedel-Crafts 烷基化反应相比，比较其异同点并举例说明。

35. 为什么用酰氯进行氧酰化和氮酰化时，反应中要加碱？用哪些碱？这些反应在操作上有哪些特点？

36. 金属负氢化物还原剂有哪些？主要用于哪些官能团的还原？还原过程需要注意哪些问题？

37. 铁粉还原中电解质起到什么作用？常用哪些电解质？

38. 什么是 Birch 还原？举例说明其应用。

39. 催化氢化反应特点有哪些？影响多相催化氢化的主要因素有哪些？

40. 使用 Raney Ni、铂催化剂和钯催化剂时对介质的酸碱度有什么要求？试写出它们的应用范围。

41. 写出 Raney Ni 的制备方法。

42. 什么叫缩合反应？缩合反应在药物合成中有哪些方面的应用？

43. 何为羟醛缩合反应？羟醛缩合反应包括哪些类型？试举 2～3 例说明，并讨论反应的影响因素及提高收率的方法。

44. 何为 Reformatsky 反应？它常用于制备哪些类型的化合物？

45. 什么是 Claisen 缩合反应？常用的催化剂是什么？这是制备哪一类化合物的主要方法？

二、 分析与提高

（一） 项目一相关内容

1. 什么是物料安全数据表（MSDS）？利用互联网资源，检索“能力训练项目”中乙醇原料的 MSDS 文献。

2. 结合实例，叙述溶剂在化学反应过程和分离过程中的作用。

3. 结合实例，论述影响催化剂活性的因素。

4. 确定合成反应的配料比，应考虑哪些方面？解释下列实例中配料比确定的原因。

（1）合成利尿药氯噻酮的中间体对氯苯酰苯甲酸，反应式如下：

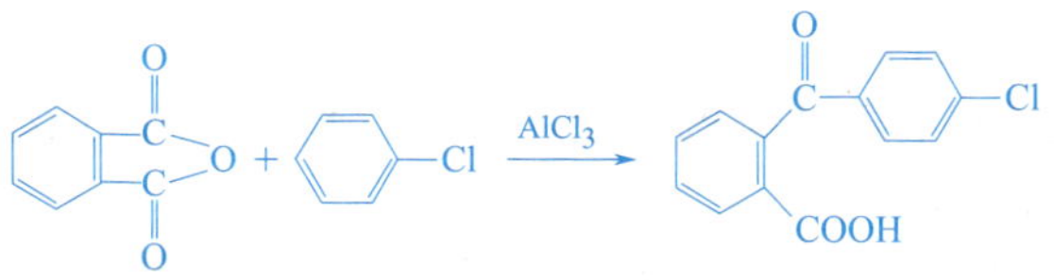

配料比：氯苯∶邻苯二甲酸酐=(5～6)∶1(摩尔比)

（2）合成氯苯，反应式如下：

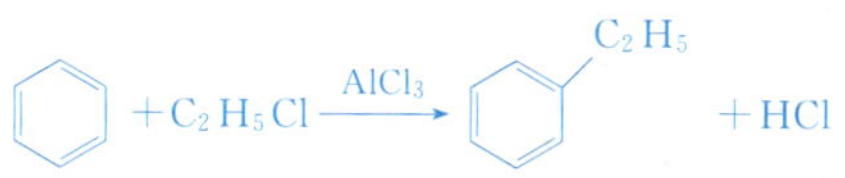

配料比：苯∶氯乙烷=1∶0.4（摩尔比）

5. 合成3-N,N'-二乙基-4-甲氧基乙酰苯胺的反应式如下：

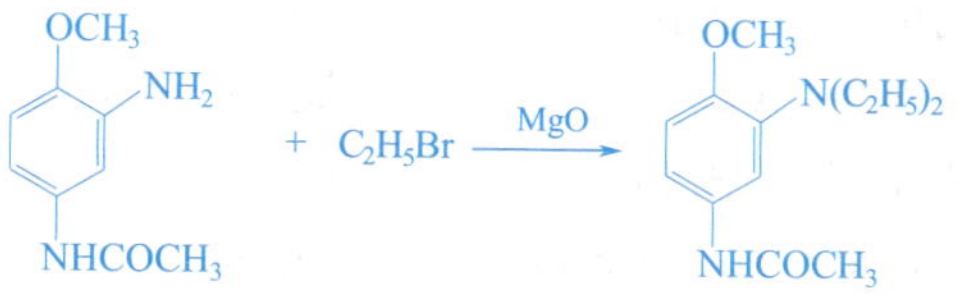

试分析：

（1）该工艺为什么要以乙醇或甲醇作为溶剂，而不用水作反应溶剂？若让你选，你选择甲醇还是乙醇，各有什么优缺点？

（2）该反应的催化剂是什么？是否可用其他物质代替？

（3）反应中投料比：3-氨基-4-甲氧基乙酰苯胺：溴乙烷=1：(2.05～2.4)(mol)，MgO比溴乙烷的1/2多5%左右。请解释原因。

（二）项目二相关内容

1. 在搅拌过程中，为什么会产生打旋现象？打旋现象有哪些危害？消除打旋现象可采取什么措施？

2. 对于气液分散过程，考虑如何选择搅拌器？

3. 对于固液悬浮操作，考虑如何选择搅拌器？

4. 对于固体溶解过程，考虑如何选择搅拌器？

5. 对于结晶过程，考虑如何选择搅拌器？

6. 对于以传热为主的搅拌操作，考虑如何选择搅拌器？

7. 若某反应温度为180℃，那么宜选择的加热剂为哪种？

8. 对于简单反应，热效应很大的反应从有利于传热的角度，宜采用什么反应器？从控温方便的角度，宜采用什么形式的反应器？

9. 对于平行反应，当主反应的活化能大于副反应的活化能时，宜采取什么方法，从而提高反应的选择性？

10. 对于反应速率较慢，且要求转化率较高的液相反应，宜采用何种反应器？

11. 采用多釜串联反应器时，容积效率随釜数的增加而增大，但增加的速度渐趋缓慢，综合考虑，串联的釜数一般不超过多少台？

12. 根据所学的相关知识，分析下面提出的问题，确定正确的答案，并说明原因。

（1）对于釜式反应器，下列说法正确的是（　　）。

A. 所有在间歇釜式反应器中进行的反应，反应时间越长则收率越高

B. 间歇操作时，反应器内物料的温度和组成均随时间和位置而变化

C. 连续操作时，反应器内物料的温度和组成均随时间和位置而变化

D. 在间歇釜式反应器中进行的反应均可按等容过程处理

（2）下列哪种搅拌器属于高转速式搅拌器（　　）。

A. 圆盘蜗轮搅拌器　B. 桨式搅拌器　C. 锚式和框式搅拌器　D. 螺带式搅拌器

（3）气-固相反应多用（　　）。

A. 固定床、移动床反应器　B. 塔式反应器　C. 管式反应器　D. 釜式反应器

（4）间歇式反应器适用于（　　）。

A. 大批量、多品种的反应　　　B. 反应激烈的场合

C. 小批量、多品种及反应速率慢 D. 无正确答案

(5) 釜式反应器不使用的反应物系相态为（ ）。

A. 液相均相 B. 气相均相 C. 气-液-固 D. 气-液

(6) 下列哪种反应器适用于气-固相反应（ ）。

A. 釜式反应器 B. 填料塔 C. 板式塔 D. 固定床

(7) 下列哪种换热装置属于内置式换热装置（ ）。

A. 夹套 B. 蛇管 C. 外部循环 D. 回流冷凝

(8) 对于低黏度的液体，一般应选择哪种搅拌器（ ）。

A. 锚式 B. 框式 C. 桨式 D. 蜗轮式

(9) 一般情况下，釜式反应器的液位应控制在（ ）。

A. 50% B. 60% C. 70% D. 80%

(10) 在釜式反应器中，对于物料黏稠性很大的液体混合，应选择（ ）。

A. 锚式搅拌器 B. 桨式搅拌器 C. 框式搅拌器 D. 蜗轮式搅拌器

(11) 搅拌低黏度液体时，（ ）不能消除打旋现象。

A. 釜内装设挡板 B. 增加搅拌器的直径

C. 釜内设置导流筒 D. 将搅拌器偏心安装

(三) 项目三相关内容

1. 分析所学过的氧化剂，为下列反应选择合适的氧化剂和条件，并说明原因。

(1)

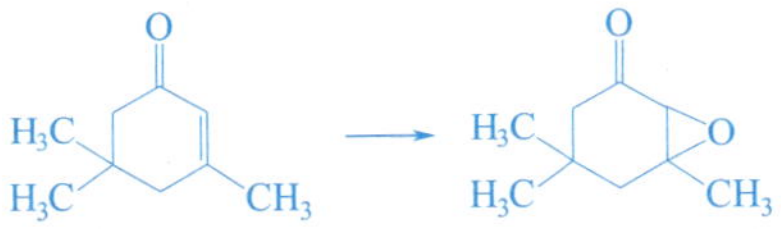

(2)

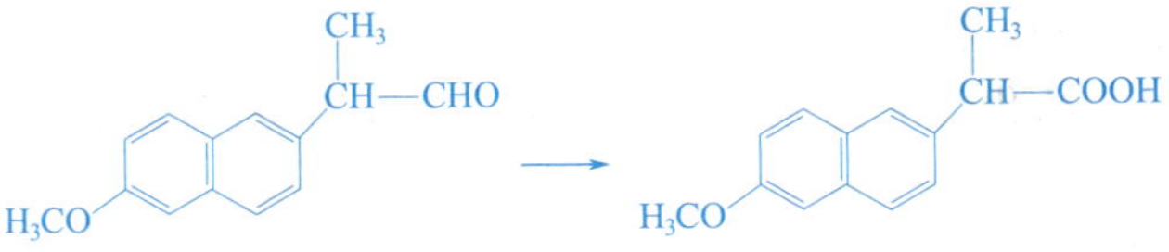

(3)

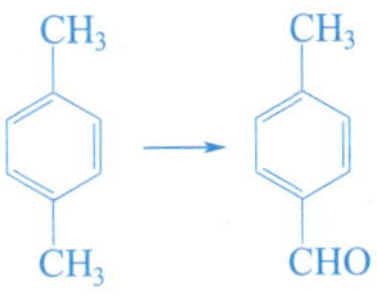

(4)

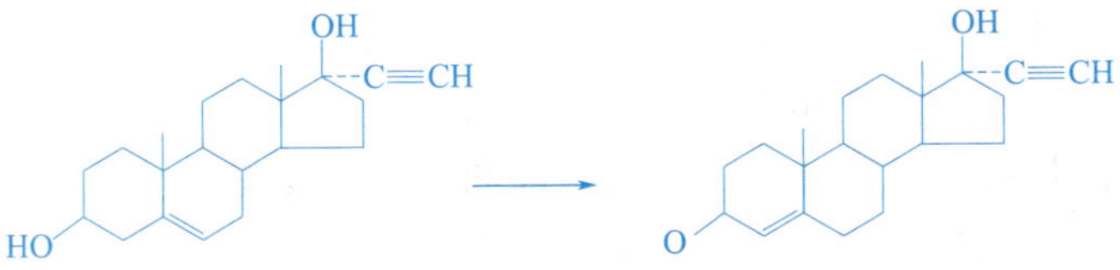

(5)

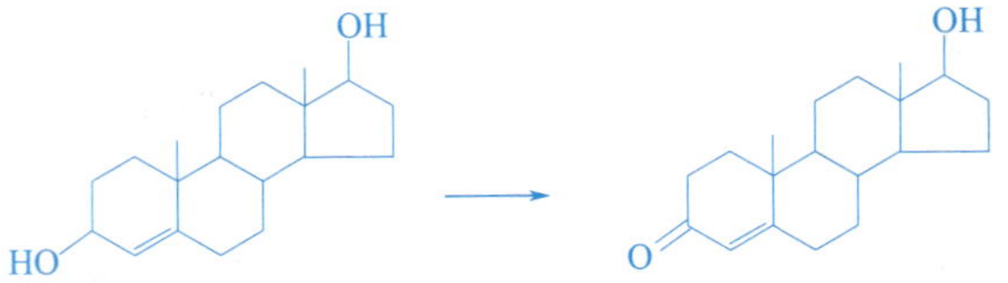

（6）
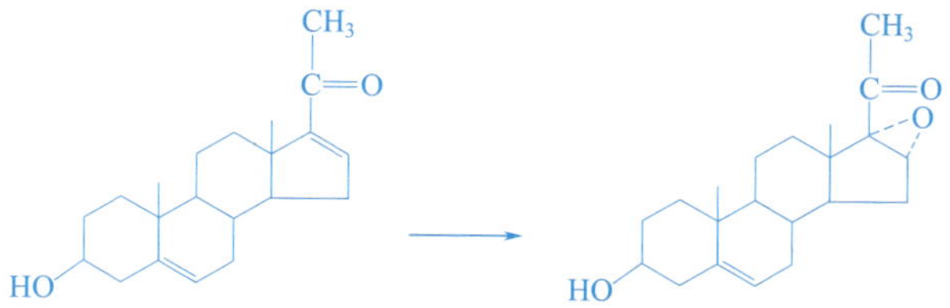

2. 分析所学的氧化反应，写出下列反应的主要产物。

（1）
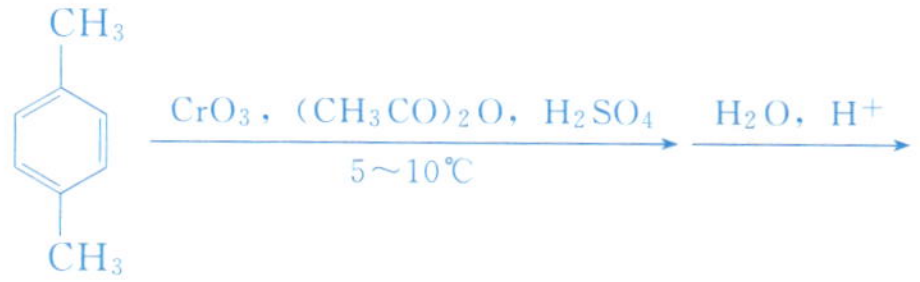

（2）
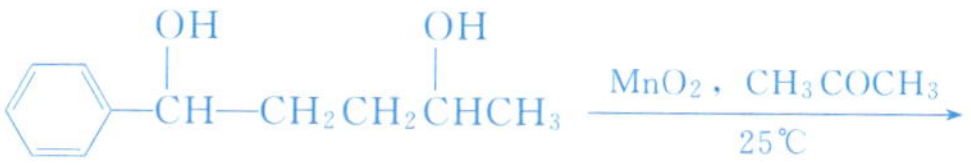

（3）

（4）

（5）
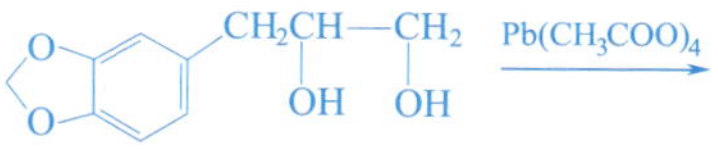

3. 下述氧化过程一般应用何种氧化剂？为什么？

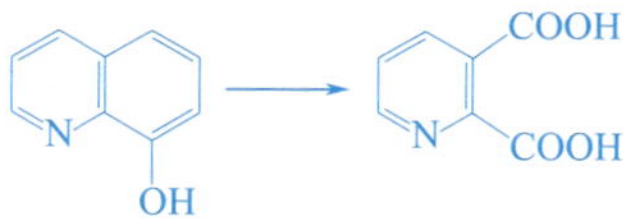

4. 下述反应物在该条件下氧化可制得何种产物？并简单分析工艺条件。

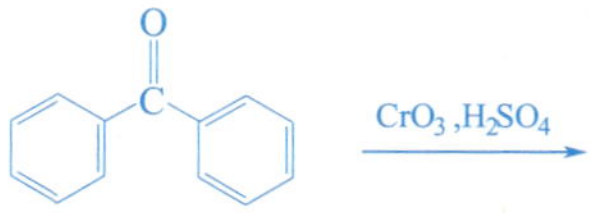

5. 认真总结羰基化合物 α-卤取代反应的规律和特点，分析下列反应，如何减少二氯化物？

（1）$CH_3COCH_3 \xrightarrow{Cl_2} CH_3COCH_2Cl$　　（2）
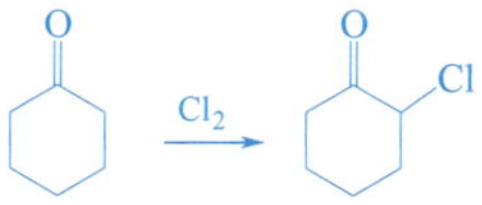

6. 分析芳烃侧链的卤取代反应特点，从卤化试剂、反应温度、溶剂、加料方式、催化剂等几个方面，讨论制备驱虫药氯硝柳胺中间体的工艺要点。

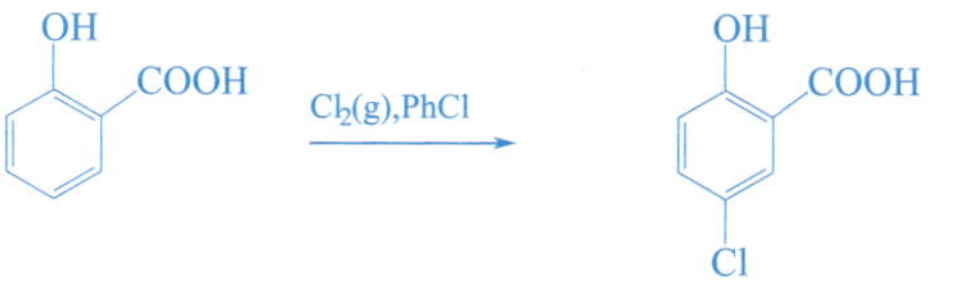

(驱虫药氯硝柳胺中间体)

7. 总结所学的卤化反应，写出下列反应的主要产物。

（1） $(CH_3)_2C{=}CHCH_3 \xrightarrow{Ca(OCl)_2/CH_3COOH/H_2O}$

（2） $pH_2\ CHCH_2CH_2OH \xrightarrow{PBr_3}$

（3） 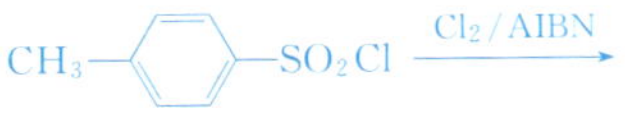

（4） 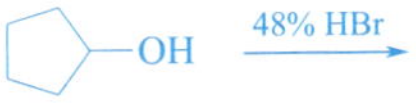

（5） 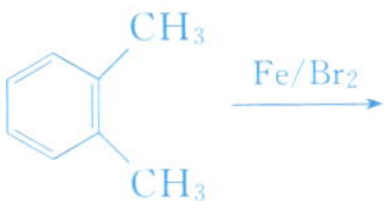

（6） 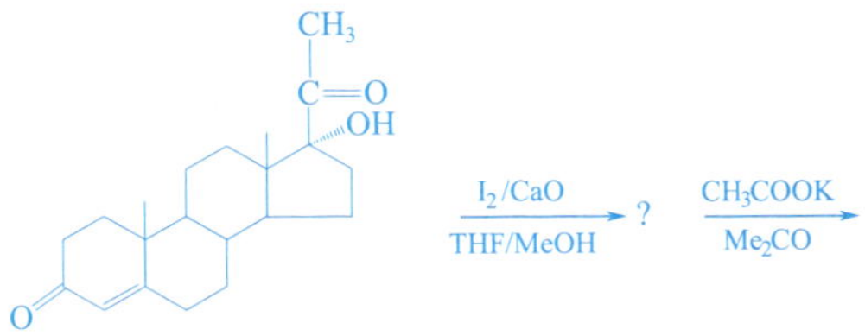

8. 总结所学过的卤化反应，为下列反应选择合适的卤化试剂和条件，并说明原因。

（1） $(CH_3)_2C{=}CHCH_3 \longrightarrow (CH_3)_2C{=}CHCH_2Br$

（2） $CH_3{-}CH{=}CH{-}COOH \longrightarrow CH_3{-}CH{=}CH{-}COCl$

（3） $HOCH_2(CH_2)_4CH_2OH \longrightarrow ICH_2(CH_2)_4CH_2I$

（4） 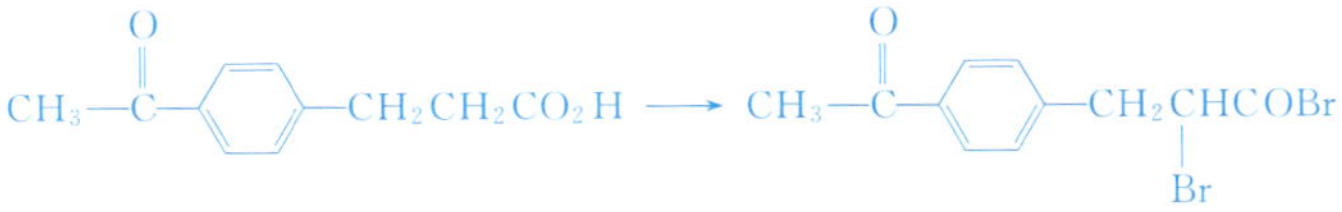

（5） $CH_3{-}CH{=}CH{-}CO_2CH_3 \longrightarrow BrCH_2{-}CH{=}CH{-}CO_2CH_3$

（6） 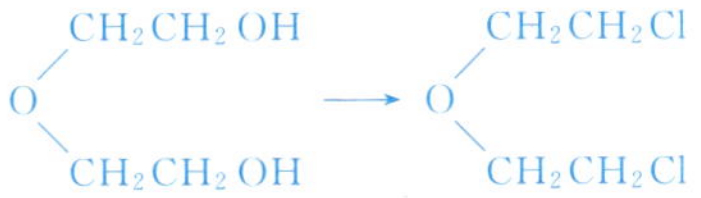

（7） 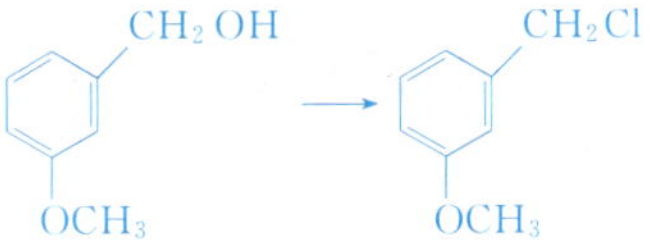

（8） 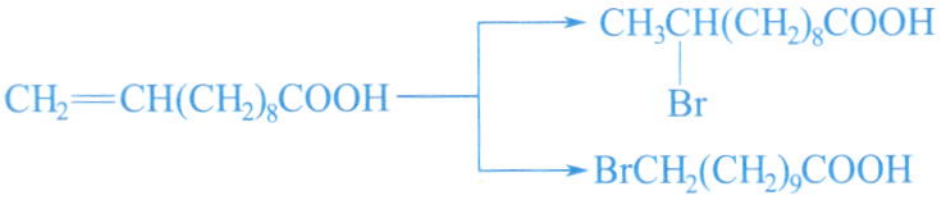

（9） 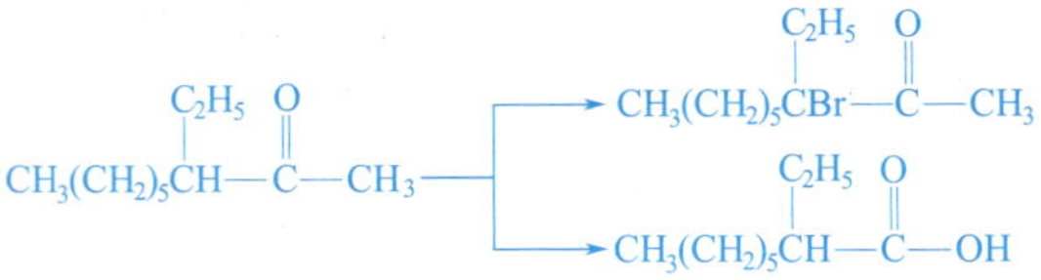

（10） 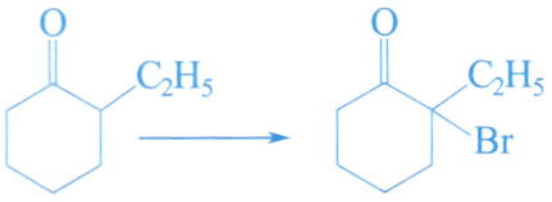

9. 试预测下列各烯烃溴化（Br_2/CCl_4）的活性顺序。

① $CH_2{=}CH_2$　② $CH_3CH{=}CH_2$　③ $(CH_3)_2C{=}CH_2$

④ $(CH_3)_2C{=}C(CH_3)_2$　　⑤ $CH_2{=}CHCN$　　⑥ $HOOC{-}CH{=}CH{-}COOH$

10. 在乙胺嘧啶中间体对氯氯苄的制备中，有如下两条路线，各有何特点？试讨论其优缺点。

（1）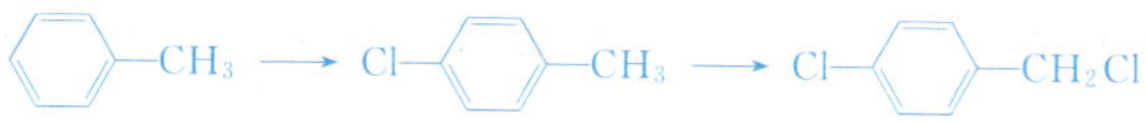

（2）

11. 以下是三种制备溴乙烷的方法，其中哪种适合工业生产，哪种适合实验室制备？

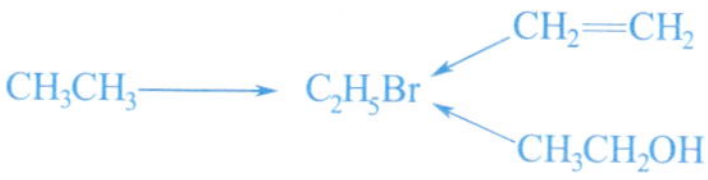

12. 利用 Williamson 法制混合醚时，应合理选择起始原料及烷基化试剂，试设计下列产品的合成方法，并说明原因，掌握其中的规律。

① 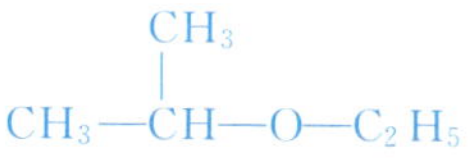　② 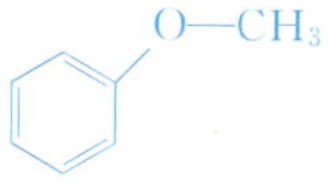　③ 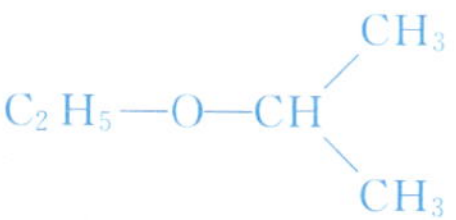

④ 　⑤ 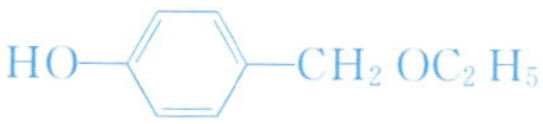

13. 分析烷基化反应的各种试剂及特点，完成下列反应。

（1）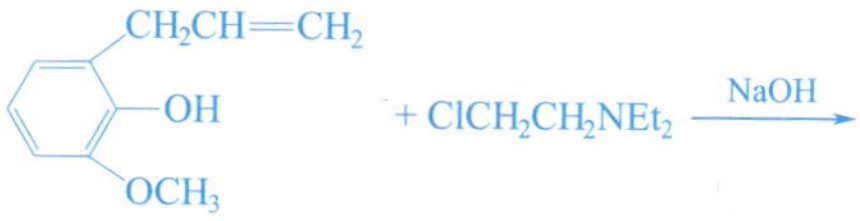

（2）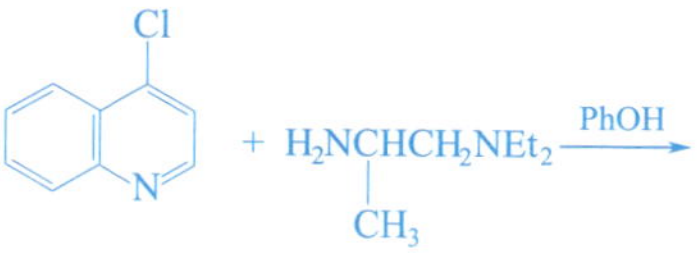

（3）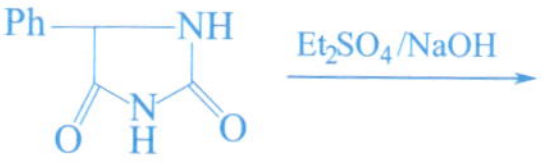

（4）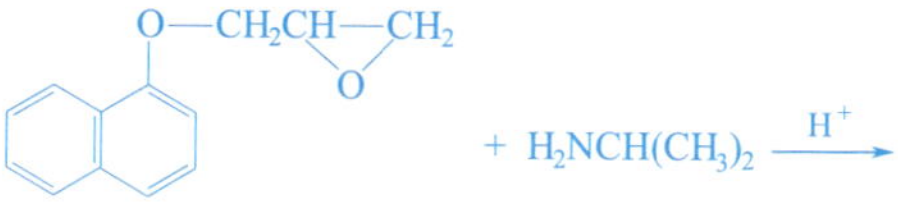

（5）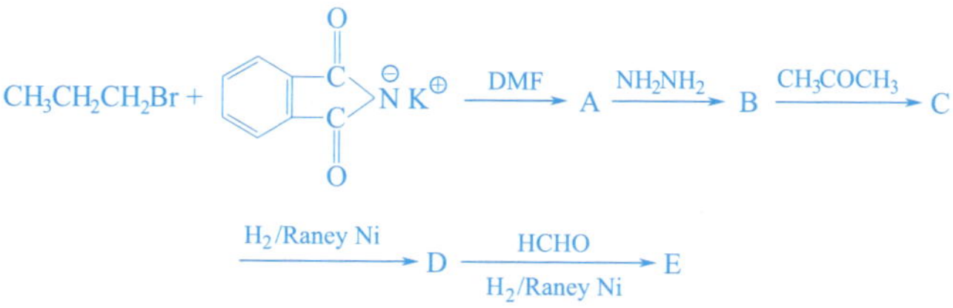

（6）

（7）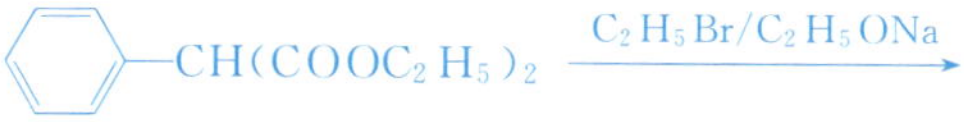

（8）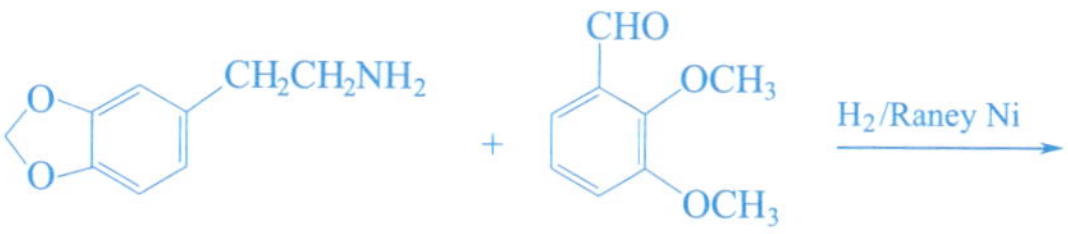

(9) 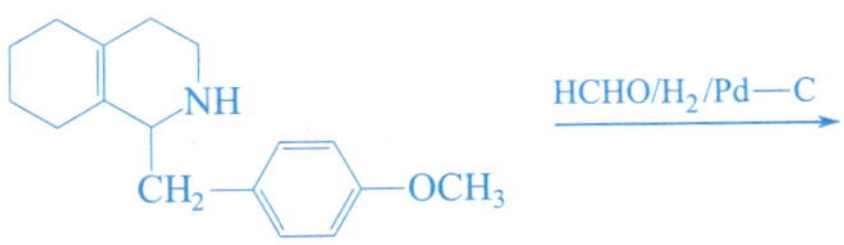

14．分析烷基化反应的各种试剂及特点为下列反应选择适当的原料、试剂和条件，并说明依据。

(1) (　　) + (　　) $\longrightarrow$ $CH_3CH_2O-C(CH_3)_3$

(2) 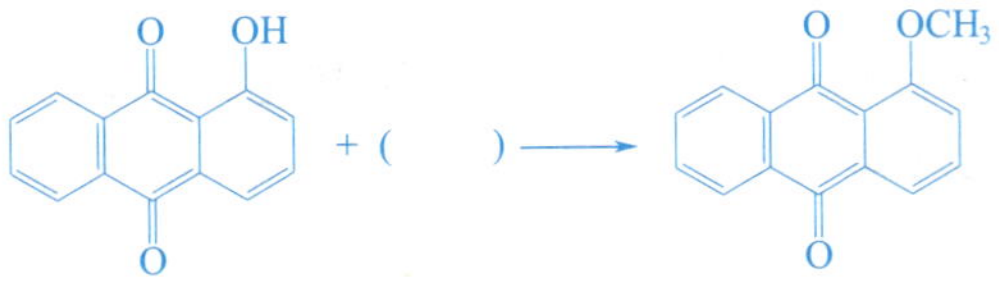

(3) 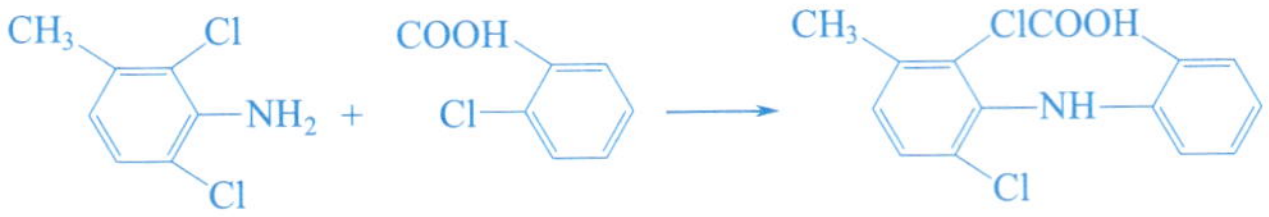

(4) $H_2C(COOC_2H_5)_2$ + (　　) $\longrightarrow$ (　　) $\longrightarrow$ $(CH_3)_2CHCH_2CH_2(C_2H_5)C(COOC_2H_5)_2$

15．分析所学的酰化反应，写出下列反应的主要产物。

(1) 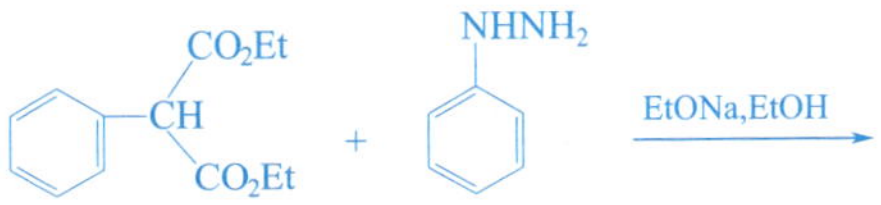

(2) 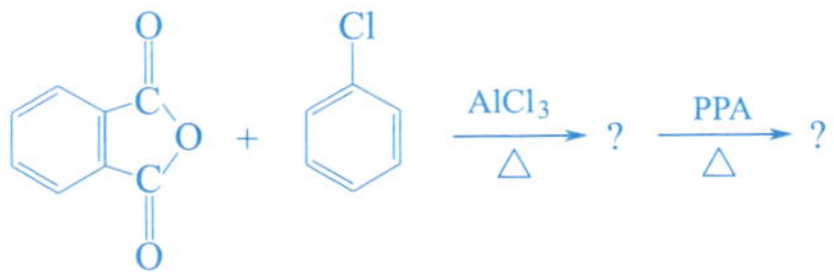

(3) 

(4) 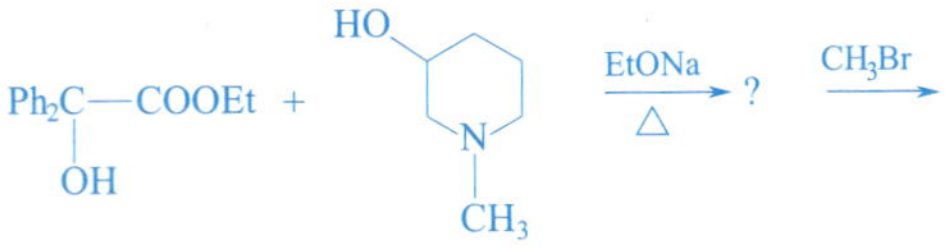

(5) 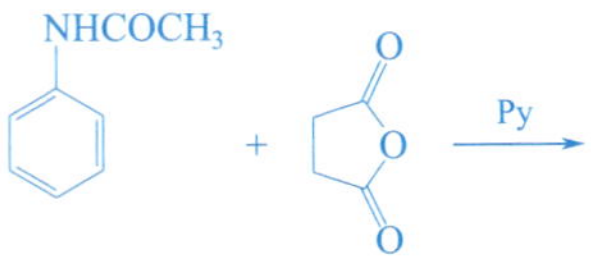

(6) 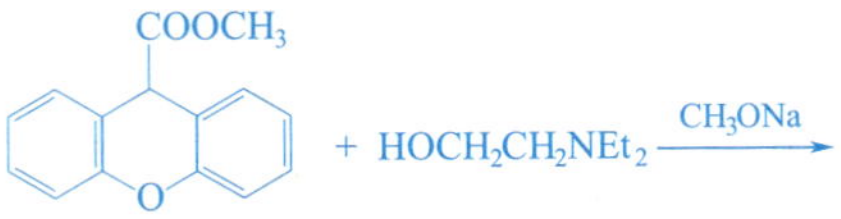

（7）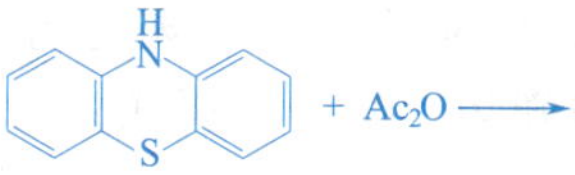

（8）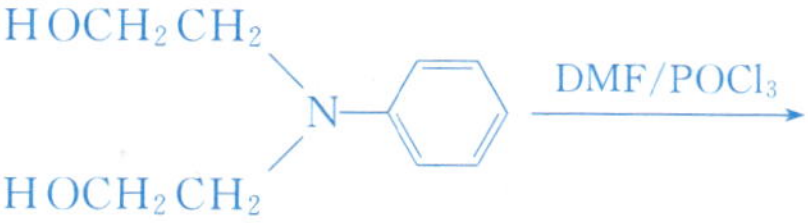

（9）

（10）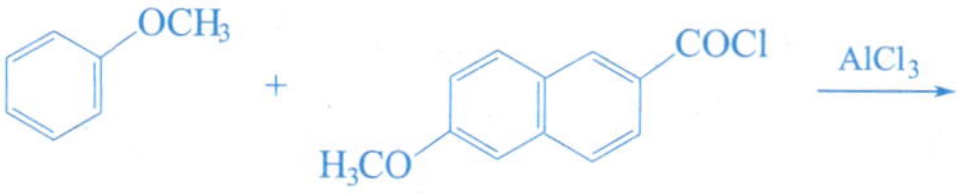

（11）

16. 下述反应可采用：①加催化量的硫酸加热回流；②用甲苯带水，这两种方法哪种优先？为什么？

17. 讨论活性。

（1）酰化剂

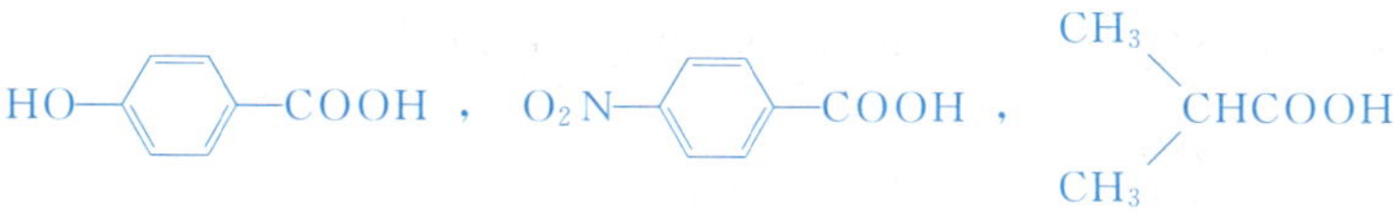

CH_3CH_2COOH，　　HCOOH

（2）被酰化物

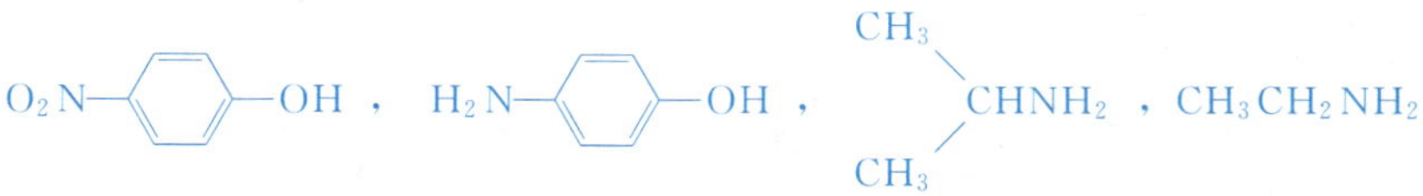

18. 在利尿药氯噻酮的中间体对氯苯甲酰苯甲酸的制备中，为什么 1mol 的邻苯二甲酸酐要用 2.4mol 的 $AlCl_3$ 为催化剂？若傅-克酰化反应中用酰氯为酰化剂，催化剂 $AlCl_3$ 的用量如何？反应结束后，产物如何从反应液中分离？

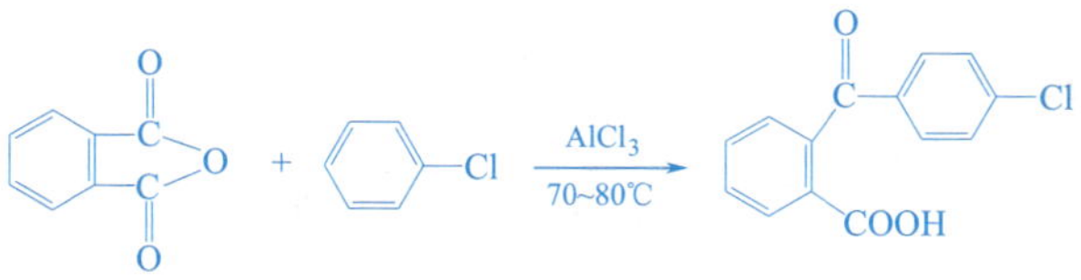

19. 氯霉素生产中，对硝基-α-乙酰氨基苯乙酮（氯霉素中间体 C4）制备时：

（1）所用酰化剂是什么？

（2）除加酰化剂外，还加哪种试剂？加料顺序如何？为什么？

（3）此反应的主要副反应有哪些？生产上是如何避免的？

（4）检测终点的方法是什么？此方法的基本原理是什么？

（5）生产过程中该反应的影响因素有哪些？生产中应如何控制反应条件？

20. 以甲苯为原料，合成医药中间体对甲基苯乙酮。其反应式如下。现进行实验室小试，采用以下工艺条件合成此化合物。试通过所学酰化反应知识，综合分析此方法优缺点并回答以下问题。

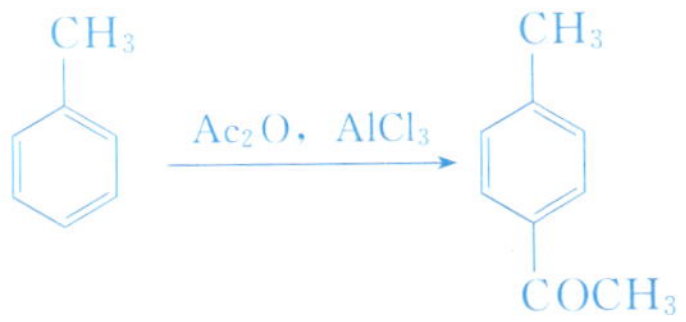

工艺过程：将干燥的过量甲苯与粉状无水 $AlCl_3$ 加入反应瓶中，搅拌下滴加乙酸酐，温度逐渐升至 90℃，反应放出大量氯化氢气体。反应至不再产生氯化氢气体为止。冷至室温，将其倒入碎冰和浓盐酸的混合物中，搅拌至铝盐全部溶解为止。分出甲苯层，水洗，用 10%氢氧化钠洗涤至碱性，再用水洗。经无水硫酸镁干燥后，减压蒸馏，收集 93～94℃/0.93kPa 馏分，得对甲基苯乙酮，收率 86%。

请回答以下问题：

（1）水和潮气对本实验有何影响？在仪器装置和操作中应注意哪些事项？为什么要迅速称取无水三氯化铝？

（2）反应完成后为什么要加入浓盐酸和冰水的混合液？

（3）用酰氯和乙酸酐作酰化试剂，其三氯化铝的用量有何不同？为什么？

（4）能否将碱洗步骤用其他方法进行改进？为什么？

21. 分析所学的缩合反应，写出下列反应的主要产物。

（1）$C_6H_5CHO + CH_3CHO \xrightarrow{NaOH} (\quad) \xrightarrow[\triangle]{-H_2O} (\quad)$

（2）$(CH_3)_2CHCHO + BrC(CH_3)_2COOC_2H_5 \xrightarrow[60℃]{Zn} (\quad) \xrightarrow{HCl} (\quad)$

（3）

（4）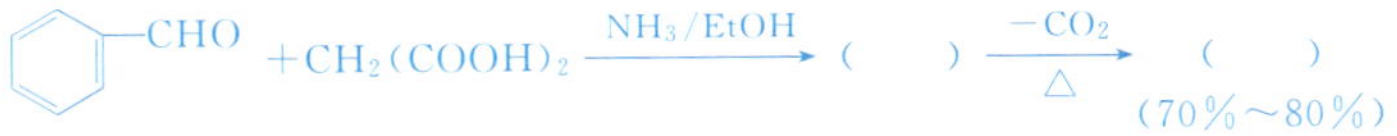

（5）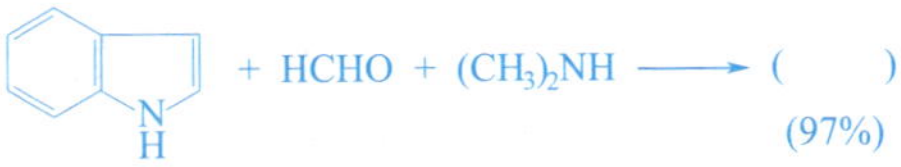

（6）$C_6H_5COOCH_3 + CH_3CH_2COOC_2H_5 \xrightarrow[②H^{\oplus}]{①NaH/C_6H_6\ 回流} (\quad)$

（7）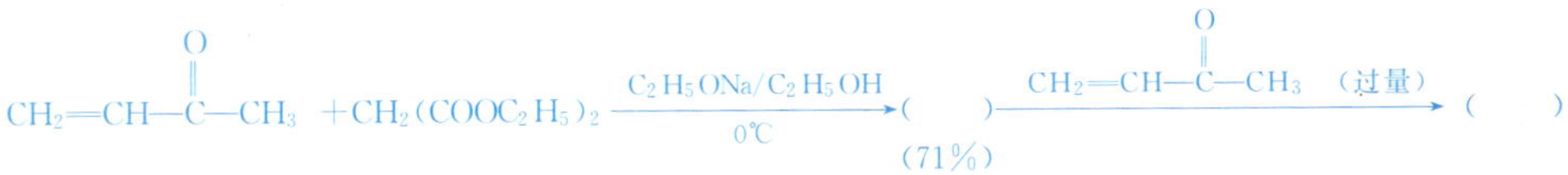

（8）

22. 根据所学的缩合反应类型，选出所生成的反应产物。

（1）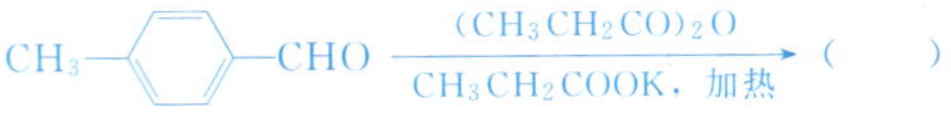

A. 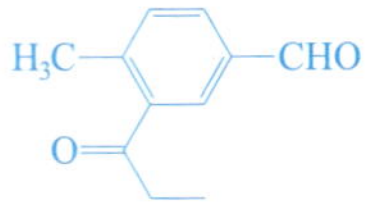

B. 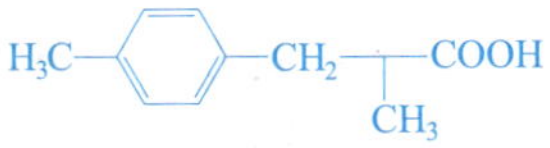

C. 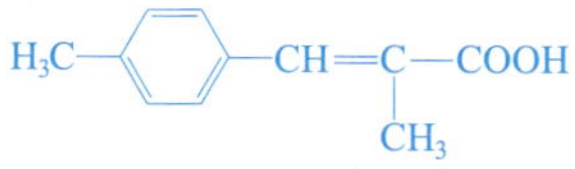

D. 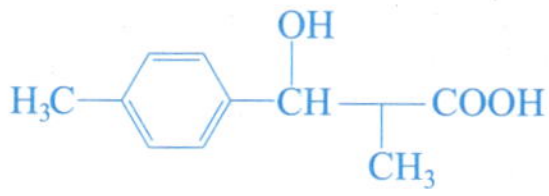

(2) 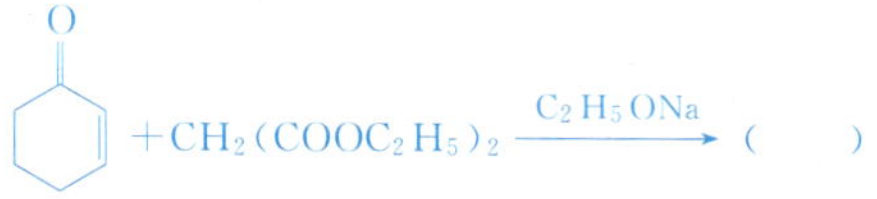

A. 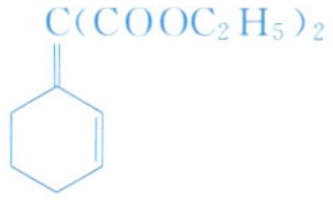

B. 

C. 

D. 

(3) 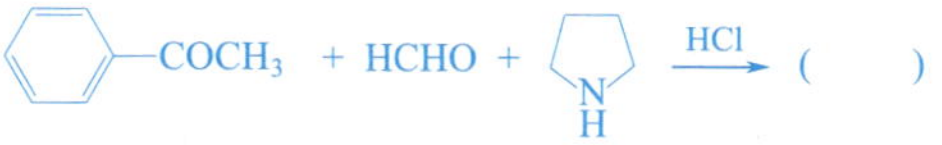

A. 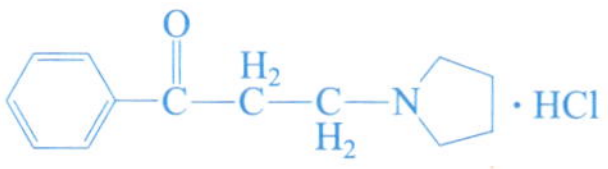

B. 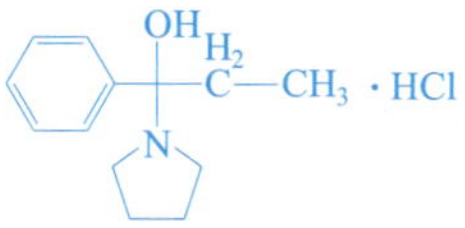

C. 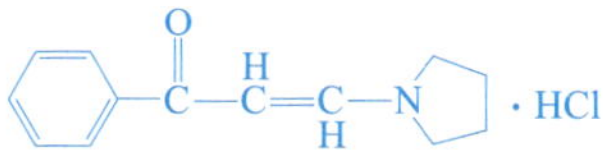

D. 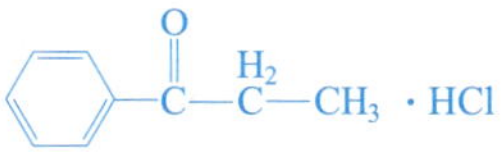

(4) 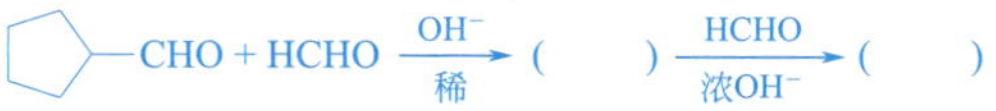

A. 

B. 

C. 

D. 

(5) 

A. 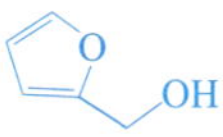

B. 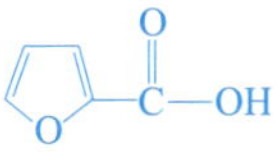

C. 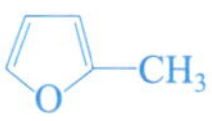

D. 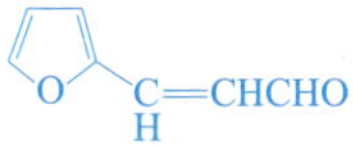

(6) 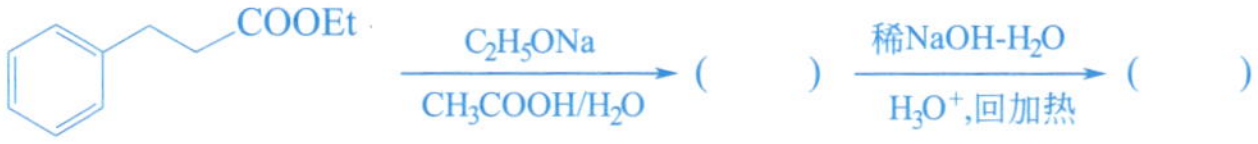

A. 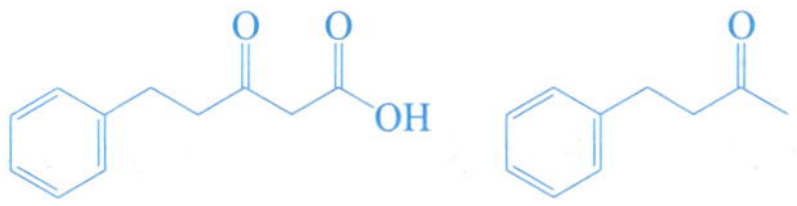

B. 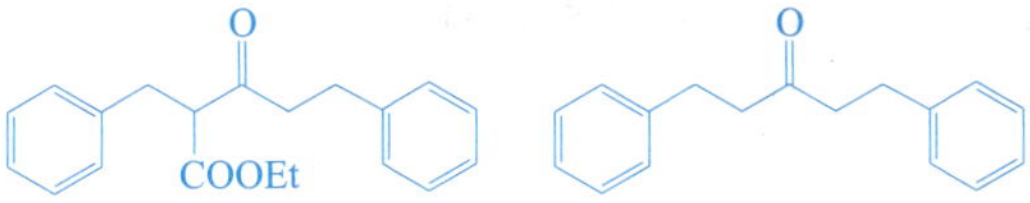

C. 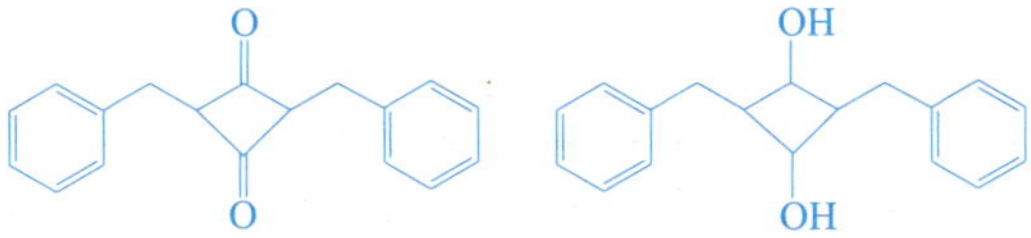

D. 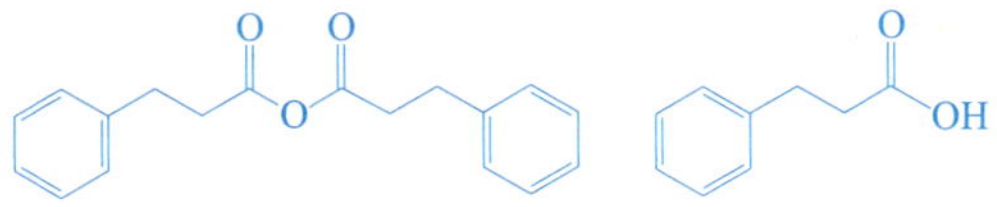

(7) 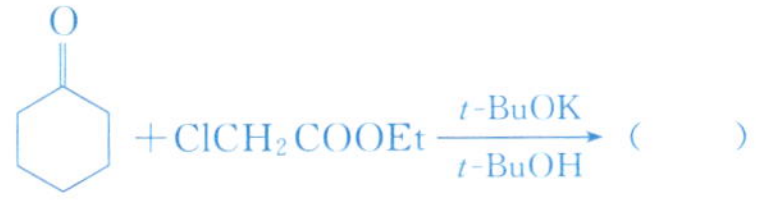

A. 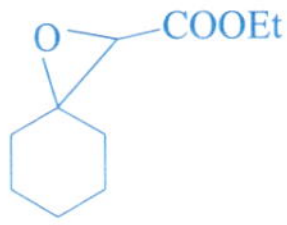 B. 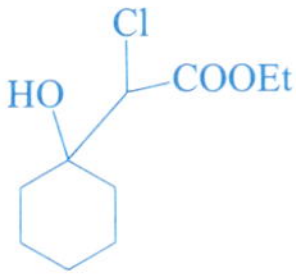 C. 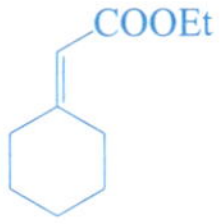 D. 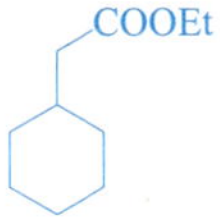

(8) 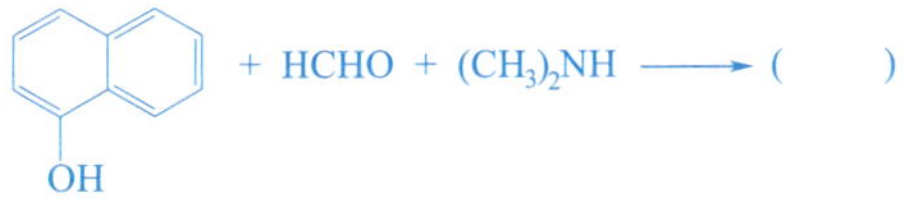

A. 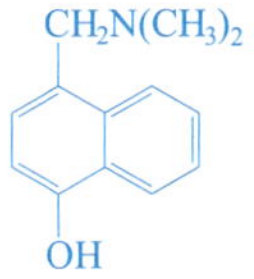 B. 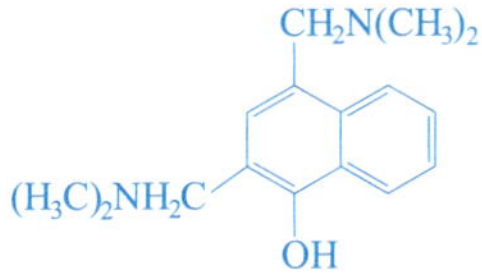 C. 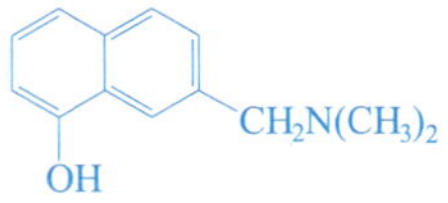 D. 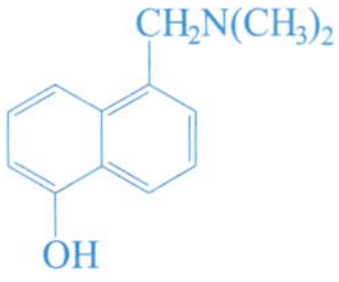

(9) 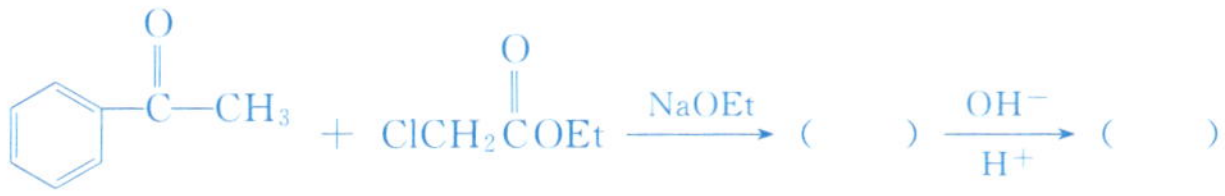

A. 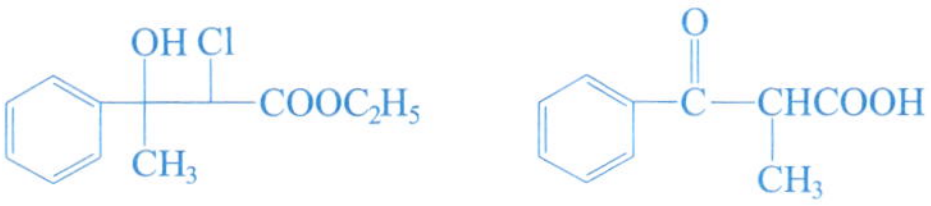 B. 

C. 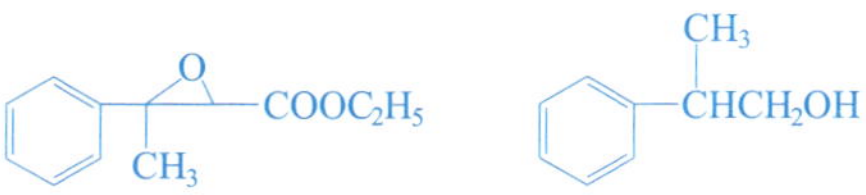 D. 

23. 痛风是由于体内嘌呤代谢紊乱或尿酸排泄减少而引起的一类疾病。别嘌醇为尿酸抑制剂，可抑制尿酸的形成。以氰乙酸乙酯、原甲酸三乙酯为原料合成别嘌醇的路线如下。请对每步的合成过程选择合适的化学试剂或反应条件。

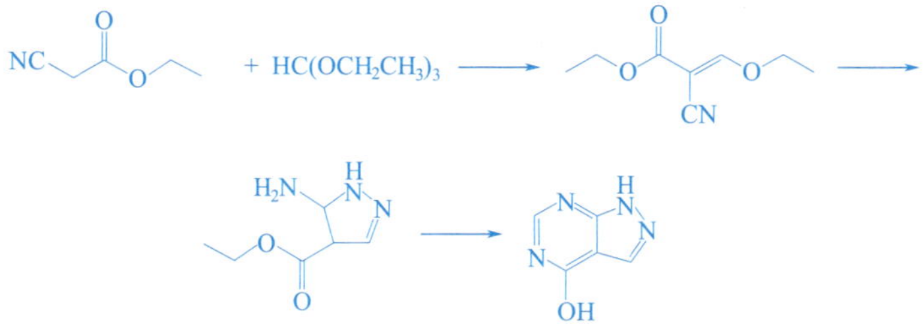

24. 在学完羟醛缩合反应后，一同学设计了如下化合物的合成过程。试通过所学知识及掌握的操作要点，帮助该同学分析并探讨设计的合成工艺是否合理。

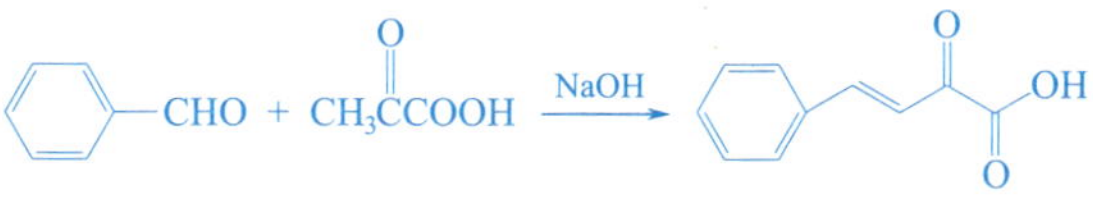

设计工艺过程：将丙酮酸置于反应瓶中，冰水浴冷却，加入预冷至 0℃的 10%氢氧化钠溶液，搅拌下加入苯甲醛。在一定温度下，搅拌反应一定时间。加入乙醇，将析出的固体过滤，少量乙醇洗涤，室温下真空干燥得产品。

试分析探讨：

（1）丙酮酸在碱性条件下有无副反应发生？如有，生成的副产物主要为何物？

（2）先将丙酮酸与稀碱混合，再加入苯甲醛是否合理？如不合理，应怎样改进？

（3）根据产物结构式推断其极性，并判断加入乙醇析出晶体，并且用乙醇洗涤是否合理？

（4）利用产物极性及酸性，可否改进其后处理过程？

25. 根据所学还原反应，完成下列反应。

（1）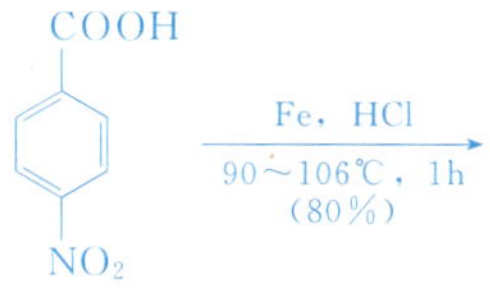

（2）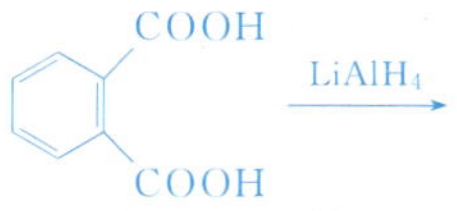

（3）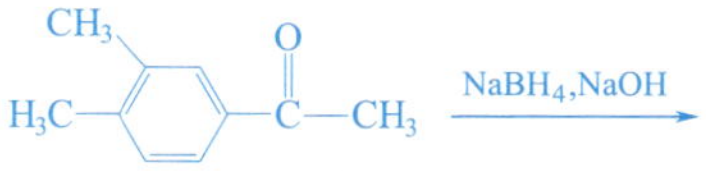

（4）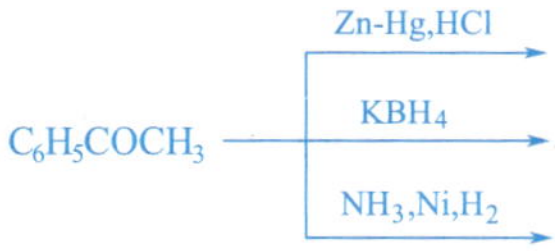

（5）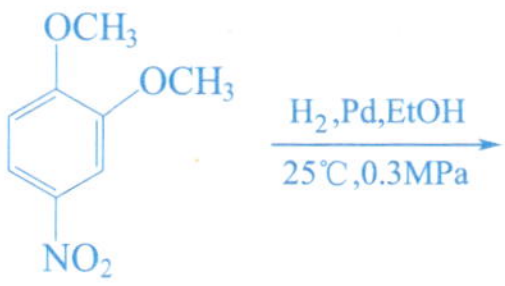

（6）

（7）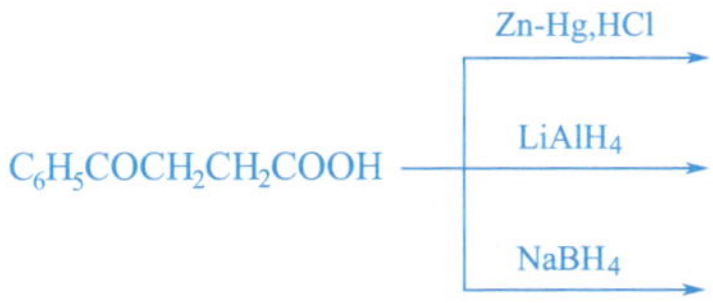

26. 选择最适当的试剂及反应条件填在括号内。

（1）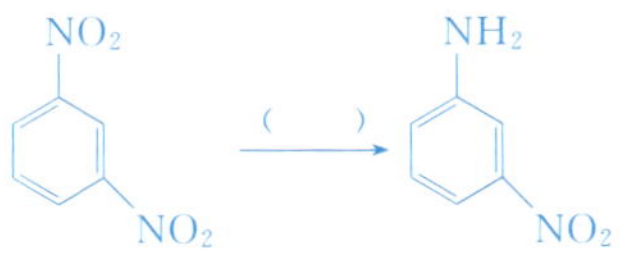

A. Fe，HCl　　B. Zn-Hg，HCl　　C. Na_2S

（2）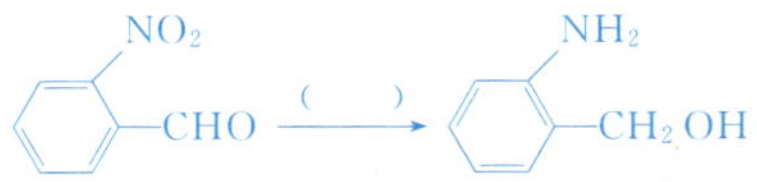

A. Zn，HOAc　　B. 异丙醇铝，异丙醇　　C. H_2，Raney Ni

（3）

A. Fe，HCl　　B. $NaBH_4$，EtOH　　C. Na_2S，S，136～138℃，16h

(4) 

A. Zn，HOAc　　B. $Na_2S_2O_4$，NaOH　　C. Na_2S

(5) 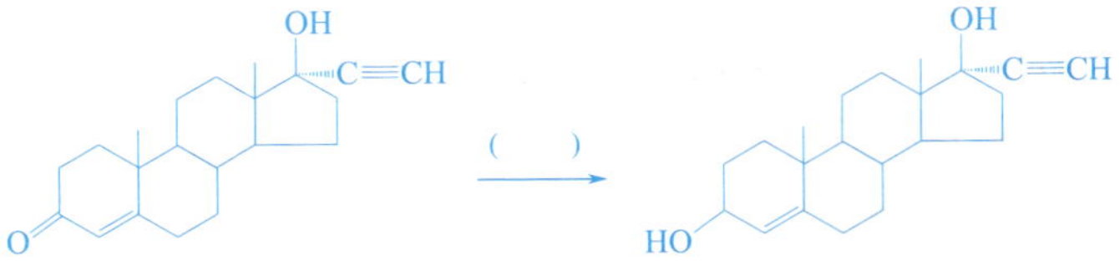

A. KBH_4，EtOH，回流　　B. Zn-Hg，HCl，回流　　C. H_2，Raney Ni

(6) 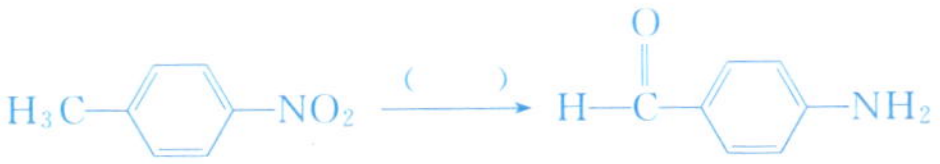

A. Zn，HCl　　B. Zn，CH_3COOH，CrO_3　　C. Na_2S_2，H_2O

(7) 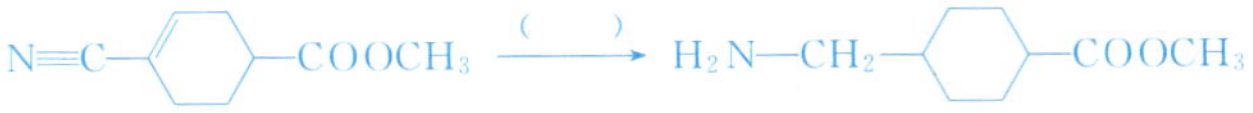

A. H_2，Raney Ni，NH_3-MeOH　　B. $LiAlH_4$-THF　　C. H_2，Raney Ni

(8) 

A. Li，NH_3，EtOH，Et_2O　　B. $LiAlH_4$-THF　　C. H_2，Pd-C

27. 归纳总结将硝基还原为氨基的方法，并说明各种还原剂的异同及工艺特点。从环境保护考虑，现代工业更倾向的还原剂是哪种？说明原因。

28. 在扑热息痛与盐酸普鲁卡因的制备过程中，分别有如下反应：

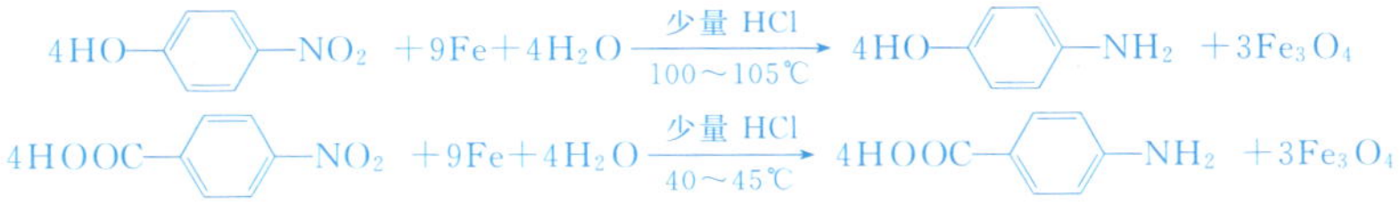

试扼要回答：

(1) 反应体系中，Fe、H_2O、HCl 的作用各是什么？

(2) 第一个反应为什么控制温度 100～105℃进行，而第二个反应在 40～45℃进行？

29. 催化氢化反应工业上常用于不饱和官能团的还原，试分析：

(1) 催化氢化与化学还原相比，有哪些特点？

(2) 影响催化氢化的因素都有哪些？

(3) 用于氢化还原的高压釜在使用过程中应注意哪些问题？

30. 根据所学内容，对以下两种生产四氢呋喃的方法进行评述。

(1) 糠醛法

(2) 1,4-丁二醇法

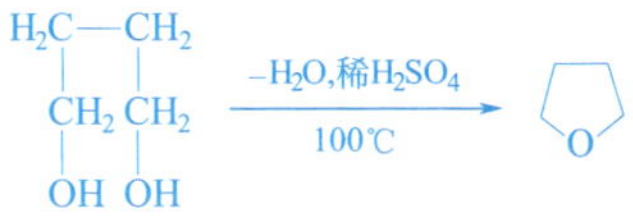

31. 什么是对映体过量值？它在手性药物的合成及拆分过程中有什么重要意义？

32. 外消旋混合物和外消旋化合物有何区别？常用的区分方法是什么？

33. 手性药物的直接结晶拆分方法有几种？它们在工业生产中的应用有何不同？

34. 非对映异构体的拆分原理是什么？采用这种拆分方法的必要条件是什么？常用的拆分剂有哪些？

35. 氯霉素中间体 DL-苏型-1-对硝基-2-氨基-1，3-丙二醇的拆分用的是哪种拆分方法？简述拆分过程并思考工业上采用此种方法的优势。

36. 氯霉素生产过程中，氧化对硝基乙苯生产对硝基苯乙酮时：

（1）主要的副产物是什么？生产中是采取何种方式控制副产物的？

（2）何为催化剂和氧化剂？是如何进行催化剂选择的？

（3）反应是放热还是吸热？生产过程中是如何进行温度控制的？

37. 氯霉素生产中，对硝基-α-乙酰氨基苯乙酮制备时：

（1）何为酰化剂？

（2）除加酰化剂外，还加哪种试剂？加料顺序如何？为什么？

（3）此反应的主要副反应有哪些？生产上是如何避免的？

（4）检测终点的方法是什么？此方法的基本原理是什么？

（5）生产过程影响该反应的因素有哪些？生产中应如何控制反应条件？

38. 氯霉素生产过程中，对硝基-α-乙酰氨基-β-羟基苯丙酮制备时：

（1）反应的催化剂是什么？为何不能用其他的碱作催化剂？

（2）本反应的主要副反应是什么？生产上是如何避免的？

（3）影响该反应的因素有哪些？

（4）生产中操作有哪些注意事项？

39. 氯霉素生产过程中，“混旋氨基物”的制备时：

（1）采用何种还原剂？有何特点？

（2）水分和异丙醇的用量各有何影响？为什么？

（3）还原剂在生产中是如何处理的？

（4）影响此还原反应的因素有哪些？

（5）生产过程中注意事项有哪些？

40. 在用二氯乙酸甲酯合成氯霉素的过程中：

（1）为什么要无水操作？无水操作有哪些注意事项？

（2）除用二氯乙酸甲酯进行酰化反应外，还可用哪些酰化剂生产氯霉素？生产上采用哪种做酰化剂？

（3）原料配比是多少？原因为何？

（4）二氯乙酸甲酯的质量和用量对产物有何影响？

三、综合与应用

1. 在实验室使用过乙醇之后所得废液的组成大致如下：乙醇 30%、水 63%、水杨酸 2%、乙酰水杨酸 2%、乙酸 3%。试设计提纯乙醇的方案，使其含量达到 98%以上。

2. 实验室合成阿司匹林，反应式如下：

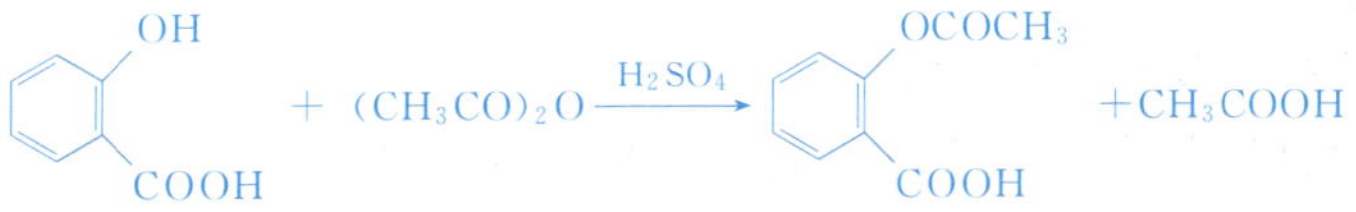

根据所学内容，请为其选择原料、溶剂、催化剂，并考虑这些物料的纯度要求。

3. 查资料，说明加热介质中，导热油、导生油各有什么优缺点？分别用在哪些情况下？

4. 实例点评

对氨基苯乙醚由对氨基苯酚与氯乙烷反应制得，其反应式如下：

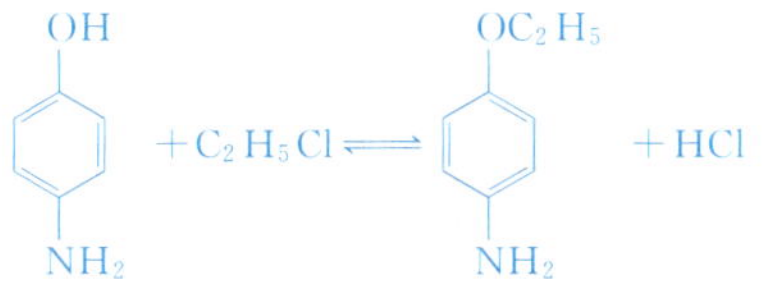

工艺过程是：在500mL高压釜中加入二甲基亚砜150mL、氯乙烷19.4g（0.3mol）、氢氧化钠8.8g（0.22mol）和对氨基苯酚21.8g（0.2mol），在80℃下搅拌反应5h，得到对氨基苯乙醚24.7g，收率80.1%。

评点：收率80.1%不高，试根据反应原理，从加料顺序等方面考虑，对本工艺进行点评，提出更好的方案。

5. 根据所学知识，进一步查阅专利、期刊论文、专著等文献，分析阿司匹林的合成与精制项目，确定反应的配料比、加料顺序、反应条件（温度、反应时间等）、分离纯化方法等，制订出实训方案。并将自己制订的方案与教材中给出的方案比较，有何异同，说明依据。

建议分组进行，每个小组针对制药过程的一步或几步操作制订方案，最后优选出一套方案。方案是否成功不重要，重要的是通过经历这样的过程，掌握、运用知识，学会正确的工作方法和程序，同时对自己参与的每个单元操作留下深刻印象，体会各工序、各步骤之间密切协作的成果。

6. 查阅相关资料，说明有机过氧酸在制备和使用时应注意什么？

7. 分析和讲解氯霉素中间体对硝基苯乙酮的生产实例，并回答下列问题：

（1）液相催化氧化法生产对硝基苯乙酮的原理、终点控制方法。

（2）详细叙述对硝基苯乙酮的生产工艺流程，并说明每步操作的依据。

（3）液相催化氧化法生产对硝基苯乙酮的反应条件及控制要点。

8. 氯霉素生产过程中，制备对硝基-α-溴代苯乙酮的反应式如下：

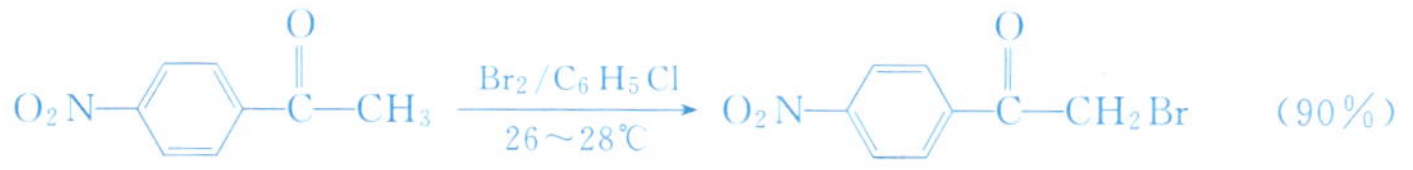

分析制备工艺过程，并回答：

（1）反应有无催化剂？若有，属于哪种催化剂？

（2）将对硝基苯乙酮溶于氯苯中，加热至24～25℃，滴加少量溴，当有HBr生成并使反应液变色则可继续加溴，否则需升温至50℃直至反应开始方可继续滴加溴，为什么？

（3）反应完毕，开大真空排净溴化氢，反应过程中溴化氢也不断移走，是不是移得越净越有利于反应？为什么？

（4）生产过程中，影响因素有哪些？

9. 卤化物置换反应制备氟化物的工艺中，应当用何种类型的溶剂？为什么？制备工艺过程中要注意什么问题？

10. 查文献总结新型卤化试剂，并了解其发展。

11. 利用所给的原料，综合所学知识，设计合成下列产品的方案（写出反应方程式）。

（1）以甲苯、环氧乙烷、二乙胺为主要原料，选择适当的试剂和条件合成局麻药盐酸普鲁卡因。

（2）以乙苯为主要原料，选择适当的试剂和条件合成氯霉素中间体对硝基-α-氨基苯乙酮盐酸盐。

12. 查文献，了解相转移催化技术在烷基化中的应用。

13. 设计从苯开始制备以下产品的工艺路线，并说明所用原料，写出反应式，并简要说明工艺条件。

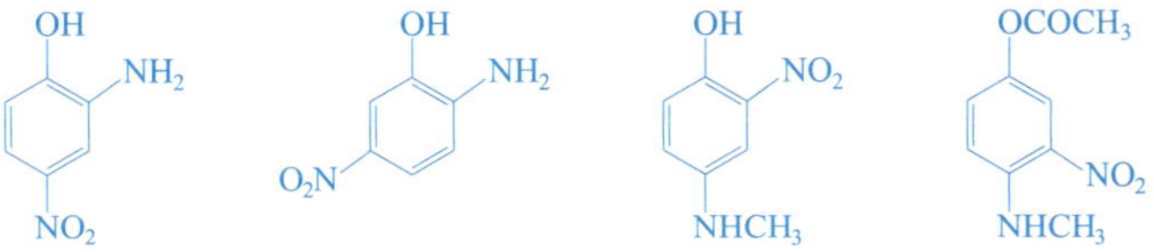

14. 以甲苯为原料设计合成了如下产品的工艺路线，请分析这条工艺路线是否合理，其中可能产生哪些副产物？可尝试自己设计此产物的合成路线。

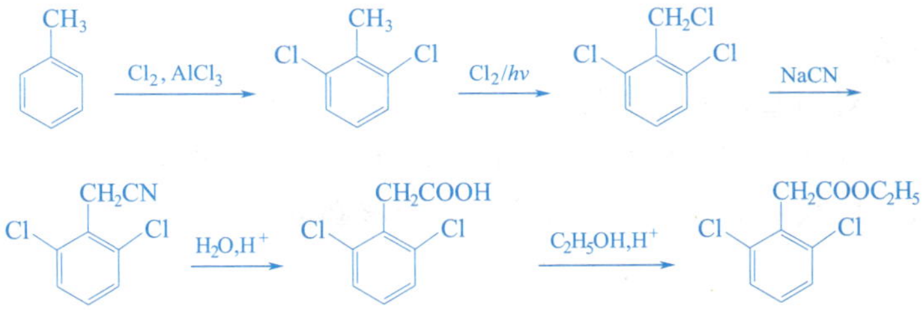

15. 异烟肼为一线抗结核用药，其结构式如下。试以吡啶为原料，设计合成该药物。

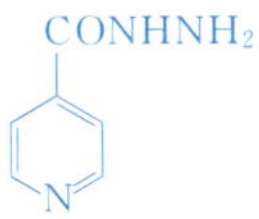

16. 查阅文献，总结文献报道从所给原料对苯二酚开始制备所给产品的合成工艺路线，包括相关的工艺条件，并进行分析比较，选择你认为较优的适合工业化的路线，并说明理由。

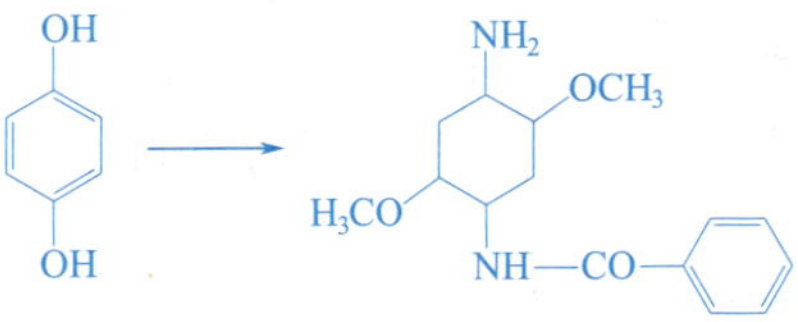

17. 巴比妥类药物属镇静催眠药，是丙二酰脲的衍生物。巴比妥酸本身无生理活性，只有当5位上的两个氢原子被烃基取代后才呈现活性。临床常用的此类药物有苯巴比妥、司可巴比妥、异戊巴比妥等。

巴比妥类药物的合成通法如下，试根据此方法合成上述药物，并考虑苯巴比妥能否采用此通法，应如何进行改进?

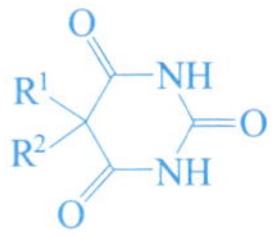

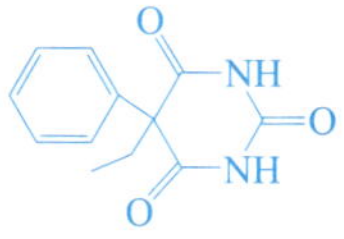

苯巴比妥

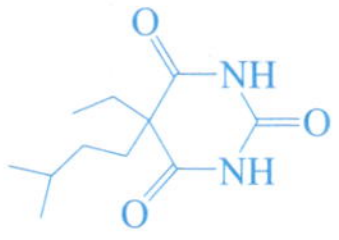

异戊巴比妥

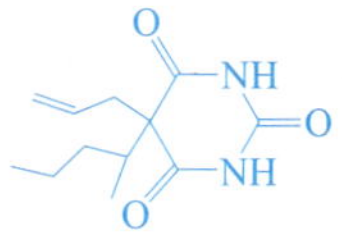

司可巴比妥

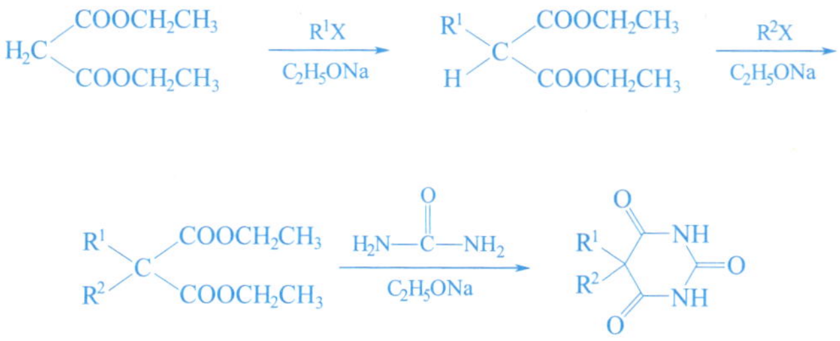

18. 以下列所给的的物质为主要原料，加上适当的试剂和条件，设计合成下列产物的方案。

(1) 由甲苯合成 (A)、(B)。

(2) 由水杨酸、对硝基苯酚合成解热镇痛药 (C)。

(3) 环氧乙烷、甲胺 (CH_3NH_2)、甲苯合成镇痛药盐酸哌替啶 (D)。

(4) 环氧乙烷、四氢呋喃、苯乙腈合成止咳药咳必清 (E)。

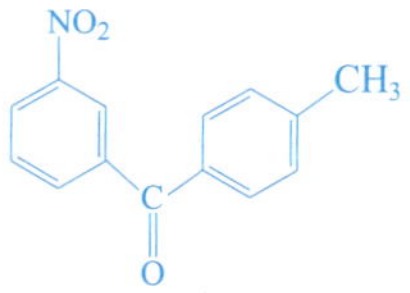

(A)

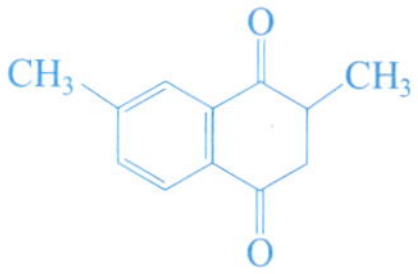

(B)

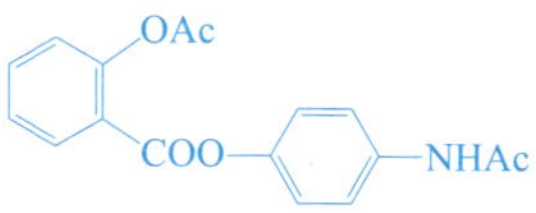

(C)

(D)

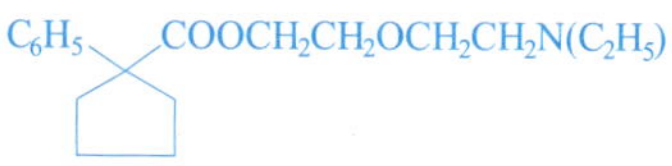

(E)

19. 6-APA 为半合成青霉素的原料，其结构式如下。6-APA 与各种酰基侧链缩合，可得到各种半合成青霉素。其常用缩合方法有4种：①酰氯法；②酸酐法；③DCC 法；④固相酶催化法。请查阅文献资料，归纳总结以下半合成青霉素分别采用的合成方法，并比较其工艺特点。

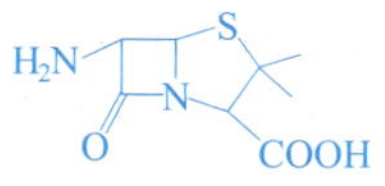

6-APA

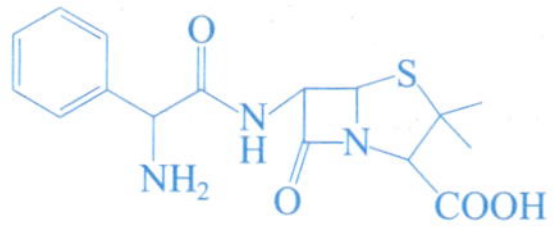

氨苄西林

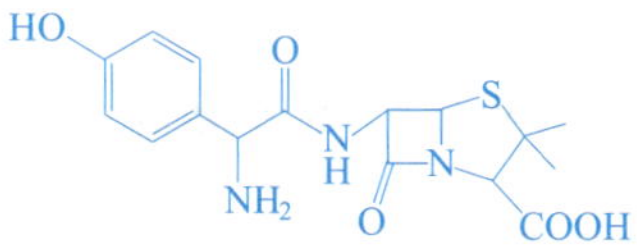

阿莫西林

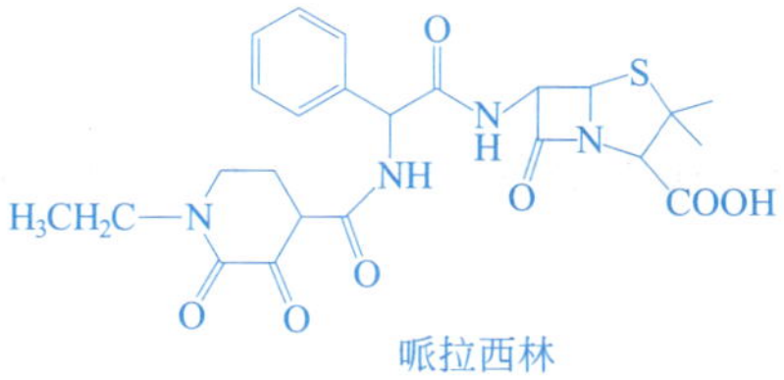

哌拉西林

20. 查阅文献，了解什么是光气和固体光气，说明这两种化合物的性质及生产上的用途，并比较两者的优缺点。

21. 查资料写一篇 1000 字左右的论文，对采用酰化反应生产某一种药物的合成工艺过程、影响因素进行分析。

22. 现有人进行如下实验：在制备丁基丙二酸时，将丙二酸二乙酯、氯丁烷和乙醇钠的乙醇溶液在室温下混合，然后加热回流 2h。请分析此条件下，可能得到何种物质？工艺及工艺条件是否合理？

23. 试以苯甲醛为原料，通过 Perkin 反应法合成 3-甲基香豆素，写出合成反应方程式。

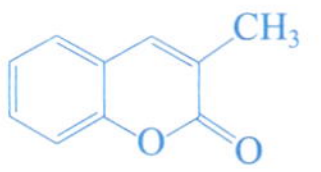

24. 查阅资料，总结从基本原理出发制备 2-苯基吲哚和 2,3-二甲基吲哚的合成工艺，并进行分析比较。

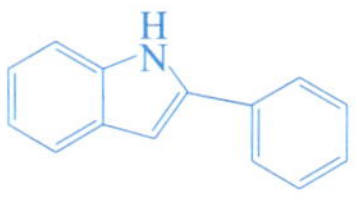

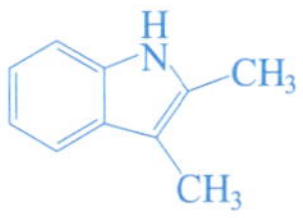

25. 查阅资料，总结以 4,5-二氨基嘧啶为原料合成嘌呤的工艺路线，并进行分析比较，说明哪种路线更适合工业生产。

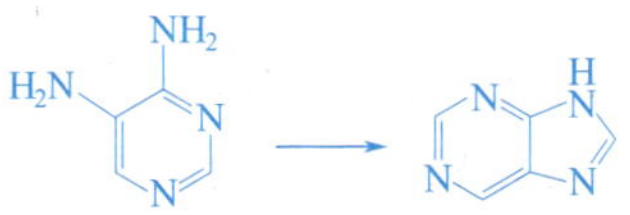

26. 喹诺酮类药物为当前临床上最常用的合成抗菌药。第三代药物具有抗革兰阳性菌、革兰阴性菌、军团菌、衣原体、支原体及分枝杆菌的作用。代表药物有诺氟沙星、环丙沙星、氧氟沙星等，结构式如下。其合成的关键是经缩合反应合成喹诺酮环。请查阅文献，查看此类药物的合成过程，并分析其工艺特点。

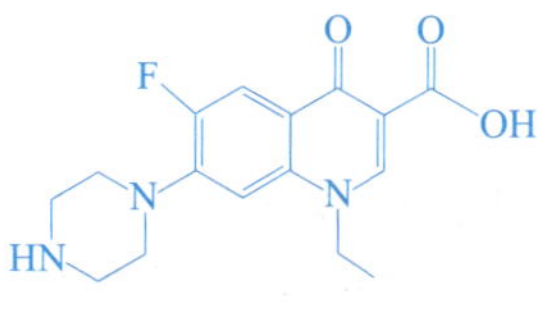

诺氟沙星

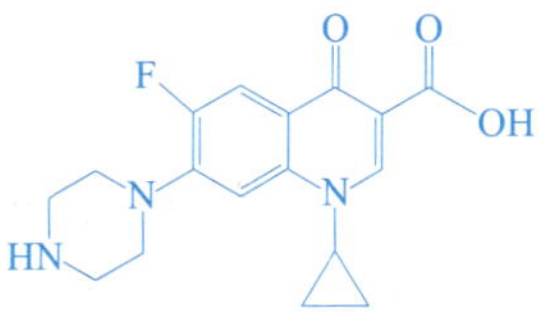

环丙沙星

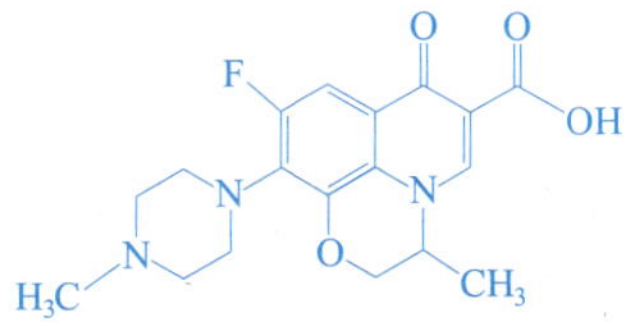

氧氟沙星

27. 利用所给的原料，综合所学知识，设计合成下列产品的方案（写出反应方程式）。

（1）以苯乙酮、甲醛、氯代环己烷为原料，选择合适的试剂和条件，合成抗胆碱药盐酸苯海索。

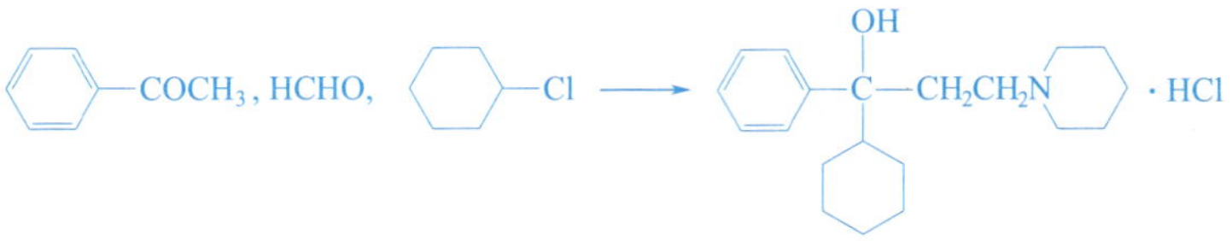

（2）以苯酚、溴丁烷为原料，选择合适的试剂和条件，合成局麻药盐酸达克罗宁中间体。

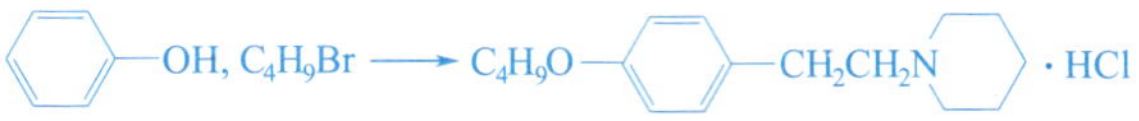

（3）以异丁基苯为原料，选择合适的条件和试剂，合成非甾体抗炎药布洛芬。

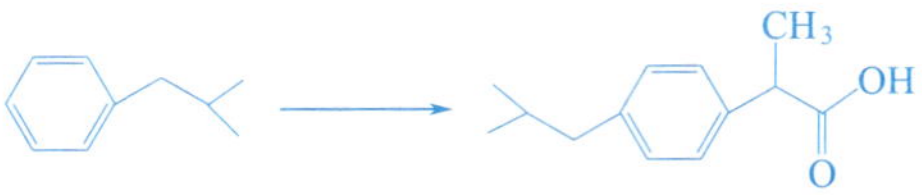

28. 哌啶（六氢吡啶）是一种强的有机碱，是常用的化工原料。哌啶常用的合成方法有 3 种：①以四氢化糠醇为原料，与氨气还原得到；②以吡啶为原料，经催化氢化还原得到；③以吡啶为原料，经金属钠的醇溶液还原得到，其反应式如下。

要求：查阅文献，对 3 种合成方法进行比较，分析哪种适合工业化生产，哪种适合实验室小试，并说明原因。

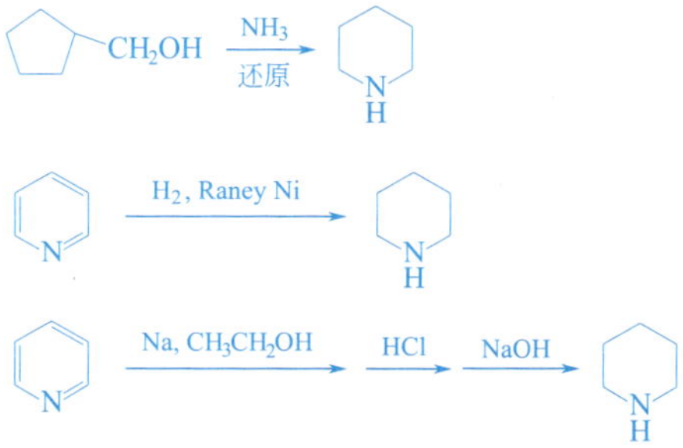

29. 反混是一种常见现象，它指连续过程中与主流方向相反的运动造成的物料混合。这种混合的存在影响了沿主流方向上的浓度分布和温度分布，使浓度趋向于出口浓度。对于传质过程，这样的浓度变化使浓度推动力减小，从而减小了传递速度。在要求转化率高或有串联副反应的场合釜式反应器的反混现象是不利因素。那么，可用什么反应器，采取何种操作方式以减少反混的不利影响？

30. 根据所学知识，为下列反应选择反应器、搅拌器，并考虑传热装置、排污装置。假设其反应速度常数是 40/h（反应速度较慢），规定转化率 95%。

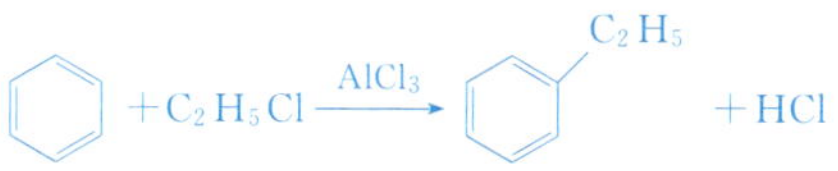

31. 查资料写一篇 500 字左右的短文，报道药物合成领域的新技术及发展动态。

32. 查资料写一篇 1000 字左右的论文，对采用烷基化反应生产的某一种药物的合成原理、工艺过程、影响因素进行分析。

33. 查资料写一篇 1000 字左右的论文，对采用酰化反应生产的某一种药物的合成原理、工艺过程、影响因素进行分析。

34. 查资料写一篇 1000 字左右的论文，对采用氧化反应生产的某一种药物的合成原理、工艺过程、影响因素进行分析。

35. 查资料写一篇 1000 字左右的论文，对采用还原反应生产的某一种药物的合成原理、工艺过程、影响因素进行分析。

附录　药物合成反应中常用的缩略语

Ac	acetyl (e. g. AcOH=acetic acid)	乙酰基（如 AcOH=乙酸）
AIBN	α,α'-azobisisobutyronitrile	α,α'-偶氮双异丁腈
Am	amyl=pentyl	戊基
aq	aqueous	水性的/含水的
Ar	aryl，heteroaryl	芳基，杂芳基
Boc	*t*-butoxycarbonyl	叔丁氧羰基
Bu	Butyl	丁基
t-Bu	*t*-butyl	叔丁基
t-BuOOH	*tert*-butyl hydroperoxide	叔丁基过氧醇
n-BuOTs	*n*-butyl tosylate	对甲苯磺酸正丁酯
Bz	Benzoyl	苯甲酰基
Bz_2O_2	disbenzoyl peroxide	过氧化苯甲酰
CAN	cerium ammonium nitrate	硝酸铈铵
Cat	catalyst	催化剂
CDI	*N*,*N'*-carbonyldiimidazole	*N*,*N'*-碳酰（羰基）二咪唑
Ch	cyclohexyl	环己烷基
Conc	concentrated	浓的
△	reflux，heat	回流/加热
DBPO	dibenzoyl peroxide	过氧化二苯甲酰
o-DCB	ortho dichlorobenzene	邻二氯苯
DCC	dicyclohexyl carbodiimide	二环己基碳二亚胺
DCE	1,2-dichloroethane	1,2-二氯乙烷
DCU	1,3-dicyclohexylurea	1,3-二环己基脲
DDQ	2,3-dichloro-5,6-dicyano-1,4-benzoquinone	2,3-二氯-5,6-二氰基对苯醌
DEG	diethylene glycol=3-oxapentane-1,5-diol	二甘醇
DIBAH，DIBAL	diisobutylaluminum hydride=hydrobis-(2-methylpropyl) aluminum	氢化二异丁基铝
diglyme	ditthylene glycol dimethyl ether	二甘醇二甲醚
Dil	dilute	稀（释）的
Diox	dioxane	二噁烷/二氧六环
Dist	distillation	蒸馏
Dl	racemic(rac.)mixture of dextro-and levorotatory form	外消旋混合物
DMA	*N*,*N*-dimethylacetamide	*N*,*N*-二甲基乙酰胺
	N,*N*-dimethylaniline	*N*,*N*-二甲基苯胺

DMAP	4-dimethylaminopyridine	4-二甲氨基吡啶
DMAPO	4-dimethylaminopyridine oxide	4-二甲氨基吡啶氧化物
DME	1,2-dimethoxyethane=glyme	甘醇二甲醚
DMF	*N*,*N*-dimethylformamide	*N*,*N*-二甲基甲酰胺
DMSO	dimethyl sulfoxide	二甲亚砜
DTEAB	decyltriethylammonium bromide	溴代癸基三乙基铵
EDA	ethylene diamine	1,2-乙二胺
EDTA	ethylene diamine tetraacetic acid	乙二胺四乙酸
e.e. (ee)	enantiomeric excess: 0%ee=racemization 100%ee=stereospecific reaction	对映体过量
EG	ethylene glycol=1,2-ethanediol	1,2-亚乙基乙醇，乙二醇
Et	ethyl (e.g. EtOH, EtOAc)	乙基
Gas, g	gaseous	气体的，气相
GC	gas chromatography	气相色谱（法）
Hal	halo, halide	卤素，卤化物
hv	irradiation	光照（紫外线）
HOMO	highest occupied molecular orbital	最高已占分子轨道
HPLC	high-pressure liquid chromatography	高效液相色谱
HTEAB	hexyltriethylammonium bromide	溴代己基三乙基铵
i-	iso-(e. g. *i*-Bu=isobutyl)	异-(如 *i*-Bu=异丁基)
IR	Infra-red (absorption) spectra	红外（吸收）光谱
L	ligand	配（位）体
L	levorotatory	左旋的
LAH	lithium aluminum hydride	氢化铝锂
LDA	lithium diisopropylamide	二异丙基（酰）胺锂
LHMDS	lihexamethyldisilazide	六甲基二硅烷重氮锂
Liq, l	liquid	液体，液相
LTA	lead tetraacetate	四乙酸铅
LTEAB	lauryltriethylammonium bromide (dodecyltriethylammonium bromide)	溴代十二烷基三乙基铵
MIBK	methyl isobutyl ketone	甲基异丁基酮
MCPBA	m-chloroperoxybenzoic acid	间氯过氧苯甲酸
Me	methyl (e. g. MeOH, MeCN)	甲基
MEM	methoxyethoxymethyl	甲氧乙氧甲基
Mes, Ms	mesyl=methanesulfonyl	甲磺酰基
min	minute	分
MOM	methoxymethyl	甲氧甲基
MW	microwave	微波
n-	normal	正一

NBA	*N*-bromo-acetamide	*N*-溴乙酰胺
NBP	*N*-bromo-ph thalimide	*N*-溴酞酰亚胺
NBS	*N*-bromo-succinimiee	*N*-溴丁二酰亚胺
NCS	*N*-chloro-succinimide	*N*-氯丁二酰亚胺
NIS	*N*-iodo-succinimide	*N*-碘丁二酰亚胺
Nu	nucleoph ile	亲核试剂
p	pressure	压力
PE	petrol ether=light petroleum	石油醚
Pen	pentyl	戊基
Ph	phenyl（e. g. Ph H=benzene，Ph OH=phenol）	苯基(PH H=苯，PH OH=苯酚)
PPA	polyphosphoric acid	多聚磷酸
PPE	polyphosphoric ester	多聚磷酸酯
PPTS	pyridinium p-toluenesulfonate	对甲苯磺酸吡啶盐
Pr	propyl	丙基
Prot	protecting group	保护基
Py	pyridine	吡啶
R	alkyl，etc	烷基等
rac	racemic	外消旋的
r. t.	roomtemperature=20～25℃	室温=20～25℃
s-	sec-	仲
Satd	saturated	饱和的
S	second	秒
Sol	solid	固体
Soln	solution	溶液
t-	tert-	叔-
TBA	tribenzylammonium	三苄基胺
TBAB	tetrabutylammonium bromide	溴代四丁基铵
TBAHS	tetrabutylammonium hydrogensulfate	四丁基硫酸氢铵
TBAI	tetabutylammonium iodide	碘代四丁基铵
TBAC	tetrabutylammonium chloride	氯代四丁基铵
TBATFA	tetrabutylammonium trifluoroacetate	四丁胺三氟醋酸盐
TBDMS	*tert*-butyldimethylsilyl	叔丁基二甲基硅烷基
TCQ	tetrachlorobenzoquinone	四氯苯醌
TEA	triethylamine	三乙（基）胺
TEBA	triethylbenzylammoniun salt	三乙基苄基胺盐
TEBAB	triethylbenzylammonium bromide	溴代三乙基苄基铵
TEBAC	triethylbenzylammonium chloride	氯代三乙基苄基铵
TEG	triethylene-glycol	三甘醇，二缩三(乙二醇)
Tf	trifluoromethanesulfonyl=triflyl	三氟甲磺酰基

TFMeS	trifluoromethanesulfonyl=triflyl	三氟甲磺酰基
TFSA	trifluoromethanesulfonic acid	三氟甲磺酸
THF	tetrahydrofuran	四氢呋喃
THP	tetrahydropyranyl	四氢吡喃基
TLC	thin-layer chromatography	薄层色谱
TMAB	tetramethylammonium bromide	溴代四甲基铵
TMS	trimethylsilyl	三甲基硅烷基
TMSCl	trimethylchlorosilane=Tms chloride	氯代三甲基硅烷
TMSI	trimethylsill iodide	碘代三甲基硅烷
TOMAC	trioctadecylmethylammonium chloride	氯代三（十八烷基）甲基铵
Tol	toluence	甲苯
TPAB	tetrapropylammonium bromide	溴代四丙基铵
Tr	trityl	三苯甲基
Ts	tosyl=4-toluenesulfonyl	对甲苯磺酰基
TsCl	tosyl chloride(*p*-toluenesulfonyl chloride)	对甲苯磺酰氯
TsH	4-toluenesulfinic acid	对甲苯亚磺酸
TsOH	4-toluenesulfonic acid	对甲苯磺酸
TsOMe	methyl *p*-toluenesulfonate	对甲苯磺酸甲酯
UV	ultraviolet spectra	紫外光谱
X	mostly halogen	大多数指卤素
Xyl	xylene	二甲苯

参 考 文 献

[1] 李丽娟．药物合成技术．2 版．北京：化学工业出版社，2015.
[2] 张胜建．药物合成反应．2 版．北京：化学工业出版社，2017.
[3] 侯文顺．高分子材料分析、选择与改性．北京：化学工业出版社，2009.
[4] 元英进．制药工艺学．2 版．北京：化学工业出版社，2017.
[5] 李淑芬．高等制药分离工程．北京：化学工业出版社，2004.
[6] 王志祥．制药工程学．北京：化学工业出版社，2008.
[7] 元英进．现代制药工艺学．北京：化学工业出版社，2004.
[8] 魏荣宝．高等有机化学．北京：高等教育出版社，2008.
[9] 刘红霞．化学制药工艺过程及设备．北京：化学工业出版社，2009.
[10] 陈荣业．有机合成工艺优化．北京：化学工业出版社，2006.
[11] 赵晨阳．精细有机化工产品．北京：化学工业出版社，2008.
[12] 张明森．精细有机化工中间体全书．北京：化学工业出版社，2008.
[13] 黄宪．新编有机合成化学．北京：化学工业出版社，2007.
[14] 尤启冬．药物化学. 北京：中国医药科技出版社，2011.
[15] 赵德明．有机合成工艺．杭州：浙江大学出版社，2012.